여행은

꿈꾸는 순간,

시작된다

여행 준비
체크리스트

D-60	여행 정보 수집 & 여권 만들기	☐ 가이드북, 블로그, 유튜브 등에서 여행 정보 수집하기 ☐ 여권 발급 or 유효기간 확인하기
D-50	항공권 예약하기	☐ 항공사 or 여행 플랫폼 가격 비교하기 ★ 저렴한 항공권을 찾아보고 싶다면 미리 항공사나 여행 플랫폼 앱 다운받아 　가격 알림 신청해두기
D-40	숙소 예약하기	☐ 교통 편의성과 여행 테마를 고려해 숙박 지역 먼저 선택하기 ☐ 숙소 가격 비교 후 예약하기
D-30	여행 일정 및 예산 짜기	☐ 여행 기간과 테마에 맞춰 일정 계획하기 ☐ 일정을 고려해 상세 예산 짜보기
D-20	현지 투어, 교통편 예약 & 여행자 보험 및 필요 서류 준비하기	☐ 내 일정에 필요한 패스와 입장권, 투어 프로그램 확인 후 예약하기 ☐ 여행자 보험, 국제운전면허증, 국제학생증 등 신청하기
D-10	예산 고려하여 환전하기	☐ 환율 우대, 쿠폰 등 주거래 은행 및 각종 앱에서 받을 수 있는 　혜택 알아보기 ☐ 해외에서 사용할 수 있는 여행용 체크(신용)카드 준비하기
D-7	데이터 서비스 선택하기	☐ 여행 스타일에 맞춰 로밍, 포켓 와이파이, 유심, 이심 결정하기 ★ 여러 명이 함께 사용한다면 포켓 와이파이, 장기 여행이라면 　유심이나 이심, 가장 간편한 방법을 찾는다면 로밍
D-1	짐 꾸리기 & 최종 점검	☐ 짐을 싼 후 빠진 것은 없는지 여행 준비물 체크리스트 보고 확인하기 ☐ 기내 반입할 수 없는 물품을 다시 확인해 위탁수하물용 캐리어에 　넣기 ☐ 항공권 온라인 체크인하기
D-DAY	출국하기	☐ 여권, 비자, 항공권, 숙소 바우처, 여행자 보험 증서 등 필수 준비물 　확인하기 ☐ 공항 터미널 확인 후 출발 시각 3시간 전에 도착하기 ☐ 공항에서 포켓 와이파이 등 필요 물품 수령하기

여행 준비물
체크리스트

필수 준비물

- ☐ 여권(유효기간 6개월 이상)
- ☐ 여권 사본, 사진
- ☐ 항공권(E-Ticket)
- ☐ 바우처(호텔, 현지 투어 등)
- ☐ 현금
- ☐ 해외여행용 체크(신용)카드
- ☐ 각종 증명서(여행자 보험, 국제운전면허증 등)

기내 용품

- ☐ 볼펜(입국신고서 작성용)
- ☐ 수면 안대
- ☐ 목베개
- ☐ 귀마개
- ☐ 가이드북, 영화, 드라마 등 볼거리
- ☐ 수분 크림, 립밤
- ☐ 얇은 외투

전자 기기

- ☐ 노트북 등 전자 기기
- ☐ 휴대폰 등 각종 충전기
- ☐ 보조 배터리
- ☐ 멀티탭
- ☐ 카메라, 셀카봉
- ☐ 포켓 와이파이, 유심칩
- ☐ 멀티어댑터

의류 & 신발

- ☐ 현지 날씨 상황에 맞는 옷
- ☐ 속옷
- ☐ 잠옷
- ☐ 수영복, 비치웨어
- ☐ 양말
- ☐ 여벌 신발
- ☐ 슬리퍼

세면도구 & 화장품

- ☐ 치약 & 칫솔
- ☐ 면도기
- ☐ 샴푸 & 린스
- ☐ 바디워시
- ☐ 선크림
- ☐ 화장품
- ☐ 클렌징 제품

기타 용품

- ☐ 지퍼백, 비닐 봉투
- ☐ 보조 가방
- ☐ 선글라스
- ☐ 간식
- ☐ 벌레 퇴치제
- ☐ 비상약, 상비약
- ☐ 우산
- ☐ 휴지, 물티슈

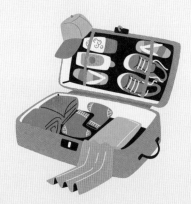

출국 전 최종 점검 사항

① 여권 확인
② 항공권의 출국 공항 터미널 확인
③ 위탁수하물 캐리어 크기 및 무게 측정
  (항공사별로 다르므로 홈페이지에서 미리 확인)
④ 기내 반입 불가 품목 확인
⑤ 유심, 포켓 와이파이 등 수령 장소 확인

리얼
도쿄

여행 정보 기준

이 책은 2024년 12월까지 취재한 정보를 바탕으로 만들었습니다.
정확한 정보를 싣고자 노력했지만, 여행 가이드북의 특성상
책에서 소개한 정보는 현지 사정에 따라 수시로 변경될 수 있습니다.
변경된 정보는 개정판에 반영해 더욱 실용적인 가이드북을 만들겠습니다.

한빛라이프 여행팀 ask_life@hanbit.co.kr

리얼 도쿄

초판 발행 2019년 2월 15일
개정4판 1쇄 2025년 1월 24일

지은이 양미석 / **펴낸이** 김태헌
총괄 임규근 / **팀장** 고현진 / **책임편집** 김윤화 / **디자인** 천승훈 / **지도·일러스트** 이예연, 핸드라이트
영업 문윤식, 신희용, 조유미 / **마케팅** 신우섭, 손희정, 박수미, 송수현 / **제작** 박성우, 김정우 / **전자책** 김선아

펴낸곳 한빛라이프 / **주소** 서울시 서대문구 연희로 2길 62 한빛빌딩
전화 02-336-7129 / **팩스** 02-325-6300
등록 2013년 11월 14일 제25100-2017-000059호
ISBN 979-11-93080-49-8 14980, 979-11-85933-52-8 14980(세트)

한빛라이프는 한빛미디어(주)의 실용 브랜드로 우리의 일상을 환히 비추는 책을 펴냅니다.

이 책에 대한 의견이나 오탈자 및 잘못된 내용은 출판사 홈페이지나 아래 이메일로 알려주십시오.
파본은 구매처에서 교환하실 수 있습니다. 책값은 뒤표지에 표시되어 있습니다.

한빛미디어 홈페이지 www.hanbit.co.kr / 이메일 ask_life@hanbit.co.kr
블로그 blog.naver.com/real_guide_ / 인스타그램 @real_guide_

지금 하지 않으면 할 수 없는 일이 있습니다.
책으로 펴내고 싶은 아이디어나 원고를 메일(**writer@hanbit.co.kr**)로 보내주세요.
한빛라이프는 여러분의 소중한 경험과 지식을 기다리고 있습니다.

도쿄를 가장 멋지게 여행하는 방법

리얼
도
쿄

양미석 지음

한빛라이프

최근 3년 동안 한해를 마무리하는 시기에는 《리얼 도쿄》 개정판을 마감하면서 보낸다. 아직 코로나19가 기승이라 비자를 받아야만 일본에 갈 수 있던 2022년 가을의 취재가 저만치 아득하다. 그때는 도쿄에 익숙하다고 생각했던 나조차 모든 게 설렜다. 시부야 한복판에 생긴 전망대, 전 세계 최초로 문을 연 닌텐도 오프라인 매장, 하루키의 모교에 생긴 무라카미 하루키 도서관 등등. 아직 우리나라에 잘 알려지지 않은 새로운 공간을 발 빠르게 취재해 소개하는 일은 짜릿했다.

2023년에는 도쿄의 인구밀도에 적응하느라 정신이 없었다. 한때 거주했던 경험까지 더해 20년 가까이 도쿄에 들락거리고 있는데 '이게 맞아?' 싶을 정도로 어딜 가나 사람이 많았다. 시간이 곧 돈이고 여행지에서는 더욱더 그러할진대, 이렇게 웨이팅이 심한 공간을 소개하는 것이 맞을까? 집필을 하는 내내 고민했다. 조승우 연극 티켓을 사기 위해 대기 번호 3만 번(경험담)을 받고 SNS에서 본 음식점에 가기 위해 땡볕에서 2시간(경험담)을 기다리는 독자들을 믿기로 했다. 누군가에게는 처음이자 마지막인 도쿄 여행일 수 있는데 단지 기다리는 시간이 길어서라는 이유로 소개하지 않는 건 오히려 잘못이라는 생각도 들었다.

매년 새로운 공간이 생기던 도쿄는 최근 숨을 고르고 있고 오래 그 자리를 지키던 공간은 명성이 아깝지 않게 사람이 많다. 이번 개정판 작업을 하면서는 새로움보다는 정교함, 치밀함을 더했다. 항상 나무에게 미안하지 않고 돈 아깝지 않은 책을 만들기 위해 노력하지만 온라인에 실시간 정보가 넘쳐나는 시대에 책은 느린 매체일 수밖에 없다. 느리지만 시대에 뒤쳐진 매체가 되지 않기 위해 애썼다.

든든한 편집자님, 디자이너님, 일러스트레이터님, 책을 만들고 판매하는 데 힘 보태주시는 모든 분들에게 수고하셨다, 고생하셨다는 말은 아무리 해도 부족하다. 그저 《리얼 도쿄》가 독자님에게 다정하고 친절한 여행 친구가 되었음 하는 바람이다. 사랑하는 가족, 하늘에 계신 할아버지, 할머니에게도 감사의 말을 전한다. 항상 감사합니다, 모두.

따뜻한 여행의 기억을 위해

양미석 한 번에 한 나라, 한 도시만 느릿느릿 둘러보며 30년 일정으로 세계 일주 중. 사랑하는 곳에 대해 알리고 싶다는 생각에 어쩌다 보니 글을 쓰고 사진을 찍고 있다. 여행 작가가 되어야겠다고 간절히 바란 적은 없지만, 막상 여행 작가가 되고 보니 이제는 다른 일을 하는 자신의 모습은 상상할 수가 없다. 책 작업을 할 때 가장 즐겁고 자신이 쓴 책을 읽고 여행을 다녀온 독자를 만날 때 가장 기쁘다. 《우리들의 후쿠오카 여행》, 《트립풀 교토》, 《도쿄를 만나는 가장 멋진 방법: 책방 탐사》, 《크로아티아의 작은 마을을 여행하다》를 썼다.

이메일 iulius07@naver.com **인스타그램** iulius0726

일러두기

- 이 책은 2024년 12월까지 취재한 정보를 바탕으로 만들었습니다. 정확한 정보를 싣고자 노력했지만, 여행 가이드 북의 특성상 책에서 소개한 정보는 현지 사정에 따라 수시로 변경될 수 있습니다. 여행을 떠나기 직전에 한 번 더 확인하시기 바라며 변경된 정보는 개정판에 반영해 더욱 실용적인 가이드북을 만들겠습니다.
- 일본어의 한글 표기는 현지 발음에 최대한 가깝게 표기했습니다. 다만, 지명 중에서 '도쿄', '가마쿠라' 등과 같이 그 표현이 굳어진 단어와 인명 등은 국립국어원의 외래어 표기법을 따랐습니다. 우리나라에 입점된 브랜드의 경우에는 한국에 소개된 브랜드명을 기준으로 표기했습니다. 그 외 영어 및 기타 언어의 경우 국립국어원의 외래어 표기법을 따랐습니다.
- 대중교통 및 도보 이동 시의 소요 시간은 대략적으로 적었으며 현지 사정에 따라 달라질 수 있으니 참고용으로 확인해주시기 바랍니다.
- 공휴일의 운영 시간은 별도의 표기가 없는 경우 보통 주말 또는 일요일의 운영 시간을 따릅니다.
- 전화번호의 경우 국가 번호와 '0'을 제외한 지역 번호를 넣어 +81-3-1234-5678의 형태로 표기했습니다. 국제 전화 사용 시 국제 전화 서비스 번호를 누르고 표기된 + 이후의 번호를 그대로 누르면 됩니다.
- 이 책에 수록된 지도는 기본적으로 북쪽이 위를 향하는 정방향으로 되어 있습니다. 정방향이 아닌 경우 별도의 방위 표시가 있습니다.

주요 기호

🔍 구글 맵스 검색명	🚶 가는 방법	📍 주소	🕐 운영 시간	❌ 휴무일	¥ 요금
📞 전화번호	🏠 홈페이지	🏃 명소	🏪 상점	🍴 맛집	✈ 공항
JR JR역	🚇 도쿄 메트로역	◉ 토에이 지하철역	◎ 토큐 전철역		
◎ 오다큐 전철역	1번 역 출구				

구글 맵스 QR코드

각 지도에 담긴 QR코드를 스캔하면 소개된 장소들의 위치가 표시된 구글 지도를 스마트폰에서 볼 수 있습니다. '지도 앱으로 보기'를 선택하고 구글 맵스 앱으로 연결하면 거리 탐색, 경로 찾기 등을 더욱 편하게 이용할 수 있습니다. 앱을 닫은 후 지도를 다시 보려면 구글 맵스 앱 하단의 '저장됨' - '지도'로 이동해 원하는 지도명을 선택합니다.

★QR코드를 인식해보세요.

리얼 시리즈 100% 활용법

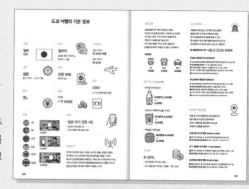

PART 1
여행지 개념 정보 파악하기

도쿄에서 꼭 가봐야 할 장소부터 여행 시 알아두면 도움이 되는 국가 및 지역 특성에 대한 정보를 소개합니다. 여행지에 대한 개념 정보를 수록하고 있어 여행을 미리 그려볼 수 있습니다.

PART 2
테마별 여행 정보 살펴보기

도쿄를 가장 멋지게 여행할 수 있는 각종 테마 정보를 보여줍니다. 자신의 취향에 맞는 키워드를 찾아 내용을 확인하세요. 파트 3에 소개된 장소는 페이지가 연동되어 있어 더 자세한 정보를 확인할 수 있습니다.

PART 3
지역별 정보 확인하기

도쿄에서 가보면 좋은 장소들을 지역별로 소개합니다. 볼거리부터 쇼핑 플레이스, 맛집, 카페 등 꼭 가봐야 하는 인기 명소부터 저자가 발굴해낸 숨은 장소까지 도쿄를 속속들이 소개합니다.

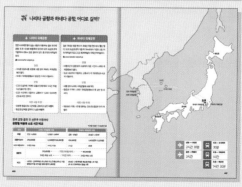

PART 4
실전 여행 준비하기

여행 시 꼭 준비해야 하는 정보만 모았습니다. 예약 사항부터 일정을 짜는 데 중요한 추천 코스 정보까지 여행을 준비하는 순서대로 구성되어 있습니다. 차근차근 따라하며 빠트린 것은 없는지 잘 확인합니다.

Contents

PART 3

진짜 도쿄를
만나는 시간

PART 4

실전에 강한
여행 준비

리얼 가이드

●

PART 1

미리 보는
도쿄 여행

마음에 남는
도쿄 여행의 장면들

Scene 2

시부야 스카이 전망대에서 도쿄 시내 내려다보기
▶P.168

Scene 3
미타카의 숲 지브리 미술관에서
지브리의 세계관에 빠져들기
▶P.404

Scene 4
메구로가와의 벚꽃과 함께
느긋하게 산책하기
▶P.227

Scene 5
츠타야 서점에서
책과 문화에 빠져보기
▶P.225

Scene 6

다양한 장소에서
도쿄 타워 바라보기
▶ P.257

Scene 7

붉은 벽돌의 도쿄역
앞에서 기념사진 찍기
▶ P.266

취향에 맞는 도쿄 지역 탐구

- 📷 관광
- 🛍 쇼핑
- 🍴 음식
- 🌙 나이트 라이프

AREA 9
진보초·아키하바라
진보초에는 세계 최대의 책방 거리가, 아키하바라에는 세계 최대의 전자 상가가 있다.

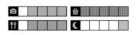

AREA 6
도쿄역
옛 에도성인 코쿄, 근대 건축물, 마루노우치의 마천루가 한데 모여 과거, 현재, 미래가 공존한다.

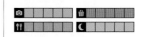

AREA 13
키치조지
도쿄에서 가장 살고 싶은 동네 1위로 꼽히는 동네. 너른 숲 한쪽에 지브리 미술관이 있다.

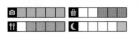

키치조지

AREA 1
신주쿠
오피스가와 환락가가 뒤섞인 곳으로 도쿄에서 가장 번화하고 복잡한 지역이자 교통의 요지.

AREA 3
하라주쿠·오모테산도
10대의 문화와 고급 브랜드가 공존하는 지역이다. 도심 속 녹지인 메이지 신궁과 요요기 공원이 있다.

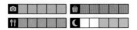

AREA 2
시부야
지금 도쿄에서 가장 빠르게 변화하는 지역이자 시대를 관통하는 최신 유행의 발신지다.

AREA 4
에비스·다이칸야마·나카메구로
각각의 성격이 명확한 세련된 세 동네가 모여 있어 하루에 모두 둘러봐도 지루하지 않다.

AREA 8
오다이바
도쿄에서 가장 인기 있는 데이트 명소이며 옛 랜드마크 자리에 새로운 시설이 속속 들어서는 중이다.

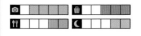

AREA 12
이케부쿠로

초고층 빌딩이 숲을 이루는 메트로폴리스 도쿄의 모습을 제대로 느낄 수 있는 지역.

AREA 10
우에노

오랜 시간 사랑받아온 서민의 휴식처 우에노 공원에는 미술관, 박물관, 동물원 등 다양한 시설이 있다.

AREA 11
아사쿠사·도쿄 스카이트리 타운

타임머신을 타고 과거로 간 것 같은 정취의 동네와 도쿄 최고 높이의 전망대가 이웃한다.

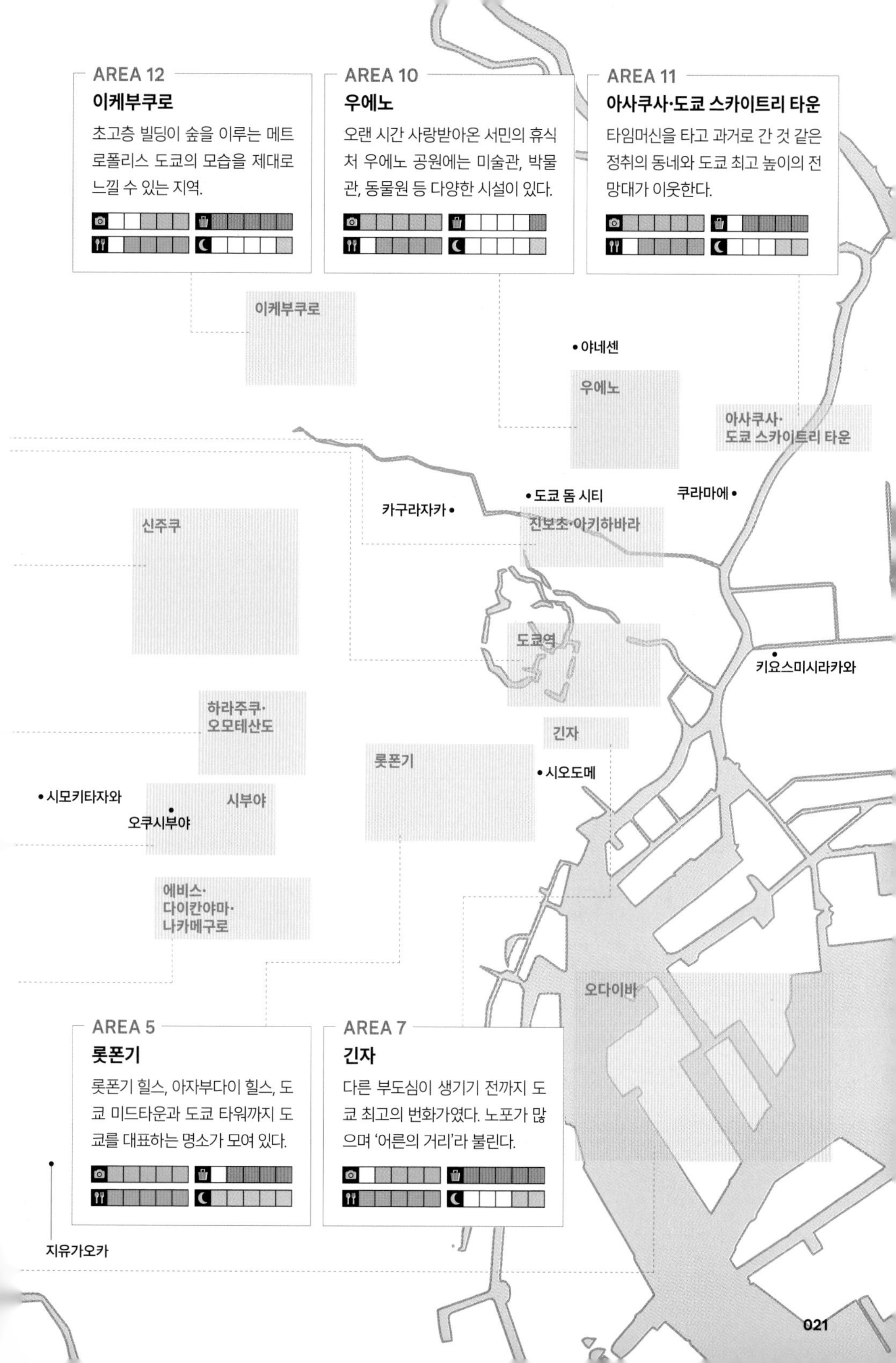

이케부쿠로

• 야네센

우에노

아사쿠사·
도쿄 스카이트리 타운

신주쿠

카구라자카 •

• 도쿄 돔 시티

진보초·아키하바라

쿠라마에 •

도쿄역

• 키요스미시라카와

하라주쿠·
오모테산도

긴자

• 시모키타자와

롯폰기

• 시오도메

오쿠시부야

시부야

에비스·
다이칸야마·
나카메구로

오다이바

AREA 5
롯폰기

롯폰기 힐스, 아자부다이 힐스, 도쿄 미드타운과 도쿄 타워까지 도쿄를 대표하는 명소가 모여 있다.

AREA 7
긴자

다른 부도심이 생기기 전까지 도쿄 최고의 번화가였다. 노포가 많으며 '어른의 거리'라 불린다.

지유가오카

021

도쿄 이동 한눈에 보기

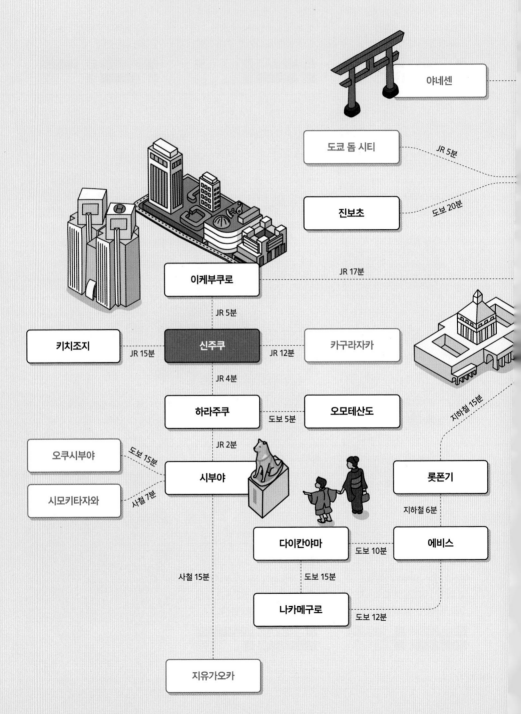

야네센

도쿄 돔 시티 — JR 5분

진보초 — 도보 20분

이케부쿠로 — JR 17분

JR 5분

키치조지 — JR 15분 — 신주쿠 — JR 12분 — 카구라자카

JR 4분

하라주쿠 — 도보 5분 — 오모테산도

JR 2분

지하철 15분

오쿠시부야 — 도보 15분

시모키타자와 — 사철 7분

시부야

롯폰기

지하철 6분

다이칸야마 — 도보 10분 — 에비스

사철 15분

도보 15분

나카메구로 — 도보 12분

지유가오카

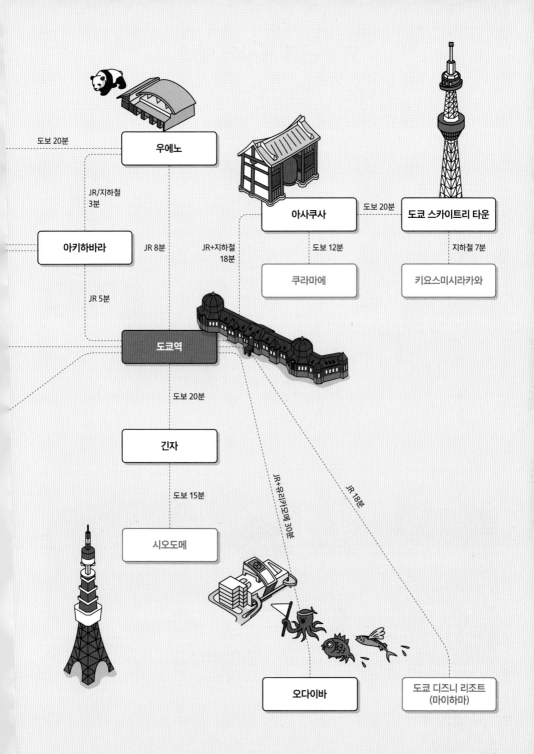

도보 20분

우에노

JR/지하철
3분

아키하바라

JR 8분

JR+지하철
18분

아사쿠사

도보 20분

도쿄 스카이트리 타운

도보 12분

쿠라마에

지하철 7분

키요스미시라카와

JR 5분

도쿄역

도보 20분

긴자

도보 15분

시오도메

JR+유리카모메 30분

JR 18분

오다이바

도쿄 디즈니 리조트
(마이하마)

도쿄 근교 도시의 매력

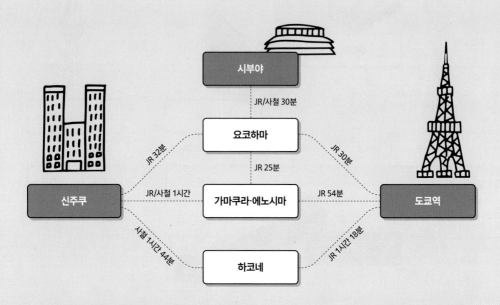

시부야

JR/사철 30분

요코하마

JR 32분

JR 25분

JR 30분

신주쿠

JR/사철 1시간

가마쿠라·에노시마

JR 54분

도쿄역

사철 1시간 44분

JR 1시간 18분

하코네

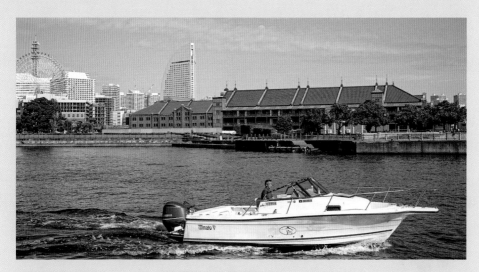

CITY 1 요코하마

교통이 편리해 부담 없이 다녀오기 좋다. 일본 최초의 개항지로 당시의 서양식 건물이 많이 남아 있고 세계 최대 규모의 차이나타운이 있다. 바다를 향해 열린 깔끔한 공원은 현지인, 여행자 모두가 즐겨 찾는다. 바다와 어우러지는 하얀색 마천루가 만들어내는 야경은 일본에서 가장 아름다운 야경 중 하나로 꼽힌다.

CITY 2 가마쿠라·에노시마

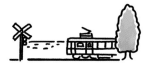

도쿄 근교에서 탁 트인 바다를 보고 싶다면 어디로 가면 좋을까? 정답은 바로 가마쿠라와 에노시마. 〈슬램덩크〉와 〈바닷마을 다이어리〉의 팬이라면 절대 지나칠 수 없는 목적지이기도 하다. 이 지역은 오래전부터 일본 서핑의 성지로 사랑받았고 가마쿠라 막부 시절의 모습도 많이 남아 있어 여행자의 다양한 취향을 만족시켜 준다.

CITY 3 하코네

도심의 번잡함에서 벗어나 푹 쉬고 싶은 여행자에게 추천한다. 여전히 활발하게 화산 활동을 하는 오와쿠다니, 카나가와현에서 가장 큰 칼데라 호수인 아시노코 등 대자연이 여행자를 맞이한다. 그리고 다른 무엇보다 반가운 건 콸콸 솟아나는 온천수. 시간만 허락한다면 하룻밤 이상 머물며 지친 몸과 마음을 달래보자.

도쿄 여행의 기본 정보

국명

일본
日本

언어

일본어

글자는 한자, 히라가나,
카타카나 사용

비행시간

인천-나리타
약 2시간 30분

김포-하네다
약 2시간

시차

없음

한국 17:00 → 도쿄 17:00

비자

관광 90일

무비자 입국

전압

100V

※ 11자 모양 어댑터 필요

통화

엔 ¥

환율

100엔
= 약 930원

화폐

 1엔

 5엔

 10엔

 50엔

 100엔

500엔

1,000엔

5,000엔

10,000엔

전화

· 일본 국가 번호 +81
· 도쿄도 지역 번호 03
· 카나가와현 지역 번호 045

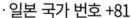

와이파이

한국과 비교하면 속도가 조금 느리지만 호텔, 쇼핑몰, 전철역,
음식점 등 시내 곳곳에서 무료 와이파이를 이용할 수 있다.
통신사 소프트뱅크에서 제공하는 'FREE Wi-Fi PASSPORT'라는
서비스도 있다. 아이디와 비밀번호를 등록하면 도쿄뿐만 아니라
일본 전국에서 2주 동안 무료로 이용할 수 있다.

대중교통

JR을 중심으로 각종 지하철과 사철이
도쿄와 수도권을 망라한다. 시내버스는 전철이
가지 않는 골목 구석구석까지 운행하지만
여행자가 이용할 일은 별로 없다.
택시 이용 방법은 우리나라와 동일한데
탑승할 때 뒷문이 자동으로 열리니 유의하자.

기본요금

JR
150엔

버스
210엔

택시
500엔

물가 비교 ★도쿄 vs 한국

· 편의점 생수(500ml)

108엔(약 1,004원)
VS
1,100원

· 스타벅스 아메리카노(톨 사이즈)

475엔(약 4,420원)
VS
4,500원

· 맥도날드 빅맥(단품)

480엔(약 4,460원)
VS
5,500원

소비세

8~10%

· 소비세 포함 가격 표시 税入

· 소비세 불포함 가격 표시 税抜 / +税 / 本体

긴급 연락처

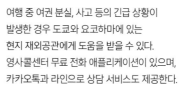

여행 중 여권 분실, 사고 등의 긴급 상황이
발생한 경우 도쿄와 요코하마에 있는
현지 재외공관에게 도움을 받을 수 있다.
영사콜센터 무료 전화 애플리케이션이 있으며,
카카오톡과 라인으로 상담 서비스도 제공한다.

영사콜센터(24시간) +82-2-3210-0404

주일본 대한민국 대사관 영사과

🚶 도쿄 메트로·토에이 지하철 아자부주반역 2번 출구에서 도보 3분
📍 東京都港区南麻布1-7-32　🕘 09:00~16:00
❌ 주말, 공휴일, 대한민국 국경일(3/1, 8/15, 10/3, 10/9)
📞 +81-3-3455-2601, 긴급사건사고(24시간) 070-2153-5454
🏠 overseas.mofa.go.kr/jp-ko/index.do

주요코하마 대한민국 총영사관

🚶 미나토미라이선 모토마치·추카가이역 5번 출구에서 도보 10분
📍 神奈川県横浜市中区山手町118　🕘 09:00~16:00
❌ 주말, 공휴일, 대한민국 국경일(3/1, 8/15, 10/3, 10/9)
📞 +81-45-621-4531, 긴급사건사고(24시간) 080-6731-3285
🏠 overseas.mofa.go.kr/jp-yokohama-ko/index.do

외국어 지원 병원

여행 중 갑자기 병원에 갈 일이 생겼는데
일본어를 하지 못해 곤란하다면?
외국인 여행자를 위한 통역 서비스를
제공하는 병원을 알아보자.

도쿄도립 오쿠보 병원 東京都立大久保病院

🌐 한국어, 영어 등　🚶 JR 신주쿠역 동쪽 출구에서 도보 7분
📍 東京都新宿区歌舞伎町2-44-1　📞 +81-3-5273-7711

NTT 동일본 간토 병원 NTT東日本 関東病院

🌐 한국어, 영어 등　🚶 JR·토에이 지하철 고탄다역에서 도보 5~7분
📍 東京都品川区東五反田5-9-22　📞 +81-3-3448-611

도쿄도립 히로오 병원 東京都立広尾病院

🌐 영어, 중국어　🚶 도쿄 메트로 히로오역 1·2번 출구에서 도보 7분
📍 東京都渋谷区恵比寿2-34-10　📞 +81-3-3444-1181

적기를 찾는 도쿄 여행 캘린더

★ 연중 기후 그래프 1999~2020년 평균

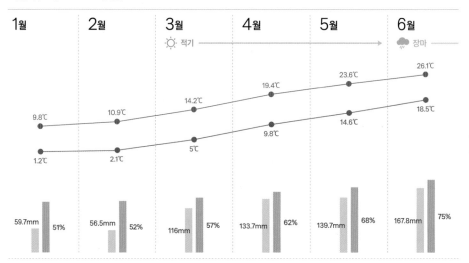

1월	2월	3월	4월	5월	6월

☀ 적기 → 🌧 장마

26.1℃
23.6℃
19.4℃
14.2℃
10.9℃
9.8℃

18.5℃
14.6℃
9.8℃
5℃
2.1℃
1.2℃

59.7mm 51%
56.5mm 52%
116mm 57%
133.7mm 62%
139.7mm 68%
167.8mm 75%

봄 3~5월

가장 여행하기 좋은 시기. 3월 말부터 4월 초에는 주택가부터 도심 한복판까지 도쿄 시내 전체에 벚꽃이 만개한다. 4월 중순부터는 반팔을 입은 사람을 볼 수 있을 정도로 따듯해진다.

여름 6~9월

6월 중순부터 약 한 달 동안은 장마 기간이지만 기후 변화 때문에 점점 예측이 어려워지고 있다. 장마가 끝나면 최고 기온이 40℃ 가까이 올라가고 습도는 100%에 달하는 엄청난 여름이 8월 말까지 이어진다. 9월부터는 아침저녁으로 선선하지만 낮에는 여전히 뜨겁다. 태평양에서 발생한 태풍이 일본 열도를 가장 많이 지나가는 달이라 오히려 장마 기간보다 비가 더 많이 오기도 한다.

공휴일 祝日 ★ 2025년 기준(대체 공휴일 포함)

- 1/1 신정
- 2/11 건국기념일
- 3/20 춘분의 날
- 5/3 헌법기념일
- 5/5~6 어린이 날
- 8/11 산의 날
- 9/23 추분의 날
- 11/3 문화의 날

- 1/13 성년의 날(1월 둘째 월요일)
- 2/23~24 일왕탄생일
- 4/29 쇼와의 날
- 5/4 녹색의 날
- 7/21 바다의 날(7월 셋째 월요일)
- 9/15 경로의 날(9월 셋째 월요일)
- 10/13 스포츠의 날(10월 둘째 월요일)
- 11/23~24 근로감사의 날

일본의 연휴 ★ 대략적인 기준

- **연말연시** 12/29~1/3
- **골든 위크** 4/29~5/6
- **오봉** 8/11~16

축제 お祭り

1월 1일

하츠모우데 初詣

무사히 한 해를 보냈음을 감사드리고 새해의 안녕을 기원하기 위해 수많은 사람이 새해 첫날 유명한 신사나 사찰을 찾는다.

spot 메이지 신궁 P.198 칸다 묘진 P.332 센소지 P.366

연말연시의 긴 휴일

우리나라는 음력설을 쇠지만 일본은 양력설 앞뒤로 긴 휴일을 갖는다. 보통 12월 29일부터 1월 3일까지 일주일 정도 쉰다. 이때 관공서는 물론이고 대형 상점이든 개인이 운영하는 작은 가게든 휴무인 경우가 많기 때문에 이 기간에 여행할 예정이라면 영업시간 등을 꼼꼼하게 확인하자.

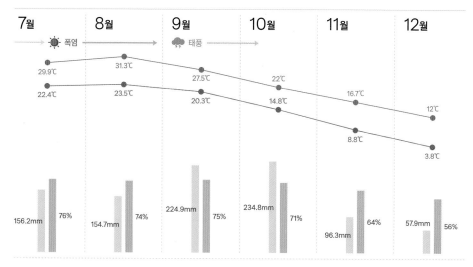

● 최고기온 평균　● 최저기온 평균　▮ 강수량　▮ 습도

| 7월 | 8월 | 9월 | 10월 | 11월 | 12월 |

☀ 폭염 　　　　　　　🌧 태풍

29.9℃　31.3℃　27.5℃　22℃　16.7℃　12℃

22.4℃　23.5℃　20.3℃　14.8℃　8.8℃　3.8℃

156.2mm　76%　154.7mm　74%　224.9mm　75%　234.8mm　71%　96.3mm　64%　57.9mm　56%

가을
10~11월

10월 초까지는 태풍의 발생이 잦다. 기온은 여행하기 딱 좋을 정도로 떨어져서 태풍만 잘 피한다면 봄과 함께 가장 여행하기 좋은 시기. 원래 일본은 우리나라보다 해 지는 시간이 1시간 정도 빠른 편인데 11월이 되면 정말 눈에 띄게 낮의 길이가 짧아진 것을 느낄 수 있다.

겨울
12~2월

12월부터 2월까지는 쨍하고 부서질 정도로 파란 겨울 하늘을 자주 볼 수 있다. 기온이 영하로 내려가는 날은 드물고 눈도 거의 오지 않는다.

5월 셋째 금·일요일
산자 마츠리 三社祭

센소지를 중심으로 열리는 축제. 수많은 사람이 다양한 전통 복장을 하고 나와 춤을 추고 노래를 부르며 분위기를 돋운다. 에도 시대에 상인과 직인이 많이 살던 마을인 시타마치의 활기를 온몸으로 느낄 수 있는 행사다.

`spot` 센소지 P.366

5월 중순
칸다 마츠리 神田祭

칸다 묘진을 중심으로 열리는 일본의 3대 축제 중 하나. 신을 모시는 가마인 미코시神輿의 행렬이 장관을 이룬다. 홀수 해의 행사 규모가 크다.

`spot` 칸다 묘진 P.332

7월 9·10일
아사쿠사 호오즈키이치 浅草ほおずき市

장마가 끝난 후 본격적인 한여름의 시작을 알리는 행사. 이 기간에는 센소지 경내에 100개가 넘는 좌판이 나와 집안에 두는 불단을 장식하는 주홍빛의 꽈리를 판매한다. 7월 10일에 참배를 하면 46,000일을 참배한 것과 효험이 같다고 해서 많은 사람이 방문한다.

`spot` 센소지 P.366

7월 말
스미다가와 불꽃놀이 隅田川花火大会

밤하늘을 수놓는 크고 작은 불꽃은 일본의 여름을 상징하는 풍경이다. 그중에서도 스미다가와 불꽃놀이는 도쿄를 대표하는 불꽃놀이 행사다.

`spot` 스미다 공원 P.371

029

유용한 도쿄 여행 에티켓

도쿄는
우측통행

바닥이나 벽에 따로 진행 방향을 표시해놓지 않았다면 보행자는 우측통행이 원칙이다. 에스컬레이터를 탈 때는 왼쪽에 서고 오른쪽을 비워둔다. 자동차의 진행 방향은 우리나라와 반대인 좌측통행으로 운전석이 오른쪽에 있다.

흡연은
정해진 구역에서
가능

2020년 4월부터 실내 전면 금연 정책을 실시하고 있다. 이전에는 오래된 술집, 카페 등에서 실내 흡연이 가능했으나 완전히 분리된 별도의 흡연 공간이 없다면 이제는 다수가 모이는 실내에서 담배를 피워서는 안 된다. 노상 흡연에 관한 조례는 구마다 조금씩 다르지만 정해진 공간(흡연 부스)에서만 담배를 피우는 것이 원칙이다. 특히 역이나 버스 정류장 등 사람이 많이 모이는 장소에서 담배를 피우다 적발되면 외국인이라도 5만 엔 이하의 과태료가 부과된다.

다양해진
결제 방법

2020년 도쿄 올림픽 이후 현금만 받는 곳은 많이 줄었다. 네이버페이와 카카오페이로 결제 가능한 매장이 많아져 우리나라 여행자에게는 더욱 편리해졌다. 아직까지 우리나라만큼 신용 카드 사용이 자유롭지는 않지만 신용 카드 결제가 가능한 매장도 확연히 늘어났다. 또한 우리나라의 티머니 카드와 사용 방법이 동일한 선불형 교통 카드(스이카, 파스모)도 편의점, 음식점 등 다양한 공간에서 결제할 때 사용할 수 있다. 전철역, 편의점 등에서 충전한 후 교통 카드를 단말기에 터치하면 된다. 무인 계산대를 갖춘 매장이 늘었으며 외국어를 지원하는 무인 계산대도 있다.

택시 뒷문은
자동문

택시를 잡을 때는 우리나라처럼 빈 택시를 보고 손을 흔들어 멈춰 세우면 된다. 택시가 멈췄다면 뒷문을 열지 말고 잠깐 기다리자. 일본의 택시 뒷문은 자동으로 열리고 닫히기 때문이다. 내릴 때는 수동으로 열면 되는데 닫힐 때는 자동으로 닫힌다.

전철에서
지켜야 할 예절

우리나라도 마찬가지이지만 붐비는 전철을 탔다면 백팩은 앞으로 메는 것이 기본이다. 전철에서 휴대폰은 진동 모드로 해놓고 전화 통화는 자제하자.

이용하기 편한
화장실

일본은 화장실 인심이 매우 후하다. 공원에 공중화장실도 많고 백화점이나 쇼핑몰, 대형 서점, 전철역 등 어디를 가든 화장실을 무료로 이용할 수 있고 청소 상태도 청결한 편이다.

가지고 다니면
편리한 손수건

개인이 운영하는 상점의 화장실에는 종이로 된 핸드 타월이 놓여 있는 곳도 있지만 전철역이나 백화점, 쇼핑몰 등에는 거의 대부분 바람으로 물기를 말리는 핸드 드라이어가 설치되어 있다. 하지만 코로나19 감염 방지를 위해 사용을 막아놓은 경우도 있어 손수건을 갖고 다니면 유용하다. 손수건은 한국보다 일본이 종류가 훨씬 많고 저렴하다. 보통 백화점 1층에 손수건만 모아놓고 파는 매장이 있다.

현지에서 통하는 일본어 단어장

 가장 많이 듣고 쓰는 말

(오전 인사) 안녕하세요.	(저녁 인사) 안녕하세요.	미안합니다. 저기요.	고맙습니다.
おはようございます。	こんばんは。	すみません。	ありがとうございます。
◀) 오하요우고자이마스	◀) 콘방와	◀) 스미마셍	◀) 아리가토고자이마스

안녕하세요.	안녕히 계세요.	네 / 아니오	실례합니다.	이거 주세요.
こんにちは。	さよなら。	はい。/ いいえ。	失礼します。	これください。
◀) 콘니치와	◀) 사요나라	◀) 하이 / 이이에	◀) 시츠레이시마스	◀) 코레 쿠다사이

부탁합니다.	얼마입니까?	저는 한국인입니다.	화장실은 어디입니까?
お願いします。	いくらですか。	私は韓国人です。	トイレはどこですか。
◀) 오네가이시마스	◀) 이쿠라데스까	◀) 와타시와 캉코쿠진데스	◀) 토이레와 도코데스까

만능 문장, 스미마셍

'스미마셍'은 어떤 문이든 열 수 있는 만능열쇠와 같은 문장이다. '미안합니다. 죄송합니다.'가 가장 기본적인 뜻이고 길을 물을 때, 음식점이나 상점에서 점원을 부를 때, 사람들 사이로 헤치고 지나가고 싶을 때 등 다양한 상황에서 사용할 수 있다.

상점과 음식점에서 자주 쓰는 '쿠다사이'와 '오네가이시마스'

'쿠다사이' 앞에는 다양한 명사가 올 수 있으며 그 명사를 달라는 뜻이 된다. '오미즈 쿠다사이(물 주세요)', '레시토 쿠다사이(영수증 주세요)', '히토츠 쿠다사이(1개 주세요)' 등의 용법으로 쓰면 된다. '오네가이시마스' 앞에는 명사 또는 행위가 올 수 있으며 상대방에게 부탁하는 뜻이 된다. '첵크인 오네가이시마스(체크인 부탁합니다)', '오카와리 오네가이시마스(음식점에서 사용, 리필해 주세요)' 등의 용법으로 쓰면 된다.

 대중교통에서

교통 패스, 교통 카드 등 각종 표 예약 및 수령, 구매 가능한 JR 사무실		일반 매표소	요금 정산소
みどりの窓口		きっぷ売り場	清算所
◀) 미도리노마도구치		◀) 킷푸우리바	◀) 세이산조

개찰구 내부 – 개찰구 외부	승강장	환승	물품 보관함	~방면
改札内 – 改札外	のりば	乗り換え	コインロッカー	~方面
◀) 카이사츠나이 - 카이사츠가이	◀) 노리바	◀) 노리카에	◀) 코인록카	◀) ~호우멘

(열차 종류) 특급	(열차 종류) 급행	(열차 종류) 쾌속	(열차 종류) 보통 = 각 역 정차
特急	急行	快速	普通 = 各停
◀) 톡큐	◀) 큐우코	◀) 카이소쿠	◀) 후츠 = 가쿠테

음식점에서

(한국어) 메뉴판	추천 메뉴	휴지	물티슈	젓가락
(韓国語の)メニュー	おすすめ	ティッシュ	おしぼり	お箸
◀ (캉코쿠고노) 메뉴	◀ 오스스메	◀ 팃슈	◀ 오시보리	◀ 오하시

숟가락	포크	앞치마	물	따뜻한 물	차가운 물(얼음물)
スプーン	フォーク	エプロン	お水	お湯	お冷や
◀ 스푼	◀ 포오크	◀ 에푸론	◀ 오미즈	◀ 오유	◀ 오히야

(술집에서) 자릿세	밥	된장국	리필	1인분, 2인분
お通し	ライス, ご飯	味噌汁	おかわり	一人前, 二人前
◀ 오토오시	◀ 라이스. 고항	◀ 미소시루	◀ 오카와리	◀ 이치닌마에, 니닌마에

테이크아웃, 포장	1명(2명)입니다.	잘 먹겠습니다.	잘 먹었습니다.
テイクアウト, お持ち帰り	一人(二人)です。	いただきます。	ごちそうさまでした。
◀ 테이크아우토, 오모치카에리	◀ 히토리(후타리)데스	◀ 이타다키마스	◀ 고치소우사마데시타

 ## 쇼핑할 때

신용 카드	영수증	손잡이가 달린 봉투	실례합니다. ○○은 어디에 있습니까?
クレジットカード	レシート	手提げ袋	すみません。○○はどこにありますか。
◀ 크레짓토카도	◀ 레시토	◀ 테사게부쿠로	◀ 스미마셍. ○○와 도코니 아리마스까

(가격표) 소비세 포함	(가격표) 소비세 불포함	(옷, 신발 등) 입어 봐도(신어 봐도) 될까요?
税入	税抜 / +税 / 本体	試着してもいいですか。
◀ 제이코미	◀ 제이누끼 / 프라스제이 / 혼타이	◀ 시챠쿠시테모 이이데스까

면세 되나요?	스이카(파스모)로 결제할게요.
免税できますか。	Suica(PASMO)でお願いします。
◀ 멘제이 데키마스까	◀ 스이카(파스모)데 오네가이시마스

 ## 거리나 관광지에서

입구	출구	화장실	입장권, 표	도와주세요.
入口	出口	トイレ, お手洗い	チケット	助けてください。
◀ 이리구치	◀ 데구치	◀ 토이레, 오테아라이	◀ 치켓토	◀ 타스케테쿠다사이

○○에 가고 싶은데요.	사진 찍어주실 수 있나요?	사진 찍어도 되나요?
○○に行きたいですが。	写真を撮ってくれませんか。	写真を撮ってもいいですか。
◀ ○○니 이카타이데스가	◀ 샤신오 톳테 쿠레마셍까	◀ 샤신오 톳테모 이이데스까

도쿄 추천 여행 코스

COURSE ····· ①

도쿄 핵심 지역을 돌아보는
2박 3일 코스

아시아 최고의 메트로폴리스 도쿄. 명소, 쇼핑, 미식 등 속속들이 제대로 둘러보려면 몇 달의 시간이 있어도 모자랄 것이다. 이 코스는 2박 3일이라는 짧은 시간을 효율적으로 활용해 도쿄의 정수만 쏙쏙 뽑아 즐기는 일정이다. 가장 최신의 도쿄부터 오랜 시간 사랑받는 명소까지, 도쿄 또는 도쿄 여행을 검색했을 때 만나는 상징적인 풍경을 모두 볼 수 있다. 조금 빠듯하지만 도쿄를 짧게 처음 방문하는 사람에게 추천한다.

- ✈ **항공편** 김포-하네다 오전 IN, 저녁 OUT

- 🏠 **숙소 위치** 하네다 국제공항 이동이 편리하고 고급 호텔, 비즈니스호텔 등 숙소 선택지가 다양한 긴자 지역을 추천한다.

- 🚃 **주요 교통수단** JR과 지하철 중 편한 교통수단을 이용한다. 교통 패스는 필요 없다.

- 💰 **여행 경비** 하네다 국제공항 왕복 교통비 1,080엔＋시내 교통비 약 1,000엔＋시부야 스카이 전망대 입장료 2,200엔(홈페이지 예약)＋식비 15,000엔~＋쇼핑 비용=**총 19,280엔~**

- 🔍 **참고 사항** 시부야 스카이 전망대는 일몰 시간대에 사람이 가장 많이 몰린다. 이 시간대에 방문할 예정이라면 티켓 오픈 시간에 맞춰 예약하는 걸 추천한다. 일정에 쇼핑 시간을 따로 넣지 않았으니 중간 중간 유동적으로 조정하자.

> ### 기념품 쇼핑은 도쿄역, 생필품 쇼핑은 긴자
> 도쿄역 내부의 도쿄역 일번가와 그란스타, 역과 이어지는 다이마루 백화점에는 '도쿄 바나나' 등 도쿄 대표 기념품을 파는 상점이 모여 있다. 긴자에는 무인양품, 로프트, 핸즈 등의 대형 지점, 대형 슈퍼마켓과 드러그 스토어가 위치해 있어 생필품 쇼핑을 하기 좋다.

DAY 1

긴자, 도쿄역

오전

○ 하네다 국제공항 도착

　　케이큐 전철+지하철 45분

오후

○ 긴자역 숙소에 짐 맡기고 무기토오리브에서 점심 식사

　　도보 5분

○ 긴자 추오도리

　　도보 3분

○ 긴자 식스

　　도보 7분

○ 무인양품 긴자

　　도보 12분

○ 마루노우치 브릭스퀘어

○ 마루노우치 나카도리

　　도보 5분

저녁

○ **도쿄역** 돈카츠 스즈키에서 저녁 식사 후 역 구경

　　도보 1분

○ **킷테** 옥상에 위치한 킷테 가든에서 야경 감상

도쿄역 캐릭터 스트리트

DAY 2

도쿄 타워, 하라주쿠, 시부야, 신주쿠

오전

○ 긴자역

　지하철 15분

○ 카미야초역

　도보 10분

○ 도쿄 타워

○ 시바 공원

　도보 10분

○ 카미야초역

　지하철+토큐 전철 30분

오후

○ 시부야역

　도보 1분

○ 충견 하치코 동상

○ 시부야 스크램블 교차로

　도보 10분

○ 점심 식사 야마모토노 함바그

　도보 5분

○ 시부야 스크램블 스퀘어 시부야 스카이 전망대

　도보 5분

○ 미야시타 파크

　도보 11분

○ 캣 스트리트

　도보 5분

○ 오모테산도 힐스

　도보 7분

○ 토큐 플라자 하라주쿠 하라카도

　도보 6분

○ 타케시타도리

　도보 4분

○ 하라주쿠역

　JR 4분

저녁

○ 신주쿠역

　도보 1분

○ 크로스 신주쿠 비전

　도보 4분

○ 카부키초 구경 후 리시리에서 저녁 식사

DAY 3

아사쿠사

오전

○ 긴자역

　지하철 17분

○ 아사쿠사역

　도보 1분

○ 센소지 경내 및 나카미세 구경

　도보 5분

오후

○ 점심 식사 미소주

　도보 5분

○ 아사쿠사 문화 관광 센터

　도보 1분

○ 아사쿠사역

　지하철 17분

○ 긴자역 숙소에서 짐 찾기

　지하철+케이큐 전철 45분

저녁

○ 하네다 국제공항

도쿄 스카이트리까지 보고 싶다면!

아사쿠사 나카미세의 상점은 보통 오전 10시에 문을 열지만 센소지는 아침 일찍부터 들어갈 수 있다. 귀국하는 날이라 시간이 조금 빠듯할 수 있어도 아침잠을 줄여 서두른다면 센소지를 둘러본 후 도쿄 스카이트리 타운까지 볼 수 있다. 숙소가 아닌 아사쿠사역의 물품 보관함에 짐을 맡기면 이동하는 시간을 줄일 수 있다.

일정이 하루 더 있다면?

하루 더 시간을 낼 수 있다면 앞서 둘러봤던 명소와는 성격이 다른 지역, 예를 들면 나카메구로, 다이칸야마, 카구라자카, 지유가오카, 시모키타자와, 야네센, 키치조지(지브리 미술관) 등의 골목 산책을 추천한다. 또한 도쿄 디즈니 리조트나 요코하마 등의 근교 일정을 넣어도 된다.

도쿄 서브웨이 티켓을 활용하는 3박 4일 코스

도쿄 서브웨이 티켓P.120은 도쿄 도심만 여행할 때 가장 활용도가 높은 교통 패스다. 도쿄 시내를 달리는 13개의 지하철 노선을 이용하면 신주쿠, 시부야, 긴자 등 주요 명소뿐만 아니라 조용한 골목골목까지 전부 둘러볼 수 있어 편리하다. 준비물은 도쿄 서브웨이 티켓 72시간권과 튼튼한 다리!

✈ **항공편** 인천-나리타 오전 IN, 저녁 OUT

🏠 **숙소 위치** 반드시 지하철역이 있는 지역으로 숙소를 정한다. 제시하는 일정은 긴자에 있는 숙소 기준이다.

🚌 **주요 교통수단** 도쿄 서브웨이 티켓으로 도쿄 메트로와 토에이 지하철을 무제한 이용할 수 있다. 공항 이동 외에는 무조건 지하철을 탄다.

💰 **여행 경비** 나리타 국제공항 왕복 교통비 5,000엔+ 도쿄 서브웨이 티켓 72시간권 1,500엔+도쿄 스카이트리 입장료 3,100엔(평일, 홈페이지 예약)+식비 20,000엔~+쇼핑 비용=**총 29,600엔~**

🔍 **참고 사항** 도쿄 서브웨이 티켓 72시간권은 개찰구를 통과한 시점부터 72시간 유효하다. 나리타 국제공항에서 시내로 이동 시 오시아게역, 우에노역, 도쿄역에서 개시하고 하네다 국제공항에서 시내로 이동 시 센가쿠지역에서 내린 후 지하철로 환승할 때 개시하면 교통비를 최대한 절약할 수 있다. 제시한 일정을 숙소를 긴자로 정했기 때문에 도쿄역에서 개시한다.

오모테산도

DAY 1

시부야, 하라주쿠, 신주쿠

오전

○ 나리타 국제공항 도착

　넥스 50분

○ **도쿄역** 도쿄 서브웨이 티켓 개시

　지하철 2분

오후

○ 긴자역 숙소에 짐 맡기고 무기토오리브에서 점심 식사

　지하철 15분

○ 시부야역

　도보 1분

○ 충견 하치코 동상

○ 시부야 스크램블 교차로

　도보 5분

○ 미야시타 파크

　도보 11분

○ 캣 스트리트

　도보 5분

○ 오모테산도 힐스

　도보 7분

○ 토큐 플라자 하라주쿠 하라카도

　도보 1분

○ 메이지진구마에〈하라주쿠〉역

　지하철 5분

○ 신주쿠산초메역

　도보 1분

○ 디즈니 플래그십 도쿄

　도보 5분

○ 크로스 신주쿠 비전

　도보 17분

저녁

○ **도쿄 도청** 전망대, 프로젝션 맵핑

　도보 15분

○ **저녁 식사** 우동신

DAY 2

우에노, 아사쿠사, 도쿄 스카이트리 타운

오전

긴자역

지하철 11분

우에노역

도보 1분

우에노 공원

도보 10분

아메요코 시장

도보 5분

우에노역

지하철 4분

아사쿠사역

도보 10분

오후

점심 식사 미소주

도보 10분

센소지 경내 및 나카미세 구경

도보 1분

아사쿠사 문화 관광 센터

도보 15분

도쿄 미즈마치

도보 10분

저녁

도쿄 스카이트리 타운
전망대, 회전 초밥 토리톤에서 저녁 식사

DAY 3

긴자, 나카메구로, 롯폰기

오전

긴자 추오도리

도보 4분

무인양품 긴자 무지 다이너에서 점심 식사

도보 3분

긴자역

지하철 18분

오후

나카메구로역

도보 3분

메구로가와

도보 12분

스타벅스 리저브 로스터리 도쿄

도보 15분

나카메구로역

지하철 8분

롯폰기역

도보 3분

도쿄 미드타운

도보 10분

롯폰기 힐스

도보 1분

롯폰기역

지하철 12분

저녁

카미야초역

도보 1분

아자부다이 힐스 저녁 식사

도보 10분

도쿄 타워

DAY 4

도쿄역

오전

긴자역

지하철 2분

도쿄역 JR 도쿄역으로 이동해 물품 보관함에 짐 맡기기

도보 5분

마루노우치 브릭스퀘어

마루노우치 나카도리

도보 23분

코코 바깥 정원 구경

도보 13분

오후

도쿄역 도쿄역 일번가에서 점심 식사, 기념품 쇼핑

넥스 50분

나리타 국제공항

봄을 만끽하는
2박 3일 코스

일본 전국이 분홍빛으로 물드는 봄. 어느 도시를 가든 벚꽃 명소는 꽃잎만큼 사람이 넘친다. 이 일정에서는 도쿄의 봄을 한껏 느낄 수 있는 벚꽃 길을 걷는다. 일정에 나온 장소 외에도 치도리가후치(코쿄), 스미다 공원, 요요기 공원 등도 벚꽃 명소로 사랑받는다.

✈ **항공편** 인천-나리타 오전 IN, 저녁 OUT

🛏 **숙소 위치** 가능하면 교통이 편리한 곳으로 잡는다. 제시하는 일정은 신주쿠에 위치한 숙소 기준이다.

🚆 **주요 교통수단** JR과 지하철 중 편한 교통수단을 이용한다. 교통 패스는 필요 없다.

💴 **여행 경비** 나리타 국제공항 왕복 교통비 5,000엔+시내 교통비 약 1,600엔+식비 15,000엔~+쇼핑 비용=**총 21,600엔~**

🔍 **참고 사항** 도쿄의 벚꽃이 만개하는 시기는 보통 3월 말에서 4월 초. 하지만 매해 조금씩 차이는 있다. 이 시기에 인기 숙소는 금세 만실이 되기 때문에 여행 일정이 정해지는 대로 빠르게 숙소를 예약하는 걸 추천한다.

도쿄 근교로 벚꽃 보러 가자!

시간을 좀 더 낼 수 있다면 요코하마, 가마쿠라로 떠나보자. JR 사쿠라기초역에서 요코하마 랜드마크 타워와 닛폰마루 메모리얼 파크, 요코하마 코스모 월드까지 이어지는 길 양옆으로 벚나무가 터널을 만든다. 또한 모토마치의 서양관의 벚꽃도 아름답다. 가마쿠라의 츠루가오카하치만구, 하세데라도 잘 알려진 벚꽃 명소다.

DAY 1

나카메구로, 롯폰기

오전

○ 나리타 국제공항 도착

　넥스 73분

○ 신주쿠역 숙소에 짐 맡기고 아인 소프 저니에서 점심 식사

　지하철 11분

오후

○ 나카메구로역

　도보 3분

○ 메구로가와

　도보 12분

○ 스타벅스 리저브 로스터리 도쿄

　도보 15분

○ 나카메구로역

　지하철 8분

○ 롯폰기역

　도보 5분

○ 롯폰기 힐스 모리 정원에서 휴식

　도보 10분

저녁

○ 도쿄 미드타운 미드타운 가든에서 라이트 업 구경

　도보 3분

○ 저녁 식사 츠루통탄

야네센

치도리가후치

모리 정원

DAY 2

우에노, 야네센, 신주쿠

오전

○ **신주쿠역**

　JR 26분

○ **우에노역**

　도보 6분

○ **점심 식사** 이즈에이

　도보 5분

○ **우에노 공원**

　도보 20분

오후

○ **야나카레이엔** 야네센 골목 산책

　도보 10분

○ **닛포리역**

　JR 25분

○ **신주쿠역**

　도보 20분

○ **도쿄 도청** 전망대

　도보 15분

저녁

○ **저녁 식사** 모코탄멘 나카모토

DAY 3

신주쿠, 키치조지

오전

○ **신주쿠역**

　JR 15분

○ **키치조지역**

　도보 5분

○ **이노카시라 공원**

　도보 15분

○ **점심 식사** 마가렛 호웰 숍 앤드 카페

　도보 8분

○ **키치조지역**

　JR 15분

오후

○ **신주쿠역**

　도보 10분

○ **신주쿠 교엔**

　도보 10분

○ **신주쿠역** 숙소에서 짐 찾기

　넥스 73분

저녁

○ **나리타 국제공항**

매일의 테마를 달리하는 2박 3일 코스

도쿄의 가장 큰 장점이자 매력은 다양한 취향을 품고 있다는 사실이다. 미술관, 박물관, 책, 커피, 애니메이션, 게임, 건축, 골목 등 하나의 테마를 정해 며칠이고 돌아다닐 수 있는 도시가 바로 도쿄다. 이 코스는 매일 하나의 테마를 정해 2박 3일 동안 도쿄를 돌아보는 일정이다. 첫째 날은 건축, 둘째 날은 책과 애니메이션, 게임 캐릭터 상품, 셋째 날은 커피를 테마로 도쿄를 둘러본다.

✈ **항공편** 인천-나리타 오전 IN, 저녁 OUT

🏠 **숙소 위치** 공항 이동이 편리한 도쿄역 주변을 추천한다.

🚌 **주요 교통수단** JR과 지하철 중 편한 교통수단을 이용한다. 교통 패스는 필요 없다.

💴 **여행 경비** 나리타 국제공항 왕복 교통비 5,000엔 + 시내 교통비 약 940엔 + 식비 15,000엔~ + 쇼핑 비용 = **총 20,940엔~**

🔍 **참고 사항** 도쿄역 주변에는 백화점, 쇼핑몰은 있지만 규모가 큰 슈퍼마켓, 드러그 스토어는 없다. 도쿄역에서 가까운 유라쿠초역 앞에 대형 슈퍼마켓과 드러그 스토어가 있다. 셋째 날은 단시간에 카페인 섭취를 많이 하는 편이니 몸 상태를 봐가며 일정을 소화하자.

아키하바라

도쿄역

DAY 1

도쿄역

오전

○ 나리타 국제공항 도착

넥스 50분

오후

○ 도쿄역 숙소에 짐 맡기고 돈카츠 스즈키에서 점심 식사

도보 10분

메이지 생명관

도보 10분

일본 공업 클럽 회관

도보 10분

타카시마야 본관

도보 7분

○ 니혼바시

도보 7분

○ 카페 잇푸쿠 앤드 맛차

도보 2분

미츠이 본관

도보 3분

○ 니혼바시 미츠코시 본점

도보 4분

저녁

○ 저녁 식사 니혼바시 텐동 카네코한노스케

DAY 2

진보초, 아키하바라, 도쿄역

오전

○ 오테마치역

　지하철 7분

○ 진보초역

　도보 1분

○ 점심 식사 카레 본디

　도보 2분

○ 칸다 고서점 거리

　도보 20분

오후

○ 히지리바시

　도보 8분

○ 칸다 묘진

　도보 10분

○ 아키하바라 전자 상가

　도보 5분

○ 아키하바라역

　JR 5분

저녁

○ 도쿄역 캐릭터 스트리트 구경 후 데포트에서 저녁 식사

　도보 1분

○ 킷테 옥상에 위치한 킷테 가든에서 야경 감상

DAY 3

키요스미시라카와

오전

○ 도쿄역

　지하철 17분

○ 키요스미시라카와역

　도보 10분

○ 카페 더 크림 오브 더 크롭 커피

　도보 7분

○ 도쿄도 현대 미술관

　내부

○ 점심 식사 내부 카페에서 브런치

　도보 8분

○ 디저트 엉 브데트

　도보 1분

오후

○ 카페 아라이즈 커피 로스터즈

　도보 6분

○ 키요스미시라카와역

　지하철 17분

○ 도쿄역

　도쿄역 일번가에서 기념품 쇼핑 후 숙소에서 짐 찾기

　넥스 50분

○ 나리타 국제공항

칸다 책방 거리

키요스미시라카와

PART 2

가장 멋진
도쿄
테마 여행

일 년 내내 즐기기 좋은
도쿄의 사계절 이벤트

도쿄는 일본 열도를 구성하는 4개의 섬 중
가장 큰 섬인 혼슈本州의 태평양 연안에 위치한
도시이며 우리나라와 마찬가지로
사계절이 매우 뚜렷하다. 시를 지을 때도
계절을 읊는 표현인 키고季語를 꼭 챙기듯
일본인은 계절의 변화를 즐기며
그 계절에만 누릴 수 있는 풍경을 만끽한다.

1월
모란

spot 우에노 토쇼구 P.347

2월~3월 초
유채꽃

spot 하마리큐 정원 P.307

매화

spot 유시마 텐만구 P.353

3월 말~4월 중순
벚꽃

spot 신주쿠 교엔 P.139 요요기 공원 P.200
메구로가와 P.227 모리 정원 P.244 미드타운 가든 P.248
코코 가이엔 P.275 우에노 공원 P.346 야나카레이엔 P.358
미나미 이케부쿠로 공원 P.393 이노카시라 공원 P.406

5월 초
철쭉

spot 네즈 신사 P.357

5월 중순
장미

spot 구 후루카와 정원 P.393
야마시타 공원 P.431
미나토노미에루오카 공원 P.433

6월
수국

spot 하세데라 P.453

7월 말
불꽃놀이

spot 스미다 공원 P.371

11월 말~12월 중순
단풍

spot 메이지 신궁 가이엔 P.199
코이시카와코라쿠엔 P.339   리쿠기엔 P.392

11월 말~12월 말
일루미네이션

spot 신주쿠 서던 테라스 P.138
시부야 코엔도리 P.173
에비스 가든 플레이스 P.222
롯폰기 케야키자카도리 P.245
도쿄 미드타운 P.247
마루노우치 나카도리 P.271
도쿄 돔 시티 P.339

3~5월
봄

春 일본의 봄은 곧 벚꽃이다. 가장 따뜻한 오키나와의 벚꽃 개화 소식으로 시작하는 봄은 가장 추운 홋카이도의 벚꽃 낙화 소식으로 마무리된다. 도쿄 사람들의 마음은 3월 초부터 들썩들썩한다. 올해의 벚꽃 만개는 언제일까? 어디서 꽃놀이를 즐기면 좋을까? 꽃봉오리가 부푸는 것처럼 대화가 부풀어 오르며 마음까지 설레는 계절이 바로 봄이다.

일본인의 꽃놀이, 하나미

꽃나무 아래에 유유자적 꽃을 감상하는 문화는 8세기인 나라 시대까지 거슬러 올라간다. 그 당시에는 귀족만이 즐기는 문화였고 주로 매화를 감상했다고 한다. 도요토미 히데요시豊臣秀吉가 몇 백 그루의 벚나무를 심어 성대하게 하나미花見를 즐겼다 전해지고 하나미 문화는 무사, 서민에게까지 퍼진다. 사실 지금에 와서 꽃놀이가 특별할 건 없다. 벚나무가 많이 심어져 있는 장소에서 꽃을 보며 도시락을 먹고 노래를 부르고 이야기를 나누면 그게 곧 꽃놀이다. 몇몇 벚꽃 명소에서는 시기에 맞추어 축제를 열기도 한다. 축제 때는 야타이屋台라고 불리는 포장마차가 나오고 늦은 밤까지 벚꽃을 감상할 수 있게 등을 밝혀둔다.

도쿄 벚꽃은 언제가 가장 아름다울까?

일반적으로 도쿄의 벚꽃이 가장 아름다운 때는 3월 말부터 4월 초. 하지만 어떤 해는 3월 말에 이미 다 져버리기도 하고, 어떤 해는 4월 중순에 만개를 이루기도 한다. 일찍 피는 품종 카와즈 벚꽃河津桜은 2월 중순경 만개한다. 기다린 시간이 무색하게 만개하는 순간 순식간에 꽃이 져버리기 때문에 고도의 눈치 싸움이 필요하다. 특히 벚꽃을 보기 위해 일부러 도쿄에 가는 여행자라면 더욱더!

6~9월
여름

夏 도쿄의 여름은 장마와 함께 시작한다. 기후 변화 때문에 최근에는 장마가 시작하는 시기와 끝나는 시기, 장마 기간을 점점 예측하기 어려워지고 있는데 보통 6월 중순부터 한 달 동안 이어진다고 보면 된다. 장마가 끝나면 그야말로 찜통 같은 더위가 찾아온다. 요새는 우리나라의 여름도 동남아시아의 여름과 비슷해졌다고 많이 말하는데 도쿄의 여름 역시 피부 보습이 따로 필요 없을 정도로 습하고 끈적끈적하다. 이렇게 더운 여름을 이겨내기 위해 일본 곳곳에서, 그리고 도쿄에서도 구마다 크고 작은 축제가 열린다.

도쿄의 여름 축제
여름 축제를 일본어로 나츠마츠리夏祭り라고 한다. 사계절 내내 어딘가에서 작은 축제라도 열리는 일본이지만 나츠마츠리는 본격적으로 이를 갈고 성대하게 준비한다. 일본을 대표하는 여름 축제로는 교토의 기온 마츠리, 오사카의 텐진 마츠리, 아오모리의 네부타 마츠리 등이 있는데 안타깝게도 도쿄에서는 여행자가 일부러 찾아볼 만한 대규모 여름 축제가 열리지 않는다. 그래도 실망은 금물, 일본에서 가장 성대한 불꽃놀이가 여름밤을 밝혀줄 테니까!

스미다가와 불꽃놀이 대회 隅田川花火大会
서울에 서울 세계 불꽃축제(한강 불꽃축제)가 있다면 도쿄에는 스미다가와 불꽃놀이 대회가 있다. 1978년부터 매년 7월 마지막 토요일에 아사쿠사 근처의 스미다가와에서 열린다. 2만 발 이상의 불꽃을 90분 동안 쏘아 올리는 장관이 연출되는데 그만큼 사람도 많이 모여서 매년 평균 95만 명 정도가 스미다가와 불꽃놀이 대회를 보기 위해 모여든다고 한다. 2025년 행사는 7월 26일로 예정되어 있으며 자세한 사항은 홈페이지에서 확인할 수 있다.

🏠 www.sumidagawa-hanabi.com

10~11월
가을

秋 여름의 더위가 슬슬 잦아드는 9월과 본격적으로 가을 냄새가 나는 10월은 장마철만큼이나 비가 많이 오는 달이다. 바로 태평양에서 생겨나는 태풍 때문이다. 장마 때처럼 주구장창 비가 오는 건 아니지만 비바람 속에서 여행할 확률은 상당히 높다는 뜻. 태풍만 아니라면 여행하기 가장 좋은 계절인 가을은 아쉽지만 짧게 스쳐 지나간다. 11월 말부터 12월 중순까지는 단풍이 든 도심의 모습을 볼 수 있다.

12~2월
겨울

冬 조용한 가을을 지나 크리스마스와 연말이 가까워지면 크리스마스트리와 일루미네이션으로 도심 곳곳이 화려하게 빛나기 시작한다. 일루미네이션은 보통 11월 말부터 시작해 크리스마스가 지나면 철거한다. 드물게 2월까지 진행하는 장소도 있다. 도쿄는 서울보다 해가 1시간 정도 일찍 져서 시간을 효율적으로 활용하고픈 여행자 입장에서는 겨울 여행에 아쉬운 마음이 들기도 하는데 일루미네이션 명소를 찾아다니다 보면 긴 밤이 오히려 고맙게 느껴질지도 모른다.

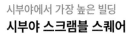

하루 종일 둘러봐도 좋을
지역 대표
복합 공간

대도시 도쿄를 그대로 구현한 압도적인
규모, 하루 종일 둘러봐도 지루하지
않을 다양한 시설을 한 군데에 모아 놓은 공간.
한 지역의 랜드마크 역할을 하는 다양한
복합 공간 속으로 들어가 보자.

시부야에서 가장 높은 빌딩
시부야 스크램블 스퀘어

오랜 시간 시부야의 랜드마크였던 시부야 109를
단숨에 제치고 오픈과 함께 시부야를 대표하는 랜
드마크가 되었다. 저층부는 상업 시설로 쓰이는데
백화점 식품관처럼 꾸며놓은 1층에는 유명한 디저
트, 빵집이 많이 들어와 있다. 이곳의 하이라이트는
옥상에 있는 전망대 '시부야 스카이'이며 지금 도쿄
에서 가장 인기 있는 공간이다. **P.168**

서점도 랜드마크가 될 수 있다
다이칸야마 티사이트

다른 복합 공간에 비하면 규모는 작지만 그 가치와
존재감만큼은 절대 뒤지지 않는다. DVD, CD 대여
점이던 츠타야를 문화 콘텐츠 기업으로 자리매김하
도록 만든 츠타야 서점의 시발점이 바로 이곳이기
때문이다. 3개의 동으로 이루어진 서점은 일본어를
모르는 외국인에게도 영감의 원천이 된다. **P.224**

恵比寿

東京駅

맥주에서 시작된 공간
에비스 가든 플레이스

과거에 맥주 공장이 있던 자리에 생긴 복합 공간이다. 위로 높이 올라간 공간이 아니라 대지를 넓게 사용해 포근하게 안아주는 느낌이다. 그 중에서도 에비스 브루어리 도쿄는 에비스 가든 플레이스의 정체성을 잘 드러내는 공간이다. 겨울이 되면 중앙 광장의 일루미네이션이 아름다우며, 무료 전망대도 발걸음 할 만한 가치가 있다. **P.222**

단순히 열차역이 아니다
도쿄역

역이 커봤자 얼마나 크겠어? 라고 생각하고 만만하게 보면 헤매기 십상이다. 우선 건물 자체가 일본 근대를 대표하는 건축물이며 그 안에 미술관, 호텔, 백화점 등이 있다. 여행자가 도쿄역에 꼭 들러야 하는 이유를 하나만 꼽자면 일본, 특히 도쿄를 대표하는 모든 기념품을 한데 모아놓은 상업 시설이 있기 때문이다. 공항 면세점보다 종류가 훨씬 다양하다. **P.266**

롯폰기 부활의 주역
롯폰기 힐스

생긴 지 20년이 넘었지만 아직도 도쿄 최고의 도시 재개발 사례로 언급되는 롯폰기 힐스. 그 규모도 엄청나지만 호텔, 미술관, 전망대, 쇼핑몰 등 다양한 성격의 시설이 한 군데에 모여 있다는 게 가장 큰 장점이다. 그중 모리 타워에 위치한 전망대인 도쿄 시티 뷰와 세계에서 가장 높은 곳에 있는 미술관인 모리 미술관은 꼭 들러볼 만한 공간이다. 롯폰기 케야키자카도리의 일루미네이션은 도쿄 타워의 야경과 어우러져 도쿄의 겨울을 상징하는 풍경이다. **P.242**

하나의 작은 마을
아자부다이 힐스

1989년부터 2023년까지 계획, 투자, 설계, 시공 등에 무려 30년이 넘는 시간이 걸렸다. 330m인 도쿄 타워와 나란히 올라가는 초고층 빌딩을 보며 경관을 해친다는 의견도 있었지만 2023년 11월 오픈하자마자 도쿄에서 꼭 가야할 명소가 되었다. '초록으로 둘러싸인, 사람과 사람을 이어주는 광장 같은 마을'이라는 콘셉트에 걸맞게 전체 부지의 약 3분의 1이 녹지 공간이라 높은 빌딩 가운데서도 답답하지 않다. 롯폰기의 다른 복합 공간, 도쿄 타워와 엮어서 일정을 짜기 좋다. **P.252**

六本木

초록의 복합 공간
도쿄 미드타운

도쿄에 있는 복합 공간 중 녹지 비율이 가장 높다. 건물 군을 빙 둘러싼 미드타운 가든은 그야말로 도심 속 쉼터의 역할을 한다. 봄에는 벚꽃이 만발하고 겨울에는 일루미네이션이 아름답다. 산토리 미술관, 디자인 사이트 21_21에서는 항상 수준 높은 전시가 열린다. 갤러리아 B1층에는 장 폴 에방 등 유명 디저트 매장이 많이 모여 있다. P.247

東京スカイツリータウン

일본 최고의 전망대
도쿄 스카이트리 타운

현재 일본에서 가장 높은 인공 건조물인 도쿄 스카이트리를 중심으로 조성된 복합 공간이다. 이곳의 정점은 두말할 필요 없는 내부 전망대. 도쿄의 다른 전망대보다 입장료가 비싸지만 그 값어치를 톡톡히 한다. 저층부의 상업 시설인 소라마치에는 수족관, 음식점, 패션 잡화 매장, 슈퍼마켓 등이 모여 있다. 아사쿠사와 함께 일정을 짜기 좋다. P.372

더욱 높게 더욱 멀리

도쿄 전망대 전격 분석

전 세계 어디에 내놔도 빠지지 않을 멋진 마천루를 가진 도시 도쿄.
곳곳의 높은 빌딩에 도쿄의 풍경을 발밑에 두고 감상할 수 있는 전망대가 자리한다.
위치, 높이, 입장료까지 고려한 후 어떤 전망대로 갈지 선택하는 건 여행자의 몫!
어디로 가느냐에 따라 전혀 다른 도쿄의 모습을 만날 수 있다.

No.2

도쿄 시티 뷰
in 롯폰기 힐스

높이 52층 238m
뷰 방향 도쿄 전역 360도
입장료 평일 2,000엔, 주말 2,200엔

No.4

시부야 스카이
in 시부야 스크램블 스퀘어

높이 옥상 229m
뷰 방향 도쿄 전역 360도
입장료 2,500엔

No.5

도쿄 도청 `무료`
in 신주쿠

높이 45층 202m
뷰 방향 도쿄 전역 360도

No.8

스카이 라운지 `무료`
in 에비스 가든 플레이스

높이 38층 150m
뷰 방향 신주쿠, 롯폰기,
도쿄 타워

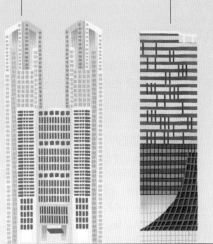

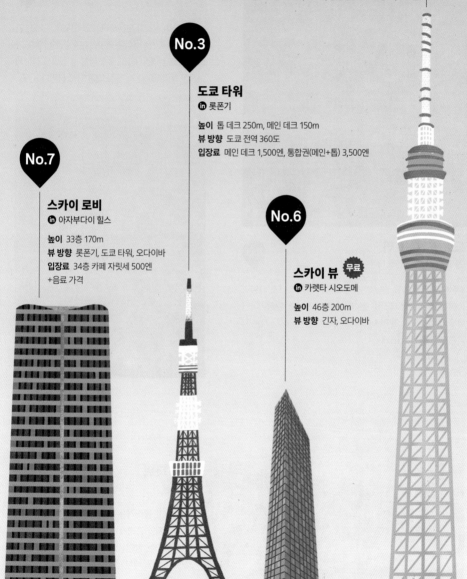

No.1

★ 전망대 높이 기준

도쿄 스카이트리
in 도쿄 스카이트리 타운

높이 전망 회랑 450m, 전망 데크 350m
뷰 방향 도쿄 전역 360도
입장료(주말) 전망 데크 2,600엔, 통합권(데크+회랑) 3,800엔

No.3

도쿄 타워
in 롯폰기

높이 톱 데크 250m, 메인 데크 150m
뷰 방향 도쿄 전역 360도
입장료 메인 데크 1,500엔, 통합권(메인+톱) 3,500엔

No.7

스카이 로비
in 아자부다이 힐스

높이 33층 170m
뷰 방향 롯폰기, 도쿄 타워, 오다이바
입장료 34층 카페 자릿세 500엔
+음료 가격

No.6

스카이 뷰 무료
in 카렛타 시오도메

높이 46층 200m
뷰 방향 긴자, 오다이바

도쿄 시티 뷰

📍 롯폰기 힐스

아자부다이 힐스가 오픈하며 도쿄 타워에서 가장 가까운 전망대라는 수식은 빼앗겼지만 도쿄 타워와 가깝고 도쿄 전역을 360도로 조망할 수 있다는 점에서 여전히 매력적이다. 해가 질 때쯤 가장 붐빈다. **P.243**

도쿄 스카이트리
📍 도쿄 스카이트리 타운

일본에서 가장 높은 전망대. 전망 회랑과 전망 데크로 나뉘며 높이가 낮은 전망 데크의 높이도 350m나 된다. 단점이라면 너무 높아서 모든 게 다 너무 작아 보인다는 점. 해가 지는 시각이 가장 붐빈다. **P.373**

도쿄 타워

📍 롯폰기

돈을 내고 들어가는 다른 전망대에 비해 인기가 없다. 하지만 그래서 좀 더 여유롭게 전망을 감상할 수 있다는 장점이 있다. 인기가 없는 이유는 바로 도쿄 타워 내부에서는 도쿄 타워가 보이지 않기 때문이다. **P.256**

시부야 스카이

 시부야 스크램블 스퀘어 **No.4**

시부야 지역에 생긴 최초의 전망대이자 지금 도쿄에서 가장 인기 있는 전망대. 신주쿠에서 가장 가까운 전망대라 신주쿠의 마천루가 굉장히 잘 보인다. 옥상 전망대 바로 아래의 실내 전망대에는 의자가 많이 놓여 있어 편하게 전망을 볼 수 있다. P.168

도쿄 도청

 신주쿠 **No.5**

도쿄 도청 제1청사에 위치한 전망대. 무료 전망대 중 가장 규모가 크다. 신주쿠 한복판에 위치해 접근성이 좋고 무료라서 항상 사람이 많다. 전망대에서 보이는 명소의 외국어 안내가 잘 되어 있다. P.136

스카이 뷰

 카렛타 시오도메 **No.6**

전망대의 조망 범위가 넓지 않은 편이다. 그래도 오다이바의 레인보 브릿지를 가장 가까이에서 볼 수 있는 전망대라 은근히 찾는 사람이 많다. 야경이 아름답다. P.307

스카이 로비

 아자부다이 힐스 **No.7**

아자부다이 힐스의 모리JP타워 33층에 위치하며 도쿄 타워에서 가장 가까운 전망대다. 도쿄 전역을 360도로 조망할 수 없지만 창을 한가득 채우는 도쿄 타워 하나만으로 방문한 보람이 있다. P.254

스카이 라운지

 에비스 가든 플레이스 **No.8**

전망 공간 자체는 좁지만 도쿄 타워와 아자부다이 힐스의 모리JP타워를 정면에서 바라볼 수 있다. 주변의 유료 전망대보다 방문하는 사람이 적은 편이다. P.223

---✦---

일본을 넘어 세계로
유명 건축가의 건축물

일본은 건축계의 노벨상이라 불리는 프리츠커상 수상자를 가장 많이 배출한 나라다.
특히 도쿄는 도시 자체가 하나의 거대한 건축 박물관이라 해도 좋을 정도라서
유명 건축가의 작품을 둘러보는 코스로 일정을 짜면 도쿄의 주요 랜드마크를 빼놓지 않고 볼 수 있다.

단게 겐조 丹下健三
1913~2005

1987년 아시아인 최초로 프리츠커상을 수상했다. 전후 부흥기부터 일본의 고도 경제성장기에 걸쳐 활동하며 다양한 정부 규모의 프로젝트를 맡아 진행했다. 후학 양성에도 매진해 제자 중에도 일본을 대표하는 유명 건축가가 많다.

structure
도쿄 도청 **P.136**
후지 티브이 본사 **P.316**
국립 요요기 경기장
요코하마 미술관

마키 후미히코 槇文彦
1928~2024

단게 겐조의 제자이며 1993년 일본인으로는 두 번째로 프리츠커상을 수상했다.

structure
스파이럴 **P.204**
힐사이드 테라스 **P.226**

안도 다다오 安藤忠雄

1941~

건축을 전공하지 않은 건축가. 독특한 이력, 노출 콘크리트로 만들어내는 정적인 공간 등으로 우리 나라에도 잘 알려져 있다. 거점이 오사카라 명성 에 비해 도쿄에는 그의 건축물이 많지 않은 편이다. 1995년 프리츠커상을 수상했다.

structure

오모테산도 힐스 P.202
라 콜레지오네 P.205
21_21 디자인 사이트 P.248
국제 어린이 도서관(우에노 공원 내, 도쿄 국립 박물관 옆)

SANNA

세지마 카즈요妹島和世와 니시자와 류에西沢 立衛, 두 사람이 이끄는 유닛. 2004년 가나 자와 21세기 미술관을 만들고 다음해 프리 츠커상을 수상했다.

structure

디올 오모테산도점 P.204

구마 겐고 隈研吾

1954~

현재 가장 활발하게 활동 중인 일본 건축가. 목재를 활용해 일본의 전 통미를 살리는 건축물로 잘 알려져 있다. 2020년 도쿄 올림픽 주경기 장인 도쿄 국립 경기장을 설계했다.

structure

와세다 대학 국제문학관(무라카미 하루키 라이브러리) P.159
네즈 미술관 P.203, 서니힐스 P.205, 포레스트게이트 다이칸야마 P.226
킷테 P.276, 아사쿠사 문화 관광 센터 P.369, 도쿄 국립 경기장

🚶

걷는 것만으로도
행복한 시간

아기자기한
골목 산책

신주쿠, 시부야 등 번잡한 대도시의
모습, 차가운 빌딩 숲에 지쳤다면
그 너머에 있는 아기자기하고 한적한 골목이
여행자의 숨통을 틔워줄 것이다.
별다른 목적 없이 나릿나릿 걷다 보면
지금껏 몰랐던 새로운 도쿄와 만날 수 있다.

감각적인 상점 구경
오쿠시부야

시부야는 시부야인데 큰길가의 시
부야와는 사뭇 다른 모습이다. 프랜
차이즈나 대형 체인보다 개인이 운
영하는 개성 넘치는 작은 상점이 많
아서 길을 걷던 발걸음을 멈추고 들
여다보게 된다. P.181

🚶 시부야역에서 도보 10분

도쿄 속 프랑스
카구라자카

도쿄 속 작은 파리인 카구라자카. 도쿄에 거주하는 프랑스인의 25%가 카구라자카에 거주한다. 그래서 인지 유독 프랑스빵과 디저트를 파는 공간이 많다. 본토의 맛을 아는 까다로운 손님들의 취향까지 사로잡은 작은 파티스리와 카페에서 프랑스 디저트를 맛보자. **P.156**

🚶 신주쿠역에서 JR 12분

옛 철길 따라 새로운 공간 산책
시모키타자와

한때 소규모 공연의 메카였던 시모키타자와가 새롭게 태어나고 있다. 철로의 지하화로 인해 생긴 빈 땅에 새로운 시설이 속속 생겨나고 있기 때문이다. 철로가 있던 자리라서 일자로 쭉 늘어선 공간은 산책하듯 둘러보기에 딱 좋다. **P.184**

🚶 ① 신주쿠역에서 오다큐 전철 10분 ② 시부야역에서 케이오 전철 7분

시타마치의 정취에 빠지다

야네센

제2차 세계 대전 때도 피해를 거의 입지 않았고 대규모 개발에서도 비켜 나가 옛 모습이 꽤 많이 남아 있는 거리. 소박한 상점가가 정겹고 오래된 목조 가옥을 개조해 만든 상업 시설은 콘크리트나 유리로 뒤덮인 건물보다 훨씬 따듯하게 느껴진다. 어느 소도시에 있을 법한 작고 소박한 상점이 많다. P.356

🚶 우에노 공원에서 도보 20분

잡화 쇼핑은 여기
지유가오카

'자유의 언덕'이란 뜻을 가진 지유가오카는 도쿄에서도 손꼽히는 부촌. 하지만 간간이 담벼락이 높은 단독주택이 보이는 것 외에는 그저 한적하게 걷기 좋은 거리일 뿐이다. 지유가오카역 바로 앞에는 인테리어 편집 숍이 옹기종기 모여 있어 인테리어, 잡화 쇼핑을 좋아하는 사람이라면 시간 가는 줄 모를 것이다. **P.188**

🚶 시부야역에서 토큐 전철 12~15분

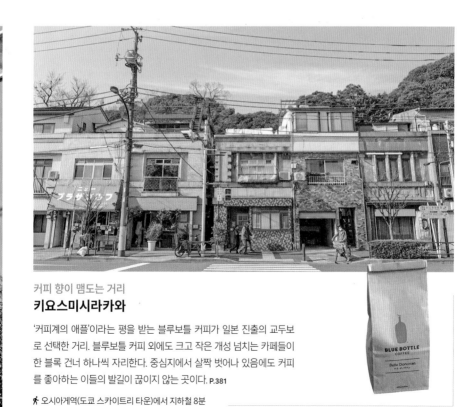

커피 향이 맴도는 거리
키요스미시라카와

'커피계의 애플'이라는 평을 받는 블루보틀 커피가 일본 진출의 교두보로 선택한 거리. 블루보틀 커피 외에도 크고 작은 개성 넘치는 카페들이 한 블록 건너 하나씩 자리한다. 중심지에서 살짝 벗어나 있음에도 커피를 좋아하는 이들의 발길이 끊이지 않는 곳이다. **P.381**

🚶 오시아게역(도쿄 스카이트리 타운)에서 지하철 8분

전시를 사랑하는 사람이라면

높은 안목의
뮤지엄 탐방

세계 최고 수준을 자랑하는 경제력과 집요할 정도로 수집하고
정리하는 민족성이 만나 도쿄에 수많은 박물관과 미술관을 만들어냈다.
국가에서 운영하는 대규모 시설은 물론이거니와
개인이 운영하는 소박한 공간조차 그 안목에 감탄 또 감탄하게 된다.

특별한 주제에
빠져들다

Theme | 과학

국립 과학 박물관

과학 박물관이라 그런지 우에노에 있는 다른 박물관과 미술관에 비해 어린이 관람객의 비율이 높다. 박물관 전체 테마는 '인류와 자연의 공존을 바라며'이다. P.352

🚶 우에노

Theme | 컵라면

컵라면 박물관

단순히 컵라면의 역사를 알려주는 공간이 아니다. '나만의 컵라면 만들기' 등 특별한 체험이 가능해 가족 여행자에게 인기가 많다. P.424

🚶 요코하마

Theme | 지브리 작품

미타카의 숲 지브리 미술관

미술관이지만 테마파크이기도 하다. 지브리의 세계를 온전히 경험해 볼 수 있는 공간이다. P.404

🚶 키치조지

예술적 감각을
채우다

Theme | 프랑스 인상주의

국립 서양 미술관

프랑스 인상주의 화가의 작품을 특히 많이 소장한다. 로댕의 작품이 전시된 정원까지는 무료로 관람할 수 있다. P.349

🚶 우에노

Theme | 매번 다름

국립 신미술관

작품을 소장하지 않는 독특한 운영 방침을 가진 미술관. 언제 가더라도 굵직한 기획전을 만날 수 있어 도쿄에 가기 전에 전시 일정을 꼭 확인해야 하는 공간이다. P.251

🚶 롯폰기

Theme | 매번 다름

도쿄도 미술관

규모는 작지만 항상 다채로운 전시를 볼 수 있는 미술관이다. 우에노 공원에서 야네센으로 넘어가는 길목에 위치한다. P.352

🚶 우에노

Theme | 매번 다름

미츠비시 이치고칸 미술관

마루노우치의 높은 빌딩 사이에 위치하며, 작지만 알찬 기획전이 자주 열린다. 리모델링을 마치고 2024년 11월 재개관했다. 중정이 특히 아름답다. P.271

🚶 도쿄역

Theme | 동아시아 고미술

네즈 미술관

소장품도 뛰어나지만 구마 겐고가 설계한 미술관과 정원을 경험하기 위해 방문할 가치가 충분하다. P.203

🏃 하라주쿠·오모테산도

Theme | 아시아 미술

도쿄 국립 박물관

일본에서 가장 오래되고 큰 박물관이다. 일본과 아시아 미술품에 관심 있다면 들러보자. 제대로 돌아보려면 하루 종일 있어도 부족하다. P.348

🏃 우에노

Theme | 동서양 회화

솜포 미술관

아시아에 위치한 미술관 중 유일하게 고흐의 작품 〈해바라기〉를 소장한 미술관이다. 도쿄 도청과 가깝다. P.137

🏃 신주쿠

Theme | 현대 미술

모리 미술관

세계에서 가장 높은 곳에 있는 미술관. 현대 미술을 중심으로 다양한 기획전을 개최한다. P.244

🏃 롯폰기

Theme | 동서양 회화

아티즌 미술관

일본을 대표하는 기업 브리지스톤의 창업자가 세운 미술관. 고대부터 현대까지 동서양을 아우르는 3,000점 이상의 컬렉션을 소장한다. P.271

🏃 도쿄역

---🍴---

초밥의 시작은 도쿄!

일본의 필수 먹거리
초밥

초밥은 에도 시대 이전에도 존재했지만 지금과 같은 형태는 에도에서 탄생해 일본 전국으로 퍼져나갔다.
1인분 가격이 몇 만 엔을 훌쩍 넘어 가는데도 이미 1년 예약이 꽉 찬 하이엔드 초밥집도 있고
한 접시에 150엔부터 시작하는 회전 초밥집도 있다. 어디를 가든 본토의 맛이 여행자를 기다린다.

인기 초밥 메뉴

연어

サーモン ◀) 사-몬

참치 중뱃살

中トロ ◀) 츄우토로

참치 대뱃살

大トロ ◀) 오오토로

참치

マグロ 赤身 ◀) 마구로 아카미

방어

ハマチ·ブリ ◀) 하마치·부리

붕장어

アナゴ ◀) 아나고

새우

エビ ◀) 에비

오징어

イカ ◀) 이카

가리비

ホタテ ◀) 호타테

성게

ウニ ◀) 우니

연어알

イクラ ◀) 이쿠라

이렇게 먹자!

흰 살 생선부터 시작   지방이 많은 생선을 먼저 먹으면 담백한 흰 살 생선의 맛을 제대로 느끼기 어렵다. 흰 살, 붉은 살, 등 푸른 생선 순으로 먹자.

간장은 생선에 톡   간장은 생선에만 살짝 찍어 먹는다. 밥과 생선 사이에 고추냉이가 들어가 있지 않은 경우도 있다. 밥 위에 올라가는 생선 종류에 따라 간장이 아닌 소금만 살짝 얹어 먹기도 한다.

녹차와 생강으로 입가심   초밥에 올라간 생선의 종류가 바뀔 때는 녹차와 생강 초절임(가리ガリ)으로 입가심을 한 후 넘어가자. 오마카세 초밥집에서는 요리사가 입가심해야 할 때를 직접 알려주기도 한다.

맨손으로 한입에 쏙   젓가락을 쓰지 않고 맨손으로 집어 먹어도 전혀 문제가 되지 않는다. 초밥은 생선, 쌀밥(필요에 따라 간장, 소금, 고추냉이를 더한 후)의 조화를 느끼는 요리. 중간에 끊지 말고 한입에 쏙 넣는 게 정석이다.

배가 부르다면 밥 양을 적게   초밥의 생선 부분을 네타ネタ, 쌀밥 부분을 샤리シャリ라고 한다. 코스를 먹는 중간에 배가 부르다고 밥은 빼고 생선회만 골라 먹는 경우는 요리사를 무시하는 가장 무례한 행동이다. 밥을 조금만 먹고 싶다면 '샤리와 치이사메데 오네가이시마스ン+リは 小さめでお願いします。(밥 양을 줄여주세요.)'라고 말하자. 회전 초밥집에서 태블릿 피시로 주문할 때도 밥 양을 조절할 수 있다.

어느 초밥집으로 갈까?

고르기 어려울 때는 오마카세   고급 초밥집일수록 메뉴 구성이 단출하다. 점심과 저녁에 각각 딱 1가지 코스 혹은 오마카세おまかせ가 기본이다. 오마카세는 그날 어떤 재료가 들어오느냐에 따라 구성이 달라진다. 코스나 오마카세를 주문하면 입맛을 돋워주는 전채부터 디저트까지 나오고 요리사가 초밥을 쥐어줄 때마다 재료에 대한 설명도 해준다.

가성비는 역시 회전 초밥집   눈으로 직접 보며 내가 원하는 메뉴를 골라 먹을 수 있는 점이 회전 초밥집의 매력이지만 미리 만든 요리인 만큼 신선도가 떨어진다는 단점이 있다. 하지만 이제는 주문 후 바로 만든 신선한 초밥을 내어주는 시스템을 갖춘 곳이 많아졌다. 태블릿 피시나 종이 주문서로 주문할 수 있으며, 책에서 소개하는 회전 초밥집에는 모두 한국어 메뉴판이 있다.

 추천 맛집

네무로 하나마루

홋카이도를 중심으로 매장을 운영하는 회전 초밥 체인점. 대부분의 해산물을 홋카이도에서 공수해오며 주문을 하면 그 자리에서 바로 초밥을 쥐어주기 때문에 더욱 믿고 먹을 수 있다. **P.296**

 긴자

긴자 스시마사

점심시간에는 5,000엔이 안 되는 비용으로 오마카세를 맛볼 수 있어 근처 직장인도 많이 찾는다. 구글 맵스의 링크를 통해 쉽게 예약할 수 있다. **P.299**

긴자

일본인의 소울 푸드

깊고도 진한
라멘의 세계

1910년 아사쿠사에 일본 최초의 라멘 전문점인 라이라이켄來々軒이 문을 열었고,
1958년 세계 최초의 컵라면이 일본에서 발명되었다. 이후 라멘은 일본인의 '소울 푸드' 중 하나가 되었다.
육수, 고명, 면발 등 다양한 변주를 보여주며 계속 새로운 탄생을 거듭하는 라멘.
도쿄에는 3,300여 개의 라멘 전문점이 있어 일본 전국의 내로라하는 라멘을 모두 만날 수 있다.

라멘 구성 파헤치기

★ 일반적인 내용이며 음식점에 따라 종류는 무궁무진하다.

조미료의 종류

쇼유(간장) 라멘 醬油ラーメン 간장을 베이스로 한 쇼유 라멘은 일본 전국에서 가장 사랑받는 스타일. 하지만 도쿄를 중심으로 하는 간토 지방의 쇼유 라멘은 너무 짜서 처음 접하는 사람은 깜짝 놀랄 수도 있다.

시오(소금) 라멘 塩ラーメン 소금으로 간을 한 라멘. 비린내를 잡기 힘들다는 단점이 있어 돈코츠보다는 토리가라나 교카이 육수와 잘 어울린다.

미소(된장) 라멘 味噌ラーメン 일본식 된장으로 간을 한 라멘으로 삿포로에서 시작되었다. 쇼유나 시오 라멘보다 국물의 질감이 조금 더 되직하다.

육수 종류

돈코츠 라멘 豚骨ラーメン 돼지 뼈를 오래 우려내 진한 유백색을 띤다. 돼지 특유의 누린내와 느끼함 때문에 호불호가 갈리기도 한다.

토리가라 라멘 鶏がらラーメン 닭 뼈로만 국물을 우려낸다. 돈코츠 라멘에 비해 맑고 가벼운 편. 다른 지방과 달리 도쿄를 대표하는 라멘을 꼽기 어렵지만 굳이 구분하자면 토리가라가 도쿄의 보편적인 스타일이다.

교카이 라멘 魚介ラーメン 가다랑어포나 말린 멸치를 베이스로 깔고 조개나 다시마 등을 더해 국물을 낸다. 해산물의 개운하고 시원한 맛이 특징이다.

기본 고명 재료

죽순조림 メンマ ◀◉멘마

달걀 卵 ◀◉타마고

숙주나물 もやし ◀◉모야시

파 ネギ ◀◉네기

돼지고기 고명 ちゃしゅ ◀◉차슈

김 のり ◀◉노리

라멘집의 특징

자판기로 주문한다 대부분의 라멘집에서 자판기를 이용해 주문을 받으며 현금 결제가 일반적이다. 자판기는 보통 입구 쪽에 놓여 있고 테이블에 자리를 잡기 전에 주문을 먼저 한다. 자판기에는 일본어로만 쓰여 있는 경우가 많으나 벽에 대표 메뉴 사진 등이 크게 붙어 있기도 하다. 곱빼기나 추가 토핑도 최초 주문 시 자판기에서 선택할 수 있다. 결제를 마치면 자판기에서 식권이 나오는데 테이블에 앉아 식권을 직원에게 건네주면 된다.

바 테이블이 대부분이다 대형 프랜차이즈 라멘집도 있지만 개인이 운영하는 작은 라멘집이 훨씬 더 많다. 바 테이블에 다닥다닥 붙어 앉아 먹게 되는 일은 너무 당연하고 그래서 더더욱 혼자 먹기 좋은 메뉴이기도 하다.

해장하러 오는 사람도 많다 우리가 술을 마신 후 해장국을 먹듯이 일본에서는 라멘을 먹는다. 코로나19 이전에는 24시간 운영하는 라멘집도 많았으나 지금은 거의 찾기 어려운 상황. 그래도 술집을 제외하고 음식점 중 가장 늦게까지 영업을 하는 건 여전히 라멘집이다.

 추천 맛집

🍴 에비미소 라멘
에비소바 이치겐

본점은 삿포로에 있다. 미소로 맛을 낸 걸쭉한 국물과 새우의 맛이 잘 어우러진다. P.148

🚶 신주쿠

🍴 유즈쇼유 라멘
아후리

채 썬 유자가 올라가는 게 특징. 육수의 기본 베이스는 토리가라 라멘이다. P.231

🚶 에비스

🍴 타이라기 소바
무기토오리브

조개와 닭고기로 육수를 냈다. 라멘 전문점 최초로 미쉐린 가이드의 빕 구르망에 올랐다. P.302

🚶 긴자

🍴 카이시오 라멘
라멘 카이

시오 라멘이 맛있기로 도쿄에서 손에 꼽힌다. 해산물 베이스의 시원한 국물이 일품이다. P.380

🚶 쿠라마에

🍴 혼마루 엑스
무테키야

돼지 뼈로 우린 진한 국물이 특징. 인기가 많아 언제가도 오래 기다려야 하는 게 단점이다. P.395

🚶 이케부쿠로

🍴

면발만으로도 특징이 되다

상반된 식감의
우동과 소바

우동은 어떤 음식?

밀가루로 만든 굵고 통통한 면발에 다양한 고명을 곁들여
먹는 우동은 일본을 대표하는 면 요리 중 하나. 우리나라
에서는 우동이 따뜻한 음식이라는 이미지가 강하지만 일
본에서는 차가운 우동도 일반적이다. 라멘과 마찬가지로
지역별로 종류가 다양하고 그중 카가와현의 사누키 우동
이 가장 유명하다.

냉온에 따른 종류

카케 우동 かけうどん 溫

따뜻한 우동의 기본. 다시마, 가다랑어포, 말린
멸치 등을 우려낸 국물인 다시出汁를 면발에 끼
얹어 내준다. 우동에 올리는 고명의 종류에
따라 우동의 이름이 달라진다.

자루 우동 ざるうどん 冷

차가운 우동의 기본. 삶은 면발을 찬물에 헹궈
체에 담아낸다. 츠유를 찍어 먹는다.

 추천 맛집

🍴 텐자루 우동
우동신

현지인과 여행자 모두에
게 인기가 많은 곳. 고명으
로 선택할 수 있는 튀김이 매우 맛있다. **P.147**

🚶 신주쿠

🍴 카마아게 우동
네즈 카마치쿠

특별한 고명 없이 오로지
면과 다시 맛으로만 승부
하는 집. **P.359**

🚶 야네센

072

기본 고명 재료	가장 사랑받는 튀김 종류

기본 고명 재료
- 고기 肉 ◆ 니쿠
- 유부 きつね ◆ 키츠네
- 튀김 天ぷら ◆ 텐푸라
- 미역 わかめ ◆ 와카메
- 카레 カレー ◆ 카레

가장 사랑받는 튀김 종류
- 새우 えび ◆ 에비
- 오징어 イカ ◆ 이카
- 우엉 ごぼう ◆ 고보
- 단호박 かぼちゃ ◆ 카보차
- 가지 ナス ◆ 나스

소바는 어떤 음식?

소바는 주재료인 메밀 그 자체 혹은 메밀로 만든 국수를 뜻한다. 우동이
간사이 지방의 음식이라는 이미지가 강하다면, 소바는 도쿄를 중심으로
하는 간토 지방의 음식. 일본에서는 소바를 다 먹으면 면 삶은 물인 소바
유蕎麦湯를 내어주는데 남은 츠유에 부어 희석해서 마시면 된다. 소바의
종류는 메밀 함량, 먹는 방법, 계보 등 다양한 기준으로 분류한다.

냉온에 따른 종류

츠메타이 소바 冷たい蕎麦 冷

한국에서 소바라고 하면 시원하게 먹는
츠메타이 소바를 뜻하는 경우가 대부분이
다. 츠메타이 소바는 면을 삶아 차가운 물에
헹군 후 물기가 잘 빠지도록 만든 소쿠리 등에 올
려 츠유, 강판에 간 무, 송송 썬 파, 고추냉이와 함께
낸다. 자루 소바ざる蕎麦, 모리 소바もり蕎麦 등으로 불
린다.

아타타가이 소바 温かい蕎麦 温

따뜻한 소바. 카케 우동과 마찬가지로 면에 다시를 끼얹은 카케
소바가 기본이다. 튀김, 미역 등 다양한 고명을 올려 먹는다.

 추천맛집

🍴 세이로 소바
칸다 야부소바

칸다 야부소바는 메밀껍
질을 갈아 넣어 약간의 초록빛을 띠는 면발과 간장 맛
이 진한 츠유가 특징이다. P.336

🚶 진보초·아키하바라

🍴 사라시나 소바
사라시나호리이

아자부주반 상점가에
있는 노포 소바집. 면이 소면처럼 하얀색을 띠는 것이
특징이다. P.259

🚶 롯폰기

물 건너와 다시 태어난 요리
본국과 다른 일본식 양식

오므라이스 オムライス

원조 프랑스 오믈렛

오므라이스는 오믈렛과 라이스의 합성어. 일본에서 오므라이스를 가장 먼저 낸 음식점이 어디인지는 확실하지 않다. 도쿄의 렌가테이煉瓦亭와 오사카의 혹쿄쿠세이北極星가 서로 자신들이 최초라 주장하고 있다. 오므라이스의 밥은 케첩을 넣어 볶은 치킨라이스가 기본. 달걀부침을 밥 위에 얹는 스타일과 달걀부침으로 밥을 완전히 덮는 스타일이 있다.

— 킷사 유 —

역사가 그리 오래되지 않았지만(1970년 개업) 도쿄에서 가장 맛있는 오므라이스를 먹을 수 있는 가게로 꼽힌다. P.300

🚶 긴자

카레 カレー

원조 인도 커리

인도의 커리와 인도에서 영국을 거쳐 일본에 들어온 카레는 완전히 다른 요리다. 특히 카레와 밥을 함께 먹는 카레라이스는 밥이 주식인 일본이기에 생각해낼 수 있는 음식이다. 다른 서양 요리와 마찬가지로 카레가 일본에 전해진 것은 서양에 문호를 개방한 19세기 중후반 경이다. 군인들이 카레를 먹기 시작하면서 알려졌으며 지금도 인스턴트 카레 중 '해군 카레'라는 브랜드가 있다. 카레 우동, 카레 빵, 카레 크로켓 등 일본 카레의 변신은 현재 진행형이다.

— 카레 본디 —

'카레의 성지'라 불리는 거리 진보초에서 가장 인기 있는 카레 전문점. 일본식 카레와 영국식 카레의 절묘한 조화를 보여준다. P.335

🚶 진보초

모양새를 요리조리 뜯어보면 서양에서 온 음식처럼 보인다.
그런데 알고 보면 일본에 전해진 후 일본식으로 재해석 되었거나 애초에 일본에서 탄생한 음식이다.
이제는 완전히 일본의 식탁 위에서 일본 음식으로 당당하게 명함을 내미는,
우리에게도 익숙한 일본식 양식을 살펴보자.

함박스테이크 ハンバーグステーキ

원조 독일 햄버그스테이크

1882년 일본 최초의 요리 학교의 개교식 행사를 통해 독일 함부르크에서 유래한 햄버그스테이크가 일본에 소개된다. 다진 소고기를 뭉쳐서 굽는 조리법은 초기에 전해졌을 때와 거의 달라지지 않았지만 간장을 넣어 만든 소스가 널리 퍼지면서 서양의 햄버거스테이크와는 완전히 다른 일본식 '함박스테이크'가 되었다. 일본 어린이가 가장 좋아하는 반찬 중 하나다.

── 야마모토노 함바그 ──

소고기와 돼지고기를 함께 넣어 함박스테이크를 만든다. 소스에 된장이 들어가는 점이 특징. P.178

🚶 시부야

돈카츠 とんかつ

원조 포크커틀릿

포크커틀릿은 얇게 저민 돼지고기에 튀김옷을 입힌 후 구워내듯 튀겨내는 반면 일본의 돈카츠는 두툼한 돼지고기에 튀김옷을 입힌 뒤 깊은 팬에 가득 담긴 기름에 튀겨내는 방식으로 조리한다. 보통 흰쌀밥, 양배추 샐러드, 된장국과 함께 세트로 많이 먹는다. 식빵 사이에 돈카츠를 끼워 먹는 카츠산도, 카레와 함께 먹는 카츠카레, 돈카츠를 밥 위에 얹어 소스를 뿌려 먹는 카츠동 등 변주도 다양하다.

── 폰타혼케 ──

돼지고기의 지방으로 만든 기름인 라드를 써서 저온에서 서서히 익히는 조리법을 창업 이래 100년 넘게 지켜 오고 있다. P.354

🚶 우에노

도쿄의 커피는 언제나 진화 중

공간과 맛에 중독되는 카페

맛있는 핸드 드립 커피
로스터리 카페

글리치 커피 앤드 로스터스

젊은 바리스타들이 생산지 관리와 원두의 선별, 배전까지 꼼꼼하게 관리하는 카페다. P.336

🚶 진보초

아라이즈 커피 로스터스

굉장히 좁은 매장에서 바리스타 혼자 성실하게 원두를 볶는다. 항상 10종류 이상의 원두가 준비되어 있다. P.383

🚶 키요스미시라카와

더 크림 오브 더 크롭 커피

'커피의 거리'라고 불리는 키요스미시라카와에 있는 로스터리 카페 중 가장 먼저 생긴 카페. 동네 단골이 많다. P.383

🚶 키요스미시라카와

커피를 좋아하는 사람에게 도쿄는 천국과도 같은 도시다.
커피 머신을 사용하든 핸드 드립이든 맛있는 커피를 내는 카페가 너무나도 많기 때문이다.
덕분에 여행 내내 혈관에 카페인이 흐르는 것 같은 착각에 빠지게 될지도 모른다.

클래식한 추억의 분위기
킷사텐

카페 드 람브르

1948년 개업한 이래로 커피 외에
다른 메뉴는 일절 팔지 않는다.
융 드립으로 내린 커피를 맛
볼 수 있다. P.301

🚶 긴자

미롱가 누오바

진보초를 대표하는 킷사텐.
1953년에 문을 열었으며 매
장에는 항상 탱고 음악이 흐
른다. P.336

🚶 진보초

일본의
커피 문화와
역사

일본에 커피가 들어온 시기는 에도 시대 무렵이고 커피가 대중화된 것은 개항 이후 요코하마, 하코다테 등
의 항구 도시에 외국인이 들어와 살기 시작하면서부터다. 당시에는 커피를 파는 가게를 킷사텐喫茶店이라
고 불렀는데, 한자 그대로 풀이하면 '차를 마시다'라는 뜻이다. 일본 최초의 킷사텐은 1888년 우에노에 생
긴 '카히사칸可否茶館'으로 1892년에 문을 닫았다. 20세기 들어 긴자에 '카페'라는 상호를 내건 킷사텐이
속속 생겨났고 그중에는 지금까지 영업하는 유서 깊은 곳도 있다. 도쿄의 오래된 킷사텐은 흡연이 가능했
고 대부분 융 드립으로 커피를 내렸다. 일본 경제의 고도 성장기와 맞물려 도토루 커피 등 커피 체인점이
생겨났고, 1996년 아시아 지역 첫 스타벅스가 긴자에 오픈하며 에스프레소 머신을 이용해 내리는 커피가
일본 전국으로 퍼져나갔다. 그리고 2010년대에 들어서며 '서드 웨이브 커피Third wave coffee'가 주류로 자
리 잡았다. 서드 웨이브 커피란 원두의 산지를 중요시하고 한 잔씩 정성껏 커피를 내리는 스타일을 뜻한다.
이는 손으로 커피를 내리던 일본의 킷사텐 문화와 일맥상통하는 부분이 있다고 할 수 있다.

일본 1호점 브랜드

푸글렌

본점은 노르웨이에 있다. 오쿠
시부야에서 가장 유명한 카
페로 밤에는 알코올 음료를
주문할 수 있다. P.183

🏃 오쿠시부야

스타벅스 리저브
로스터리 도쿄

전 세계에 여섯 군데 밖에 없
는 스타벅스의 리저브 로스터
리. 상하이에 이어 아시아 두
번째 매장이다. P.234

🏃 나카메구로

올프레스 에스프레소

뉴질랜드 오클랜드에서 시작한 카
페. 아메리카노보다 물을 적게 넣
는 롱블랙과 카페라테보다 우
유를 적게 넣는 플랫화이트
가 인기가 많다. P.383

🏃 키요스미시라카와

에스프레소와 우유의 조화
라테 맛집 카페

스트리머 커피 컴퍼니

라테 아트 챔피언십에서 아시아인 최초로 우승한 바리스타가 운영하는 카페다. P.180

🏃 시부야

라테스트

카페 이름과 같은 메뉴인 '라테스트'는 전용 잔에 우유를 부은 후 에스프레소 샷을 넣어 일반 라테보다 진하고 고소하다. P.212

🏃 하라주쿠

커피와 어울리는 음식 맛집
플러스 알파 카페

올 시즌스 커피

커피도 맛있지만 푸딩만 먹으러 오는 사람이 있을 정도로 푸딩의 맛이 뛰어나다. 푸딩은 한정 수량으로 판매한다. P.150

🏃 신주쿠

카야바 커피

폭신하고 따끈한 달걀부침이 들어간 '타마고 산도'가 명물 메뉴다. 1938년부터 전해져 온 레시피로 만든다. P.358

🏃 야네센

— 🍴 —

세계 최고 수준을 자랑하다

밥보다 맛있는 빵과 디저트

빵순이, 빵돌이를 위한 시간
빵집

🍴 **크로캉 쇼콜라**
365일 / 카페

일본 각지의 계약 농장에서 받아오는 식
재료를 사용하며, 좋은 재료를 가지고 다양한 조합으로
빵을 만들어 독특한 빵이 많다. P.182

🚶 오쿠시부야

🍴 **소금빵**
시오팡야 팡 메종 / 포장 전문

소금빵 '원조집'의 도쿄 지점이다. 빵을
쉴 새 없이 굽기 때문에 언제나 갓 나온 소금빵을 맛볼 수
있다. 1인당 구매 개수 제한이 있다. P.303

🚶 긴자

🍴 **단팥빵**
긴자 키무라야 / 포장 전문

1874년에 개업한 노포. 서양에서 건너
온 빵과 일본 화과자에 많이 쓰이는 단팥을 합쳐 일본에
서 처음으로 단팥빵을 만들었다. P.303

🚶 긴자

🍴 **식빵**
센트레 더 베이커리 / 카페

일본, 미국, 영국의 식빵을 비교해서 먹
어볼 수 있는 독특한 콘셉트로 큰 인기를 얻었다. 카페 공
간과 포장 공간 입구가 다르다. P.301

🚶 긴자

일본에 빵이 들어온 건 16세기 후반 즈음이고 본격적으로 빵 소비가 늘어난 시기는 긴자의 노포
키무라야에서 단팥빵을 개발한 이후부터다. 그 후로 150년 남짓, 도쿄에서는 언제라도
세계 최고 수준을 자랑하는 빵집과 디저트 전문점을 만날 수 있다. 츠지구치 히로노부,
아오키 사다하루 등 이른바 본토에서 먼저 인정받은 실력자도 여럿 있으니 그야말로 청출어람이 아닐까.

달콤쌉싸름한 행복
일본 디저트

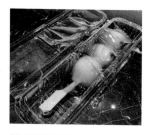

🍴 미타라시 단고
오이와케 단고 / 카페

단맛과 짠맛이 어우러진 소스가 뿌
려진 경단 꼬치인 미타라시 단고 전
문점. 1948년에 개업했다. P.151

🚶 신주쿠

🍴 화과자, 말차
코소안 / 카페

오래된 목조 가옥에서 잘 가꿔진 정
원을 바라보며 진한 말차와 전통 화
과자를 맛볼 수 있다. P.190

🚶 지유가오카

🍴 도라야키
카메주 / 포장 전문

다양한 일본식 과자를 파는데 동그
랗게 구운 카스텔라 사이에 팥소를
넣은 도라야키가 유명하다. P.377

🚶 아사쿠사

눈으로도 즐기는 아름다움
서양 디저트

🍴 케이크 세라비
몽 생 클레르 / 카페

일본을 대표하는 파티스리. 먹기에
아까울 정도로 예쁜 케이크와 다양
한 프랑스빵을 맛볼 수 있다. P.189

🚶 지유가오카

🍴 마카롱
피에르 에르메 파리 / 카페

프랑스의 유명 파티시에 피에르 에
르메의 디저트를 맛볼 수 있는 곳.
마카롱이 유명하다. P.215

🚶 오모테산도

🍴 초콜릿 음료
그린빈 투 바 초콜릿 / 카페

매장에서 직접 카카오를 가공해 초
콜릿을 만든다. 모든 메뉴에 직접 만
든 초콜릿이 들어간다. P.235

🚶 나카메구로

삼시세끼 모두 해결 가능
고품질의 편의점 먹거리

편의점 공통
추천 상품

커피 コーヒー

가장 큰 장점은 저렴한 가격.
그렇다고 맛도 저렴해진 않다. 유수의 프랜차이즈
커피 전문점들과 블라인드 테스트를 했을 때도
뒤지지 않는 맛이다. 계산대에 가서 커피 종류와
사이즈를 말한 후 결제를 하고 일회용 컵을
받아 커피 머신에서 직접 커피를 뽑으면 된다.

¥ 따뜻한 아메리카노 기준 ¥100~180엔

어묵 おでん

슬슬 기온이 떨어진다 싶으면 일본인도
언제쯤 편의점 어묵이 나올까 기대한다.
십수 가지의 어묵, 달걀, 무, 곤약
등 골라먹는 재미가 있다.
포장만 가능하다.

¥ 종류에 따라 ¥110~170

세븐일레븐
セブンイレブン

달걀 샌드위치
たまごのサンド

카페에서 파는 '타마고 산도'
부럽지 않은 편의점표 달걀
샌드위치. 평범한 식빵 사이에
들어간 으깬 달걀이 푸딩과
같은 부드러운 식감을
자랑한다.

¥ 248엔

달걀 샐러드 롤
たまごサラダロール

달걀 샌드위치와 마찬가지로
빵 사이에 으깨서 양념한 달걀이
들어가는데 샌드위치보다 입자가
커서 씹는 맛이 있다.

¥ 173엔

콘 마요네즈 스틱
つぶつぶコーンマヨネーズ

우리나라 횟집에서 꼭 나오는
안주인 '콘버터'를 빵에 얹어
먹는 맛. 전자레인지에 10초 정도
데워 먹으면 더 맛있다.

¥ 172엔

마시는 요구르트 のむヨーグルト

모든 편의점에서 마시는 요구르트를 PB 상품으로
팔지만 세븐일레븐 상품의 맛이 제일 진하다.
플레인, 저지방, 딸기, 블루베리, 알로에 맛 등이 있다.

¥ 151엔

일본 편의점의 자체 개발 상품은 웬만한 브랜드 상품은 저리가라 할 정도로 품질이 좋다. 현재 일본에서 매장 수가 가장 많은 편의점은 세븐일레븐이고 다음으로 패밀리마트, 로손 순. 삼각김밥, 어묵, 커피 같은 상품은 3사 모두 맛있다. 그 외에 각 편의점 먹거리 중 한국인에게 인기가 많은 상품과 추천 상품을 소개한다.

알아두면 좋은 편의점 이용 팁

· 트래블로그 체크 카드가 있다면 세븐일레븐의 세븐뱅크ATM, 트래블월렛 카드가 있다면 미니스톱의 이온뱅크ATM에서 수수료 없이 현금을 뽑을 수 있다.

· 공항에 있는 편의점은 모치 식감 롤 등 외국인 여행자에게 인기가 많은 제품 위주로 진열해 놓는다. 푸딩(액체로 분류)을 제외한 디저트는 기내에 들고 탈 수 있다.

· 비닐봉투는 유료이며 크기에 따라 3~10엔 정도 한다.

· 편의점 내부에 있는 화장실은 누구나 이용할 수 있다.

패밀리마트
ファミリーマート

FamilyMart

수플레 푸딩
スフレプリン

푸딩이 수플레 모자를 썼다. 각각 따로 떠먹어도 맛있고 푸딩과 수플레를 동시에 크게 한 스푼 떠먹으면 더 맛있다. 맨 밑에 깔린 캐러멜 소스까지 더하면 푸딩 전문점의 맛 못지않다.

¥ 298엔

로손
ローソン

LAWSON STATION

카라아게쿤
からあげクン

치킨 카라아게로 발매 30주년이 넘은 장수 제품. 짭짤한 레귤러 맛이 기본이고 카레, 명란 마요네즈 등 다양한 맛이 있다. 살짝 매운맛이 감도는 레드가 한국인의 입맛에 잘 맞는다.

¥ 248엔

모치 식감 롤
もち食感ロール

새하얀 크림을 카스텔라 느낌의 빵이 동그랗게 둘러싼 롤케이크. 홋카이도산 우유가 들어간 크림은 많이 달지 않다. 빵은 '모치(떡)'처럼 탄력 있다.

¥ 343엔

우치 카페 & 고디바 협업 디저트
UchiCafe & GODIVA

벨기에 초콜릿 브랜드인 고디바와 협업해 주기적으로 라인업을 바꾸는 기간 한정 디저트.

¥ 350엔~

프리미엄 롤케이크
プレミアムロールケーキ

로손은 크림이 들어간 디저트 종류에 특히 강하다. 백화점 지하 식품관에서 파는 롤케이크 못지않은 맛. 밀가루와 생크림은 홋카이도산이며 크림만 먹어도 전혀 느끼하지 않다.

¥ 227엔

피로를 씻어내는 상쾌함
목구멍을 때리는 맥주의 맛

술과 안주를 동시에 주문하는 게 일반적인 우리나라와 달리 일본의 술집에서는 자리에 앉자마자
우선 술부터 주문하고 그 이후에 천천히 메뉴를 들여다보며 안주를 주문한다.
그때 대부분의 일본인이 내뱉는 말이 바로 "토리아에즈 비-루!"로 "우선 맥주부터 주세요!"라는 뜻이다.

일본의 5대 대표 맥주

기린 라거 맥주
キリンラガービール

- **종류** 라거
- **도수** 5도
- **회사** 기린 맥주
  キリンビール

아사히 슈퍼 드라이
アサヒスーパードライ

- **종류** 페일 라거
- **도수** 5도
- **회사** 아사히 맥주
  アサヒビール

더 프리미엄 몰츠
ザ・プレミアム・モルツ

- **종류** 필스너
- **도수** 5.5도
- **회사** 산토리 홀딩스
  サントリーホールディングス

삿포로 생맥주 블랙 라벨
サッポロ生ビール黒ラベル

- **종류** 페일 라거
- **도수** 5도
- **회사** 삿포로 맥주
  サッポロビール

에비스
ヱビス

- **종류** 라거
- **도수** 5도
- **회사** 삿포로 맥주
  サッポロビール

 추천 맛집

미켈러 바 도쿄

덴마크에서 온 수제 맥주 양조장. 언제든지 20종류에 가까운 맥주를 맛볼 수 있다. 단, 안주 종류가 적은 게 단점. 시부야에 지점이 2개 있다. P.180

🚶 시부야

요나요나 비어 워크스

크래프트 맥주 양조장으로는 일본에서 가장 규모가 큰 얏호 브루잉에서 운영한다. 나가노현의 양조장에서 맥주를 직송해온다. P.232

🚶 에비스

히타치노 브루잉 랩

1823년부터 사케를 빚어온 유서 깊은 양조장에서 탄생한 맥주를 마실 수 있다. 히타치노 네스트 라거가 가장 인기 있다. P.331

🚶 아키하바라

추천 캔 주류를 소개합니다!

눈이 어지러울 정도로 화려한 편의점과 슈퍼마켓의 주류 매대. 맥주만 해도 수십 종이고 거기다 계절 한정 상품, 그리고 맥주가 아닌 주류까지! 도대체 뭘 마셔야 할지 모르겠다면 우선 이것부터 마셔보자!

아사히 슈퍼 드라이 생맥주 캔
アサヒスーパードライ生ジョッキ缶

캔 뚜껑을 따면 쫀쫀한 거품이 올라오는 아사히 슈퍼 드라이 생맥주 캔. 출시 당시 연일 품절 사태를 부를 정도로 인기였고 지금은 스테디셀러로 자리 잡았다. 알코올 도수 5%이며 무알코올 생맥주 캔도 나온다. 5종류의 홉을 사용한 쇼쿠사이食彩는 향이 좀 더 풍부하다.

산토리 카쿠하이볼
サントリー角ハイボール

산토리에서 최상의 배합으로 만든 카쿠하이볼을 캔으로 마실 수 있다. 금색은 알코올 도수 9%, 은색은 알코올 도수 7%. 기간 한정 제품으로 야마자키山崎와 하쿠슈白州 위스키를 넣은 프리미엄 하이볼도 출시된다.

잭 다니엘 앤드 코카콜라
ジャックダニエル&コカ・コーラ

'잭콕'이란 줄임말로 더 잘 알려진 칵테일이다. 잭 다니엘에 콜라를 섞어 만드는 매우 간단한 칵테일인데 역시 '원조집'에서 만들어주는 비율은 다르다. 알코올 도수 7%.

호로요이
ほろよい

츄하이チューハイ의 대명사가 된 브랜드. 도수(3%)가 높지 않고 달콤해서 정말 술술 들어간다. 복숭아, 레몬, 청포도 등 과일 맛 계열이 주를 이루며 기간 한정 상품도 매우 다양하게 출시된다.

스이진 소다
翠ジンソーダ

단맛이 하나도 없고 굉장히 드라이한 편. 깔끔하고 청량해 식후 입가심으로 딱 좋다. 알코올 도수 7%.

술 구매는 여기서!

슈퍼마켓, 편의점, 면세점 어디든 좋지만 의외로 술 쇼핑하기 좋은 공간이 바로 요도바시 카메라, 비쿠 카메라 등 대형 전자제품 양판점이다. 5,500엔 이상 구매하면 면세가 되고 맥주, 위스키, 니혼슈, 와인 등 다양한 주종을 한자리에서 둘러볼 수 있다는 점이 장점이다. 귀국 시 면세 한도는 성인 1인당 2병(2리터 이하, 미화 400달러 이하)이며, 그 이상은 관세가 부과된다.

일본 술집 이용 가이드

자릿세가 있다 영수증을 받아 들면 이상한 항목이 눈에 들어온다. 일본의 많은 술집에는 '오토시ぉ通し'라고 하는 자릿세(커버 차지)가 있다. 간단한 기본 안주를 하나 내어주고 1인당 300~500엔 정도의 자릿세를 받는다.

안주 가격이 저렴하다 술값은 우리나라와 별 차이가 없는 편이다. 하지만 대중 술집의 경우 안주 가격은 일본이 훨씬 싸다. 저렴한 만큼 양도 적다.

자리에 앉자마자 술부터 주문한다 대부분의 일본인은 안주 메뉴판을 정독하기 전에 술부터 시킨다. 음료의 경우 평소 취향대로 시켜버리기 때문에 번거롭게 음료 메뉴판은 보지도 않는다. 물론 그 집만의 색다른 메뉴가 먹고 싶을 때는 제외다.

메뉴판이 일본어다 당연한 말이지만 메뉴가 죄다 일본어로 쓰여 있다. 최근 들어 대형 체인 이자카야 등에서는 태블릿 피시를 이용해 주문할 수 있지만 작은 술집에서 그런 준비를 해놓을 리 만무하다. 그럴 때 술은 맥주를 마신다면 '토리아에즈 비-루', 안주는 그날의 추천 메뉴를 고르는 게 가장 무난한 선택이다.

물을 요청한다면!
따뜻한 물이 마시고 싶다면 '오유ぉ湯', 시원한 물이 마시고 싶다면 '오히야ぉ冷や', 이도저도 상관없이 그냥 물이 마시고 싶다면 '오미즈ぉ水'를 찾으면 된다.

부어라 마셔라, 노미호다이!
일본의 독특한 음주 문화 중 하나로 노미호다이飲み放題를 꼽을 수 있다. 노미호다이란 일정 요금을 지불하고 정해진 시간 내에 정해진 주류를 마음껏 마실 수 있는 방식이다. 주당에게는 이보다 더 좋을 수 없는 시스템인데 한 가지 기억할 점! 여러 잔을 한꺼번에 가져와서 마시는 것은 불가능하고 한 잔을 다 비운 후에 그다음 잔을 주문하는 방식이 대부분이다.

술집에서 자주 만나는 맥주 외의 일본 술

니혼슈 日本酒
일본 전통주. 보통 따뜻하게 데워 마신다. 알코올 도수는 15~20도 정도.

쇼추 焼酎
알코올 도수가 25~40도로 상당히 높은 편. 일본인은 스트레이트로 마시는 경우는 거의 없고 보통 물이나 우롱차 등과 섞어 마신다.

위스키 ウイスキー
요새 없어서 못 판다는 일본 위스키. 특히 산토리에서 나온 히비키響와 야마자키山崎는 프리미엄까지 붙어 거래가 되는데 그마저도 찾아보기 힘들다. 하쿠슈白州, 치타知多, 요이치余市 등도 추천.

하이볼 ハイボール
일본에서만 마시는 술은 아니지만 우리나라에서 가장 인기 있는 일본 술의 종류. 위스키에 탄산수를 넣어 마시는 게 기본. 산토리의 '카쿠 하이볼'이 가장 유명하다.

사와 サワー
우리나라의 과일 소주와 비슷하다. 레몬, 라임, 복숭아 등 종류는 무궁무진.

우메슈 梅酒
우리나라에도 있는 매실 담금주.

소프트드링크 ソフトドリンク
콜라, 사이다, 오렌지주스, 우롱차 등 알코올이 들어가지 않은 음료.

소소한 재미로 가득!
놓칠 수 없는 쇼핑 리스트

이제는 많은 상품이 우리나라에 정식 수입되고 구매 대행도 가능하지만 역시 본토의 가격이
가장 저렴하다. 면세 제도가 개정되어 화장품이나 식품 등 소모품도 일반 물품과 합산해서
면세 혜택을 받을 수 있으니 더욱 알뜰한 쇼핑이 가능해졌다. 드러그스토어에서는 대부분 면세 혜택을
받을 수 있지만 슈퍼마켓은 적용되지 않는 곳이 훨씬 더 많으니 대량으로 구매하기 전에 미리 확인해두자.

★ 정찰제가 아니기 때문에 표기된 상품 가격은 판매처마다 조금씩 다르다.

쇼핑 아이템은
어디서 살까?

단순히 약만 파는 상점이 아니라
의약품부터 식품, 화장품과 같은
다양한 상품을 파는 드러그스토어.
'일본 필수 쇼핑 아이템' 중 많은
제품이 드러그스토어 출신(?)이라는
사실! 슈퍼마켓은 조금이라도
여행 경비를 아끼고 싶은 여행자의
든든한 동반자다. 드러그스토어와
슈퍼마켓 모두 규모가 큰 매장은
면세 혜택도 받을 수 있다.

· **돈키호테 ドン・キホーテ** 한 마디로 정의하기 어렵다. 굳이 말하자면 드러그스토어, 슈퍼마켓, 백화점의 일부 매장이 합쳐진 형태라고 할 수 있다. 역 근처 등 번화가에 매장이 있고 다양한 상품을 한자리에서 쇼핑할 수 있어 편리하다. 슈퍼마켓 등과 비교했을 때 가격이 저렴한 편은 아니며 최근에는 면세 계산 시 물품 누락 등의 사고가 발생해 방문을 꺼리는 여행자도 있다. 하지만 구경하는 것만으로도 재미있는 공간임은 틀림없다.

📍 24시간 영업 매장 신주쿠 4개 지점, 시부야점, 나카메구로점, 롯폰기점, 아키하바라점, 아사쿠사점, 이케부쿠로 3개 지점　🏠 www.donki-global.com/kr

· **마츠모토키요시 マツモトキヨシ** 샛노란 간판이 멀리서도 눈에 잘 띈다. 마츠모토키요시는 일본 전국에 지점을 둔 대형 드러그스토어 체인점. 매장 규모의 차이가 있을 뿐 도쿄에서 마츠모토키요시가 없는 동네를 찾아보기는 힘들다. 매장마다 상품 가격과 할인 행사는 천차만별. 신주쿠, 시부야, 이케부쿠로 등 번화가에 있는 매장의 규모가 크다.

🏠 www.matsukiyo.co.jp

· **스기 약국 スギ薬局** 매장 수는 적지만 마츠모토키요시보다 매장이 깔끔하고 상품 구성도 뒤지지 않는다. 일부러 스기 약국을 찾아갈 필요는 없고 오가는 길에 있으면 들를 만하다. 하라주쿠, 신바시, 니혼바시 등에 매장이 있다.

🏠 www.sugi-net.jp

· **세이조이시이 成城石井** 주로 수입 식료품 위주로 판매하는 슈퍼마켓. 다른 슈퍼마켓에서는 구할 수 없는 독특한 상품이 많은 편이다. 신주쿠 루미네, 에비스 아트레, 롯폰기 힐스, 이케부쿠로 선샤인 시티 등에 매장이 있다.

🏠 www.seijoishii.co.jp

· **라이프 ライフ** 퇴근길에 저녁 찬거리를 사기 위해 들르는 일상생활과 가까운 슈퍼마켓. 각종 반찬, 튀김, 샐러드 등 한 끼 분량으로 파는 즉석 식품 코너가 잘 되어 있다. 당일 생산, 당일 판매가 원칙이라 마감 시간에 가면 할인 행사를 한다. 도쿄 도내 곳곳에 매장이 있지만 도쿄 스카이트리 타운 맞은편에 위치한 센트럴 스퀘어 오시아게역점이 규모도 크고 접근성도 좋다.

🏠 www.lifecorp.jp

at 드러그스토어

시세이도 센카 퍼펙트휩
資生堂 専科 パーフェクトホイップ

클렌징 폼의 베스트이자 스테디셀러.
하늘색 패키지가 기본이며 콜라겐이
들어간 분홍, 여드름용 세안제인
민트 등 패키지가 색깔별로 다르다.

¥ 종류에 따라 500~1,000엔

비오레 사라사라 파우더 시트
ビオレ さらさら パウダーシー

쓱 닦으면 베이비파우더를 뿌린 듯
금세 피부가 보송보송해진다.
비누, 장미, 시트러스 향 등이 있다.
여름 여행 시 필수품.

¥ 230엔

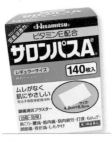

사론파스 サロンパス

명함 크기의 파스. 붙이면 환부가
시원해진다.

¥ 1,200엔

로이히츠보코
ロイヒつぼ膏

동그란 모양이 마치 동전을
닮았다 하여 일명 '동전 파스'라
불린다. 굴곡이 있거나 좁은
부위에도 붙이기 수월하다.

¥ 800엔(156매입)

메구리즘 따뜻한 증기 아이 마스크
めぐりズム 蒸気でホットアイマスク

눈이 피곤하거나 건조할 때 사용하면
좋다. 약 40℃ 정도로 따뜻하게 데워진
아이 마스크를 15분 정도 착용한다.
무향, 라벤더, 장미 등의 종류가 있다.

¥ 1,200엔

민티아 MINTIA

양치하지 못했을 때 걱정을
덜어주는 제품. 상큼한 민트 향이
입안을 개운하게 해준다.
민트 외에도 다양한 맛이 있다.

¥ 120엔

노도누루 누레마스크 のどぬ〜る ぬれマスク

평소에 말을 많이 하거나 목이 건조하고 칼칼해지는
사람에게 추천하는 제품. 마스크 내부의 젤 타입의
필터가 들어 있어 촉촉한 상태로 유지된다.
일상용, 수면용, 감기 환자용 등 종류가 다양하다.

¥ 430엔(3세트)

보르도 세탁 세제 ボールド 洗濯洗剤 ジェルボール4D

세제와 섬유 유연제가 함께 들어 있는 세탁 세제. 개별 포장이라
용량을 잴 필요 없이 하나씩 넣으면 된다. 상쾌한 비누향이 난다.

¥ 900엔(22개입)

088

블렌디 스틱 라테 시리즈
Blendy Stick

다른 커피 믹스보다 우유 맛이
진하다. 기본 믹스 커피 맛,
홍차 맛, 녹차 맛, 밀크티 맛 등
종류가 다양하다.

¥ 300엔

큐피 명란 파스타 소스
キューピー あえるパスタソース からし明太子

삶은 파스타 면에 넣고 쓱쓱 비벼주기만
하면 명란 파스타가 완성된다. 살짝 매콤한
기본 명란 맛 외에 명란 마요네즈 맛도 있다.

¥ 249엔

크노르 컵 수프 クノールカップスープ

뜨거운 물, 찬 우유 등에 풀어먹는 컵 수프.
옥수수, 단호박, 감자 등의 맛이 있다.

¥ 230엔

S&B 골든 카레 S&B ゴールデンカレー

일본식 카레의 기본. 카레 루만 들어 있는
제품이라 다양한 조합의 카레를 만들
수 있다. 참고로 인스턴트 카레 중 육류가
들어간 제품은 국내 반입이 불가능하다.

¥ 250엔

닛신 돈베이 키츠네 우동
日清のどん兵衛 きつねうどん

닛신 컵라면의 스테디셀러. 같은
제품으로 메밀국수도 있으며 뚜껑에
한자 동東이 쓰여 있으면 간장이 들어가
맛이 진한 간토식 국물, 서西가 쓰여 있으면
옅고 담백한 간사이식 국물이다.

¥ 236엔

홋카이도 크림 스튜
北海道クリームシチュー

진한 생크림의 풍미가 일품인
크림 스튜. 다양한 채소를 추가하면
음식점에서 파는 요리 못지않다.

¥ 230엔

커피 드립백 ドリップバッグコーヒー

집에서 간편하게 드립 커피를 즐길 수
있는 커피 드립백. UCC, 도토루 등 여러
브랜드에서 다양한 조합으로 나온다.
로스터리 카페 등에서 파는 커피 드립백보다
가격이 저렴하지만 맛은 뒤지지 않는다.

¥ 500~1,000엔(10개입)

킷캣 KITKAT キットカット

도시마다 다양한 한정 상품이 나와
기념품으로도 좋다. 가장 인기가 많은
건 상시 판매되는 상품인 녹차 맛.

¥ 600엔~

토스트 스프레드 トーストスプレッド

식빵에 쓱 짜주면 다양한 맛의 토스트를 완성할 수 있는 스프레드.
마늘 맛, 버터 맛, 바질 맛 등 맛이 여러 가지다. 그중 팥 앙금
스프레드가 있으면 앙버터 토스트를 쉽게 만들 수 있다.

¥ 400엔~

at 도쿄 시내 상점

닷사이 39
獺祭 純米大吟醸 磨き三割九分

일본 국내에서도 인기가 많고 우리나라 여행자도 많이 찾는 사케. 정미율에 따라 23, 39, 45로 구분되며 숫자가 낮을수록 비싸다. 닷사이39는 쌀 한 톨을 61% 깎아 39%로 술을 빚어낸 것이다.

¥ 1,476엔(300ml)

루피시아 차

일본에서 가장 사랑받는 차 브랜드. 전국에 매장이 있으며 각 도시마다 한정 상품이 있다. 포장이 예뻐 선물용으로도 좋다.

¥ 820엔~

스타벅스 시티 머그컵

스타벅스가 있는 도시라면 반드시 출시되는 시티 머그컵. 도쿄를 대표하는 이미지가 올망졸망 모여 있다. 공항의 스타벅스 매장에서도 판매한다.

¥ 2,600엔

젓가락·젓가락 받침

일본의 나무젓가락은 가볍고 날렵하다. 다이소에서 파는 110엔짜리부터 장인의 작품까지 만듦새가 다채롭다. 젓가락 받침도 마찬가지. 구경하는 것만으로 눈이 즐거운 디자인이 많다.

¥ 젓가락 110엔~, 젓가락 받침 550엔~

손수건

저렴하고 품질이 우수해 일본에 오면 손수건을 잔뜩 사간다는 사람이 의외로 꽤 많다. 백화점에서 사면 1장을 사도 선물 포장을 해준다.

¥ 550엔~

문구

이토야, 트래블러스 팩토리, 카키모리 등을 구경하다 보면 빈손으로 나오기 힘들다. 일본 브랜드뿐만 아니라 일본에 수입되는 다른 나라 브랜드의 제품도 우리나라 판매가보다 저렴해서 고급 연필을 사는 등 조금의 사치를 부릴 수 있다.

¥ 팝업 카드 495엔

캐릭터 상품

도쿄 타워와 함께하는 헬로키티, SNS에서 가장 잘 나가는 캐릭터 중 하나인 모후산도mofusando의 유일한 오프라인 매장, 나리타공항 한정판 피카츄 등 도쿄에서만 구매할 수 있는 캐릭터 상품은 보기만 해도 귀여워 흐뭇하게 여행을 추억할 수 있다.

¥ 헬로키티 키링 880엔, 모후산도 양말 380엔

뉴욕 캐러멜 샌드
N.Y.キャラメルサンド

일본인도 오픈 전부터 줄을 서서 구매하는 제품. 다이마루 도쿄점, 소고 백화점 요코하마점, 하네다 공항에서만 판매한다. 바삭한 버터 쿠키 사이에 캐러멜과 초콜릿이 들었다. 살짝 차갑게 먹어도 좋다.

¥ 1,296(8개)

at 면세점

도쿄 바나나
東京ばな奈

오랜 시간 크게 호불호 없이
사랑받는 도쿄 여행의
대표 기념품이다. 바나나 모양
카스텔라 안에 바나나
커스터드 크림이 들어 있다.

¥ 1,110엔(8개)

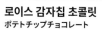

시로이코이비토
白い恋人

도쿄 바나나와 함께 오랜 시간
사랑 받아온 스테디셀러. 사각형의
쿠키 샌드 사이에 화이트 초콜릿이
들었다. 유제품으로 유명한
홋카이도에서 태어난 과자답게
버터와 크림의 풍미가 진하다.

¥ 1,440엔(18개)

로이스 초콜릿
ロイズ 生チョコ オーレ

혀에 닿는 순간 스르르 녹아 버리는
생초콜릿. 가장 인기 있는 맛은 기본인 오레이며
말차, 비터, 샴페인 등의 맛이 있고 옥수수,
파인애플 등 기간·지역 한정 상품도 있다.

¥ 800엔

로이스 감자칩 초콜릿
ポテトチップチョコレート

도톰한 두께의 감자칩에 초콜릿이
코팅되어 있다. 초콜릿은 오리지널,
화이트, 마일드 3종류가 있으며
3가지 맛을 모두 맛볼 수 있는 패키지도 있다.

¥ 800엔

히요코
ひよ子

귀여운 병아리 모양의 만주. 얇고 촉촉한
빵피 안에 흰 앙금이 꽉 들어차 있다.

¥ 1,820엔(12개)

쟈가폿쿠루
じゃがポックル

홋카이도산 감자로 만든 감자과자.
신선한 감자 본연의 맛을
잘 살린 '오호츠크해의 소금'
맛이 인기가 가장 많다.

¥ 1,019엔(10봉)

뉴욕 퍼펙트 치즈
ニューヨークパーフェクトチーズ

오후 비행기를 타는 사람은 못 산다고
하는, 면세점에서 가장 인기 있는
과자다. 카망베르 치즈, 체다 치즈,
화이트 초콜릿, 생크림이 바삭하게 구운 쿠키와
조화를 이룬다. JR 도쿄역 3, 4번 플랫폼 사이, 토부 백화점
이케부쿠로점, 케이오 백화점 신주쿠점 등에도 지점이
있으니 품절이 걱정된다면 시내에서 미리 구매하자.

¥ 2,250엔(18개)

면세점 이용 팁

• 면세점에서도 스이카와
파스모 카드로 결제가
가능하다. 잔액이 남았
다면 면세점에서 탈탈
털어버리자.
• 도쿄 바나나, 로이스 초
콜릿 등은 유통 기한이 짧은 편이다. 구매 후 바로 먹
는 게 아니라면 유통 기한을 꼭 체크하자.
• 로이스 초콜릿 등 냉장 보관 식품을 계산할 때 보냉
백(100엔) 구매 여부를 묻는다. 튼튼해서 여러 번 사
용할 수 있으니 구매를 추천(여름에는 꼭!)한다.
• 하네다 국제공항 면세점에서는 쇼핑백을 유료(크기
에 따라 5~50엔)로 판매한다.

취향을 제안하다
센스로 가득한 편집 숍

다양한 브랜드를 한 자리에서 비교하고 쇼핑할 수 있는 공간인 편집 숍.
모든 사람이 만족할 수는 없지만 가게의 '결'과 잘 맞는 사람은 한순간에 매료되는 공간이다.

빔스 재팬

빔스는 일본을 대표하는 편집 숍이다. 편
집 숍이라는 개념이 대중화되기 이전부
터 좋은 상품을 고르고 골라 판매했다.
의류에서 시작해서 이제는 삶의 방식 그
자체를 제안한다. 빔스에서 고른 상품이
마음에 들면 꼬리에 꼬리를 물 듯 계속해
서 믿고 구매하게 된다. 일본 전국에 매
장이 있으며 신주쿠에 있는 7층 규모의
빔스 재팬이 플래그십 스토어다. P.143

🚶 신주쿠

원엘디케이

아디다스 같은 익숙한 브랜드부터 해외
에 잘 알려지지 않은 일본 디자이너의 브
랜드까지 다양하게 만날 수 있는 편집 숍
이다. 리빙 룸, 다이닝 룸, 키친이 각각 하
나씩 있는 주거 형태를 가리키는 상호에
걸맞게 마치 가정집처럼 매장을 꾸며놓
았다. 나카메구로와 아오야마에 매장이
있으며 나카메구로 매장이 규모가 크다.
P.229

🚶 나카메구로

시보네

자이르 B1층 전체를 사용한다. 숟가락, 봉제인형, 세탁 세제 등 자잘한 상품부터 테이블, 소파 등 커다란 가구까지 고르고 고른 다양한 상품을 볼 수 있다. 같은 층에 시보네에서 판매하는 식료품을 이용해 조리를 하는 카페가 있고 책도 판매한다. P.209

🚶 오모테산도

도버 스트리트 마켓 긴자

패션 잡화가 메인인 편집 숍으로 꼼 데 가르송의 디자이너인 가와쿠보 레이가 프로듀싱했다. 꼼 데 가르송의 모든 라인이 입점해 있고 구찌, 프라다, 보테가 베네타, 미우미우 등 명품 브랜드의 매장도 있다. 디스플레이에 신경을 많이 써서 구경하는 재미가 있다. 최상층에 카페 로즈 베이커리와 책을 읽으며 쉴 수 있는 공간이 마련되어 있다. P.298

🚶 긴자

생활에 한 끗 차이를 만들다
일상 속 라이프 스타일 숍

별거 아닌 것 같은 아이디어 상품 하나가 삶의 질을 크게 향상시킬 수도 있다.
브랜드를 전면에 내세우는 편집 숍과는 달리 물건 그 자체의 용도에 집중하는 라이프 스타일 숍.
특히 인테리어 소품이나 생활용품을 좋아하는 사람이라면 헤어 나오기 힘들 것이다.

MUJI 無印良品

무인양품

군더더기 없는 깔끔한 디자인과 우수한 품질로 사랑받는 무인양품. 도쿄 시내 곳곳에서 매장을 쉽게 찾아볼 수 있으며 전 세계에서 가장 큰 무인양품 매장이 긴자에 있다. B1층부터 6층까지 있는 긴자 매장에는 음식점인 무지 다이너와 무지 호텔, 무지 북스 등 다른 매장에서는 볼 수 없는 공간이 있다. **P.295**

🚶 긴자

핸즈

HANDS

다양한 잡화를 취급하는 핸즈(구 토큐 핸즈)는 특히 DIY 관련 상품에 주력한다. 가죽 공예 도구, 조립 가구, 비즈 등 '손으로 만들 수 있는 모든 것'을 만들 때 필요한 도구와 재료가 잘 갖춰져 있다. 한국에서는 일부러 도매 시장을 찾아가야 하는 제품도 쉽게 구할 수 있다는 게 최대 강점.

추천 매장

신주쿠점 ♥ 東京都渋谷区千駄ヶ谷5-24-2(타카시마야 타임스스퀘어 2~8F) ⏰ 10:00~21:00
시부야점 ♥ 東京都渋谷区宇田川町12-18 ⏰ 10:00~21:00

로프트

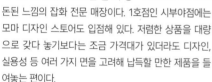

핸즈가 투박한 느낌이라면 핸즈의 라이벌 쯤 되는 로프트는 좀 더 정돈된 느낌의 잡화 전문 매장이다. 1호점인 시부야점에는 모마 디자인 스토어도 입점해 있다. 저렴한 상품을 대량으로 갖다 놓기보다는 조금 가격대가 있더라도 디자인, 실용성 등 여러 가지 면을 고려해 납득할 만한 제품을 들여놓는 편이다.

추천 매장

시부야점 ♥ 東京都渋谷区宇田川町21-1 ⏰ 11:00~21:00
긴자점 ♥ 東京都中央区銀座2-4-6 銀座ベルビア館 1~5F
⏰ 11:00~21:00(일요일 ~20:00)

프랑프랑

외관만 보면 판매하는 제품이 꽤나 가격대가 나가지 않을까 싶지만 막상 둘러보면 합리적인 가격대의 뛰어난 상품이 많아서 가성비 최고의 쇼핑을 즐길 수 있다. 도쿄에 있는 매장 대부분이 백화점이나 쇼핑몰에 입점해 있는데 신주쿠 서던 테라스와 아오야마에 있는 매장은 단독 매장으로 규모가 크다.

추천 매장

신주쿠 서던 테라스점 ♥ 東京都渋谷区代々木2-2-1 (신주쿠 서던 테라스 내) ⏰ 11:00~20:00
아오야마점 ♥ 東京都港区南青山3-1-3 スプライン青山東急ビル 1~2F ⏰ 11:00~19:00

책, 그 너머를 보다

새롭게 도약하는 서점

이제 서점은 단순히 책만 팔아서는 살아남을 수 없게 되었다. 대형 서점이든 작은 책방이든
도쿄의 서점은 시대의 변화에 발 빠르게 대응했다. 몇몇 지역에서는 서점이 지역의 랜드마크이자
사랑방 역할을 하며, 해외에서도 일부러 찾아오는 공간이 되었다.

도쿄에서 가장 큰 서점은 어디?

일본에서 출간되는 거의 모든 책을 구할 수 있는 공간, 도쿄 23구 내에 위치한 대형 서점 중 규모가 큰 순서대로 나열하면 다음과 같다.

No.1 준쿠도 서점(이케부쿠로 본점) ジュンク堂書店
🚶 JR 이케부쿠로역에서 도보 5분 📍 東京都豊島区南池袋2-15-5 🕐 10:00~22:00

No.2 마루젠(마루노우치 본점) 丸善
🚶 JR 도쿄역에서 도보 2분 📍 東京都千代田区丸の内1-6-4 丸の内オアゾ1~4F 🕐 09:00~21:00

No.3 키노쿠니야 서점(신주쿠 본점) 紀伊國屋書店
🚶 JR 신주쿠역에서 도보 3분 📍 東京都新宿区新宿3-17-7 🕐 10:30~21:00

No.4 북 퍼스트(신주쿠점) ブックファースト
🚶 JR 신주쿠역에서 도보 3분 📍 東京都新宿区西新宿1-7-3 モード学園コクーンタワーB1~B2F 🕐 10:00~22:30

No.5 산세이도 서점(이케부쿠로 본점) 三省堂書店
🚶 JR 이케부쿠로역에서 도보 1분 📍 東京都豊島区南池袋1-28-1 西武池袋本店別館B1F・書籍館B1~1F 🕐 10:00~21:00

01.
츠타야 서점

2011년에 오픈한 복합 문화 시설 다이칸야마 티사이트의 핵심 공간이다. 바로 이 다이칸야마 츠타야 서점을 시작으로 츠타야는 기존의 이미지를 벗어나 라이프 스타일을 제안하는 '힙'한 회사로 발돋움했다. 다이칸야마 외에도 롯폰기, 나카메구로, 시모키타자와 등에 매장이 있다. **P.225**

🚶 다이칸야마

02.
아오야마 북 센터

땅값 비싸기로 유명한 오모테산도 옆 아오야마 지역에서 40년 가까이 자리를 지켜온 서점. 개점 초기부터 꾸준히 지역 주민의 성향을 고려한 북 큐레이션을 해왔다. 비슷한 규모의 다른 서점에 비해 사진집, 도록, 화보와 해외 잡지 코너가 잘 갖춰져 있다. **P.210**

🚶 오모테산도

03.
시부야 퍼블리싱 앤드 북셀러즈

이름에서 알 수 있듯이 출판과 판매를 함께 하는 서점이다. 오쿠시부야의 문화적 구심점 역할을 하며 서점 주변의 작은 가게들과 협업해 이벤트를 개최하는 등 지역 경제 활성화에도 이바지한다. **P.182**

🚶 오쿠시부야

04.
카모메 북스

책 판매만으로는 사람들의 발길을 끌 수 없다고 생각해 카페, 갤러리와 공간을 공유한다. 카페는 교토의 유명한 로스터리인 위크앤더스 커피에서 운영해 커피를 마시러 갔다가 자연스럽게 책방에 들르는 손님이 많다. **P.158**

🚶 카구라자카

05.
진보초 냔코도

개성 넘치는 서점이 모인 책의 거리 진보초에서도 단연 눈에 띄는 책방. 역사가 긴 것도 아니고 규모가 큰 것도 아니지만 일본 최초의 고양이 서적 전문 책방으로 고양이를 좋아하는 사람이라면 일부러라도 방문할 가치가 있다. 지자체와 협업해 길고양이의 중성화 수술을 돕는 등 사람과 고양이의 행복한 공존을 위한 다양한 활동을 한다. **P.328**

🚶 진보초

아날로그 감성 가득 문구점

아름답고 실용적인 문구의 세계

잘 나오는 볼펜 한 자루, 꽃무늬 마스킹 테이프 등 작지만 매일 곁에 두고 쓰는 물건인지라 예쁘고 좋은
제품을 쓰면 일상이 좀 더 풍요로워진다. 몇 시간을 둘러봐도 좋은 종합 문구점과 확실한
테마를 가진 개성 넘치는 작은 문구점이 도쿄 시내 곳곳에 자리한다. 문구 마니아라면 문구점만 둘러보는
일정으로도 도쿄 여행을 할 수 있을 정도. 지금부터 도쿄 문구점 탐방을 떠나보자.

이토야 伊藤屋

1904년 문을 연 유서 깊은 문구점으로 긴자점은 12층 건물
전체를 사용한다. 1층에서 이토야의 자체 제작 상품과 계절
한정 상품을 판매하며 층마다 특화된 구성을 선보인다. 본점
의 뒷골목에는 7층 규모의 분점이 있고 요코하마의 모토마치
쇼핑 스트리트에도 지점이 위치한다. **P.297**

🚶 긴자, 요코하마

트래블러스 팩토리 TRAVELER'S FACTORY

우리나라에도 팬이 많은 일본 문구 회사 미도리
MIDORY에서 만든 '트래블러스 노트'관련 용품 전문
점이다. 다양한 표지, 속지 등을 우리나라에서보다
저렴한 가격에 구매할 수 있다. 나카메구로점은 2층
규모이고 2층 한쪽을 카페로 운영한다. 도쿄역, 나
리타 국제공항에도 지점이 있다. **P.229**

🚶 나카메구로, 도쿄역, 나리타 국제공항

여기서도 문구 구경!

로프트, 핸즈, 무인양품 등의 라이프 스타일 숍과 다이
소, 대형 서점에서도 문구 쇼핑을 할 수 있다. 로프트, 핸
즈는 매장 규모에 따라 문구 코너 규모가 다르지만 웬만
한 문구점 못지않게 다양한 제품을 취급한다. 대형 서점
내의 문구 코너에서는 책갈피, 독서 노트 등 책과 독서에
특화된 제품이 많다.

카키모리 쿠라마에 カキモリ 蔵前

나만의 노트를 제작할 수 있는 문구점이다. 크기, 표지, 속지, 스프링 등 재료를 고르면 직원이 그 자리에서 바로 노트를 제본해준다. 각인도 가능하다. 평일에는 비교적 한가한 편이다. 카키모리의 자체 제작 상품, 카키모리가 고른 아름다운 문구가 단정하게 진열되어 있어 천천히 둘러보기 좋다. P.379

🏃 쿠라마에

하이타이드 스토어 HIGHTIDE STORE

후쿠오카에서 탄생해 세계에서 사랑받는 브랜드 하이타이드의 도쿄 유일 직영점이다. 불렛 볼펜, 플라스틱 클립으로 잘 알려진 브랜드 펜코penco, 가방 브랜드 네nähe 등 자체 브랜드 상품이 다양하고 우리나라에서 구하지 못하는 상품도 많다. P.170

🏃 시부야

분포도 文房堂

진보초에 위치한 문구점답게 1887년 서점의 한쪽 공간을 빌려 '숍 인 숍'에서 시작했고 1922년 지금의 건물로 이전했다. 일본에서 최초로 유화 물감을 제조하고 판매한 화방으로 잘 알려져 있다. 본점 건물은 간토 대지진 때도 피해를 거의 입지 않아 고풍스런 옛 모습을 그대로 간직한다. P.334

🏃 진보초

사부로 36 Sublo

서너 명이 들어가도 꽉 찰 정도로 작은 매장에 빈 공간을 찾아볼 수 없을 정도로 다양한 문구가 빽빽하게 채워져 있다. 실용적인 제품보다는 예쁘고 귀엽고 무용한 제품이 더 많아 구경하는 재미가 있다. 가게 이름은 고향 교토에서 문구점을 운영했던 할아버지의 이름에서 따왔다고 한다. P.408

🏃 키치조지

동심으로 돌아가는 추억의 힘
우리가 사랑하는 캐릭터 숍

공항에서 슈퍼마리오와 헬로키티가 인사를 해주는 나라가 바로 일본이다. 캐릭터 상품 강국인 건 두말하면 입 아픈 일. 어른이고 아이고 눈 돌아갈 수밖에 없는 캐릭터 숍을 소개한다.

닌텐도 도쿄 Nintendo TOKYO

세계 최초의 닌텐도 직영 오프라인 매장이다. 지금의 닌텐도를 있게 한 '슈퍼 마리오'와 '젤다의 전설' 캐릭터 상품부터 코로나 19 시기에 우리나라에서 엄청난 인기를 끌었던 '모여봐요 동물의 숲' 캐릭터 상품까지. 닌텐도의 모든 것을 만날 수 있다. **P.174**

🚶 시부야 파르코

디즈니 스토어 DISNEY STORE

전 세계 대중문화에 지대한 영향을 끼치는 월트 디즈니 컴퍼니에 소속된 모든 캐릭터의 상품을 만날 수 있다. 일본 전국에 매장이 있으며 도쿄의 신주쿠와 시부야 매장은 전국에서도 규모가 큰 매장에 속한다. **P.142, 175**

🚶 신주쿠, 시부야

산리오월드 Sanrioworld

헬로키티, 마이멜로디, 쿠로미, 폼폼푸린, 시나모롤 등 사방이 귀여움으로 가득한 공간이다. 도쿄 도내에 34개의 지점이 있으며 그 중 긴자점이 가장 크다. 공식 매장인 산리오월드 외에도 여행자가 많이 찾는 명소에 위치한 기념품점에서 헬로키티 키링 한정 상품을 팔기 때문에 팬이라면 꼼꼼히 살펴보자! **P.297**

🚶 긴자

포켓몬 센터 ポケモンセンター

벌써 9세대 캐릭터까지 나온 '포켓몬스터' 상품만 판매하는 캐릭터
숍. 어느 매장에 가든 가장 인기 있는 캐릭터인 '피카츄'와 '이브이'
상품이 가장 종류가 많다. 매장마다 콘셉트가 달라서 둘러보는 재
미가 있다. 이케부쿠로의 선샤인 시티에 있는 매장은 전 세계에서
가장 큰 매장으로 카페도 붙어 있다. P.391

🚶 시부야 파르코, 도쿄 스카이트리 타운, 이케부쿠로(선샤인 시티)

동구리 공화국 どんぐり共和国

〈이웃집 토토로〉, 〈마녀 배달부 키키〉, 〈하울의 움직이는 성〉 등 지
브리 스튜디오에서 제작한 애니메이션의 캐릭터 상품을 모아서 판
매한다. 다른 캐릭터 숍과 비교했을 때 주방용품, 문구류 등 실용적
인 상품이 많은 편이다. 키치조지에 있는 지브리 미술관 안의 매장
보다 도쿄 도심에 있는 매장의 상품이 훨씬 다양하다. P.391

🚶 도쿄역, 도쿄 스카이트리 타운, 이케부쿠로(선샤인 시티)

키디 랜드 KIDDY LAND

헬로키티, 스누피, 원피스 등 다양한 캐릭터의
상품을 한 장소에서 만날 수 있는 키디 랜드. '쿠
마몬くまモン'같은 일본 지자체의 캐릭터 상품도
있다. 디즈니, 닌텐도, 포켓몬스터처럼 해외에도
널리 알려진 세계적인 캐릭터보다 일본 국내에
서 인기가 높은 캐릭터가 궁금한 사람이라면 꼭
들러볼 만한 공간. P.208

🚶 오모테산도

—🛍—

쇼핑 시 알아두면 도움이 될

일본 면세 제도와
세일 기간

우리나라에 재화나 서비스를 구매할 때 붙는 10%의 부가가치세가 있다면
일본에는 10%의 소비세消費稅가 있다. 옷을 사도, 카메라를 사도, 화장품을 사도
이 10%의 소비세가 부과되는데 외국인 여행자는 한 번에 일정 금액 이상
구매하면 소비세를 돌려받을 수 있다. 또한 일본에서는 1월과 7월에 한 달 내내 전국적으로
대대적인 세일 기간에 들어간다. 면세 제도와 세일을 잘 이용해 알뜰한 쇼핑을 해보자.

일반 물품과 소모품 면세 제도

구분	일반 물품	소모품
종류	의류, 신발, 가방, 가전제품, 장난감 등  의류 / 가전제품 / 보석류 및 공예품 / 신발 및 가방	건강 식품, 식품, 화장품, 담배, 주류 및 음료 등  식품 / 건강식품 / 화장품 / 담배 / 주류 및 음료
면세 구매 금액	동일 점포의 1일 총 구입 금액 5,000엔 이상 (소비세 별도)	동일 점포의 1일 총 구입 금액 5,000엔 이상 50만 엔 이하(소비세 별도)
요건	특수 포장 불필요, 일본 내 사용 가능	특수 포장 필수, 일본 내 사용 불가

면세 혜택 받는 순서

① 면세를 받고자 하는 매장에 'Japan Tax-free Shop' 마크가 있는지 확인한다. 보통 계산대, 아니면 입구 쪽에 안내 스티커가 붙어 있다.

② 한 점포 또는 백화점이나 쇼핑몰 등에서 5,000엔(소비세 별도) 이상 구매한 후 면세 카운터를 방문한다. 구매한 물품, 여권(원본, 입국 스티커 필수), 결제 신용 카드를 지참해야 한다. 일부 대형 매장에서는 계산대에서 바로 면세 수속을 진행할 수도 있다.

③ 본인 확인을 마치면 여권을 스캔한다. 면세 카운터에서 면세를 받는 경우 수수료를 제외한 후의 금액을 현금으로 돌려받는다. 계산대에서 면세 수속을 진행했다면 처음부터 소비세가 빠진 금액으로 결제된다. 구입한 상품 중 소모품이 있다면 지정된 봉투에 넣어 밀봉한 상태로 받는다. 일반 물품과 소모품을 합해 면세를 받을 경우 일반 물품도 소모품과 함께 밀봉 포장한다.

④ 출국할 때 공항에서 보안 검사를 마치면 세관이 나온다. 면세를 받았다면 기계에 여권을 스캔한다. 예전처럼 영수증 등을 제출할 필요는 없다.

알뜰 쇼핑 팁

백화점(이세탄, 타카시마야, 미츠코시 등)에서는 소비세 면세 외에 외국인 여행자 할인 혜택을 받을 수 있다. 각 백화점의 면세 카운터에서 외국인 여행

자 전용 게스트 카드 또는 쿠폰을 발급받으면 일정 금액 이상 구매 시 5% 할인 혜택이 있다. 게스트 카드의 유효 기간은 백화점마다 다르며 일부 고가 브랜드는 할인을 받을 수 없다. 카카오페이나 네이버페이로 결제할 때 기간 한정 할인 쿠폰 또는 캐시백 등의 혜택도 있으니 결제하기 전에 아무지게 챙겨 알뜰하게 쇼핑하자. '택스 프리 숍스 재팬' 홈페이지(taxfreeshops. jp/ko)에서 돈키호테, 빅 카메라 등에서 사용 가능한 할인 쿠폰을 제공한다. 결제할 때 쿠폰을 캡처한 화면을 보여주면 할인을 받을 수 있으며 쿠폰마다 사용 조건이 다르다.

면세 제도 관련 Q&A

Q 여권 사본으로도 면세 혜택을 받을 수 있나요?
A 불가능합니다.
면세 혜택을 받으려면 계산할 때 여권 원본이 있어야 하며 여권에 입국 스티커가 붙어 있어야 합니다. 신용 카드로 결제한 경우 여권 소지자의 신용 카드로 결제해야 면세가 가능합니다.

Q 동일한 매장에서 각각 다른 날짜에 구매한 물품의 합이 5,000엔이 넘어도 면세가 가능한가요?
A 불가능합니다.
한 매장에서 같은 날 구매한 상품만 면세가 가능합니다. 참고로 백화점에서는 개별 점포에서 면세 수속을 해주지 않습니다. 면세 카운터가 따로 있기 때문에 같은 날 구매한 영수증을 모두 합산해서 일괄 면세를 받을 수 있습니다. 쇼핑몰은 시설마다 정책이 다릅니다. 개별 매장에서 면세를 해주는 경우도 있고 백화점처럼 면세 카운터가 따로 있는 경우도 있으니 계산 전에 확인해두세요.

Q 면세 받은 물건도 교환, 환불이 가능한가요?
A 매장 재량에 따라 가능합니다.
하지만 원칙적으로는 불가능하기 때문에 구매 전에 한 번 더 고민하고 체크하세요.

1월과 7월은 일본의 세일 기간

매년 1월과 7월은 일본 전국에 있는 백화점, 쇼핑몰 전체가 세일에 들어가는 기간이다. 세일은 한 달 정도 진행되고 세일 막바지가 가까워질수록 할인율은 점점 커진다. 인기 있는 상품은 세일이 시작되자마자 품절되곤 하지만 운이 좋고 안목이 있다면 세일이 끝날 즈음에 파격적인 가격으로 '득템'을 할 수도 있다는 사실. 세일 상품이라도 면세 혜택을 받을 수 있는 금액 이상 구매했다면 평소의 수순대로 면세 혜택을 받을 수 있다. 세일 상품은 교환, 환불이 불가능한 경우가 많다.

PART 3

진짜
도쿄를
만나는
시간

모든 취향의 집합소

도쿄
東京

일본의 수도이자 전 세계에서도 손에 꼽는 메트로폴리스 도쿄. 고층 빌딩이 이루는 스카이라인과 에도 시대 유적이 공존하고 미쉐린 레스토랑과 역 구내에서 서서 먹는 소바집이 어깨를 나란히 한다. 공항에서는 헬로키티가 인사하고 일본 대표 브랜드의 신제품을 가장 먼저 만날 수 있다. 할 것이 너무 많지만 그만큼 모두가 만족할 수 있는 목적지, 바로 도쿄다.

도쿄 공항철도
한눈에 보기

도쿄에는 시내에서 조금 떨어져 있는 나리타 국제공항과 시내에서 비교적 가까운 하네다 국제공항이 있다. 규모나 위치 면에서 나리타 국제공항이 우리나라의 인천 국제공항에 견줄 만하다면, 하네다 국제공항은 김포 국제공항과 비슷하다. 두 곳 모두 공항철도가 잘 연결되어 있다.

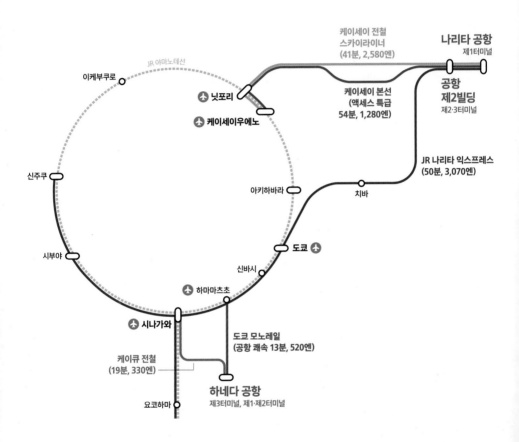

상황별 최적의 공항철도

✈ 나리타 국제공항

· 도쿄역, 신주쿠역까지 빠르고 편하게 ▶ JR 나리타 익스프레스
· 우에노역까지 환승 없이 한번에 ▶ 케이세이 전철 스카이라이너
· 시간이 걸려도 가성비를 원한다면 ▶ 케이세이 본선

✈ 하네다 국제공항

· 저렴하고 편리한 지하철 환승 ▶ 케이큐 전철
· JR 야마노테선으로 환승한다면 ▶ 도쿄 모노레일

나리타 국제공항
안내

나리타 국제공항은 도쿄도의 북동쪽에 있는 **치바현**千葉県에 위치한다. 일본 최대 규모의 허브 공항이라서 매우 복잡하고 도쿄 도심과 멀리 떨어져 있지만 시내까지 가는 대중교통편은 편리하다. 공항철도와 공항버스를 여러 회사에서 운영하고 있으니 소요 시간, 비용, 최종 목적지에 따라 내 일정과 가장 잘 맞는 교통편을 선택하자.

🏠 www.narita-airport.jp/kr

각 터미널 안내

	제1터미널	제2터미널	제3터미널
취항 항공사	**북쪽 윙** 대한항공, 진에어 **남쪽 윙** 아시아나항공, 에어서울, 에어부산, 전일본공수, 에어 재팬	에어프레미아, 이스타항공, 티웨이항공, 일본항공	제주항공, 에어로케이
층별 안내	**5층** 음식점, 상점, 전망대 **4층** 출발 로비, 음식점, 상점 **1층** 도착 로비, 공항버스, 택시, 여행안내소 **B1층** 나리타 공항역 成田空港駅	**4층** 음식점, 상점, 전망대 **3층** 출발 로비 **1층** 도착 로비, 공항버스, 택시 **B1층** 공항 제2빌딩역 空港第2ビル駅	**2층** 출발 로비, 음식점, 상점 **1층** 도착 로비, 공항버스, 택시

터미널 간 무료 셔틀버스

각 터미널 사이를 오가는 노란색 무료 셔틀버스를 이용하면 된다. 모든 터미널 각 1층에 셔틀버스 정류장이 있다. 시간대에 따라 다르지만 배차 간격은 5~10분 정도다. 제2터미널과 제3터미널 사이는 연결통로(약 300m)가 있어 걸어서 15분 정도면 이동한다.

● **각 터미널 정류장과 이동 시간**

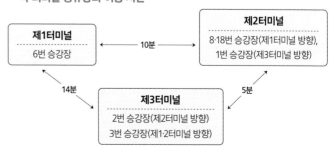

나리타 국제공항에서
시내로 이동

제3터미널에는 역이 없기 때문에 공항철도를 이용하려면 제1·2터미널로 이동해야 한다. 역 이름은 제1터미널이 나리타공항역이고 제2터미널이 공항 제2빌딩역이다. 역은 각 터미널 B1층에 있고 공항버스 정류장은 1층에 있다.

공항철도

도쿄역, 시부야, 신주쿠로
편하게 이동

나리타
익스프레스(넥스)

成田エクスプレス(N'EX)

주요 역까지의 이동

도쿄역
🕐 50분 ¥ 3,070엔

시부야역
🕐 67분 ¥ 3,250엔

신주쿠역
🕐 73분 ¥ 3,250엔

요코하마역
🕐 81분 ¥ 4,370엔

JR에서 운영하는 공항철도이며 보통 줄여서 '넥스'라고 한다. 요금은 비싸지만 전 좌석이 지정석(탑승 전 좌석 지정 필요)이고 도쿄역, 신주쿠역, 시부야역 등 도쿄의 주요 지역과 요코하마역까지 환승 없이 이동할 수 있어 편리하다. 여행을 마치고 도쿄 시내에서 나리타 국제공항으로 돌아오는 열차를 타기 전에 JR 동일본 여행 서비스 센터, 매표소 등에 들러 돌아가는 날짜와 좌석을 반드시 지정하자.

🕐 07:37~21:44, 1시간에 2~3대 배차, 제1터미널 기준 ¥ JR 동일본 홈페이지(탑승일, 좌석 지정 가능), 나리타 국제공항 제1·2터미널 B1층의 JR 동일본 여행 서비스 센터, JR 매표소, 여권 판독기가 설치된 지정석권 발매기에서 구매 🏠 www.jreast.co.jp/multi/ko/nex

외국인 전용 왕복표를 이용하자!

'넥스 도쿄 왕복 티켓'은 나리타 국제공항과 도쿄 도심을 왕복하는 외국인 여행자에게 매우 유용하다. 공항에서 도쿄 주요 역까지 편도 요금이 3,000엔대인 것을 감안하면 왕복 티켓을 구매하는 것이 이득이다. 게다가 사용 가능 범위 내에서라면 하차와 승차 역이 달라도 상관없다. 시내로 갈 때는 도쿄역에서 내렸어도 공항으로 갈 때는 요코하마역에서 타도 무방하다는 뜻이다. 티켓을 구매할 때는 반드시 본인 여권을 지참해야 한다. 이 왕복 티켓은 나리타 국제공항에 위치한 역에서만 수령할 수 있으며 분실 시 재발행은 불가능하다.

요금 왕복 5,000엔 **사용 범위** 도쿄역, 시부야역, 신주쿠역, 이케부쿠로역, 요코하마역 등
유효 기간 개시일 포함 14일 이내

우에노(닛포리)로
가장 빠르게 가는 법

스카이라이너
スカイライナ

주요 역까지의 이동

우에노역
© 41분 ¥ 2,580엔
(승차권 1,280엔+라이너 특급
추가 요금 1,300엔)

케이세이 전철의 특급 열차(전 좌석 지정석)로 나리타 국제공항에서 우에노 지역까지 환승 없이 간다. 하차 후 JR 야마노테선을 탈 예정이라면 우에노역 전 역인 닛포리역에서 내리는 걸 추천한다. 케이세이 우에노역은 JR 우에노역과 걸어서 5분 정도 거리에 위치하며 사람이 많은 복잡한 지역이기 때문이다. 닛포리역의 경우 케이세이 전철과 JR이 한 건물을 사용한다. 하차 후 지하철을 탈 예정이라면 도쿄 메트로 히비야선과 긴자선이 지나는 우에노역에서 내리는 걸 추천한다. 공식 홈페이지 외에 우리나라의 대행사에서도 예약할 수 있다. 나리타 공항에 도착해 스카이라이너 티켓 카운터에서 실물 승차권으로 교환한다. 왕복으로 구매했다면 공항으로 돌아가는 열차의 예약권까지 한 번에 수령한다.

© 07:23~23:00, 1시간에 2~3대 배차, 제1터미널 평일 기준 ¥ 나리타 국제공항 제1·2터미널 B1층의 스카이라이너 티켓 카운터, 나리타 국제공항 제1·2터미널 1층의 케이세이 전철 매표소에서 구매 ♠ www.keisei.co.jp/keisei/tetudou/skyliner/kr/index.php

가성비 좋은 공항철도

케이세이 본선
京成本線

주요 역까지의 이동

우에노역 © 액세스 특급 54분,
각 역 정차 71분 ¥ 1,280엔

보통, 쾌속, 쾌속 특급, 통근 특급, 액세스 특급 등의 종류가 있다. 공항철도가 아닌 보통 전철이라 앉아서 가지 못할 수도 있고 짐을 두기에 편하지 않다. 일부 열차는 우에노역이 아닌 도쿄 스카이트리 타운이 있는 오시아게역으로 간다. 타기 전에 잘 확인하자.

© 05:17~23:14, 배차 간격 20~60분, 제1터미널 평일 기준 ¥ 케이세이 전철의 매표소, 자동 발매기

시내로 가는 가장 저렴한 방법

저비용 고속버스
LCB 低価格高速バス

주요 역까지의 이동

도쿄역
© 1시간 5분 ¥ 1,500엔

저렴한 요금이 가장 큰 강점이다. 목적지마다 운행하는 회사가 다르다. 여행자가 가장 많이 이용하는 노선은 도쿄역과 긴자 방향으로 가는 '에어포트 버스 도쿄-나리타 AIRPORT BUS TYO-NRT' 노선이다. 예약은 불가능하고 타기 전에 각 터미널 1층 저비용 고속버스 매표소에서 표를 산다. 1시간에 평균 5대 꼴로 운행하며 도쿄역을 거쳐 긴자역까지 가는 버스는 그 중 1~2대 정도라 긴자역에 가고 싶다면 표를 살 때 한 번 더 확인하자. 짐칸에 짐을 넣을 때 짐표를 주는데, 짐을 찾을 때 짐표를 확인하니 잃어버리지 않도록 주의한다. 교통 체증이 있을 때는 예상 소요 시간이 길어질 수 있다는 점을 염두에 두고 첫째 날 일정은 너무 빡빡하게 짜지 않는다.

도쿄역·긴자 방향 © 07:40~23:30, 제1터미널 기준 🚌 제1터미널 7번 정류장, 제2터미널 6번 정류장, 제3터미널 5번 정류장 탑승 ♠ tyo-nrt.com

다양한 노선

리무진 버스
リムジンバス

주요 역까지의 이동

신주쿠
© 2시간 ¥ 3,600엔

리무진 버스의 가장 큰 장점은 다양한 노선이다. 롯폰기, 오다이바, 디즈니 리조트 등 공항철도와 저비용 고속버스가 가지 않는 지역으로 가는 노선과 신주쿠, 시부야 등의 특정 호텔 앞으로 가는 노선을 운행한다. 또한 한 사람이 최대 2개의 짐을 짐칸에 넣을 수 있으며 차내에

화장실도 있다. 도쿄 도심으로 이동할 경우 요금은 보통 편도 3,000엔 이상이다.

© 07:30~23:20, 배차 간격 20~30분, 제3터미널 기준 ¥ 각 터미널 1층 매표소에서 구매
🚌 제1터미널 11번 정류장, 제2터미널 16번 정류장, 제3터미널 8번 정류장 탑승
♠ webservice.limousinebus.co.jp/web/en

하네다 국제공항 안내

하네다 국제공항은 도쿄 23구 중 하나인 오타구大田区에 위치하며 도쿄역에서 약 19km 떨어져 있다. 우리나라 김포 국제공항처럼 국내선 노선이 훨씬 많아서 항공권 가격이 나리타 국제공항행보다 비싸지만 김포 국제공항과 하네다 국제공항 사이를 오가는 노선은 항상 인기가 많다. 하네다 국제공항에는 3개의 터미널이 있으며 그중 제3터미널이 국제선 터미널이다.

🏠 tokyo-haneda.com/ko/index.html

각 터미널 안내

		제3터미널
취항 항공사	김포	대한항공, 아시아나항공, 일본항공, 전일본공수
	인천	대한항공, 아시아나항공, 일본항공, 전일본공수, 피치항공
층별 안내	5층	음식점, 상점, 전망 데크
	4층	음식점, 상점
	3층	출발 로비
	2층	도착 로비, 여행안내소, 하네다공항제3터미널역羽田空港第3ターミナル駅, 하네다 에어포트 가든 연결 통로
	1층	공항버스, 터미널 간 무료 셔틀버스 정류장, 택시

터미널 간 무료 셔틀버스

국제선 터미널인 제3터미널 출발 기준 새벽 4시 15분부터 다음 날 새벽 1시 15분까지 터미널 사이를 오가는 무료 셔틀버스가 다닌다.

● 각 터미널 정류장과 이동 시간

하네다 국제공항에서
시내로 이동

국제선 터미널인 제3터미널에 공항철도역이 있어 편리하다. 역 이름은 하네다공항제3터미널역이다. 공항버스 정류장은 각 터미널 1층에 있는데, 참고로 시내로 나가는 공항버스는 국내선 터미널인 제1·2터미널에서 출발하는 노선이 훨씬 더 많다.

공항철도

가장 저렴하고 편리한 방법

케이큐 전철
京急電鉄

주요 역까지의 이동

시나가와역
🕐 19분 ¥ 330엔

아사쿠사역
🕐 45분 ¥ 610엔

요코하마역
🕐 30분 ¥ 370엔

제3터미널 도착 로비인 2층에 매표소와 개찰구가 있다. 도쿄 도심(시나가와, 아사쿠사 등)으로 가는 열차와 요코하마 방향으로 가는 열차가 같은 플랫폼으로 들어오기 때문에 탑승하기 전에 꼭 행선지를 확인하자. 시나가와역品川駅에서 JR 야마노테선으로 갈아탈 수 있다. 케이큐 전철은 토에이 지하철 아사쿠사선과 선로를 공유하기 때문에 열차 행선지에 따라 아사쿠사역까지 환승 없이 갈 수도 있다.

🕐 05:26~23:51, 배차 간격 5~10분, 평일 시나가와행 기준 ¥ 제3터미널 2층 티켓 카운터, 발매기에서 구매 🏠 www.keikyu.co.jp

공항철도

창밖으로 도쿄 풍경을 감상하다

도쿄 모노레일
東京モノレール

주요 역까지의 이동

하마마츠초역
🕐 공항 쾌속 13분 ¥ 520엔

출발역 이름은 케이큐 전철과 같은 하네다공항제3터미널역이지만 매표소와 개찰구는 다르다. 열차 종류는 보통, 구간 쾌속, 공항 쾌속이 있는데 소요 시간에 차이가 거의 없고 요금이 같기 때문에 먼저 오는 열차를 타면 된다. 하마마츠초역에서는 JR 야마노테선으로 환승할 수 있다.

🕐 05:18~24:08, 배차 간격 5~15분, 평일 기준 ¥ 제3터미널 2층 케이큐 전철 개찰구 맞은편에 위치한 티켓 카운터, 발매기에서 구매 🏠 www.tokyo-monorail.co.jp

---

공항버스

심야 시간대에 유용한

리무진 버스
リムジンバス

주요 역까지의 이동

신주쿠역
🕐 40분
¥ 일반 1,400엔, 심야 2,800엔

요코하마역
🕐 45분
¥ 일반 650엔, 심야 2,000엔

전철이 끊긴 심야 시간에 도쿄 도심(신주쿠, 이케부쿠로), 요코하마로 갈 때 특히 유용하다. 도쿄는 교통 체증이 심해서 버스를 타면 예상 소요 시간보다 오래 걸리는 경우가 많지만 심야에는 교통 체증을 피할 수 있어 더욱 유용하다. 히가시신주쿠역행은 제3터미널 출발 기준 새벽 1시·1시 40분·2시 20분

버스가 있으며, 요코하마행은 새벽 1시 20분 버스가 있다. 심야 버스 외에도 도쿄 도심으로 나가는 버스가 수시로 다니고 환승이 까다로운 도쿄 디즈니 리조트, 오다이바로 가는 버스도 있다. 버스 승차권은 제3터미널 도착 로비의 매표소, 자판기에서 구매할 수 있고 일부 버스는 탑승할 때 교통카드로 요금을 낼 수 있다.

🚌 히가시신주쿠역행 제3터미널 3번 정류장, 요코하마역행 제3터미널 7번 정류장 탑승

도쿄 대중교통
한눈에 보기

도쿄의 대중교통은 크게 JR, 지하철, 사철로 나눌 수 있다. JR이 대동맥이라면 지하철은 모세혈관처럼 JR이 가지 않는 곳까지 구석구석 망라한다. 사철은 근교 도시인 요코하마, 가마쿠라, 하코네로 갈 때 이용하면 저렴하고 편리하다.

JR
Japan Railway

도쿄 시내와 근교 도시까지 모두 망라하는 가장 방대한 노선. JR역은 지하철역이나 사철 역보다 규모가 크고 쇼핑몰 등과 연결된 경우가 많다.

¥ 기본요금 150엔　🏠 www.jreast.co.jp/multi/ko/index.html

 JR 주요 노선

=== **야마노테선** 山手線　현지인, 여행자 모두 가장 많이 이용하는 노선으로 도쿄 시내를 동그랗게 도는 순환선이다. 야마노테선만 제대로 알고 있어도 도심을 여행하는 데 큰 불편은 없을 것이다.

=== **추오선** 中央線　=== **추오·소부선** 中央·総武線　야마노테선을 동서로 관통한다. 추오선은 쾌속 열차, 추오·소부선은 각 역 정차 열차로 운행한다. 두 노선 모두 신주쿠역과 키치조지역을 지나기 때문에 지브리 미술관에 갈 때 유용하다. 오차노미즈역을 지나면 추오선은 도쿄역, 추오·소부선은 아키하바라역 방향으로 간다.

=== **케이힌토호쿠선** 京浜東北線　도쿄 시내의 동쪽에서 요코하마 방향으로 갈 때 유용한 노선. 도쿄역, 아키하바라역, 우에노역, 유라쿠초역(긴자), 요코하마역, 사쿠라기초역, 이시카와초역 등을 지나간다.

=== **토카이도선** 東海道線　도쿄 시내의 동쪽인 도쿄역, 신바시역 등에서 요코하마, 오다와라역(하코네) 방향으로 갈 때 유용하다.

=== **쇼난 신주쿠 라인** 湘南新宿ライン　도쿄 시내의 서쪽인 신주쿠역, 이케부쿠로역, 시부야역 등에서 요코하마역, 가마쿠라역, 오다와라역(하코네) 방향으로 갈 때 유용하다. 하지만 이 구간은 저렴한 사철이 있기 때문에 JR 패스 소지자가 아니라면 사철을 이용하는 게 훨씬 합리적이다.

=== **케이요선** 京葉線　도쿄역에서 도쿄 디즈니 리조트가 있는 마이하마역으로 갈 때 유용하다.

=== **요코스카선** 横須賀線　도쿄 시내의 동쪽인 도쿄역, 신바시역 등에서 요코하마, 가마쿠라 방향으로 갈 때 유용한 노선. 가마쿠라까지 갈아타지 않고 갈 수 있다.

지하철
地下鉄

도쿄 메트로 노선 9개와 토에이 지하철 노선 4개, 총 13개의 노선이 운행 중이다. 노선은 서울보다 복잡하지만 이용 방법은 동일하다. 도쿄 메트로와 토에이 지하철은 각기 다른 주체에서 운영하기 때문에 환승 할인도 안 되고 요금 체계도 다르다. 요금은 JR보다 약간 비싸고, 24시간권 등 다양한 교통 패스가 있다.

도쿄 메트로
東京メトロ

¥ 기본요금 180엔
🏠 www.tokyometro.jp/lang_kr

유용한 교통 패스

· 도쿄 서브웨이 티켓 24·48·72시간권
· 도쿄 메트로 24시간권

**환승은
주황색 개찰구로!**

도쿄 메트로 노선의 일부 역에서는 환승할 때 일단 개찰구 밖으로 나가야 하는 경우가 있다. 그럴 때는 주황색 개찰구를 이용해야 한다. 일반 개찰구로 나왔다 들어가면 환승이 아니라 신규 탑승으로 간주되어 요금이 발생한다. 또한 주황색 개찰구를 나온 이후 30분 안에 갈아타야 환승이 적용된다.

긴자선 銀座線 일본 최초의 지하철 노선. 시부야역과 아사쿠사역이 기점이다. 도쿄의 북동쪽과 남서쪽을 이어 주는 황금 노선이다. 오모테산도역, 긴자역, 우에노역 등을 지난다.

✔ **추천 구간** 아사쿠사역 ←→ 도쿄 도심

마루노우치선 丸ノ内線 신주쿠역, 신주쿠산초메역, 신주쿠교엔마에역, 긴자역, 도쿄역, 오테마치역 등을 지나는 노선.

✔ **추천 구간** 신주쿠역 ←→ 긴자역

히비야선 日比谷線 나카메구로역, 에비스역, 롯폰기역, 카미야초역, 히비야역, 긴자역, 히가시긴자역, 츠키지역, 아키하바라역, 우에노역 등을 지나는 노선.

✔ **추천 구간** 나카메구로역 ←→ 롯폰기역 ←→ 긴자역

토자이선 東西線 와세다역, 카구라자카역, 오테마치역 등을 지나는 노선.

✔ **추천 구간** 카구라자카역 ←→ 오테마치역

치요다선 千代田線 요요기코엔역, 메이지진구마에〈하라주쿠〉역, 오모테산도역, 노기자카역, 니주바시마에〈마루노우치〉역, 오테마치역, 네즈역, 센다기역 등을 지나는 노선.

✔ **추천 구간** 메이지진구마에〈하라주쿠〉역 ←→ 노기자카역(롯폰기 지역), 오테마치역 ←→ 네즈역 ←→ 센다기역

유라쿠초선 有楽町線 이케부쿠로역, 이다바시역, 유라쿠초역, 긴자잇초메역, 토요스역 등을 지나는 노선.

✔ **추천 구간** 유라쿠초역 ←→ 긴자잇초메역 ←→ 토요스역

한조몬선 半蔵門線 시부야역, 오모테산도역, 진보초역, 오테마치역, 키요스미시라카와역, 오시아게〈스카이트리마에〉역 등을 지나는 노선.

✔ **추천 구간** 키요스미시라카와역 ←→ 오시아게〈스카이트리마에〉역

난보쿠선 南北線 코마고메역, 토다이마에역, 코라쿠엔역, 이다바시역, 아자부주반역 등을 지나는 노선.

✔ **추천 구간** 이다바시역 ←→ 아자부주반역

후쿠토신선 副都心線 이케부쿠로역, 신주쿠산초메역, 메이지진구마에〈하라주쿠〉역, 시부야역 등을 지나는 노선.

✔ **추천 구간** 신주쿠산초메역 ←→ 시부야역

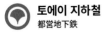

토에이 지하철
都営地下鉄

¥ 기본요금 180엔

🏠 www.kotsu.metro.tokyo.jp/kor

▬▬▬ **아사쿠사선** 都営浅草線 공항으로 갈 때 편리한 노선. 하네다 국제공항으로 가는 케이큐 전철 공항선과 환승 없이 이어지는 열차가 수시로 다니고, 나리타 국제공항으로 바로 가는 열차도 종종 있다. 센가쿠지역(하네다 국제공항 환승), 신바시역, 히가시긴자역, 쿠라마에역, 아사쿠사역, 오시아게(스카이트리마에)역 등을 지난다.

> ✔ **추천 구간** 아사쿠사역 ⟷ 하네다 국제공항

▬▬▬ **미타선** 三田線 시바코엔역, 히비야역, 오테마치역, 진보초역 등을 지나는 노선.

> ✔ **추천 구간** 시바코엔역(도쿄 타워) ⟷ 진보초역

▬▬▬ **신주쿠선** 都営新宿線 신주쿠역, 신주쿠산초메역, 진보초역 등을 지나는 노선.

> ✔ **추천 구간** 신주쿠역 ⟷ 진보초역, 신주쿠역 ⟷ 케이오타마센터(산리오 퓨로랜드)

▬▬▬ **오에도선** 都営大江戸線 JR 야마노테선과 마찬가지로 도쿄 시내를 한 바퀴 도는 순환선. 기점은 도쿄 도청이 있는 토초마에역이다. 신주쿠역, 아오야마잇초메역, 롯폰기역, 아자부주반역, 시오도메역, 키요스미시라카와역, 쿠라마에역, 토시마엔역(해리포터 스튜디오) 등을 지난다.

> ✔ **추천 구간** 롯폰기역 ⟷ 아오야마잇초메역 ⟷ 토초마에역, 신주쿠역 ⟷ 토시마엔역(해리 포터 스튜디오)

알아두면 좋은 도쿄 대중교통 상식

- 도쿄는 전 세계에서 교통 체계가 가장 복잡한 도시다. 도쿄 지리에 익숙하지 않다면 우선 JR 야마노테선 하나만 기억하자. 본문에서 소개하는 지역 대부분은 JR 야마노테선이 지나가거나 환승해서 갈 수 있는 지역이기 때문이다.

- 교통 패스에 연연할 필요가 없다. 도쿄에는 철도 노선이 많은 만큼 정말 다양한 교통 패스가 있는데 여행자가 유용하게 활용할 만한 패스는 많지 않다.

- 2020년 도쿄 올림픽 이후 대중교통 시설의 한국어 안내가 보강되었다. 역 이름, 출구 표시는 물론이고 승차권 발매기에서도 한국어 음성 안내를 들을 수 있다.

- 버스는 공항으로 갈 때 외에는 이용할 일이 거의 없다.

- 12세 이상부터 성인 요금을 낸다. 12세인데 초등학생일 경우에는 아동 요금을 낸다. 아동 요금은 성인 요금의 반값이다.

- 같은 역인데 철도 회사마다 이름이 다른 경우도 있고, 역 이름은 같아도 플랫폼이 멀리 떨어져 있어서 10분 이상 걸어야 하는 경우도 있다.

- 운영 주체가 다르더라도 같은 선로를 쓰는 노선이 몇 있다. 그 중 여행자가 가장 많이 이용하는 구간은 도쿄 메트로 후쿠토신선-토큐 토요코선-미나토미라이선, 토에이 지하철 아사쿠사선-케이큐 공항선, 토에이 지하철 아사쿠사선-케이세이 본선 구간이다. 예를 들어 이케부쿠로역에서 요코하마의 모토마치·추카가이역으로 가는 경로를 구글 맵스에서 검색하면 노선은 바뀌지만 '열차에 계속 탑승'이라고 나온다. 우리나라에는 없는 개념이라 생소하지만 중간에 내릴 필요 없이 해당 열차를 타고 있으면 목적지까지 바로 가기 때문에 익숙해지면 편리하다.

사철
私鉄

JR과 지하철을 제외한, 민간 기업에서 운영하는 모든 철도 노선을 사철이라고 한다. 우리에겐 생소한 개념이지만 이용 방법은 JR이나 지하철을 이용할 때와 다를 바 없다. 도쿄 도심에서 도쿄 외곽, 근교 도시로 갈 때 유용하다. 대부분의 기업이 백화점과 철도를 같이 운영해 신주쿠역, 시부야역, 이케부쿠로역 등 대형 터미널 역에는 같은 계열의 백화점이 역과 바로 연결된다. 사철별로 여행자가 이용할 만한 주요 노선을 소개한다.

토큐 전철
東急電鉄

¥ 기본요금 140엔
🏠 www.tokyu.co.jp/railway

유용한 교통 패스
· 토큐선 미나토미라이 패스

· **토요코선** 東横線 시부야역과 요코하마역 사이를 달리는 노선. 도쿄 도심에서 요코하마 방향으로 가는 가장 빠르고 저렴한 방법이다. 시부야역에서 도쿄 메트로 후쿠토신선과 연결되고 요코하마역에서 미나토미라이선과 연결된다. 시부야역, 다이칸야마역, 나카메구로역, 지유가오카역, 요코하마역 등을 지나간다.

케이오 전철
京王電鉄

¥ 기본요금 140엔
🏠 www.keio.co.jp/global/?lang=ko

· **이노카시라선** 井の頭線 시부야역과 키치조지역 사이를 달리는 노선. 시부야에서 시모키타자와, 키치조지로 갈 때 편리하다.
· **사가미하라선** 相模原線 신주쿠에서 산리오 퓨로랜드로 갈 때 타는 노선이다. 열차에 따라서 초후역調布駅에서 갈아타야 하는 경우도 있다.

오다큐 전철
小田急電鉄

¥ 기본요금 140엔
🏠 www.odakyu.jp/korean

유용한 교통 패스
· 에노시마·가마쿠라 프리 패스
· 하코네 프리 패스

· **에노시마선** 江ノ島線 신주쿠에서 가마쿠라, 에노시마 방향으로 가는 가장 효율적인 방법이다. 신주쿠역에서 출발하면 후지사와역에서 에노시마선으로 갈아탈 수 있다.
· **오다와라선** 小田原線 신주쿠역과 오다와라역 사이를 달리는 노선. 도쿄 도심에서 하코네 방향으로 가는 가장 효율적인 방법이다. 오다와라역에서 하코네 등산 열차로 갈아탈 수 있다. 추가 요금이 필요한 로만스카를 탔다면 오다와라역에서 환승할 필요 없이 하코네유모토역까지 갈 수 있다.

유리카모메
ゆりかもめ

¥ 기본요금 190엔
🏠 www.yurikamome.co.jp/ko

신바시역과 토요스역 사이를 달리는 15km 정도의 짧은 노선으로 오다이바에 갈 때 유용하다. 유리카모메는 특별한 경우를 제외하고는 모든 열차가 완전 자동 무인 운전이라 운전석이 비어있다. 따라서 맨 앞에 앉으면 도쿄 도심과 오다이바의 풍경을 감상하며 이동할 수 있다.

버스
バス

¥ 210엔

지하철은 물론 사철도 가지 않는 골목골목까지 운행한다. 하지만 도쿄 시내를 달리는 대부분의 노선이 우리나라의 마을버스 노선보다 짧을 정도로 협소한 지역에서만 운행하기 때문에 여행자가 이용할 일은 별로 없다.

● 이용 방법

① 앞문으로 승차하며 승차할 때 요금을 내거나 교통 카드를 태그한다.

② 현금 사용 시 지폐는 1,000엔 지폐만 사용 가능하며, 거스름돈은 저절로 나온다.

③ 하차 정류장 안내가 나오면 벨을 누른다. 운행 중 이동은 금물이다. 버스가 정차한 후 천천히 이동해 내려도 아무도 재촉하지 않으니 서두르지 말자.

택시
タクシー

¥ 기본요금 500엔(1,096m), 이후 255m마다 또는 1분 35초마다 100엔씩 가산

4인 이상이 짧은 거리를 이동할 때 유용하다. 곳곳에 택시 정류장이 있고 길에도 빈 차가 많이 다니기 때문에 한국에서처럼 손을 들어 탑승 의사를 표시하면 된다. 택시 뒷문은 자동으로 열리고 닫힌다. 교통 상황에 따라 구글 맵스나 택시 애플리케이션의 예상 요금보다 더 나올 수도 있다.

● 일본에서 카카오 T 이용하기

일본 최대 택시 애플리케이션 개발사가 카카오와 제휴를 맺어 일본에서도 '카카오 T' 앱을 사용할 수 있다. 일본에 도착해 앱을 실행하면 자동으로 지역을 인식하기 때문에 별도의 절차 없이 택시를 부를 수 있다. 앱 상단의 '여행' 탭을 선택한 후 하위 항목 중 '해외여행'으로 들어가면 '차량호출' 항목이 있다. 출발지와 도착지를 입력하면 차량 종류 등 다양한 옵션 중에서 선택 가능하고 예상 요금도 미리 확인할 수 있다. 탑승할 때는 한국에서와 마찬가지로 택시 번호를 확인 한 후 탑승하면 된다. 결제 방법은 출국 전에 미리 등록하자. 신용 카드 또는 휴대폰 결제가 가능하다. 목적지에 도착하면, 미리 등록한 방법으로 요금이 자동 결제된다. 우버(한국어), 디디DiDi(영어), 고GO(일본어) 등의 앱을 이용해 택시를 부를 수도 있다.

교통 카드와
교통 패스

대중교통을 탈 때마다 일일이 승차권을 끊고 요금을 내는 일은 생각보다 귀찮다. 그럴 때 필요한 게 바로 선불형 교통 카드와 교통 패스. 자신의 일정에 맞춰 필요한 카드 또는 패스를 선택해서 이용하면 된다.

선불형 교통 카드
交通系ICカード

＊ 무기명 스이카, 파스모 카드는 신규 발급을 중단하는 추세다. 2024년 12월 현재, 무기명 스이카는 일부 역(도쿄역, 신주쿠역, 시부야역, 우에노역, 이케부쿠로역, 시나가와역의 JR 동일본 여행 서비스 센터)에서 재고가 있을 경우 1인 1매 발급 가능하다. 이름, 연락처, 생년월일이 기입된 기명식記名式 스이카My Suica는 JR 역의 검정색 발매기에서 쉽게 발급받을 수 있다. 무기명식 파스모는 하네다 국제공항 제3터미널 2층 케이큐 전철 안내 센터 등 일부 역에서만 발급받을 수 있다. 만약 기존에 발급받았던 무기명식 스이카, 파스모 카드의 유효 기간(최종 사용일로부터 10년)이 지나지 않았다면 일본에 도착해 충전해서 바로 사용할 수 있다. JR 서일본의 이코카ICOCA, JR 홋카이도의 키타카Kitaca 등 다른 지역에서 발급받은 카드 역시 도쿄에서 사용할 수 있다. 애플 페이 사용자라면 스이카, 파스모 앱을 이용하면 된다.

우리나라에 티머니가 있다면 도쿄에는 스이카와 파스모가 있다. 스이카는 JR에서, 파스모는 도쿄 메트로로서 발행하는 선불형 교통 카드이고 발행 기관만 다를 뿐 이용 방법은 똑같다. 전철, 버스, 택시 등 모든 교통수단에서 사용할 수 있다. 스이카, 파스모와 제휴한 편의점, 음식점, 자판기, 물품 보관함 등의 상업 시설에서도 결제가 가능하다.

	스이카 Suica	파스모 PASMO
보증금	500엔(2,000엔짜리 교통 카드를 발행하면 사용할 수 있는 금액은 1,500엔)	
구매처	일부 역의 JR 동일본 여행 서비스 센터	일부 역에서 발급 가능
충전소	JR역 발매기, 지하철역 발매기, 편의점 등	
홈페이지	www.jreast.co.jp/multi/ko/pass/suica.html	www.pasmo.co.jp/visitors/kr

● 환불 방법

스이카는 JR 역의 미도리노마도구치みどりの窓口(JR에 관한 각종 업무를 담당하는 창구), 파스모는 지하철역의 역사무소에서 환불 가능하다. 카드를 반납하면 보증금 500엔을 돌려주는데, 카드에 잔액이 남아 있을 경우 수수료 220엔을 차감하고 잔액을 돌려주기 때문에 잔액을 전부 소진한 후에 반납하는 것이 좋다. 예시로, 카드 잔액이 1,000엔이면 수수료 220엔 공제 후 잔액 780엔, 보증금 500엔 총 1,280엔을 돌려준다. 카드 잔액이 0엔이면 별도 수수료 공제 없이 보증금 500엔만 돌려준다.

단기 여행자를 위한 특별 교통 카드

보증금이 따로 없는 대신 환불이 불가능하고 정해진 사용 기간 동안에만 이용할 수 있는 교통 카드도 있다. 여행 후 기념품처럼 가질 수 있도록 디자인되어 있다.

	유효 기간	28일
웰컴 스이카 Welcome Suica	보증금	없음
	구매처	·**JR 동일본 여행 서비스 센터** 나리타 공항 제1터미널역, 나리타 공항 제2·제3터미널역, 하네다 공항 제3터미널역, 도쿄, 시나가와, 시부야, 신주쿠, 이케부쿠로, 우에노 ·**웰컴 스이카 전용 발매기** 나리타 공항 제1터미널역, 나리타 공항 제2·제3터미널역, 하네다 공항 제3터미널역 ·**재팬 레일 카페 도쿄** JAPAN RAIL CAFE TOKYO JR 도쿄역 야에스 중앙 출구 그란 도쿄 노스 타워 1F

추천 교통 패스

일본은 우리나라보다 교통비가 비싼 편이라 많은 여행자가 여행 전에 교통비를 줄일 수 있는 교통 패스를 알아본다. 하지만 도쿄 시내만 둘러본다면 유용한 교통 패스가 생각보다 없다. 다만, 도쿄에서 근교 도시인 요코하마, 가마쿠라, 에노시마, 하코네를 다녀올 때에는 쓸 만한 교통 패스가 있으니 알아두자.

도쿄 서브웨이 티켓
Tokyo Subway Ticket
www.tokyometro.jp/kr/ticket/travel/index.html

 추천

 지하철을 이용해 도쿄를 돌아볼 생각이라면!

외국인 여행자를 대상으로 판매한다. 유효 기간이 끝나기 전에 탑승하면 유효 기간이 끝난 시간에 하차해도 따로 추가 요금을 내지 않는다. 공식 홈페이지, 우리나라의 대행사에서 예약할 수 있다.

사용 구간 도쿄 메트로, 토에이 지하철

유효 기간 개찰구를 처음 통과한 시간부터 24시간, 48시간, 72시간

가격 24시간권 800엔, 48시간권 1,200엔, 72시간권 1,500엔

구매처 하네다 국제공항 국제선 관광정보센터, 나리타 국제공항 제1터미널 비지터 서비스센터와 제2터미널 1층 도착 로비, 일부 지하철역 내 정기권 판매소와 여객 안내소, 시내의 관광안내소, 빅 카메라 지점 등

도쿄 메트로 24시간권
東京メトロ24時間券
www.tokyometro.jp/kr/ticket/1day/index.html

 24시간 동안 도쿄 메트로 지하철을 4번 이상 탈 계획이고 숙소가 지하철역 근처라면!

도쿄 메트로 전 노선을 24시간 동안 자유롭게 이용할 수 있다. 당일권은 구매 당일 막차 시간까지 개시하지 않으면 무효가 된다. 예매권은 발매일로부터 6개월 이내에 사용해야 한다.

사용 구간 도쿄 메트로

유효 기간 개찰구를 처음 통과한 시간부터 24시간

가격 600엔

구매처 ・당일권 도쿄 메트로역 발매기
・예매권 도쿄 메트로역 정기권 판매소

토에이 교통 1일 승차권
都営まるごときっぷ(1日乗車券)
www.kotsu.metro.tokyo.jp/kor/tickets/value.html

 도쿄 사쿠라 트램(구 토덴 아라카와선) P.397을 구석구석 둘러본다면!

일반적인 활용도는 떨어지는 편이지만 도쿄 사쿠라 트램을 자유롭게 이용하고 싶은 여행자라면 고려해볼 만하다.

사용 구간 토에이 지하철, 도쿄 사쿠라 트램, 토에이 버스, 닛포리・토네리 라이너

유효 기간 개시 당일

가격 700엔

구매처 토에이 지하철역 발매기, 도쿄 사쿠라 트램 및 토에이 버스의 차내, 닛포리・토네리 라이너역 자판기

토큐선 미나토미라이 패스
東急線みなとみらいパス
www.tokyu.co.jp/global/railway/ticket/value_ticket/minatomirai_ticket

추천

 시부야에서 출발해 요코하마를 당일치기로 다녀온다면!

시부야역에서 요코하마역까지 왕복 요금(620엔), 요코하마역과 미나토미라이선의 모토마치・추카가이역 왕복 요금(460엔)이 이미 패스 가격을 넘어서기 때문에 요코하마 당일치기 여행에 최적의 패스다.

사용 구간 토큐 전철역에서 요코하마역 왕복 1회, 요코하마 고속철도 미나토미라이선

유효 기간 개시 당일

가격 시부야역, 다이칸야마역, 나카메구로역 발매 기준 920엔

구매처 토큐 전철역(일부 제외) 발매기

토쿠나이 패스
都区内パス
www.jreast.co.jp/multi/ko/pass/tokunai_pass.html

 JR을 하루 6회 이상 탈 예정이라면!

도쿄 23구 내에서만 유효하기 때문에 지브리 미술관이 있는 키치조지역, 도쿄 디즈니 리조트가 있는 마이하마역으로 가려면 내릴 때 추가 요금을 내야 한다.

사용 구간 도쿄 23구 내의 JR 일반 열차

유효 기간 개시 당일

가격 760엔

구매처 구간 내의 JR역 발매기

유리카모메 1일 승차권
ゆりかもめ1日乗車券
www.yurikamome.co.jp/ko/ticket/coupon.html

 신바시역에서 **오다이바**로 들어가고, 오다이바 내에서 유리카모메를 한 번이라도 탈 계획이라면!

신바시역에서 다이바역까지 왕복 요금(660엔)에 유리카모메 기본요금(190엔)을 더하면 이미 패스 가격을 넘어선다. 츠키지 장내 시장이 이전한 시조마에역까지 갈 수 있다.

사용 구간 유리카모메

유효 기간 개시 당일

가격 820엔

구매처 유리카모메역 발매기

에노시마·가마쿠라 프리 패스 (오다큐 전철)
江の島·鎌倉フリーパス
www.odakyu.jp/korean/passes/enoshima_kamakura

 추천

 도쿄 도심에서 **가마쿠라**를 당일치기로 다녀온다면!

신주쿠역과 후지사와역 오다큐 전철 왕복 요금(1,220엔)과 후지사와역과 가마쿠라역 에노덴 왕복 요금(620엔)만 생각해도 패스 구매가 무조건 이익. 패스를 제시하면 할인되는 관광 명소도 많다. 특급 열차인 로만스카를 이용할 경우 추가 요금(750엔)이 붙는다.

사용 구간 오다큐 전철역에서 후지사와역 왕복 1회, 후지사와역-카타세에노시마역, 에노덴

유효 기간 개시 당일

가격 신주쿠역 발매 기준 1,640엔

구매처 오다큐 전철역 발매기, 오다큐 여행서비스센터, EMot 앱

하코네 프리 패스 (오다큐 전철)
箱根フリーパス
www.odakyu.jp/korean/passes/hakone

 추천

 도쿄 도심에서 **하코네**를 다녀온다면!

하코네 지역에서 여러 교통수단을 이용할 여행자에게 추천한다. 하코네에서 이동할 일이 거의 없다면 패스를 이용하는 경우와 탈 때마다 요금을 내는 경우를 꼼꼼히 비교해야 한다. 패스를 제시하면 할인되는 관광 명소도 많다. 하코네유모토역까지 바로 가는 특급 열차 로만스카를 이용할 경우 추가 요금(1,200엔)이 붙는다.

사용 구간 오다큐 전철역에서 오다와라역 왕복 1회, 하코네 등산 열차, 등산 케이블카, 로프웨이, 해적선, 등산 버스(지정 구간), 오다큐 하코네 고속버스(지정 구간), 토카이도 버스 오렌지 셔틀

유효 기간 개시 당일부터 1박 2일, 2박 3일

가격 신주쿠역 발매 기준 2일권 6,100엔, 3일권 6,500엔

구매처 오다큐 전철역 발매기, 오다큐 여행서비스센터, EMot 앱, 하코네 지역 일부 역과 여행안내소

신주쿠역 길 찾기
내비게이션

신주쿠역은 일본에서 가장 복잡한 역이다. JR만 5개의 노선이 지나가고 지하철과 도쿄 근교 도시로 나가는 사철까지 겹쳐 출퇴근 시간대의 혼잡도는 상상을 초월한다. 하지만 역의 구조와 출구에 대해서 간단하게 살펴보고 가면 현지에 가서 조금 덜 헤맬 수 있다.

층별로 주요 출구 방향 찾기

JR 신주쿠역은 3개의 층으로 이루어져 있다. 플랫폼을 중심으로 위층에는 남쪽으로 나가는 출구, 아래층에는 동·서쪽으로 나가는 출구가 모여 있다. 현재 신주쿠역은 내부 공사 중이라 특히나 더 안내판을 잘 보고 다녀야 한다.

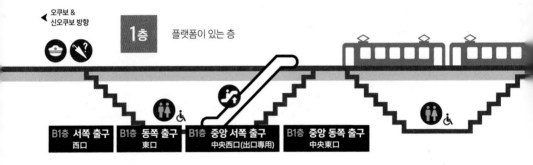

◀ 오쿠보 & 신오쿠보 방향

1층 플랫폼이 있는 층

| B1층 **서쪽 출구** 西口 | B1층 **동쪽 출구** 東口 | B1층 **중앙 서쪽 출구** 中央西口(出口専用) | B1층 **중앙 동쪽 출구** 中央東口 |

B1층

동·서쪽 방향. 출구 자체는 지하에 있지만 개찰구 밖으로 나오면 지상으로 연결된다.

나리타 익스프레스는 어디서 탈까?
나리타 국제공항으로 가는 나리타 익스프레스는 5·6번 플랫폼에서 정차한다.

- **서쪽 출구** 西口 ▶ 도쿄 도청
  도쿄 도청을 갈 때는 서쪽 출구가 편리하다. 서쪽 출구는 사철 환승 구역이기도 해서 무척 혼잡하지만 갈림길마다 도쿄 도청을 가리키는 안내판이 친절하게 설치되어 있다. 무빙워크까지 찾아가면 거기서부터 도쿄 도청까지 일직선으로 걸어가기만 하면 된다.

- **동쪽 출구** 東口 ▶ 카부키초
  카부키초로 가고 싶다면 동쪽 출구를 이용하면 된다. 카부키초 안내판을 따라 역 밖으로 나오면 카부키초까지 걸어서 5분도 채 걸리지 않는다.

- **중앙 서쪽 출구** 中央西口(出口専用) ▶ 오다큐 전철, 케이오 전철
  신주쿠역을 지나는 사철 중 오다큐 전철은 요금도 저렴하고 활용할 수 있는 교통 패스도 다양해 가마쿠라, 하코네 여행할 때 유용하다. 중앙 서쪽 출구로 개찰구를 나가자마자 바로 오다큐 전철의 개찰구가 나온다.

- **중앙 동쪽 출구** 中央東口

2층

남쪽 방향. 역 건물만 놓고 봤을 때는 2층 위치지만 실제로는 1층이다.

· **남쪽 출구** 南口

· **동남쪽 출구** 東南口

· **코슈카이도 개찰구** 甲州街道改札

· **미라이나 타워 개찰구** ミライナタワー改札 ➤ 뉴우먼

· **신 남쪽 개찰구** 新南改札 ➤ 뉴우먼

쇼핑몰인 뉴우먼으로 가기 위해서는 뉴우먼과 바로 연결된 미라이나 타워 개찰구, 신 남쪽 개찰구를 이용하거나 남쪽 출구에서 횡단보도를 건너서 이동해야 한다.

요요기 방향 ▶

외부 횡단보도

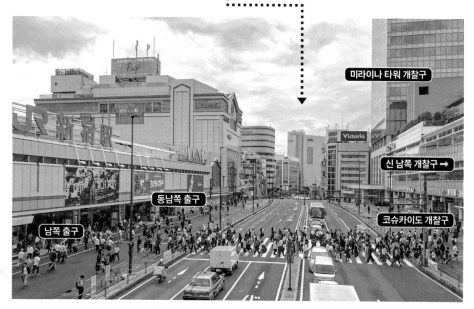

주요 출구별로 랜드마크 파악하기

JR 신주쿠역에서의 최대 난관은 바로 출구 찾기. 출구마다 거리가 떨어져 있는 데다 이용객도 상당히 많아 길을 잃기 십상이다. 따라서 가고자 하는 랜드마크가 어느 출구에 있는지 확실하게 숙지하고 이동해야 시간과 체력을 아낄 수 있다.

	서쪽 출구	동쪽 출구	남쪽 출구	신 남쪽 개찰구
연결 교통	오다큐 전철 신주쿠역 케이오 전철 신주쿠역 도쿄 메트로 마루노우치선 신주쿠역 토에이 지하철 오에도선 신주쿠니시구치역	토에이 지하철 신주쿠선 신주쿠산초메역 도쿄 메트로 마루노우치선·후쿠토신선 신주쿠산초메역	토에이 지하철 신주쿠선·오에도선 신주쿠역	토에이 지하철 신주쿠선·오에도선 신주쿠역, 신주쿠선 신주쿠산초메역 도쿄 메트로 마루노우치선·후쿠토신선 신주쿠산초메역 신주쿠 고속버스 터미널
랜드마크	· 도쿄 도청 · 신주쿠 중앙 공원 · 케이오 백화점 · 오다큐 백화점 · 오모이데요코초	· 카부키초 · 크로스 신주쿠 비전 · 이세탄	· 신주쿠 교엔 · 루미네 1, 2	· 코슈카이도 · 뉴우먼 · 신주쿠 교엔 · 타카시마야 타임스 스퀘어 · 신주쿠 서던 테라스

길 찾기 포인트!

· **JR 신주쿠역이 기점** 우선 지하철 신주쿠역을 이용하겠다는 생각은 버리자. 사철을 이용할 때도 역 밖으로 나갈 경우 JR 신주쿠역을 통하면 목적지 찾기가 생각보다 수월하다.

· **출구와 랜드마크 알아두기** 헤매고 싶지 않다면 목적지 주변의 랜드마크를 미리 알아두고 해당 방향의 출구로 나가자. 신주쿠역은 워낙 넓어서 출구마다 거리가 상당히 떨어져 있다. 역내가 복잡하다고 무턱대고 밖으로 나갔다가 더 찾기 힘들어질지도 모른다.

· **주요 출구 기억하기** 동쪽 출구와 서쪽 출구 방향, 남쪽 출구 방향, 신 남쪽 개찰구 방향을 기억하자. 플랫폼이 있는 1층을 기준으로 동쪽과 서쪽으로 가는 경우에는 B1층으로, 남쪽으로 가는 경우에는 2층으로 이동하는 점만 기억하면 된다.

· **기본 중의 기본은 안내판** 당연한 말이지만 안내판만 잘 따라가도 헤맬 일이 없다. 역 곳곳에 출구, 랜드마크를 알려주는 안내판이 상당히 많이 설치되어 있으며 규모가 큰 안내판은 한글이 병기되어 있다.

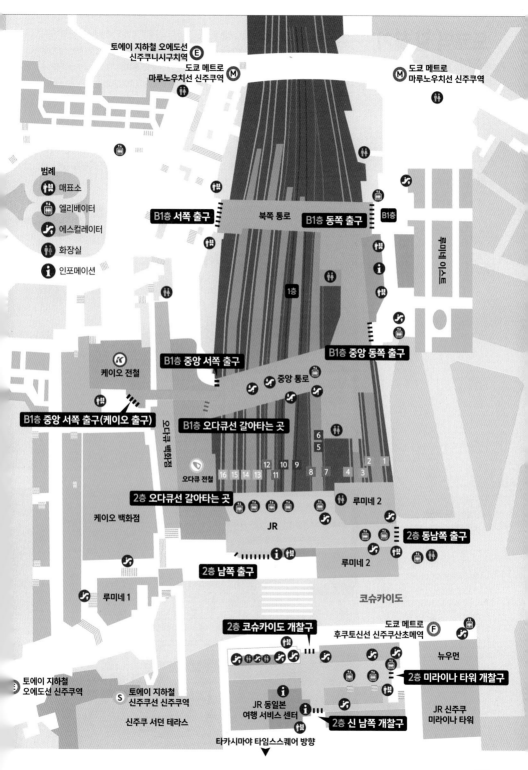

토에이 지하철 오에도선
신주쿠니시구치역 Ⓔ

도쿄 메트로
마루노우치선 신주쿠역 Ⓜ

도쿄 메트로
마루노우치선 신주쿠역 Ⓜ

범례

🛉 매표소

🛗 엘리베이터

🛗 에스컬레이터

🚻 화장실

ℹ️ 인포메이션

루미네 에스트

B1층 서쪽 출구

북쪽 통로

B1층 동쪽 출구

B1층

1층

B1층 중앙 서쪽 출구

중앙 통로

B1층 중앙 동쪽 출구

Ⓚ
케이오 전철

B1층 중앙 서쪽 출구(케이오 출구)

오다큐 백화점

B1층 오다큐선 갈아타는 곳

6
5

오다큐 전철

16 15 14 13   12 10 9   8 7   4   2 1
11   3

2층 오다큐선 갈아타는 곳

루미네 2

케이오 백화점

JR

2층 동남쪽 출구

루미네 2

2층 남쪽 출구

루미네 1

코슈카이도

2층 코슈카이도 개찰구

도쿄 메트로
후쿠토신선 신주쿠산초메역 Ⓕ

뉴우먼

2층 미라이나 타워 개찰구

토에이 지하철
오에도선 신주쿠역 Ⓢ

토에이 지하철
신주쿠선 신주쿠역 Ⓢ

신주쿠 서던 테라스

JR 동일본
여행 서비스 센터

2층 신 남쪽 개찰구

JR 신주쿠
미라이나 타워

▼
타카시마야 타임스스퀘어 방향

도쿄역 길 찾기
내비게이션

일본 철도 교통의 상징 도쿄역. 신주쿠역이 도쿄 시내와 근교 도시로 가는 열차로 붐빈다면 도쿄역은 일본 전국 각지로 가는 열차로 붐빈다. 역 규모도 규모지만 개찰구로 들어온 후 역 내부의 편의시설은 마치 거대한 쇼핑몰 같다. 하루에 3,000편의 열차가 지나는 도쿄역을 분석해보자.

층별 내부 구조 살펴보기

JR 도쿄역에는 무려 30개가 넘는 플랫폼이 있고 그 중 일부는 B5층까지 가야 한다. 심지어 아예 역사가 따로 떨어져 있는 노선도 있으니 출구를 찾을 때보다 플랫폼 찾을 때 길을 잃을지도 모른다. 복잡한 도쿄역 내부를 살펴보자.

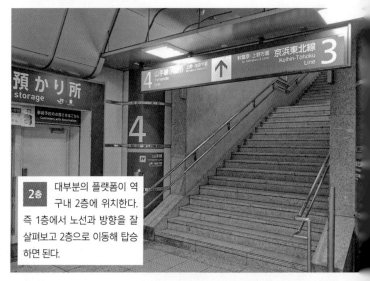

2층 대부분의 플랫폼이 역 구내 2층에 위치한다. 즉 1층에서 노선과 방향을 잘 살펴보고 2층으로 이동해 탑승하면 된다.

1층 매표소 등 다양한 편의시설이 모여 있는 층이다. 주요 출구는 1층에 있다.

JR은 도쿄역, 지하철은 오테마치역!

수많은 노선이 지나는 JR과 달리 지하철 도쿄역은 도쿄 메트로 마루노우치선 딱 하나만 지나가기 때문에 활용도가 떨어지는 편이다. 하지만 도쿄역과 지하에서 연결되는 오테마치역은 무려 5개의 지하철 노선이 겹치는 환승역. 도쿄 서브웨이 패스 등이 있다면 도쿄역이 아닌 오테마치역을 활용해 추가 교통비 없이 도쿄역과 마루노우치 지역을 둘러볼 수 있다.

오테마치역을 지나가는 노선
· 도쿄 메트로 : 마루노우치선, 토자이선, 치요다선, 한조몬선
· 토에이 지하철 : 미타선

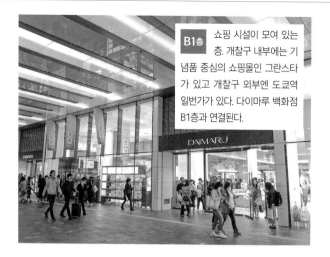

B1층 쇼핑 시설이 모여 있는 층. 개찰구 내부에는 기념품 중심의 쇼핑몰인 그란스타가 있고 개찰구 외부엔 도쿄역 일번가가 있다. 다이마루 백화점 B1층과 연결된다.

JR 케이요선 플랫폼

도쿄 디즈니 리조트를 갈 때 이용하는 JR 케이요선은 다른 JR 노선과 플랫폼이 멀리 떨어져 있어 B1층에서 찾아가야 한다.

B5층 나리타 익스프레스를 타려면 지하 깊숙이 내려가야 한다.

• JR 케이요선 찾아가는 법

① B1층에서 케이요선Keiyo Line 안내 표시를 찾는다.

② 표지판을 따라가면 케이요 스트리트Keiyo Street가 나온다.

③ 상점가를 빠져나오면 B2층으로 내려가는 엘리베이터와 에스컬레이터가 나온다.

④ B2층으로 내려가 무빙 워크를 따라 쭉 이동한다.

⑤ JR 케이요선에 도착한다.

주요 출구별
랜드마크 파악하기

도쿄역은 역 내부는 복잡할지 몰라도 출구 찾기는 의외로 간단하다. 출구는 B1층과 1층에 있으나 층수만 다를뿐 방향은 같다. 1층으로 나가는 것이 랜드마크 찾기가 수월하다.

· **마루노우치 방향** 도쿄역 붉은 벽돌 역사에 있는 출구. 마루노우치 남쪽 출구, 마루노우치 중앙 출구, 마루노우치 북쪽 출구, 3개의 출구가 있다.

· **야에스 방향** 다이마루 백화점 쪽에 있는 출구. 야에스 남쪽 출구, 야에스 중앙 출구, 야에스 북쪽 출구, 3개의 출구가 있다.

야에스 북쪽 출구

야에스 중앙 출구

야에스 남쪽 출ㄱ

마루노우치 북쪽 출구

마루노우치 중앙 출구

마루노우치 남쪽 출구

마루노우치-야에스 연결 통로

마루노우치 북쪽 출구
丸の内北口

- Ⓜ 도쿄 메트로 마루노우치선 도쿄역
- Ⓣ 도쿄 메트로 토자이선 오테마치역
- ⓘ JR 동일본 여행 서비스 센터
- 📷 코쿄
- 📷 도쿄 스테이션 갤러리

북쪽 통로

야에스 북쪽 출구
八重洲北口

- 🏬 니혼바시 미츠코시 본점
- 🏬 다이마루
- 📷 니혼바시

북쪽 통로

마루노우치 중앙 출구
丸の内中央口

- Ⓜ 도쿄 메트로 마루노우치선 도쿄역
- 📷 코쿄
- 📷 도쿄역 기념비

중앙 통로

야에스 중앙 출구
八重洲中央口

- 🏬 다이마루
- 📷 아티존 미술관

중앙 통로

마루노우치 남쪽 출구
丸の内南口

- 📷 코쿄
- 📷 킷테
- 📷 마루노우치 브릭스퀘어
- 📷 미츠비시 이치고칸 미술관
- Ⓗ 도쿄 스테이션 호텔

남쪽 통로

야에스 남쪽 출구
八重洲南口

- 🚌 고속버스 터미널
- 🚌 나리타 공항버스 정류장
- 📷 도쿄 미드타운 야에스
- 🚉 JR 케이요선 플랫폼

남쪽 통로

길 찾기 포인트!

- **마루노우치, 야에스 방향 알아두기** 도쿄역은 남쪽, 중앙, 북쪽 출구가 일렬로 뚫려 있기 때문에 마루노우치 방향인지 야에스 방향인지만 정확히 알면 가고자 하는 목적지 찾기가 그다지 어렵지 않다.

- **기본 중의 기본은 안내판** 도쿄역도 안내판만 잘 따라가면 헤맬 일이 없다. 플랫폼부터 역사 곳곳에 출구, 랜드마크를 알려주는 안내판이 많이 설치되어 있다. 대부분의 안내판에 한글이 병기되어 있다.

- **마루노우치-야에스 연결 통로로 빠르게 이동** 도쿄역은 마루노우치 지역과 야에스 지역 중간에 놓여 있다. 역사가 워낙 거대해 두 지역 사이를 오갈 때 역 밖을 빙 둘러 가면 시간이 오래 걸린다. 이럴 때는 북쪽 출구 쪽에 위치한 마루노우치-야에스 연결 통로를 이용하자. 개찰구를 통과하지 않고도 두 지역 사이를 최단 거리로 오갈 수 있다.

AREA ···· ①

잠들지 않는 도쿄의 밤

신주쿠 新宿

#밤의 거리 #카부키초 #도쿄 도청
#교통의 요지 #쇼핑 천국

서울의 강남과 여의도를 섞어놓은 것 같은 신주쿠는
신주쿠역을 중심으로 동쪽과 서쪽의 분위기가 완전히 다르다.
동쪽 히가시신주쿠東新宿에는 백화점, 쇼핑몰 등
상업 시설과 도쿄의 대표 유흥가인 카부키초가 위치하며
새벽까지 불이 꺼지지 않는 밤의 거리가 모여 있다.
서쪽 니시신주쿠西新宿는 도쿄 도청을 필두로 초고층 빌딩이
스카이라인을 만들어내는 오피스가다.

신주쿠
여행의 시작

신주쿠역의 하루 이용객 수는 약 295만 명. 전 세계에서 하루 이용객 수가 가장 많은 역으로 기네스 세계기록에 등재되었다. JR만 5개 노선이 지나가고 케이오 전철, 오다큐 전철 등 사철과 지하철 노선까지 겹쳐 있다. 역 규모가 워낙 거대해서 자칫하면 구내에서 길을 잃기 십상이다. 출입구에 직접 연결되어 있는 건물도 많으니 가고자 하는 목적지와 가장 가까운 출구를 정확히 알고 가는 게 굉장히 중요하다.

▶ 신주쿠역 길 찾기 내비게이션 P.122

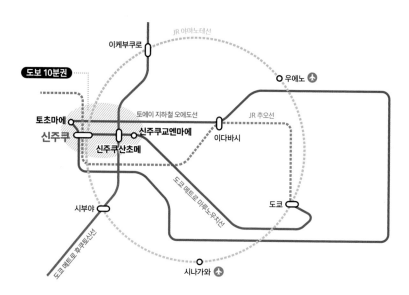

신주쿠역에서 어느 출구로 나갈까?	• **동쪽 출구 東口** ▶ 카부키초, 크로스 신주쿠 비전, 신주쿠 골든가이, 이세탄
	• **서쪽 출구 西口** ▶ 도쿄 도청
	• **신 남쪽 개찰구 新南改札** ▶ 타카시마야 타임스스퀘어, 뉴우먼, 신주쿠 서던 테라스
	• **동남쪽 출구 東南口** ▶ 신주쿠 교엔

주변의 다른 역을 이용하자!

신주쿠역에서 걸어서 10분 이내의 거리에 지하철역이 여러 개 있다. 굳이 JR을 탈 필요가 없거나 도쿄 서브웨이 티켓을 갖고 있다면 목적지에 따라 신주쿠역이 아닌 근처의 다른 지하철역을 이용하는 것이 편리하다.

신주쿠교엔마에역 新宿御苑前駅 ▶ 신주쿠 교엔

신주쿠산초메역 新宿三丁目駅 ▶ 이세탄, 신주쿠 교엔

토초마에역 都庁前駅 ▶ 도쿄 도청

신주쿠
추천 코스

여행의 출발점은 꼭 신주쿠역이 아니어도 된다. 가장 먼저 방문할
장소에 맞춰 편리한 주변 역을 이용하자. 신주쿠는 인구밀도가 높
아 24시간 붐빈다. 음식점이든 백화점이든 줄을 서서 기다리는 것
은 예삿일이니 시간 여유를 갖고 움직이는 게 좋다. 복잡하고 정신
없지만 동쪽의 신주쿠 교엔과 서쪽의 도쿄 도청을 오가는 동안 명
소, 쇼핑몰 등이 빼곡하게 위치해 있어 지루할 틈이 없다.

신주쿠 밤거리

🕐 소요 시간   7시간~

💴 예상 경비   입장료 500엔 + 식비 약 3,000엔 + 쇼핑 비용
= 총 3,500엔~

✅ 참고 사항   아침부터 저녁까지 하루 종일 걸어서 이동하는 코스이
기 때문에 체력 안배가 중요하다. 중간중간 카페나 쇼
핑몰 등에서 한숨 돌리는 시간을 갖자.

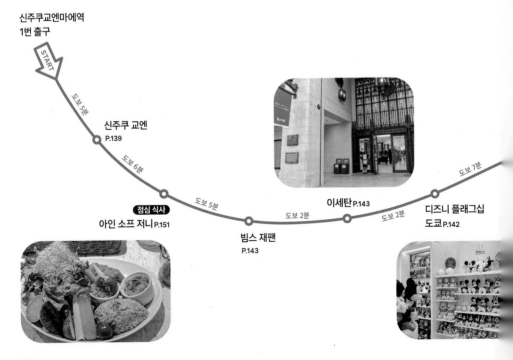

신주쿠교엔마에역
1번 출구

START

도보 5분

신주쿠 교엔
P.139

도보 6분

도보 5분

점심 식사
아인 소프 저니 P.151

도보 2분

빔스 재팬
P.143

이세탄 P.143

도보 2분

디즈니 플래그십
도쿄 P.142

도보 7분

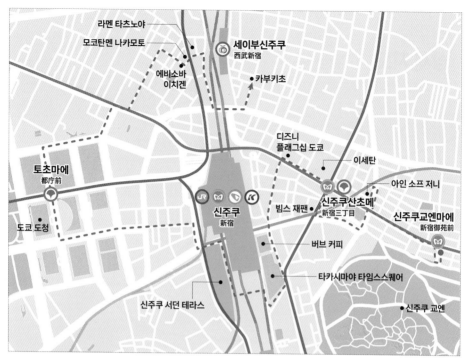

카페

버브 커피
P.145

도보 5분

타카시마야
타임스스퀘어
P.144

도보 5분

신주쿠 서던
테라스 P.138

도보 20분

도쿄 도청
P.136

저녁 식사

에비소바 이치겐 P.148 또는
라멘 타츠노야 P.148 또는
모코탄멘 나카모토 P.149

도보 15분

도보 10분

카부키초 P.140

신주쿠
상세 지도

해리 포터 스튜디오

도쿄 메트로 마루노우치선

라멘 타츠노야 ④
모코탄멘 나카모토 ⑥
에비소바 이치겐 ③

세이부신주쿠
西武新宿

리시리 ⑤
토큐 카부키초 타워 ⑦
신주쿠 토호 빌딩
⑥ ⑧
카부키초

오모이데요코초 ⑨

신주쿠니시구치
新宿西口

디즈니 플래그십 도쿄 ①
키노쿠니야 서점 ②
크로스
④ 신주쿠 비전

솜포 미술관 ②

오다큐 백화점

JR 야마노테선
세이부 철철

토초마에
都庁前

A4

① 도쿄 도청

서쪽   동쪽

케이오 백화점

루미네 1

JR 🦋 ◈ K ⑥ 플래그스
E10

신주쿠
新宿

⑦ 뉴우먼
버브 커

루미네 이스트

신주쿠 서던 테라스 ③
프랑프랑

후운지 ②
① 우동신

타카시마야 ⑤
타임스스퀘어

산리오 퓨로랜드

케이오 전철 케이오선

오다큐 전철 오다큐선

JR ◈
요요기
代々木

134

토에이 지하철 오에도선

카구라자카 🚶

무라카미 하루키 라이브러리

0　　　150m

신주쿠 골든가이 ⑩

E1

이세탄 맨즈관 ● 마루이 맨 🏠

A5

이세탄 ④

마루이 본관 🏠

오이와케 단고 ⑪

토에이 지하철 신주쿠선

아인 소프 저니 ⑩

신주쿠산초메
新宿三丁目

C5

🔯 🌀

올 시즌스 커피 ⑧

마루이 아넥스

교자노 후쿠호우 ⑨

C1

신주쿠교엔마에
新宿御苑前

카페 알리야 ⑦

빔스 재팬 ③

🔯

E5

1번

신주쿠 교엔 ⑤

너의 이름은 계단 🚶

도쿄 도청 東京都庁 ♀도쿄 도청 전망대

면적 서울의 3.6배, 인구 1,300만의 대도시 도쿄의 살림을 관장한다. 신주쿠 서쪽의 대표 랜드마크 중 하나로 제1청사, 제2청사, 도의회의사당 등 3개 동의 건물로 이루어진다. 도청은 원래 마루노우치에 있었으나 시설 노후화로 1990년에 지금의 건물을 완공, 1991년에 모든 부서를 신주쿠로 옮겼다. 청사 설계는 일본 건축가 최초로 건축계의 노벨상이라 불리는 프리츠커상을 수상한 단게 겐조丹下健三가 맡았다. 높이 243m의 제1청사는 파리의 노트르담 성당을 모티프로 설계했으며 45층에 누구나 자유롭게 드나들 수 있는 전망대가 있다. 전망대는 남쪽과 북쪽으로 나뉜다. 무료이고 높이도 202m나 되기 때문에 도쿄를 방문하는 여행자가 가장 많이 찾는 전망대다. 1층 입구에서 간단한 소지품 검사를 받은 후 전망대로 직행하는 엘리베이터를 타면 55초 만에 45층에 도착한다. 가까이는 신주쿠의 고층빌딩부터 북동쪽으로 도쿄 스카이트리, 남동쪽으로 도쿄 타워까지 보인다. 쾌청한 날에는 남서쪽으로 후지산도 보인다. 전망대 내부에 있는 게시판의 QR코드(TOKYO SKY GUIDE)를 이용하면 각 방향에 어떤 랜드마크가 있는지 한국어 안내를 볼 수 있다.

전망대 展望室

🚶 ① JR 신주쿠역 서쪽 출구에서 도보 10분
② 토에이 지하철 토초마에역 A4 출구에서 도보 2분
♀ 東京都新宿区西新宿2-8-1   🕐 남쪽 전망대
09:30~22:00, 북쪽 전망대 09:30~17:30(남쪽 전망대 휴무일 ~22:00), 30분 전 입장 마감   ❌ 남쪽 전망대 첫째·셋째 화요일, 북쪽 전망대 둘째·넷째 월요일
(공휴일인 경우 다음 날 휴무)   📞 +81-3-5321-1111
🏠 www.yokoso.metro.tokyo.jp/tenbou

솜포 미술관 SOMPO美術館 ♀ sompo 미술관

1976년 보험회사 야스다 화재 해상 본사 42층에 개관했다. 2020년 리모델링을 마치고 솜포 미술관으로 이름을 바꿔 재개관했다. 1층에 매표소, 2층에 기념품점과 휴게 공간, 3~5층에 전시실이 위치한다. 미술관의 대표 소장품인 고흐의 '해바라기'는 3층 전시실에서 볼 수 있다. 규모는 그리 크지 않지만 다양한 주제의 기획전을 꾸준히 개최한다.

🚶 ① JR 신주쿠역 서쪽 출구에서 도보 5분 ② 도쿄 메트로 니시신주쿠역 C13 출구에서 도보 6분 ◉ 東京都新宿区西新宿 1-26-1 ⏰ 10:00~18:00(금요일 ~20:00), 30분 전 입장 마감 ❌ 월요일, 연말연시, 전시 교체 시기 ¥ 일반 1,800엔, 대학생 1,200엔, 고등학생 이하 무료, 온라인 사전 예약 시 100엔 할인 📞 +81-50-5541-8600 📷 sompo_museum 🏠 www.sompo-museum.org

도쿄 도청, 거대한 스크린이 되다

매일 밤, 도쿄 도청 제1청사 건물 전체를 스크린으로 사용하는 프로젝션 맵핑 '도쿄 라이트 앤드 나이트'를 볼 수 있다. 상영이 시작되기 30분 전부터 청사 앞에 위치한 도민 광장의 잔디밭과 벤치에 사람들이 모인다. 1회 상영 시간은 약 15분이며 평일, 주말의 주제가 다르고 행사가 있는 날은 특별 상영을 한다. 계절에 따라 변동되는 상영 시간은 공식 홈페이지, 도청 1층 안내 데스크에서 확인할 수 있다.

🏠 tokyoprojectionmappingproject.jp

겨울에 더욱 아름다운 ······ ③
신주쿠 서던 테라스
新宿サザンテラス
🔍 신주쿠 서던 테라스

JR 신주쿠역 남쪽에 있는 보도이자 광장. 스타벅스, 프랑프랑 등의 상업 시설이 있고 이스트데크 브릿지, 스이카 펭귄 공원을 통해 타카시마야 타임스스퀘어와 연결된다. 남쪽 요요기 방향으로는 NTT 도코모 타워가 보인다. 도쿄 대표 일루미네이션 명소 중 한 곳이다.

🚶 ① JR 신주쿠역 신 남쪽 개찰구에서 도보 1분 ② JR 요요기역 북쪽 출구에서 도보 5분
📍 東京都渋谷区代々木2-2　🏠 www.southernterrace.jp

신주쿠역 앞 삼색 고양이 ······ ④
크로스 신주쿠 비전
クロス新宿ビジョン 🔍 cross shinjuku vision

JR 신주쿠역 동쪽 출구 앞 길 건너에 위치한 3층 건물 꼭대기의 대형 옥외 광고판. 매시 정각, 15분, 30분, 45분에 크고 귀여운 3D 삼색 고양이의 모습을 볼 수 있어 유명해졌다. 매일 오전 광고가 시작되기 전과 심야에 광고가 끝난 후에는 약 8분 정도 고양이가 광고판을 독차지한다. 종종 아이돌, 만화 캐릭터 등의 광고도 볼 수 있다.

🚶 JR 신주쿠역 동쪽 출구 길 건너
📍 東京都新宿区新宿3-28-18 クロス新宿ビル
🕐 07:00~01:00

빌딩 숲의 허파 ⋯⋯⋯ ⑤

신주쿠 교엔 新宿御苑

📍신주쿠 교엔

신주쿠역 남동쪽에 위치한 공원으로 신주쿠구와 시부야구에 걸쳐 있는 드넓은 녹지다. 에도 시대에는 막부의 가신인 나이토 가문内藤家의 영지, 메이지 시대에는 왕실 정원이었다가 1949년에 모두에게 열린 공원이 되었다. 내부는 크게 일본 정원, 영국식 정원, 프랑스식 조경 정원으로 구성되며 온실, 정자, 가로수길, 어린이 광장 등의 다양한 시설이 있다. 넓은 원내 구석구석 스타벅스 등 쉬어갈 곳이 있어 여유롭게 둘러보기 좋다. 65종, 1,100그루의 벚나무가 자라는 도쿄의 대표 벚꽃 명소이자 신카이 마코토新海誠 감독의 애니메이션 〈언어의 정원〉의 배경이기도 하다. 벚꽃이 만개하는 시기에는 사전 예약제로 운영한다.

🚶 ① JR 신주쿠역 동남쪽 출구에서 도보 10분 ② 도쿄 메트로 신주쿠교엔마에역 1번 출구에서 도보 2분 ③ 도쿄 메트로·토에이 지하철 신주쿠산초메역 E5 출구에서 도보 5분
📍 東京都新宿区内藤町11 🕐 3/15~6/30·8/21~9/30 09:00~18:00, 7/1~8/20 09:00~19:00, 10/1~3/14 09:00~16:30, 30분 전 입장 마감 ❌ 월요일(공휴일인 경우 다음 날 휴무, 3/25~4/24·11/1~15 무휴), 12/29~1/3 ¥ 일반 500엔, 고등·대학생·고령자 250엔, 중학생 이하 무료 🏠 www.env.go.jp/garden/shinjukugyoen

'너의 이름은 계단'이 있다고?

신주쿠 교엔 또는 신주쿠산초메역에서 20여 분(또는 도쿄 메트로 마루노우치선 요쓰야산초메역四谷三丁目駅에서 도보 10분) 정도 걸어가면 신카이 마코토 감독의 작품 〈너의 이름의〉의 마지막 장면의 배경을 만날 수 있다. 전 세계에서 워낙 많은 팬들이 찾다 보니 구글 맵스에 '너의 이름은 계단'이라고 지명이 등록되어 있을 정도. 계단을 올라가면 아담한 규모의 스가 신사須賀神社가 나온다.

해가 지면 깨어나는 거리 ······ ⑥
카부키초 歌舞伎町
🔍 가부키초

낮보다 밤에 더 활기를 띠는 일본 최대 환락가. 서쪽에 세이부신주쿠역西武新宿駅, 동쪽에 하나조노 신사花園神社가 있고 공원과 신주쿠 구청까지 포함하는 꽤 넓은 구역이다. 카부키초의 상징인 '카부키초 일번가歌舞伎町一番街' 네온사인부터 이어지는 큰길만 봐선 여기가 왜 일본 최대의 환락가이며 위험하다고 하는지 이해하지 못할 수도 있다. 하지만 높은 빌딩 뒤쪽 좁은 골목에는 호스트바, 카바레 등의 유흥업소가 모여 있다. 그렇다고 지레 겁을 먹고 카부키초를 일정에서 빼버릴 필요는 없다. 너무 늦은 시간에 으슥한 골목에 가지 않는 등 조심하면 문제없을 것이다. 한 가지 주의할 점! '무료 안내소無料案內所'라는 간판을 내건 공간은 관광 안내소가 아니라 유흥업소를 알선해주는 업체이니 들어가면 안 된다.

🚶 JR 신주쿠역 동쪽 출구에서 도보 5분 🏠 www.kabukicho.or.jp

카부키초의 새로운 랜드마크 ······ ⑦
토큐 카부키초 타워
東急歌舞伎町タワー 🔍 tokyu kabukicho tower

2023년 4월 문을 연, 높이 225m의 고층 빌딩이다. 1층 스타벅스 옆에 있는 에스컬레이터를 타면 바로 2층으로 올라간다. 2층은 다양한 음식점이 모인 푸드 코트. 화려하고 독특한 인테리어 덕분에 눈이 즐겁고 사진 찍기 좋지만 맛과 서비스는 그에 미치지 못하는 편이다. 3층 전체는 오락실이고 18~47층은 호텔이다.

🚶 JR 신주쿠역 동쪽 출구에서 도보 8분 📍 東京都新宿区歌舞伎町1-29-1 🕐 푸드 코트 06:00~05:00, 오락실 11:00~23:00(금~일요일 ~01:00) 🏠 www.tokyu-kabukicho-tower.jp

빌딩 위의 고질라 ····· ⑧

신주쿠 토호 빌딩 新宿東宝ビル ♀토호빌딩 고질라

토큐 카부키초 타워와 마주보는 30층 규모의 빌딩으로 영화관(토
호 시네마 신주쿠), 음식점, 호텔(호텔 그레이서리 신주쿠) 등이 위
치한다. 그중 8층 외부에 위치한 고질라 조형물이 눈길을 끄는데,
'고질라 헤드ゴジラヘッド'라 불린다. 고질
라 헤드를 가까이에서 볼 수 있는 호텔,
카페의 테라스는 현재 폐쇄 중이다.

🚶 JR 신주쿠역 동쪽 출구에서 도보 7분
📍 東京都新宿区歌舞伎町1-19-1
🏠 shinjuku-toho-bldg.toho.co.jp

술잔 주고받으며 만드는 추억 ····· ⑨

오모이데요코초

思い出横丁 ♀오모이데요코초

신주쿠역 서쪽 출구 부근, 선술집 등 80여 개의 점포가 모
인 좁은 골목. 제2차 세계대전 직후 생필품 등을 팔던 노
점이 기원이다. 물자 부족으로 단속이 심해지자 소와 돼
지의 내장을 조리해 파는 음식점이 늘었고 지금에 이르렀
다. 대부분의 가게가 현금 결제만 가능하며 꼬치구이를
파는 가게가 유난히 많다. 홈페이지에 상점 정보, 즐기는
법 등이 자세하게 나와 있다.

🚶 JR 신주쿠역 서쪽 출구에서 도보 3분
🏠 www.shinjuku-omoide.com

나의 심야식당은 어디에 ····· ⑩

신주쿠 골든가이

新宿ゴールデン街 ♀신주쿠 골든가이

만화 〈심야식당〉의 배경이 된 골목. 오모이데요코초와 마
찬가지로 전쟁 후 생긴 암시장에서 발전했다. 200여 개의
음식점이 좁은 골목에 다닥다닥 붙어 있다. 작가, 영화감
독 등 문화예술계에 종사하는 사람이 단골로 다니는 이
른바 문단바文壇バー가 많은 편으로 서브컬처의 발신지이
기도 하다.

🚶 ① JR 신주쿠역 동쪽 출구에서 도보 7분 ② 도쿄 메트로·
토에이 지하철 신주쿠산초메역 E1 출구에서 도보 2분
🏠 www.goldengai.jp

> ### 상처받지 마세요!
>
> 지금은 많은 여행자가 오모이데요코초와 신주쿠 골든가이를
> 찾고 있지만 원래는 일본인 중에서도 가는 사람만 가는 골목이
> 었다. 단골 장사를 하는 가게는 여전히 뜨내기손님을 받지 않는
> 경우도 있다고 한다. 문전박대를 당하더라도 상처받지 말고 미
> 련 없이 돌아서자.

신주쿠 한복판에서 만나는 디즈니랜드 ……… ①

디즈니 플래그십 도쿄 ディズニーフラッグシップ東京

🔍 디즈니 플래그십 스토어 도쿄

일본에서 가장 규모가 큰 디즈니 스토어로 2021년 12월 오픈했다. B1층부터 3층까지 디즈니, 픽사, 마블, 〈스타워즈〉 등의 상품으로 한가득 채워져 있다. 신작이 나올 때, 도쿄 디즈니 리조트에서 이벤트를 열 때, 할로윈이나 새해를 앞두고 있을 때 등 상품 구성이 수시로 바뀌기 때문에 언제 가더라도 새로운 발견을 할 수 있다. 디즈니 플래그십 도쿄에서만 판매하는 한정 상품도 있다. 매대 사이의 간격이 넓고 공간도 커서 사람이 많아도 심하게 북적인다는 느낌이 들지 않는다.

🚶 ① JR 신주쿠역 동쪽 출구에서 도보 3분 ② 도쿄 메트로·토에이 지하철 신주쿠산초메역 B6 출구에서 연결 📍 東京都新宿区新宿三丁目17-5 T&TⅢビル 🕐 10:00~21:00 📞 +81-3-3358-0632 📷 disneystore.jp 🏠 www.disney.co.jp

모든 책의 전당 ……… ②

키노쿠니야 서점 紀伊國屋書店 🔍 기노쿠니야 신주쿠 본점

1927년에 창업한 일본을 대표하는 체인 서점 키노쿠니야의 본점이다. 2022년 10월 리뉴얼을 마쳤다. B1층, 지상 9층의 규모이며 리뉴얼 이후에 서가 면적이 축소됐지만 책의 종수는 상당히 많아 '키노쿠니야에 가면 구할 수 있다'는 믿음을 저버리지 않았다. 1층에 산리오 신주쿠점이 위치하며 8층 한층 전체가 만화 코너다.

신주쿠 본점 新宿本店 🚶 ① JR 신주쿠역 동쪽 출구에서 도보 3분 ② 도쿄 메트로·토에이 지하철 신주쿠산초메역 B7·B8 출구에서 연결 📍 東京都新宿区新宿3-17-7 🕐 10:30~21:00 📞 +81-3-3354-0131 🏠 www.kinokuniya.co.jp

일본의 좋은 상품을 알리는 전진기지 ······ ③

빔스 재팬 ビームス ジャパン ♀ 빔스 재팬

빔스는 일본을 대표하는 편집 숍이다. 신주쿠에만
7개의 매장이 있는데 그중에서도 단독 건물을 사용
하는 빔스 재팬은 좀 더 특별하다. '일본의 매력을 알릴
수 있는' 좋은 물건만 모아놓았기 때문이다. 1층의 테마는 '일본의 명품'으로
일본 전국의 명인이 만든 작품을 엄선해서 들여놓았고 2층의 테마는 '일본의
옷', 3층의 테마는 '일본의 센스' 등 층마다 테마를 달리한다. B1층에는 빔스
가 알리고픈 일본의 식문화를 만끽할 수 있는 음식점이 있다.

🚶 ① JR 신주쿠역 동쪽 출구에서 도보 5분 ② 도쿄 메트로·토에이 지하철
신주쿠산초메역 A5 출구에서 도보 2분 ♥ 東京都新宿区新宿3-32-6
🕐 1~5층 11:00~20:00, B1층(음식점) 11:30~15:00, 17:00~23:00
📞 +81-3-5368-7300 📷 beams_official 🏠 www.beams.co.jp

정통 백화점계의 최강자 ······ ④

이세탄 伊勢丹 ♀ 이세탄 신주쿠점

1886년에 포목점으로 시작한 노포 백화점. 신주쿠점은 1933년에 문을 열었다.
매년 내외국인 2,500만 명 이상 방문하는, 도쿄를 너머 일본을 대표하는 백화점
이다. 본점 신주쿠점은 패션 관련 매장 구성과 B1층 식품관이 특히 훌륭하다는 평
가를 받는다. 본관과 연결된 옆 건물에 이세탄 맨즈관伊勢丹メンズ館이 있다. 본관
6층에 있는 면세 카운터에서 외국인 여행자 게스트 카드(유효 기간 3년, 연장 가
능)를 발급해준다. 계산할 때 여권, 게스트 카드를 제시하면 5% 할인을 받을 수
있다. 긴자 미츠코시, 니혼바시 미츠코시 본점에서도 발급, 사용 가능하다.

신주쿠점 新宿店 🚶 ① JR 신주쿠역 동쪽 출구에서 도보 5분
② 도쿄 메트로·토에이 지하철 신주쿠산초메역에서 연결
♥ 東京都新宿区新宿3-14-1 🕐 10:30~20:00 📞 +81-3-3352-1111
📷 isetan_shinjuku 🏠 www.mistore.jp/store/shinjuku.html

거대한 쇼핑 천국 ⑤
타카시마야 타임스스퀘어

タカシマヤタイムズスクエア
📍다카시마야 타임즈 스퀘어

철로를 사이에 두고 신주쿠 서던 테라스 맞은편에 위치한 엄청난 규모의 복합 상업 시설. 본관과 남관 2개 동이 있으며 본관 B2층부터 11층까지가 타카시마야 백화점이다. 그중 2층부터 8층에는 잡화점 핸즈, 12층부터 14층에는 유니클로, 음식점 등이 위치한다. 남관 1층부터 5층에는 잡화점 니토리ニトリ, 6층에는 외서 전문 서점인 북스 키노쿠니야 도쿄BOOKS Kinokuniya Tokyo가 있다. 본관 11층의 면세 카운터에서 '타카시마야 쇼퍼스 카드'를 발급해주며 계산 시 제시하면 전 지점에서 5% 할인을 받을 수 있다. 캐릭터 헬로키티가 그려진 카드는 지점마다 디자인이 달라 기념으로 모으는 사람도 많다.

🚶 JR 신주쿠역 신 남쪽 개찰구에서 도보 2분　📍東京都渋谷区千駄ヶ谷5-24-2
🕐 백화점 10:30~19:30, 시설마다 다름　📞 +81-3-5361-1111
🏠 www.takashimaya.co.jp/shinjuku

캐주얼 브랜드 집합소 ⑥
플래그스 Flags 📍tower records shinjuku

뉴먼 맞은편에 있는 상업 시설로 B1~1층의 갭 매장의 규모가 크다. 특히 1층에 있는 '갭 카페Gap cafe'는 브랜드의 정체성을 구현한 공간이다. 4~5층은 유니클로, 6층은 아웃도어 브랜드를 모아 놓은 편집 숍, 7~8층은 유니클로의 자매 브랜드 지유GU, 9~10층은 타워 레코드 매장이다.

🚶 ① JR 신주쿠역 동남쪽 출구에서 도보 1분
② 도쿄 메트로·토에이 지하철 신주쿠산초메역 E10 출구에서 도보 1분
📍 東京都新宿区新宿3-37-1
🕐 11:00~21:00
📞 +81-3-3350-1701
🏠 www.flagsweb.jp

뉴우먼 NEWoMan SHINJUKU 🔍뉴우먼

'새로운 시대를 살아가는, 모든 새로운 여성을 위하여'를 콘셉트로 문을 열었다. 고속버스 터미널인 '바스타 신주쿠バスタ新宿'와 한 건물에 위치한다. 블루보틀, 이숍, 르 라보, 마가렛호웰 등이 입점해 있다. JR 신주쿠역 미라이나 타워 개찰구로 나오면 바로 매장 2층 입구로 이어진다. 개찰구 안쪽의 '에키나카エキナカ', 개찰구 바깥의 '에키소토エキソト'라는 공간에는 주로 음식점, 푸드 소매점이 있다. 백화점 식품 매장처럼 꾸며놓은 에키나카에서는 기념품으로 사기 좋은 과자나 디저트를 다양하게 판매한다.

🚶 JR 신주쿠역 신 남쪽 개찰구에서 도보 1분
📍 東京都新宿区新宿4-1-6
🕐 11:00~20:30(일요일 ~20:00), 음식점마다 다름 📞 +81-3-3352-1120
📷 newoman_shinjuku
🏠 www.newoman.jp

캘리포니아의 바다에서 온 커피
버브 커피 VERVE COFFEE 🔍버브 커피

미국 캘리포니아 산타크루즈에 본사를 둔 커피 전문점. 역사에 있는 작은 매장으로 후루룩 마시고 일어나는 분위기가 아니라 생각보다 느긋하게 쉬어갈 수 있는 공간이다. 원두를 찬물로 천천히 우려낸 콜드브루(620엔~)가 유명하다. 핸드 드립 커피를 주문하면 원두를 선택할 수 있고 스파이시 레모네이드, 오트 라벤더 라테 등 계절 한정 메뉴도 다양하다. 머그잔, 티셔츠 등 자체 제작한 굿즈도 판매한다. 에비스, 롯폰기, 가마쿠라 등에 지점이 위치한다.

신주쿠 🚶 개찰구 밖 에키소토 🕐 07:00~22:00
📞 +81-3-6273-1325 📷 vervecoffeejapan
🏠 www.vervecoffee.jp

•

가볍게 둘러볼 만한
신주쿠 쇼핑 공간

새로운 시대를 준비하는 중
오다큐 백화점 小田急百貨店 ODAKYU

오다큐 전철의 역사와 연결된 본관이 2022년 10월부터 대대적인 리뉴얼 공사 중이다. 백화점 매장 중 일부를 신주쿠역 서쪽 출구 앞에 있는 HALC관으로 옮겨 영업을 계속하고 있다. HALC관의 2~7층에는 전자제품 판매점인 빅 카메라가 있다. 본관은 2029년 완공 예정이다.

🚶 JR 신주쿠역 서쪽 출구에서 도보 3분 📍東京都新宿区西新宿1-5-1 🕐 B2~2층 10:00~20:30(일요일 ~20:00), 7층 10:00~20:00, 빅 카메라 10:00~21:00 🏠 www.odakyu-dept.co.jp/shinjuku

중장년층이 선호하는 백화점
케이오 백화점 京王百貨店 Keio

1964년에 개업했으며 중장년층 대상 브랜드가 많다. '신 대중 백화점'을 콘셉트로 차별화를 꾀하고 있다.

🚶 ① 케이오 전철 신주쿠역에서 연결
② JR 신주쿠역 서쪽 출구에서 도보 3분
📍 東京都新宿区西新宿1-1-4
🕐 B1~2층 10:00~20:30(일요일 ~20:00), 3~7층 10:00~20:00, 8층(식당가) 11:00~22:00
🏠 www.keionet.com/info/shinjuku

저렴하고 캐주얼한 쇼핑몰
루미네 LUMINE

루미네 1, 루미네 2, 루미네 이스트까지 3개의 동이 걸어서 5분 이내의 거리에 붙어 있다. 패션 잡화 위주지만 음식점이 여러 층에 걸쳐 입점해 있어 식사를 해결하기에도 좋다.

🚶 ① 케이오 전철 신주쿠역 루미네 출구ルミネ口에서 연결
② JR 신주쿠역 남쪽 출구에서 도보 1분 📍 루미네 1 新宿区西新宿1-1-5, 루미네 2 新宿区新宿3-38-2, 루미네 이스트 東京都新宿区新宿3-38-1 🕐 상점 11:00~21:00, 음식점 11:00~22:00
🏠 www.lumine.ne.jp/shinjuku

신주쿠에만 세 곳
마루이 マルイ OIOI

'OIOI'라고 쓰여 있는 간판이 귀여운 쇼핑몰. 본관本館과 아넥스アネックス는 여성 고객 위주, 맨メン은 남성 고객 위주의 상품으로 구성되어 있다.

🚶 ① JR 신주쿠역 동쪽 출구에서 도보 5분 ② 도쿄 메트로·토에이 지하철 신주쿠산초메역 A4 출구에서 도보 1분
📍 본관 東京都新宿区新宿3-30-13, 아넥스 新宿区新宿3-1-26, 맨 東京都新宿区新宿5-16-4
🕐 11:00~20:00 🏠 www.0101.co.jp

오다큐 백화점

루미네

마루이

면과 국물, 튀김의 깔끔한 조화 ⋯⋯⋯ ①

우동신 うどん慎 ♀우동신

신주쿠에서 가장 대기 시간이
긴 음식점. 입구 앞 기계에서
번호표를 뽑아 라인으로 QR
코드를 스캔하면 매장 앞으로 와
야 될 시간 즈음에 메시지를 보낸다.

하지만 메시지를 받고 나서도 매장 앞에서 30분에서 1시
간 기다릴 각오를 해야 한다. 매장 앞에서 기다리는 동안
미리 주문을 할 수 있다. 반죽을 하룻밤 숙성시킨 후 주
문이 들어오면 바로 뽑아서 삶는 면은 상당히 쫄깃하다.
그 맛을 제대로 느끼고 싶다면 차가운 우동 메뉴를 추천
한다. 음식점 예약 사이트(앱)인 '테이블체크TableCheck'
를 통해 온라인 예약이 가능하지만 수수료(2,000엔)가
비싸고 예약 취소 시에도 환불이 불가능해서 추천하지
않는다.

🚶 ① JR 신주쿠역 남쪽 출구에서 도보 7분 ② 토에이 지하철
신주쿠역 6번 출구에서 도보 2분 ♥ 東京都渋谷区代々木
2-20-16 相馬ビル 🕐 11:00~22:00 ❌ 연말연시
📞 +81-3-6276-7816 🏠 www.udonshin.com

츠케멘계의 풍운아 ⋯⋯⋯ ②

후운지 風雲児 ♀후운지

2007년 문을 연 이래 가게 이름 그대로 츠케멘계의 풍운아('후
운지'는 풍운아의 일본 발음)가 되어 엄청난 인기몰이를 하는 곳
이다. 식사 시간에는 항상 가게 앞에 긴 줄이 늘어선다. 메뉴는
단출하게 츠케멘(1,000엔)과 라멘 딱 2가지뿐이고 대부분 츠
케멘을 주문한다. 보통 츠케멘에는 돼지 곱창이 많이 들어가는
데 후운지의 츠케멘은 남녀노소 모두 부담 없이 먹을 수 있는
닭 육수가 베이스다. 여기에 점장의 고향인 시코쿠四国에서 나
는 몇 가지 해산물을 더해 8시간 동안 우린 후 숙성시킨다. 키치
조지, 요코하마 등에 지점이 있다.

신주쿠 본점 新宿本店

🚶 ① JR 신주쿠역 남쪽 출구에서 도보 6분 ② 토에이 지하철 신주쿠역
6번 출구에서 도보 1분 ♥ 東京都渋谷区代
々木2-14-3 北斗第一ビル
🕐 11:00~15:00, 17:00~21:00
📞 +81-3-6413-8480
🏠 www.fu-unji.com

라멘에 새우의 깊은 맛을 더하다 ······ ③
에비소바 이치겐 えびそば一幻 ♀ 에비소바 이치겐 신주쿠

삿포로에 본점이 있는 라멘 전문점. 상호에 에비(새우)라는 단어가 들어가는 것에서 알 수 있듯 새우로 국물을 우린다. 국물은 새우 베이스인 기본 '소노마마そのまま', 기본에 돈코츠를 약간 섞은 '호도호도ほどほど', 호도호도보다 돈코츠 맛이 더 강한 '아지와이あじわい' 중 선택할 수 있다. 삿포로가 미소 라멘의 발상지라서 그런지 에비미소えびみそ(950엔)가 가장 인기 있다. 우리나라 새우 맛 라면의 상위 버전이라고 할 수 있다.

신주쿠점 新宿店 🚶 JR 신주쿠역 서쪽
출구에서 도보 7분 📍 東京都新宿区西新宿
7-8-2 福八ビル ⏱ 11:00~23:00
❌ 부정기 📞 +81-3-5937-4155
🏠 www.ebisoba.com

쫄깃한 곱창과 함께 먹다 ······ ④
라멘 타츠노야 ラーメン龍の家 ♀ 타츠노야 라멘 츠케멘

규슈에서 온 돈코츠 라멘 전문점. 도쿄에 위치한 지점에서는 도쿄 한정 메뉴인 츠케멘 모츠つけ麺 もつ(950엔~)가 인기가 많다. 츠케멘은 소바처럼 국물에 면을 찍어 먹는 방식의 라멘을 말한다. 면은 츠케멘치고는 얇은 편이고 국물 표면에 기름이 많이 떠 있지만 막상 먹어보면 그다지 무겁지 않다. 국물에 들어간 곱창은 군내 없이 잘 손질했고 식감도 좋다. 고명인 김과 국물, 면을 한입에 먹으면 굉장히 잘 어울린다.

신주쿠 오타키바시도리점
新宿小滝橋通り店
🚶 JR 신주쿠역 서쪽 출구에서 도보 10분
📍 東京都新宿区西新宿7-4-5 富士野ビル
⏱ 11:00~22:00
📞 +81-3-6304-0899
🏠 www.tatsunoya.net

카부키초의 해장을 책임지다 ······ ⑤
리시리 利しり ♀리시리 라멘

1969년부터 지금까지 한결같이 저녁이 되면 카부키초의 뒷골목에 조용히 간판을 내놓는 카부키초의 명물 라멘집이다. 대표 메뉴는 자라 농축액을 넣은 매운 라멘인 오로촌 라멘オロチョンらーめん(1,200엔)이다. 우리나라에서 많이 팔리는 매운맛 라멘이 오로촌 라멘에서 영감을 받아 만들었다는 일화도 있다. 매운맛은 1/4, 1/2, 1(보통), 2, 3, 6, 9로 나뉘며 6단계가 우리나라 신라면의 맵기와 비슷한 정도다. 된장이 듬뿍 들어간 미소촌 라멘みそチョンらーめん도 인기가 많다. 현금 결제만 가능하다.

🚶 JR 신주쿠역 동쪽 출구에서 도보 8분
📍 東京都新宿区歌舞伎町2-27-7 やなぎビル
🕐 18:30~05:00 ❌ 일요일, 공휴일
📞 +81-3-3200-2951

칼칼한 국물이 당길 땐! ······ ⑥
모코탄멘 나카모토 蒙古タンメン中本
♀모코탄멘 나카모토 신주쿠

달고 짠 일본 음식이 지겨울 때, 매운 요리를 먹고 싶을 때 가면 그 욕구가 단번에 해결되는 라멘집. 간판부터 온통 붉은색이고 반지하인 가게에 들어가면 갑자기 코가 따가울 정도이다. 매운맛은 0, 3, 5, 7, 8, 9로 나뉘고 5단계가 기본이며 편의점 세븐일레븐에서 컵라면을 판매할 정도로 사랑받는 메뉴다. 한국인 여행자에게 인기가 많은 메뉴는 9단계인 혹쿄쿠 라멘北極ラーメン(980엔)이다. 자판기에는 '辛9'라고 표기되어 있다. 시부야, 이케부쿠로, 키치조지 등에 지점이 있다.

🚶 JR 신주쿠역 서쪽 출구에서 도보 7분
📍 東京都新宿区西新宿7-8-11 美笠ビル B1F
🕐 10:00~23:00
📞 +81-3-3363-3321
🏠 www.moukotanmen-nakamoto.com

정석 프렌치토스트 ······· ⑦

카페 알리야 cafe AALIYA ♀카페 알리야

단맛이 더해진 달걀 물에 도톰한 식빵을 푹 적신 후 촉촉하게 구워낸 정석 프렌치토스트를 맛볼 수 있다. 평일은 보통 오픈 후 30분 전후로 기다리는 줄이 생긴다. 지하에 위치하고 계단이 좁아 한여름에 대기할 때는 상당히 덥다. 테이블에 놓인 QR코드로 주문하면 되고 한국어가 지원된다. 평일 한정 프렌치토스트 세트(950엔)에는 토스트 2조각과 커피 또는 홍차가 함께 나온다. 샐러드 등이 포함된 점심, 저녁 세트도 있다.

🚶 도쿄 메트로·토에이 지하철 신주쿠산초메역 C1 출구에서 도보 3분
📍 東京都新宿区新宿3-1-17 ビル山本 B1F 🕐 09:30~20:30(주말 ~21:00),
30분 전 주문 마감 📞 +81-3-3354-1034 🅾 cafe_aaliya

신주쿠임을 잊게 하는 조용한 카페 ······· ⑧

올 시즌스 커피 オールシーズンズコーヒー ♀올 시즌스 커피

신주쿠 교엔 근처에 자리한 카페. 번화가의 소음이 무색하게 조용한 시간을 보낼수 있다. 매장 안에 로스팅 기계를 두고 직접 원두를 볶기 때문에 항상 진한 커피향이 매장에 감돈다. 커피(400엔~)만큼 푸딩이 맛있기로 유명하다. 어두운 갈색의 캐러멜 소스가 듬뿍 끼얹어진 푸딩(680엔)은 커피와 매우 잘 어울린다. 매장이 그다지 넓지 않아서 먹고 가려면 기다려야 하는 경우도 빈번하다. 테이크아웃을 한다면 대기 줄과 상관없이 바로 주문할 수 있다.

신주쿠산초메점 新宿三丁目店
🚶 도쿄 메트로·토에이 지하철
신주쿠산초메역 C5 출구에서 도보 3분
📍 東京都新宿区新宿2-7-7
🕐 09:00~19:00, 30분 전 주문 마감
📞 +81-3-5341-4273
🅾 allseasonscoffee
🏠 www.allseasonscoffee.jp

다양하게 맛보는 교자 ······⑨

교자노 후쿠호우 餃子の福包 ♀교자노 후쿠호우 신주쿠점

굽고 튀기고 삶은 교자를 한자리에서 맛볼 수 있는 교자 전문점이다. 1인분(352엔)은 교자 6개가 나오고, 3가지를 한 번에 주문하는 세트는 각각 따로 주문할 때보다 조금 저렴하다(979엔). 교자에 마늘을 넣을지 말지 선택할 수 있으며 넣는 것을 추천한다. 입구 앞 종이에 이름, 인원을 써놓고 기다려야 한다.

신주쿠점 新宿店 🚶 ① 도쿄 메트로·토에이 지하철 신주쿠산초메역 C5 출구에서 도보 5분 ② 도쿄 메트로 신주쿠교엔마에역 1번 출구에서 도보 2분 ♥東京都新宿区新宿2-8-6 KDX新宿286ビル ⏰ 평일 11:30~15:30, 17:00~23:00, 주말 11:30~23:00, 30분 전 주문 마감 📞 +81-3-5367-1582 🏠 fukuho.net

더부룩한 속을 달래주는 채식 ······⑩

아인 소프 저니 AIN SOPH.Journey
♀아인 소프 저니 신주쿠

신주쿠에서는 찾기 힘든 비건 음식점. 모든 음식이 채식이라는 사실이 믿기지 않을 정도로 다양한 메뉴를 갖추었다. 평일 점심(샐러드 & 델리 런치 1,980엔), 주말 점심, 저녁 식사 메뉴가 각각 조금씩 다르다. 카레나 파스타 등의 일품 요리 이외에 채식 코스도 있고 식사 외에 디저트 메뉴도 많다.

신주쿠 新宿 🚶 도쿄 메트로·토에이 지하철 신주쿠산초메역 C5 출구에서 도보 1분 ♥東京都新宿区新宿3-8-9 新宿Qビル B1~2F ⏰ 11:30~16:00(주말 ~17:00), 18:00~21:30, 1시간 전 주문 마감 📷 ainsoph_jp 🏠 www.ain-soph.jp

다양한 맛의 단고를 맛볼 수 있는 ······⑪

오이와케 단고 追分だんご ♀오이와케당고 혼포

1948년에 개업한 일본식 디저트 전문점. 소매점과 카페의 메뉴가 약간 다르다. 가장 많이 팔리는 메뉴는 달콤하면서 짭조름한 소스가 듬뿍 발린 미타라시 단고みたらしだんご(216엔). 팥 앙금, 말차 앙금 등이 올라간 단고도 있으며 여름엔 일본식 빙수인 카키고오리かき氷도 인기가 많다.

본점 本舗 🚶 도쿄 메트로·토에이 지하철 신주쿠산초메역 C1 출구에서 도보 1분 ♥東京都新宿区新宿3-1-22 ⏰ 상점 10:30~19:00, 카페 12:00~18:00(주말 11:30~), 30분 전 주문 마감 ❌ 1/1~2 📞 +81-3-3351-0101 🏠 www.oiwakedango.co.jp

귀여움으로
가득한 세상,
산리오 퓨로랜드
サンリオピューロランド
📍산리오 퓨로랜드

새하얀 얼굴, 똘망똘망한 까만 눈동자,
한쪽 귀에 빨간 리본을 단 고양이 캐릭터인
헬로키티가 태어난 지 어느덧 50년이
훌쩍 지났다. 산리오 퓨로랜드에서는 1980년에
태어난 어른도, 2020년대에 태어난 아이도
헬로키티와 친구들이 두 팔 벌려 반갑게
맞아준다. 맑은 날, 비오는 날 관계없이 언제나
밝기만 한 산리오 퓨로랜드로 떠나보자!

🚶 신주쿠역에서 승차해 케이오타마센터역
또는 오다큐타마센터역에서 하차 후 도보 10분
📍東京都多摩市落合1-31 🕐 유동적이기 때문에
홈페이지 확인 필수 ¥1일권 일반 3,900~5,900엔,
3세 이상~고등학생 2,800엔~4,800엔
🏠 www.puroland.jp

가기 전 체크!

• 운영 시간과 요금이 매일 달라진다고 해도 좋을 정도로 유동적이다. 가기 전에 홈페이지를 반드시 확인하자. 실내 테마파크이기 때문에 날씨를 고려해 일정을 짤 필요는 없다.
• 사전 예약이 반드시 필요한 시설은 아니다. 하지만 우리나라의 예약 대행 사이트에서 입장권을 할인해서 판매하기 때문에 예약하면 여행 경비를 절약할 수 있다. 일정 변경, 환불은 예약 대행 사이트의 규정을 따른다.

어떻게 갈까?

산리오 퓨로랜드에서 가장 가까운 역은 타마센터역多摩センター駅이며 케이오 전철, 오다큐 전철, 타마 모노레일까지 3개의 노선이 지나간다. 이 중 케이오와 오다큐의 역은 한 건물을 사용하고 산리오 퓨로랜드까지 걸어서 10분 안팎이다.

신주쿠역	케이오 전철	40분	360엔	케이오타마센터역 京王多摩センター駅
	오다큐 전철	40분	390엔	오다큐타마센터역 小田急多摩センター駅

어떻게 놀까?

전체가 포토 스폿이라고 해도 좋을 정도로 산리오의 캐릭터가 가진 귀여움으로 빼곡하게 들어찬 공간이다. 놀이기구는 '산리오 캐릭터 보트 라이드'와 '마이멜로디 & 쿠로미 드라이브' 2가지뿐이라 심심할 수 있지만 퍼레이드, 공연 등이 다채롭다. 입장권과 별도로 퓨로패스PUROPASS(1,500엔~)를 구매하면 놀이기구와 일부 공연, 퍼레이드에 우선 입장할 수 있다. 내부에 음식점이 5군데 있다. 기념품점은 시내보다 규모가 크고 상품 종수가 많다.

도쿄에서 만나는
해리 포터 스튜디오 ⌕ 워너 브라더스 스튜디오 투어 도쿄 - 메이킹 오브 해리 포터

2023년 6월 도쿄에 아시아 최초이며 전 세계에서 가장 큰 '해리 포터 스튜디오'가 오픈했다. 정식 명칭은 '워너 브라더스
스튜디오 투어 도쿄-더 메이킹 오브 해리 포터「ワーナー ブラザース スタジオツアー東京 – メイキング・オブ・ハリー・ポッター」'.
오로지 해리 포터 스튜디오를 방문하기 위해 도쿄로 날아간대도 아깝지 않게 도쿄 돔 2개 넓이의 부지에
영화에서 보던 장면과 제작의 뒷이야기가 가득하다. '난 해덕(해리 포터 덕후)이 아닌데 재밌을까?'라는 기우는 접어놓으시길.
해리 포터라는 이름을 알고만 있어도 된다. 자, 그럼 호그와트 급행열차에 올라타 볼까?

⌕ 東京都練馬区春日町1-1-7 ⏱ 시기에 따라 달라지기 때문에 공식 홈페이지, SNS 확인 필수
¥ 일반 6,500엔, 중·고등학생 5,400엔, 4~11세 3,900엔 📷 wbtourtokyo 🏠 www.wbstudiotour.jp

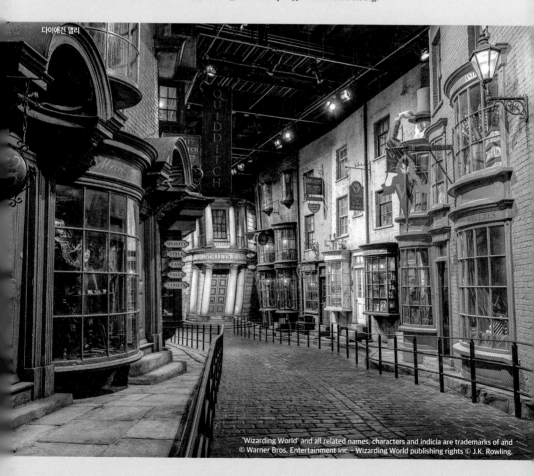

다이애건 앨리

- 여행 일정이 정해졌다면 입장권 예약부터 하자. 현장 구매는 불가능하다. 공식 홈페이지 또는 클룩 같은 예약 대행사를 통해 예약할 수 있다. 입장 시간은 정해져 있지만 관람 시간 자체는 제한이 없으니 몇 시간이고 머물러도 된다.
- 영화를 보고 가자. 전편을 다 보진 못하더라도 시리즈의 시작인 〈해리 포터와 마법사의 돌〉만 보고 가도 스튜디오 구석구석의 디테일이 훨씬 더 잘 보일 것이다.
- 영화 속 의상이나 소품을 챙겨 가면 더욱 역동적이고 생생한 사진을 남길 수 있다.

대연회장

- 워너 브라더스 스튜디오 투어 도쿄(해리 포터 스튜디오)와 가장 가까운 역은 토시마엔역豊島園駅이다. 2개의 노선이 지나가며 역은 각각 떨어져 있다. 각 역에서 입구까지는 걸어서 2분 정도 걸린다.

- **신주쿠역** ← 토에이 지하철 오에도선 🕐 19분 ￥ 280엔 → **토시마엔역**

- **이케부쿠로역** ← 세이부 전철 이케부쿠로선 🕐 17분 ￥ 190엔 → **토시마엔역**

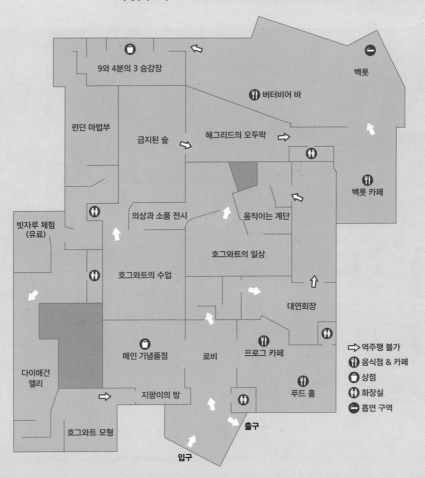

9와 4분의 3 승강장

백롯

🍴 버터비어 바

런던 마법부

금지된 숲

해그리드의 오두막

🚻

백롯 카페

빗자루 체험
(유료)

🚻

의상과 소품 전시

움직이는 계단

🚻

호그와트의 일상

호그와트의 수업

대연회장

🛍 메인 기념품점

로비

🍴 프로그 카페

다이애건 앨리

지팡이의 방

푸드 홀

호그와트 모형

🛍

출구

입구

⇨ 역주행 불가
🍴 음식점 & 카페
🛍 상점
🚻 화장실
⛔ 흡연 구역

도서관

호그와트의 수업

9와 4분의 3 승강장

대연회장

움직이는 계단

STEP 3
마법 같은 영화 제작의 뒷이야기를 탐험하자!

- 스튜디오 투어 내부에서 영화를 다시 찍어도 될 것 같다는 평이 나올 정도로 영화 속 공간과 장면을 완벽하게 재현해 놓았다. 직원interactor의 안내가 있지만 각자의 페이스에 맞춰 자유롭게 둘러보면 된다. 단, 내부 혼잡을 방지하기 위해 한 번 지나가면 되돌아갈 수 없는 구역이 있으니 주의하자.

- 입구로 들어가면 가장 먼저 전 세계의 해리 포터 영화 포스터를 만날 수 있다. 물론 한국어 포스터도 있다. 이곳에서 사진, 영상 촬영용 QR코드를 발급받자. 참고로 스튜디오 내에서 와이파이 서비스를 제공한다. 내부의 모든 안내는 일본어와 영어로 되어 있지만 걱정할 필요는 없다. 다른 관람객을 보고 따라하거나 번역기를 사용하면서 즐기면 되니까!

- 다음 대연회장으로 이어진다. 이제부터 진짜 영화 속 장면과 인물을 만날 수 있다. 만약 대연회장 문을 열고 싶다면? 관람 당일 생일인 사람에게 가장 먼저 기회가 주어지며 영화 속 의상을 입고 온 사람, 어린이 관람객 위주로 기회를 준다. 내 손으로 문을 열진 못해도 문 앞에서 사진을 찍을 수 있으나 기다리는 사람이 많아 시간제한이 있다.

- '움직이는 계단'에서는 움직이는 초상화 5점을 촬영할 수 있다.

- '호그와트의 일상'에서는 퀴디치 경기 관람 체험을 촬영할 수 있다. 직원이 일본어로 연기하는 방법을 알려준다.

- '해그리드의 오두막'을 지나면 '백롯 카페'와 '버터비어 바'가 나온다. 버터비어(1,100엔)를 마시면 잔은 기념품으로 가져갈 수 있다. 컵을 씻을 수 있는 공간이 있다.

- 야외 세트(백롯)를 지나 다시 실내로 들어가면 너무도 유명한 '9와 4분의 3 승강장'이 나오며 기념품점(레일웨이 숍)이 있다.

- '다이애건 앨리'와 정교하게 만들어진 호그와트 성의 모형, '지팡이의 방'을 지나면 로비 옆의 메인 기념품점으로 이어진다.

입장 전 체크!
로비의 짐 보관소에 캐리어 등 커다란 짐도 맡길 수 있다. 짐을 보관할 때 나눠주는 번호표는 짐을 찾을 때 필요하기 때문에 잘 챙겨두자.

도쿄 속 파리

카구라자카

神楽坂

신주쿠와 그다지 멀지 않지만 놀라울 정도로
한적하고 우아한 모습을 간직한 동네 카구라자카.
도쿄에 거주하는 프랑스인 중 25% 정도가
이 근처에 산다고 하며, 한때는 도쿄에서
손꼽히는 환락가이기도 했다. 일본과 프랑스가
공존하는 독특함은 카구라자카만의 매력이다.

이동 방법

도쿄 메트로 카구라자카역神楽坂駅과 JR, 도쿄 메트로, 토
에이 지하철이 지나가는 이다바시역飯田橋駅을 이용하면
된다. JR역과 지하철역은 거의 붙어 있다고 봐도 좋을 정
도로 가깝다.

신주쿠역   이다바시역
○ ·· ○
🚌 JR 🕐 12분 ¥ 170엔

오로지 쌀을 위한 공간

아코메야 도쿄 인 라 카구

AKOMEYA TOKYO in la kagū
📍 아코메야 도쿄 인 라 카구

쌀이 가진 무궁무진한 가능성을 어필하며 자연스럽게 쌀의 소비를 늘리는 데 일조하기 위해 만들어진 아코메야. 일본 전국에서 나는 여러 가지 품종의 쌀을 조금씩 구매할 수도 있고 밥을 짓는 데 필요한 도구는 물론 최고의 밥반찬까지 만나는 재미가 쏠쏠하다. 출판사 창고를 개조해 만든 라 카구 매장은 도쿄에서 제일 큰 단독 매장이다. 1층에는 쌀을 도정하는 공간, 식기 등 잡화를 판매하는 공간, 아코메야 식당으로 나뉜다. 2층에서는 다양한 이벤트를 개최하기도 한다,

🚶 도쿄 메트로 카구라자카역에서 도보 1분
📍 東京都新宿区矢来町67 🕐 11:00~20:00
(음식점 화·수요일 ~17:30), 30분 전 주문 마감
📞 상점 +81-3-5946-8241, 음식점 +81-3-5946-8243
📷 akomeya_tokyo
🏠 www.akomeya.jp/shop

도쿄의 과거로 타임 슬립

토리자야 벳테이 鳥茶屋 別亭 📍 벳테이 토리자야

오사카의 향토 요리인 우동스키ぅどんすき(1,890엔) 전문점으로 차분하고 전통적인 분위기가 인상적이다. 점심에만 주문할 수 있는 오야코동親子御膳(단품 1,250엔, 정식 1,870엔)도 수준급이다.

🚶 도쿄 메트로·토에이 지하철 이다바시역 B3 출구에서 도보 3분
📍 東京都新宿区神楽坂3-6 🕐 11:30~14:00(주말 ~14:30),
17:00~21:00 ❌ 12/31~1/4 📞 +81-3-3260-6661
🏠 www.torijaya.com

여행자도 즐거운 동네 책방 겸 카페
카모메 북스 かもめブックス
🔍 kamome books tokyo

카페와 갤러리를 함께 운영하는 서점. 일본어를 할 줄 알면 책 큐레이션에 깜짝 놀랄 것이고, 일본어를 몰라도 맛있는 커피와 멋진 전시 덕분에 즐거운 시간을 보낼 수 있다.

🚶 도쿄 메트로 카구라자카역에서 도보 1분
📍 東京都新宿区矢来町123 第一矢来ビル
🕐 11:00~20:00　❌ 수요일
📞 +81-3-5228-5490
🏠 www.kamomebooks.jp

브르타뉴의 전통을 맛보다
르 브르타뉴 크레페리에
Le Bretagne Creperie
🔍 creperie le bretagne kagurazaka

프랑스 브르타뉴 지방에서 유래한 갈레트와 크레이프(780엔~) 전문점. 평일 점심시간(11:30~15:00)에는 런치 메뉴를 주문할 수 있고 저녁 때는 코스 요리를 즐길 수 있다.

카쿠라자카점 神楽坂店
🚶 도쿄 메트로·토에이 지하철 이다바시역 B3 출구에서 도보 5분　📍 東京都新宿区神楽坂4-2
🕐 11:30~22:00(주말 11:00~)　📞 +81-3-3235-3001
📷 breizhcafe　🏠 www.le-bretagne.com

파리의 어느 골목에서 만날 법한
파티스리 살롱 드 테 아미티에
Pâtisserie Salon de thé Amitié
🔍 patisserie salon de the amitie kagurazaka

골목에 숨어 있는 작은 파티스리. 대표 메뉴는 각종 타르트(520엔~)로 특히 서양배가 들어간 타르트가 맛있기로 유명하다.

🚶 도쿄 메트로 카구라자카역에서 도보 5분
📍 東京都新宿区築地町8-10 KDXレジデンス神楽坂
🕐 11:00~19:00
❌ 화요일, 부정기적 월요일
📞 +81-3-5228-6285
🏠 www.patisserie-amitie.com

●

와세다 대학의 자랑, 무라카미 하루키 라이브러리

신주쿠에서 JR을 타거나 카구라자카에서 지하철을 타면 20분 내외로 와세다 대학의 메인 캠퍼스로 갈 수 있다.
1882년 개교한 와세다 대학은 일본 최고의 사립대학으로 평가받으며 그 오랜 역사와 명성에 걸맞게 많은 유명인을 배출했다.
그중 전 세계에서 가장 유명한 인물을 꼽자면, 역시 소설가 무라카미 하루키가 아닐까. 2021년 10월, '하루키 월드'를 고스란히
담은 도서관이 메인 캠퍼스 내에 개관했다. 그의 팬이라면 도쿄 여행 버킷 리스트 1순위에 오를 이 도서관을 놓치지 말자.

하루키 월드로 풍덩

와세다 대학 국제문학관(무라카미 하루키 라이브러리)

早稲田大学 国際文学館(村上春樹ライブラリー)

📍 무라카미 하루키 도서관

1968년 와세다 대학 제1문학부에 입학해 연극을 전공한 무라카
미 하루키는 1979년 《바람의 노래를 들어라》로 제81회 군조 신인
문학상을 수상하며 작가로 데뷔했다. 그리고 1987년 《노르웨이의
숲(상실의 시대)》으로 일본을 대표하는 작가가 되었다.
캠퍼스 내 4호관 건물을 개보수해 마련된 도서관은 연극 박물관
바로 옆에 위치한다. 재학 당시 연극 박물관을 즐겨 찾았다는 하루
키가 직접 이 건물을 선택했다고 하며 설계는 건축가 구마 겐고隈
研吾가 맡았다. 내부로 들어가면 B1층과 1층을 이어주는 계단 양
옆 벽을 가득 채운 책꽂이가 보는 이를 압도한다. 도서관에 3,000
권 정도의 책이 있고 이 책꽂이에는 그중 절반 정도가 꽂혀 있다고
한다. 그의 문학 세계에 영향을 준 책, 또는 그의 글에 등장하는 책
등과 함께 몇몇 문화예술인이 큐레이션한 서가도 있으며 이창동
감독이 고른 책도 있다. 1층에는 각국 언어로 번역된 하루키의 책
과 초판본을 모아 놓은 서재, 그가 직접 경영했던 재즈 카페에서 틀
었던 레코드 등을 들을 수 있는 오디오 룸도 있다. 2층에는 전시실
이 있으며 3층부터는 연구 시설이다. B1층에는 학생들이 운영하는
카페가 있다. 도서관 내의 모든 책은 내부에서 자유롭게 열람이 가
능하다. 도서관은 무라카미 하루키 문학의 연구와 함께 국제 문학,
번역 문학의 연구 거점으로써의 역할을 해나가고 있다.

🚶 ① 도쿄 메트로 와세다역에서 도보 10분 ② JR 타카다노바바역에서
도보 20분 📍 東京都新宿区西早稲田1-6-1 🕙 10:00~17:00
❌ 수요일 🏠 www.waseda.jp/culture/wihl

AREA ···· ②

언제나 새로운 거리

시부야 渋谷

#스크램블 교차로 #하치코 #유행의 최전선
#오쿠시부야 #시부야 스카이

신주쿠, 이케부쿠로와 함께 도쿄의 3대 부도심으로
꼽히는 시부야. 하지만 오피스가와 환락가가 뒤섞인 두 지역과는
성격이 완전히 다르다. 시부야역 앞에서 방사상으로 뻗어나간
길에는 거대한 쇼핑몰과 작은 상점이 자연스레 함께하고
그 속에서 음악이든 패션이든 새로운 유행이 생겨나
전 세계로 나아갔다. 지금도 도쿄에서 가장 빠르게 변하는
지역인 시부야는 항상 유행의 최전선에 서 있다.

시부야
여행의 시작

시모키타자와 · 오쿠시부야
시부야
지유가오카 ·

시부야역은 JR 3개 노선, 지하철 3개 노선, 사철 3개 노선(토큐 토요코선, 토큐 덴엔토시선,
케이오 이노카시라선)이 지나가며 B5층부터 3층에 걸쳐 플랫폼이 있을 정도로 규모가 크다.
2020년 이전부터 공사 중이던 근처 여러 빌딩이 완공되긴 했지만 시부야역과 한 건물이라고 해도 좋을
토큐 백화점이 전면 리뉴얼 공사 중이고 계속해서 주변 지역의 재개발이 이루어지고 있어
역 앞이 어수선한 편이다. 그래도 역사 내부에 안내판이 보강되어 역 안에서 헤맬 일은 거의 없다.
JR 시부야역이 모든 노선의 중심이며 출구가 헷갈릴 때는 우선 하치코 출구를 찾아 나가자.

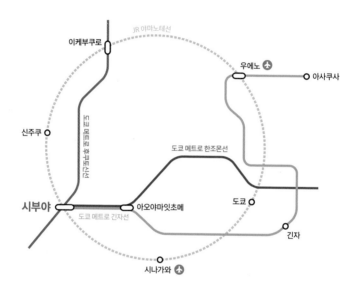

시부야역에서
어느 출구로 나갈까?

· **하치코 출구** ハチ公口 ▶ 시부야 스크램블 교차로, 충견 하치코 동상, 큐프론트,
시부야 센타가이, 시부야 109, 파르코

· **시부야역과 연결된 건물** ▶ 시부야 스크램블 스퀘어, 시부야 스트림, 시부야 히카리에

시부야
추천 코스

시부야 스크램블 스퀘어

여행의 출발점은 시부야역. 하치코 동상 앞에서 일정을 시작하는 게 일반적이다. 시부야에는 사무실이 많지 않기 때문에 상점이 문을 여는 오전 11시 이후부터 붐비기 시작한다. 따라서 조금만 부지런을 떨면 생각보다 여유롭게 둘러볼 수 있다. 몇 년 사이에 새로 생긴 쇼핑몰, 복합 공간이 많아서 구경하는 재미가 있고 핸즈, 로프트, 타워 레코드, 돈키호테 등은 다른 지역 매장보다 규모가 커서 쇼핑하기 좋다.

🕐 **소요 시간** 6시간~

💴 **예상 경비** 입장료 2,500엔 + 식비 약 3,000엔 + 쇼핑 비용
= 총 5,500엔~

✔️ **참고 사항** 쉬지 않고 돌아다는 일정이지만 걷는 범위가 좁아 쇼핑에 시간을 많이 쓰지 않으면 생각보다 일정이 빨리 끝날 수도 있다. 그럴 땐 오쿠시부야, 시모키타자와, 지유가오카와 함께 일정을 짜기 좋다. 시부야 스카이 전망대에 갈 예정이라면 여행 일정이 정해지자마자 예약하는 걸 추천한다.

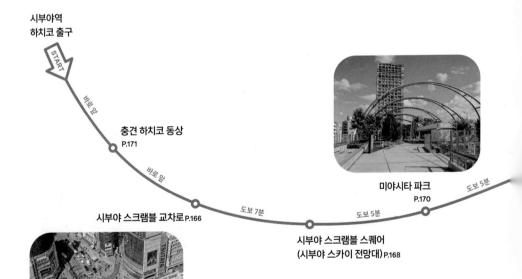

시부야역
하치코 출구

START

바로 앞

충견 하치코 동상
P.171

바로 앞

시부야 스크램블 교차로 P.166

도보 7분

시부야 스크램블 스퀘어
(시부야 스카이 전망대) P.168

도보 5분

미야시타 파크
P.170

도보 5분

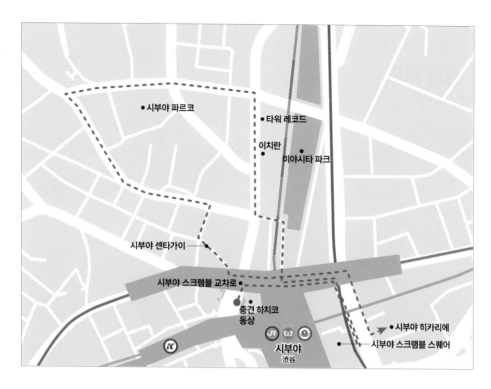

- 시부야 파르코
- 타워 레코드
- 이치란
- 미야시타 파크
- 시부야 센타가이
- 시부야 스크램블 교차로
- 충견 하치코 동상
- 시부야 히카리에
- 시부야 스크램블 스퀘어

시부야
渋谷

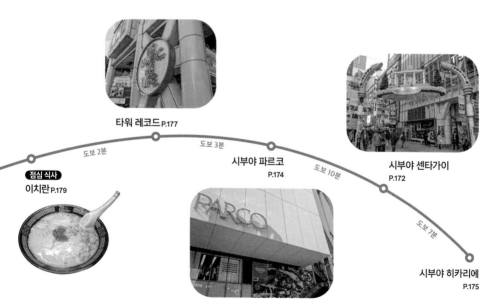

타워 레코드 P.177

도보 2분

도보 3분

도보 10분

시부야 파르코
P.174

시부야 센타가이
P.172

점심 식사
이치란 P.179

도보 7분

시부야 히카리에
P.175

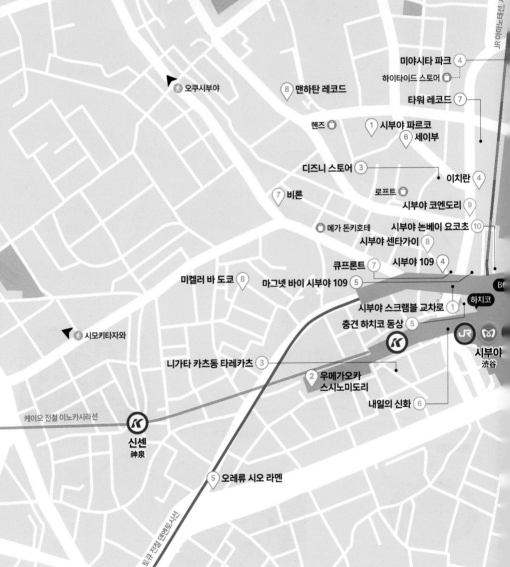

시부야
상세 지도

미야시타 파크 ④
하이타이드 스토어 🛍
타워 레코드 ⑦

⑧ 맨하탄 레코드

🏃 오쿠시부야

핸즈 🛍
① 시부야 파르코
⑥ 세이부

디즈니 스토어 ③
이치란 ④
로프트 🛍
⑦ 비론
시부야 코엔도리 ⑨
메가 돈키호테 🛍
시부야 논베이 요코초 ⑩
시부야 센타가이 ⑧
큐프론트 ⑦
시부야 109 ④
미켈러 바 도쿄 ⑧
마그넷 바이 시부야 109 ⑤
시부야 스크램블 교차로 ①

🏃 시모키타자와
하치코

충견 하치코 동상 ⑤

니가타 카츠동 타레카츠 ③
🅙🅡 🅜
② 우메가오카
스시노미도리
시부야
渋谷

내일의 신화 ⑥

케이오 전철 이노카시라선
신센
神泉

⑤ 오레류 시오 라멘

토큐 전철 덴엔토시선

🏃 지유가오카

JR 야마노테선·사이쿄선·쇼난신주쿠라인

B6

⑥ 스트리머 커피 컴퍼니

도쿄 메트로 한조문선   도쿄 메트로 긴자선

B5

② 시부야 히카리에

② 시부야 스크램블 스퀘어

① 야마모토노 함바그

C2

③

시부야 스트림

도큐 전철 토요코선

165

시부야 스크램블 교차로 渋谷スクランブル交差点

🔍 shibuya scramble crossing

사실 스크램블 교차로는 시부야가 아니라도 전 세계 어디에서나 볼 수 있다. 심지어 시부야에도 여러 개가 있다. 하지만 JR 시부야역 앞의 스크램블 교차로는 그 엄청난 규모와 위치 덕분에 시부야의 상징으로 자리 잡았다. 5개의 횡단보도가 교차하는 도로 위를 한 번에 최대 3,000명이 건널 수 있고 하루에 50만 명 이상이 이용한다. 수많은 사람이 부딪치지 않고 각자의 목적지를 향해 나아가고 신호가 바뀌면 다시 그만큼의 사람이 나타나는 광경은 서울, 뉴욕 등 대도시에서 온 여행자에게도 신기할 따름이다. 도쿄 사람조차 "망설이지 않고 거침없이 건널 수 있으면 드디어 도쿄 사람이 된 것"이라고 할 정도. 비오는 날 주변 건물에서 내려다보는 스크램블 교차로는 형형색색의 우산 덕분에 마치 한 폭의 그림을 보는 듯하다.

🚶 JR 시부야역 하치코 출구 바로 앞

① 스타벅스

교차로 명당 자리는 어디?

횡단보도이기 때문에 건물 2층 높이 정도만 올라가도 교차로를 내려다볼 수 있다. 교차로를 빙 둘러싼 무수한 빌딩 중 여행자가 쉽게 접근할 수 있는 공간 세 곳을 소개한다.

❶ 스타벅스

시부야역 맞은편의 큐프론트 1~2층에 위치한다. 시부야 스크램블 교차로가 가장 잘 보이는 명당 중 명당으로 꼽히는 공간이다. 전면 리뉴얼 후 2024년 4월 재개장했다. 음료는 톨 사이즈만 주문할 수 있고 현금 결제는 불가하다.

❷ JR 시부야역과 케이오 전철 시부야역 연결 통로

JR에서 케이오 전철로 환승 시 JR 개찰구를 나와 2층의 통로로 이동해야 한다. 그 길목에 〈내일의 신화〉 벽화가 있고 맞은편 통창으로 스크램블 교차로가 한눈에 내려다보인다.

❸ 시부야 히카리에

시부야 히카리에 11층 스카이 로비에서 시부야 스크램블 교차로가 내려다보인다. 사람이 많지 않고 앉을 자리가 많아 여유롭게 둘러볼 수 있다.

❸ JR 시부야 히카리에 ➡

↘ ❷ JR 시부야역과 케이오 전철 시부야역 연결 통로

시부야 최초의 전망대가 있는 곳 ⋯⋯ ②

시부야 스크램블 스퀘어

渋谷スクランブルスクエア 📍 시부야 스크램블 스퀘어, 시부야 스카이

2019년 11월 오픈해 시부야역 주변에서 가장 높은 빌딩으로 완공과 동시에 시부야를 대표하는 랜드마크가 되었다. B2층부터 14층까지는 식품, 패션잡화 등의 상업 시설이고 45층과 옥상에 시부야 최초의 전망대인 시부야 스카이가 있다. 전망대 매표소는 14층이다. 입장권은 가고자 하는 날의 4주 전부터 공식 홈페이지와 우리나라 대행사에서 예약할 수 있다. 예약 상황에 따라 현장 구매가 불가능한 날도 있고 원하는 시간대에 들어가지 못할 수도 있다. 특히 일몰 시간대는 인기가 많으니 예약하는 걸 추천한다. 14층에서 입장권 확인 후 45층으로 올라가면 휴대폰, 카메라를 제외한 모든 짐을 무료 물품 보관함(100엔 동전 필요)에 넣어야 한다. 소지품 확인 후 시원하게 탁 트인 옥상으로 나가면 도쿄 전역을 360도로 내려다 볼 수 있다. 요요기 공원 너머로 보이는 신주쿠의 마천루, 도쿄 스카이트리와 도쿄 타워 등 도쿄의 상징이 한눈에 들어온다. 시부야 스크램블 교차로는 45층의 실내 전망대에서 더 잘 보인다. 기념품점도 45층에 있다.

시부야 스카이 SHIBUYA SKY 🚶 JR·도큐 전철·도쿄 메트로 시부야역 B6 출구에서 연결
📍 東京都渋谷区渋谷2-24-12 ⏰ 10:00~22:30, 70분 전 입장 마감 💴 일반 2,500엔, 중·고등학생 2,000엔, 초등학생 1,200엔, 3~5세 700엔 ※홈페이지 예약 시 할인
📷 shibuya_scramble_square 🏠 www.shibuya-scramble-square.com/sky

입장권 환불, 날짜 변경 가능할까?

공식 홈페이지에서 신용 카드로 결제한 입장권은 온라인으로 환불 신청을 할 수 있다. 20%의 수수료를 제하고 환불된다. 입장 일시 변경은 온라인으로 불가능하고 매표소로 찾아가야 한다. 원하는 일시가 비어 있다면 변경 가능하다.

옛 철길 따라 만들어진 ······ ③
시부야 스트림 渋谷ストリーム ♀시부야 스트림

시부야역 남쪽에 위치한 시부야 스트림은 토큐 전철의 옛 시부야 역사와 선로가 있던 자리에 들어선 복합 시설이다. 1~3층은 음식점, 슈퍼마켓 등 상업 시설이고 4층부터 사무실, 호텔 등으로 쓰인다. 주목할 만한 공간은 1층 광장. 2018년 복원한 시부야가와渋谷川의 물길 주변을 재정비해 광장과 공원으로 꾸며 놓았다. 한여름에도 이 근처는 선선한 바람이 불어 도심 속 자연의 중요성을 깨닫게 한다. 건물 2층에서 시부야 스크램블 스퀘어와 연결된다.

🚶 JR·토큐 전철·도쿄 메트로 시부야역 C2 출구에서 연결
📍 東京都渋谷区渋谷3-21-3 🕐 안내 센터 10:00~21:00
🏠 shibuyastream.jp

70년 역사 공원의 새 단장 ······ ④

미야시타 파크 MIYASHITA PARK ⟟ 시부야 미야시타 공원

원래 이 자리에 있던 같은 이름의 공원을 재정비해 2020년 여름 새롭게 태어났다. 시부야 스크램블 스퀘어 길 건너부터 330m 정도가 세로로 길고 좁게 공원으로 조성되어 있다. 공원 전체가 하나의 복합 시설로 1층부터 3층은 레이야드 미야시타 파크RAYARD MIYASHITA PARK라는 이름의 상업 시설이다. 1층 식당가 시부야 요코초渋谷横丁는 우리네 포장마차 골목과 같은 분위기가 나며 쇼핑몰에는 아디다스, 프라다 등 다양한 브랜드가 입점했다. 옥상은 시부야 구립 미야시타 공원渋谷区立宮下公園으로 잔디 광장과 암벽등반장과 같은 스포츠 시설이 있다. 옥상에서 호텔 시퀀스 미야시타 파크와 이어진다.

🚶 ① JR 시부야역 하치코 출구에서 도보 5분 ② 도쿄 메트로 메이지진구마에〈하라주쿠〉역 7번 출구에서 도보 8분 ♥ 東京都渋谷区神宮前6-20-10 ⏱ 공원 08:00~23:00, 음식점·상점마다 다름 ⧉ miyashitapark_ 🏠 www.miyashita-park.tokyo

메이드 인 후쿠오카 문구
하이타이드 스토어 HIGHTIDE STORE

후쿠오카에서 탄생해 세계에서 사랑받는 하이타이드의 도쿄 유일 직영점이다. 매장은 '자신이 좋아하는 것과 소중한 것들로 둘러싸여 풍요롭게 생활하다'라는 콘셉트로 꾸며져 있다. 하이타이드의 제품을 비롯해 매장 한정 상품, 국내외에서 골라온 다양한 문구로 가득하다.

🚶 사우스 2F ⏱ 11:00~21:00 📞 +81-3-6450-6203
🏠 www.hightide.co.jp

충견 하치코 동상

忠犬ハチ公像 🔍 하치코 동상

시부야역 바로 앞에 있어 만남의 장소로 각광받는 조형물이다. 아키타견秋田犬인 하치는 주인이 출근할 때 종종 시부야역까지 배웅을 나왔다고 한다. 하지만 하치를 기르기 시작한지 1년 남짓 됐을 때 주인이 세상을 떠났고, 그때부터 약 10년 동안 시부야역 앞에서 주인을 기다린 하치의 사연이 신문에 실리며 큰 화제가 됐다. 동상은 1948년 8월에 만들어졌으며 하치의 사연은 2009년 리차드 기어 주연의 영화 〈하치 이야기〉 등 수차례 영화, 애니메이션 등으로 제작되었다.

🚶 JR 시부야역 하치코 출구 바로 앞   📍 東京都渋谷区道玄坂1-2

내일의 신화 明日の神話

🔍 myth of tomorrow

일본의 현대 미술가 오카모토 다로岡本太郎의 대표작. 가로 30m, 세로 5.5m 크기의 거대한 작품. 비키니섬에서 진행한 핵 실험 당시 피폭당한 일본 어선과 수소폭탄이 만들어낸 구름을 모티프 삼아 비극적인 상황을 꿋꿋이 이겨내는 인간의 모습을 그려냈다.

🚶 JR 시부야역과 케이오 전철 시부야역 연결 통로

스크램블 교차로가 가장 잘 보이는 빌딩 ······ ⑦
큐프론트 QFRONT 🔎 큐프런트

스크램블 교차로 바로 앞, 빌딩 전면이 온통 유리로 되어 있어 햇빛을 받으면 쨍하고 깨져버릴 듯 차가운 느낌을 주는 건물이다. 1999년부터 시부야의 랜드마크로 사랑받아 왔고 전면 리뉴얼 후 2024년 4월 재개장했다. 1층은 팝업 스토어, 스타벅스 테이크아웃 전용 매장, 2층은 스타벅스, 3~4층은 츠타야의 셰어 라운지(1시간 1,650엔), 5층은 포켓몬 카드 라운지이며 지하와 6~7층은 다양한 브랜드와 협업해 때마다 용도가 달라지는 공간이다.

🚶 JR 시부야역 하치코 출구 맞은편 📍 東京都渋谷区宇田川町 21-6 🕐 스타벅스 07:00~22:30(1층 08:00~), 츠타야 셰어 라운지 08:00~23:00, 포켓몬 카드 라운지 10:00~22:30

항상 활기 넘치는 젊음의 거리 ······ ⑧
시부야 센타가이 渋谷センター街
🔎 시부야 센타가이

큐프론트 빌딩 바로 옆에 위치한 아치부터 토큐 백화점 본점이 있던 자리까지 350m 정도 되는 거리다. 패스트푸드점, 가라오케, 게임 센터, 술집, 클럽 등이 모여 있어 중·고등학생부터 20대까지 젊은 층이 많이 찾는다. 넓게는 남쪽의 분카무라도리文化村通り, 북쪽의 이노카시라도리井の頭通り와 파르코, 잡화점 핸즈가 있는 구역까지 포함한 번화가 전체를 가리키기도 한다. 일본 국내외 패스트 패션 브랜드 플래그십 매장의 각축장이며, 새로운 유행이 탄생하는 최전선 기지이다. 평소에도 늦은 밤까지 사람이 많은 편인데 월드컵 등 국제적인 스포츠 행사가 있을 때와 핼러윈 때는 한발 앞으로 나아가기 힘들 정도로 엄청난 인파가 몰린다.

🚶 JR 시부야역 하치코 출구에서 도보 2분
📍 東京都渋谷区宇田川町23
🏠 www.center-gai.jp

공원으로 향하는 언덕길 ...... ⑨

시부야 코엔도리 渋谷公園通り ♀ 시부야 모디

쇼핑몰 시부야 모디MODI와 시부야 마루이(2026년까지 리뉴얼 공사)가 만나는
진난잇초메神南一丁目 교차로에서 시작해 요요기 공원까지 향하는 언덕길이다.
길 양옆으로 디즈니 스토어, 무인양품, 파르코 등 상업 시설이 위치한다. 겨울이
되면 길 양옆의 가로수에 온통 파란색 전등을 달아 독특한 분위기를 연출한다.

🚶 JR 시부야역 하치코 출구에서 도보 9분
📍 東京都渋谷区神南1-6
🏠 www.koen-dori.com

옛 정취가 물씬 풍기는 골목 ...... ⑩

시부야 논베이 요코초
渋谷のんべい横丁 ♀ 시부야 논베이 요코초

38개의 음식점이 다닥다닥 붙어 있는 정말 좁은 골목
길로 현지인이 많이 찾는다. 모든 가게가 오후 4시 이
후부터 영업을 시작한다. 홈페이지에 각 음식점의 영
어 안내가 나와 있다.

🚶 JR 시부야역 하치코 출구에서 도보 3분
📍 東京都渋谷区渋谷1-25
🏠 www.nonbei.tokyo

다시 태어난 시부야 문화의 발신지 ⋯⋯⋯ ①

시부야 파르코 渋谷PARCO 🔍 시부야 파르코

1973년 문을 연 이후로 이른바 '시부야 컬처'의 발신지
로 오랜 기간 사랑받아온 파르코가 리뉴얼 공사를 마
치고 2019년 11월 다시 태어났다. 독특한 구조의 새하
얀 10층 건물은 멀리서도 눈에 잘 띈다. B1층은 식당가,
1층부터 5층까지 주로 패션 잡화 매장이 입점해 있다.
가장 붐비는 층은 '사이버스페이스 시부야CYBERSPACE
SHIBUYA'라는 테마의 6층이다. 세계 최초의 닌텐도 직
영 오프라인 매장인 닌텐도 도쿄가 있기 때문이다. 에
스컬레이터를 타고 올라오면 매장이 바로 눈에 들어온
다. '슈퍼마리오', '모여 봐요 동물의 숲', '젤다' 등 익숙
한 게임 캐릭터의 상품과 게임기, 게임 소프트를 가장
먼저 구매할 수 있지만 면세 혜택은 받을 수 없다. 닌텐
도 도쿄 맞은편에는 포켓몬 센터가 있고 같은 층에 만
화잡지 〈점프JUMP〉의 캐릭터 상품을 판매하는 점프
숍, 게임회사 캡콤과 코에이의 캐릭터 숍도 있다.

🚶 JR 시부야역 하치코 출구에서 도보 7분
📍 東京都渋谷区宇田川町15-1
🕐 상점 11:00~21:00(닌텐도 도쿄 10:00~),
식당가 11:30~23:00 📞 +81-3-3463-5111
📷 parco_shibuya_official 🏠 shibuya.parco.jp

주요 매장

10층	루프톱 파크 ROOFTOP PARK
6층	닌텐도 도쿄 Nintendo TOKYO, 포켓몬 센터 ポケモンセンター
B1층	식당가 CHAOS KITCHEN

토큐 백화점의 명맥을 잇는 공간 ⋯⋯⋯ ②

시부야 히카리에 渋谷 ヒカリエ ♀시부야 히카리에

B4층부터 34층 규모의 복합 상업 시설로 음식점, 공연장, 사무실 등이 입점해 있다. 그중 B3~B2층의 식품관 토요코 노렌가이는 몇 년 전 문을 닫은 토큐 백화점 식품관과 구성이 비슷해 인기가 많다. B1~5층에는 패션, 라이프 스타일 매장이 있다. 8층에는 디앤디파트먼트에서 운영하는 뮤지엄, 카페와 토큐 백화점에서 운영하던 갤러리인 분카무라 갤러리가 있다. 공연장이 있는 11층 스카이 로비에서는 시부야의 풍경이 한눈에 내려다보인다.

🚶 ① 토큐 전철·도쿄 메트로 한조몬선·도쿄 메트로 후쿠토신선 시부야역 B5 출구(B3층)에서 연결 ② JR·케이오 전철 시부야역 2층에서 연결 ③ 도쿄 메트로 긴자선 시부야역 1층에서 연결 ♀ 東京都渋谷区渋谷2-21-1 ⏱ B3~5층 11:00~21:00(일요일 ~20:00), 6~11층 11:00~23:00 ⓘ shibuyahikarie_official 🏠 www.hikarie.jp

주요 매장

11층	스카이 로비 Sky Lobby
8층	디앤디파트먼트, 분카무라 갤러리 Bunkamura Gallery 8
6~7층	음식점
B3~5층	신크스 ShinQs
B2~B3층	식품관 東横のれん街

환상의 나라로 통하는 문 ⋯⋯⋯ ③

디즈니 스토어 DISNEY STORE ♀디즈니 스토어 시부야점

미키마우스 얼굴 모양의 문 안쪽으로 들어서면 그야말로 꿈과 환상의 나라가 펼쳐진다. 어른 아이 할 것 없이 구경만 해도 기분이 좋아지는 공간이다. 시부야의 디즈니 스토어는 3층 단독 건물로 규모가 큰 편이다. 층마다 테마가 다르며 나선형 계단으로 연결된다. 1층은 판타지아의 정원, 2층은 샹들리에와 스테인드글라스로 장식된 궁전, 3층은 〈피터팬〉 속 웬디의 방, 〈토이 스토리〉 속 우디의 방, 〈피노키오〉 속 제페토 할아버지의 방 등으로 꾸며져 있다.

시부야 코엔도리점 渋谷公園通り店 🚶 JR 시부야역 하치코 출구에서 도보 4분 ♀ 東京都渋谷区宇田川町20-15 ⏱ 11:00~20:00(주말 10:00~) 📞 +81-3-3461-3932 ⓘ disneystore.jp 🏠 www.disneystore.co.jp

유행의 최전선 기지였던 쇼핑몰 ······ ④
시부야 109 SHIBUYA 109 ♀ 시부야 109

알루미늄 패널로 뒤덮인 둥근 원통형 디자인이 인상적으로 109는 '이치마루큐'로 읽는다. 1979년에 오픈했으며 2000년대 중반까지 '갸루갸루 스타일' 유행을 선도했던 쇼핑몰이다. 지금은 예전과 같은 명성은 없지만 우리나라에서 볼 수 없는 스타일의 상품이 많아 구경하는 재미가 있다. 아이돌 이벤트가 자주 열린다.

🚶 JR 시부야역 하치코 출구에서 도보 3분
📍 東京都渋谷区道玄坂2-29-1　🕙 10:00~21:00　❌ 1/1
📞 +81-3-3477-5111　🌐 www.shibuya109.jp

새롭게 태어난 109 맨즈 ······ ⑤
마그넷 바이 시부야 109
MAGNET by SHIBUYA 109 ♀ 마그넷 바이 시부야 109

1987년 '109-2'라는 이름으로 오픈, 남성 패션 잡화를 주로 판매했던 '109 맨즈'를 거쳐 2018년 4월 '마그넷 바이 시부야 109'로 이름을 바꾸고 리뉴얼 오픈했다. 남성 패션 브랜드와 애니메이션 관련 매장이 많다. 특히 6층에 위치한 '원피스 무기와라 스토어ONE PIECE 麦わらストア'는 사람이 많이 몰릴 때 대기 번호를 뽑아야 할 정도로 인기가 많다. 당일 물량이 빠지면 채워 넣지 않기 때문에 〈원피스〉 팬이라면 오전 중에 방문하기를 추천한다. 건물 옥상에는 시부야 스크램블 교차로를 내려다 볼 수 있는 카페(입장료 1,800엔, 음료 1잔 포함)가 있다. 2층에 위치한 호시노 커피星乃珈琲店는 아직 잘 알려지지 않은 전망 명당이다.

🚶 JR 시부야역 하치코 출구에서 도보 2분
📍 東京都渋谷区神南1-23-10　🕙 10:00~21:00
❌ 1/1　🏠 magnetbyshibuya109.jp

시부야 백화점계의 양대 산맥 ...... ⑥

세이부 西武 🔎 세이부 시부야점

시부야역 주변에 위치한 유일한 백화점이다. 1968년에
오픈했으며 하위 브랜드 파르코, 로프트 등으로 세력을
확장, 시부야의 문화를 만드는 데 일조했다. 해외 명품,
디자이너 브랜드 등에 특화된 매장 구성이 특징이며 도
쿄의 다른 백화점에 비해 조용하게 쇼핑할 수 있다.

시부야점 渋谷店
🏃 JR 시부야역 하치코 출구에서 도보 3분
📍 東京都渋谷区宇田川町21-1 🕐 10:00~20:00, A관 B2층
(식당가) 11:00~21:00, A관 8층(식당가) 11:00~22:00
📞 +81-3-3462-0111 🏠 www.sogo-seibu.jp

노 뮤직! 노 라이프! ...... ⑦

타워 레코드 TOWER RECORDS
🔎 타워 레코드 시부야점

일본에서 가장 큰 음반 판매점으로 재고 수는 무려 80
만 장. 2층에 타워 레코드 카페, 6층에 LP 특화 매장인
타워 바이닐이 있다. 사인회, 발매 이벤트 등도 자주 열
려 이런 날에는 하라주쿠로 가는 길목까지 장사진을
이룬 풍경을 볼 수 있다.

시부야 渋谷 🏃 JR 시부야역 하치코 출구에서 도보 4분
📍 東京都渋谷区神南1-22-14 🕐 11:00~22:00
📞 +81-3-3496-3661 🏠 towershibuya.jp

작지만 단단한 음반 판매점 ...... ⑧

맨하탄 레코드 Manhattan Records
🔎 manhattan records shibuya

1980년에 문을 연 작은 음반 판매점으로 창업 당시부
터 정기적으로 미국에서 음반을 수입해왔다. 1990년
대에 들어서는 시부야계 음악, 일본 힙합 음악의 유행
을 이끌어가는 존재가 되었다. 현재는 주로 힙합, R&B,
레게, 하우스 장르의 음반을 다룬다.

🏃 JR 시부야역 하치코 출구에서 도보 7분
📍 東京都渋谷区宇田川町10-1 木船ビル
🕐 12:00~20:00 📞 +81-3-3477-7166
📷 manhattan_records 🏠 www.manhattanrecords.jp

기분 좋아지는 한 끼 ……… ①

야마모토노 함바그
山本のハンバーグ　♀야마모토노 함바그 시부야점

맛있는 음식, 친절한 서비스, 청결한 환경, 삼박자를 두루 갖춘 함박스테이크 전문점이다. 일본산 소고기와 돼지고기만 사용하며 다른 식재료도 믿고 먹을 수 있는 생산자에게 받아온다. 세트를 주문하면 과채 주스, 샐러드, 공깃밥, 된장국이 함께 나온다. 대표 메뉴는 야마모토노 함바그 세트山本のハンバーグセット(1,980엔). 된장이 들어간 일본풍 소스가 특징이다.

시부야 식당 渋谷食堂
🏃 JR 시부야역 하치코 출구에서 도보 10분
📍 東京都渋谷区渋谷3-6-18 第4矢木ビル
🕐 11:00~22:00, 30분 전 주문 마감
✖ 12/31~1/1 📞 +81-3-6427-3221
🏠 www.yamahan.tokyo

시부야에서 초밥이 먹고 싶다면 ……… ②

우메가오카 스시노미도리
梅丘 寿司の美登利　♀스시노미도리 시부야점

케이오 전철 시부야역과 이어진 건물인 시부야 마크 시티 4층에 위치한다. 가성비가 좋아 일본인, 외국인 할 것 없이 손님이 많다. 점심때는 오픈 1시간 전, 저녁때는 오픈 30분 전부터 매장 앞에 있는 키오스크를 통해 대기표를 받을 수 있다. 한국어로 온라인 예약도 가능하며 예약 시에는 미리 세트 구성(3,960엔~)을 선택해야 한다. 매장에서는 더 저렴한 세트(1,760엔~)를 주문할 있다.

시부야점 渋谷店
🏃 JR 시부야역 하치코 출구에서 도보 5분
📍 東京都渋谷区道玄坂1-12-3 マークシティイース 4F
🕐 평일 11:00~15:00, 17:00~21:00,
주말 11:00~21:00, 30분 전 주문 마감
✖ 1/1 📞 +81-3-5458-0002
🏠 www.sushinomidori.co.jp

청정 지역에서 온 카츠동 ······ ③

니가타 카츠동 타레카츠 新潟カツ丼 タレカツ ♀ 니이가타 카츠동 타레카츠 시부야점

일반적인 카츠동과 달리 달걀을 넣지 않는다. 얇게 두드려 라드로 튀겨낸 돈카츠를 간장을 베이스로 한 달고 짠 소스에 담갔다가 흰쌀밥 위에 얹어 낸다. 돼지고기, 쌀은 니가타에서 직송한다. 오픈부터 오후 5시까지 카츠동과 샐러드, 된장국, 절임반찬이 나오는 런치 세트(950엔~)를 주문할 수 있다.

시부야점 渋谷店 🏃 JR 시부야역 하치코 출구에서 도보 5분
♀ 東京都渋谷区道玄坂1-5-9 ザ·レンガビル ⏰ 11:00~23:00,
1시간 전 주문 마감 📞 +81-3-6455-3600
🏠 www.tarekatsu.jp

실패 없는 돈코츠 라멘 ······ ④

이치란 一蘭 ♀ 이치란 시부야점

칸막이를 쳐놓은 테이블에 앉아 벽을 바라보며 먹는 구조라 일본의 '혼밥 문화'를 대표하는 풍경으로 자리매김한 후쿠오카 대표 라멘 체인점이다. 대표 메뉴는 천연 톤코츠 라멘天然とんこつラーメン(1,080엔~). 맛, 기름진 정도, 마늘의 양 등을 마음대로 조절할 수 있다. 시부야점 도보 3분 거리에 스페인자카점이 있다.

시부야점 渋谷店
🏃 JR 시부야역 하치코 출구에서 도보 3분
♀ 東京都渋谷区神南1-22-7 岩本ビル B1F ⏰ 24시간
📞 +81-3-3463-3667 📷 ichiran_jp 🏠 www.ichiran.com

깔끔한 시오 라멘 ······ ⑤

오레류 시오 라멘 俺流塩らーめん
♀ 오레류 시오라멘

대표 메뉴는 가게 이름과 같은 오레류 시오 라멘俺流塩らーめん(780엔)이다. 닭 육수를 베이스로 한 국물은 조금 짠 편이지만 맛이 깔끔하다. 오픈부터 저녁 6시까지 런치 세트(980엔~)로 주문할 수 있다. 세트에는 라멘, 교자나 카라아게 등의 사이드 메뉴, 밥 반 공기(또는 라멘 토핑 1가지 추가)가 함께 나온다.

시부야 총본점 渋谷総本店 🏃 JR 시부야역 하치코 출구에서
도보 8분 ♀ 東京都渋谷区道玄坂1-22-8 朝日屋ビル
⏰ 11:00~20:00 📞 +81-3-5458-0012 🏠 oreryushio.co.jp

입안을 꽉 채우는 라테의 고소함 ⋯⋯ ⑥

스트리머 커피 컴퍼니

STREAMER COFFEE COMPANY 🔎 스트리머 커피 컴퍼니 시부야

2008년에 라테 아트 챔피언십에서 아시아인 최초로 우승한 사와다 히로시澤田洋史가 2010년 오픈했다. 일본 전국에 매장이 있으며 시부야점이 1호점이다. 아메리카노, 드립 커피보다 메뉴판에 '레디 화이트READY WHITES'로 쓰인 라테 종류(650엔~)를 추천한다. 풍미를 해치지 않기 위해 우유는 60℃ 정도까지만 데워준다.

시부야 SHIBUYA   🚶 JR 시부야역 하치코 출구에서 도보 9분
📍 東京都渋谷区渋谷1-20-28   🕒 08:00~20:00(주말 09:00~)
📞 +81-3-6427-3705   📷 streamercoffeecompany
🏠 www.streamer.coffee

시부야의 프랑스 ⋯⋯ ⑦

비론 VIRON 🔎 브랏스리 비론 시부야

시부야를 대표하는 빵집. 일본 국내 음식점 평가 사이트에서도 항상 상위권에 랭크되곤 한다. 모든 빵이 다 빠지지 않지만 크루아상과 사과파이, 주문 즉시 만드는 크레이프가 특히 인기가 많다. 2층에는 같은 계열의 프렌치 레스토랑이 있다. 현금 결제만 가능하다.

시부야점 渋谷店
🚶 JR 시부야역 하치코 출구에서 도보 7분
📍 東京都渋谷区宇田川町33-8 塚田ビル
🕒 08:00~21:00   📞 +81-3-5458-1770

러브호텔 사이 밝고 명랑한 공간 ⋯⋯ ⑧

미켈러 바 도쿄 Mikkeller Bar Tokyo
🔎 미켈러 도쿄

미켈러는 덴마크의 수제 맥주 브랜드로 실험적이고 독특한 맥주가 많다. 일본 1호점 미켈러 바 도쿄는 러브호텔이 모인 구역 한복판에 있어 가는 길이 으슥하지만 막상 가보면 쿨한 분위기와 맥주 맛에 분명 반할 것이다. 언제 가도 20종에 가까운 맥주(750엔~)를 맛볼 수 있고 가격대도 다양하다. 안주 종류가 적은 게 단점이다.

🚶 JR 시부야역 하치코 출구에서 도보 6분   📍 東京都渋谷区道玄坂 2-19-11 中村ビル   🕒 16:00~24:00(금요일 ~01:30), 토요일 14:00~ 01:30, 일요일 14:00~24:00   📞 +81-3-6427-0793
📷 mikkellertokyo   🏠 mikkeller.jp

시부야의 또 다른 모습
오쿠시부야
奥渋谷

토큐 백화점 본점에서 한 발자국 안쪽으로
들어가면 나오는 동네 카미야마초神山町와
토미가야富ヶ谷 주변은 시부야지만
우리가 알던 시부야와는 풍경이 사뭇 다르다.
이름 하여 시부야 안쪽 동네인 오쿠시부야.
일반 가정집과 생선가게, 쌀가게, 빵집 등
일상의 상점이 오밀조밀 처마를 맞대고 있는
이 거리에선 큰길가의 소란이 마치
거짓말처럼 느껴진다.

이동 방법

토큐 백화점 본점이 있던 자리(현재 공사 중)와 비론 사이
의 골목으로 들어가 일자로 쭉 뻗은 길을 따라 올라가면
서 둘러보면 된다. 직진해서 계속 걸어가다 보면 도쿄 메
트로 요요기코엔역代々木公園駅과 오다큐 전철 요요기하
치만역代々木八幡駅이 나오고 두 역의 오른쪽에 요요기 공
원이 있다.

비론   요요기코엔역

🚶 도보   ⏱ 15~20분

오쿠시부의 문화 발신 기지
시부야 퍼블리싱 앤드 북셀러즈
SHIBUYA PUBLISHING & BOOKSELLERS
📍 시부야 퍼블리싱 앤드 북 셀러즈

출판과 판매를 한 공간에서 하는 서점. 오쿠시부야의 다른 가게와 협업해 다양한 이벤트를 열기도 한다. 시부야 스크램블 스퀘어 2층에 프로듀싱한 편집 숍이 있다.

본점 本店 🚶 JR 시부야역 하치코 출구에서 도보 11분
📍 東京都渋谷区神山町17-3 テラス神山 🕐 11:00~21:00
📞 +81-3-5465-0588 📷 spbs_tokyo
🏠 www.shibuyabooks.co.jp

믿고 보는 매거진
모노클 숍
Monocle Shop 📍 모노클 숍 도쿄

문화, 여행, 디자인 등 다양한 이슈를 다루는 매거진 〈모노클〉이 프로듀싱한 상점. 모노클의 오리지널 상품과 모노클의 시각으로 고른 좋은 상품을 판매한다.

🚶 JR 시부야역 하치코 출구에서 도보 14분
📍 東京都渋谷区富ヶ谷1-19-2
🕐 12:00~19:00(일요일 ~18:00)
❌ 월요일 📞 +81-3-6407-0845
🏠 monocle.com

매일 먹어도 맛있는
365일

365日 📍 365일 도쿄

자그마한 동네 빵집이지만 일본 전국, 외국에서도 손님이 찾아온다. 좋은 재료가 곧 좋은 빵을 만든다고 생각해 원재료에 신경을 많이 쓴다. 초콜릿 칩이 가득 들어간 크로캉 쇼콜라クロッカンショコラ(422엔)가 가장 유명하다.

🚶 도쿄 메트로 요요기코엔역 1번 출구에서 도보 1분 📍 東京都渋谷区富ヶ谷1-6-12
🕐 07:00~19:00 📞 +81-3-6804-7357 📷 365_nichi 🏠 ultrakitchen.jp

단골로 삼고 싶은 카페
리틀 냅 커피 스탠드
Little Nap COFFEE STAND   🔍 리틀냅 커피 스탠드

맛, 서비스, 분위기 모두 만점. 매장이 좁아 테이크아웃해
야 하는 경우가 많지만 바로 앞이 놀이터고 요요기 공원
도 가까워서 크게 불편하지 않다. 특히 봄에 놀이터의 벚
나무가 꽤나 운치 있어 일부러라도 밖에서 마시고 싶을
정도. 카페라테(550엔)가 특히 고소하다.

🚶 도쿄 메트로 요요기코엔역 3번 출구에서 도보 5분
📍 東京都渋谷区代々木5-65-4   🕘 09:00~19:00
📞 +81-3-3466-0074   🌐 www.littlenap.jp

노르웨이에서 날아온 커피
푸글렌 FUGLEN   🔍 후글렌 도쿄 시부야

오쿠시부야에서 가장 유명한 카페. 오슬로 본점의 첫 번
째 해외 지점이다. 언제 방문해도 활기찬 분위기를 느낄
수 있다. 오늘의 커피(410엔~)는 매일 원두가 바뀐다. 아
사쿠사 센소지 근처에 도쿄 2호점이 있다.

도쿄 토미가야 TOKYO TOMIGAYA
🚶 JR 시부야역 하치코 출구에서 도보 15분
📍 東京都渋谷区富ケ谷1-16-11
🕘 07:00~01:00(월·화요일 ~22:00)
📞 +81-3-3481-0884   📷 fuglentokyo
🏠 fuglen.no/Fuglen-Tokyo-Tomigaya

포르투갈에서 먹었던 그 맛
나타 데 크리스티아노
NATA de Cristiano   🔍 나타 데 크리스티아노

포르투갈식 에그타르트인 파스텔 데 나타파스텔·데·나타
전문점. 바삭바삭한 파이와 부드러운 크림의 조화가 훌
륭하다. 포르투갈인도 인정한 현지의 맛을 그대로 느낄
수 있다. 에그타르트(300엔) 말고도 다양한 포르투갈 빵
을 판매한다.

🚶 도쿄 메트로 요요기코엔역 1번 출구에서 도보 3분
📍 東京都渋谷区富ケ谷1-14-16   🕘 10:00~19:30
📞 +81-3-6804-9723   🏠 www.cristianos.jp/nata

주류가 아니어도 좋아
시모키타자와
下北沢

극장과 라이브 공연장이 많아 2000년대 초반 홍대의 모습을 떠올리게 하는 지역으로 일본인은 보통 줄임말인 '시모키타'라고 부른다. 시모키타자와를 지나가는 오다큐 전철의 지상 선로 중 1.7km 구간을 지하화하면서 생긴 빈 땅에 새로운 시설이 속속 들어오며 도쿄에서 가장 주목받는 지역 중 한 곳으로 떠올랐다. 풍경은 변했어도 과거를 추억하는 이와 새로운 자극을 찾는 이로 항상 붐빈다는 사실은 변함없다.

이동 방법

시부야나 신주쿠 두 지역 중 한 지역과 함께 일정을 짜는 게 효율적이다. 신주쿠역에서는 시모키타자와역下北沢駅까지 오다큐 전철로 10분 정도 걸린다. 오다큐 전철역과 케이오 전철역이 붙어 있지만 입구는 서로 연결되어 있지 않다. 역에서 밖으로 나올 때는 상관없지만 외부에서 역으로 들어갈 때는 탑승하는 열차의 개찰구를 정확히 찾아야 한다. 이 책에 나오는 장소는 시모키타자와역 동쪽 출구東口로 나가면 쉽게 찾아갈 수 있다.

시부야역 ○·····································○ 시모키타자와역

🚌 케이오 전철 🕐 7분 ¥ 140엔

시모키타의 새로운 랜드마크

보너스 트랙 BONUS TRACK 🔍 보너스 트랙 시모키타

오다큐 전철의 선로 일부 구간을 지하화하면서 생긴 빈 땅을 활용하는 프로젝트
인 '시모키타 선로 거리下北線路街' 프로젝트의 일환으로 2020년 4월 문을 열었
다. 역에서 조금 거리가 있지만 가는 길목이 공원처럼 조성되어 있어 산책 삼아
걷기 좋다. 보너스 트랙은 여러 동의 낮은 건물이 옹기종기 모여 있는 형태이며
초록으로 둘러싸인 중정에서 취식이 가능하다. '맥주 파는 책방'으로 우리나라
에도 잘 알려진 책방 비앤비本屋B&B가 시모키타자와 중심부에서 보너스 트랙으
로 이전했으며 발효식품 전문점, 문구점, 술집 등이 들어와 있다.

🚶 오다큐 전철·케이오 전철 시모키타자와역 남서쪽 출구南西口에서 도보 15분　♀ 東京都
世田谷区代田2-36-12~15　🕐 상점마다 다름　📷 bonustrack_skz　🏠 bonus-track.net

깨끗하고 세련된 공간

리로드 reload 🔍 reload tokyo

'시모키타 선로 거리' 프로젝트에 속하는 공간이다. 2층
규모의 새하얀 건물이 선로가 있던 자리를 따라 세로로
길게 놓여 있다. 총 20여 개의 공간이 있으며 깔끔하게 정
돈된 분위기다. 50년 넘게 시모키타자와를 지켜온 일본
차 전문점 시모키타 차엔 오야마시もきた茶苑大山와 교토
의 노포 카페의 플래그십 스토어인 오가와 커피 랩Ogawa
Coffee Laboratory에는 꼭 한번 들러보자.

🚶 오다큐 전철·케이오 전철 시모키타자와역에서 도보 5분
♀ 東京都世田谷区北沢3-19-20　🕐 상점마다 다름
📷 reload_shimokita　🏠 reload-shimokita.com

고가 아래의 힙한 공간

미칸 시모키타 ミカン下北 🔍미칸 시모키타

케이오 전철 선로 아래 고가를 새 단장해 2022년 3월 오픈했다. 시모키타자와역에서 밖으로 나오면 선로를 받치는 회색 기둥이 보이는데 곳곳에 로고가 쓰여 있어 바로 찾을 수 있다. 역에서부터 경사가 완만한 내리막길을 따라가며 슬슬 구경하기 좋다. 기둥을 기준으로 A부터 E까지 5개의 구간으로 나뉜 5층 규모이고 그 중 1~2층에 상업 시설이 모여 있다. 1층에서 주목할 만한 공간은 시모키타자와를 대표하는 구제 숍이자 편집 숍인 동양백화점東洋百貨店 별관으로 5개 브랜드가 모여 있다. 2~3층은 츠타야 서점이다. 시모키타자와점은 츠타야 서점 중 만화책 코너가 가장 잘 갖춰져 있다고 평가받는다.

오다큐 전철·케이오 전철 시모키타자와역 바로 앞
東京都世田谷区北沢2-11-15
상점마다 다름 mikan_shimokita
mikanshimokita.jp

익사이팅한 서점

빌리지 뱅가드 VILLAGE VANGUARD

🔍village vanguard shimokitazawa

콘셉트는 '놀 수 있는 서점遊べる本屋', 책과 잡화가 어지러이 진열된 너무도 '시모키타자와스러운' 공간이다. 서점보다는 만물상이라는 표현이 더 잘 어울린다. 보통의 서점과 달리 분야가 아닌 테마별로 책을 진열해놔 일본어를 못해도 구경하는 재미가 있다. 기발하고 독특한 디스플레이 덕분에 시간가는 줄 모른다.

시모키타자와 下北沢 오다큐 전철·케이오 전철 시모키타자와역에서 도보 5분 東京都世田谷区北沢2-10-15 マルシェ下北沢
11:00~23:00 +81-3-3460-6145 village_vanguard
www.village-v.co.jp

삿포로에서 태어난 요리
로지우라 커리 사무라이
Rojiura Curry SAMURAI. 🔍 로지우라 카레 사무라이 시모키타자와점

삿포로에서 시작된 수프 카레(1,200엔~) 전문점. 화학조미료, 밀가루, 식용유를 일체 사용하지 않고 다양한 채소, 닭고기, 돼지 뼈, 가다랑어 등을 넣고 이틀 간 푹 끓인 국물(수프)은 마치 해장국처럼 시원한 맛이다. 카레에 들어가는 모든 채소는 홋카이도의 계약 재배 농장에서 받아온다.

시모키타자와점 下北沢店 🚶 오다큐 전철·케이오 전철 시모키타자와역에서 도보 5분 📍 東京都世田谷区北沢3-31-14 🕐 평일 11:00~15:30, 17:30~21:00, 주말 11:00~21:00, 런치 30분 전, 디너·주말 45분 전 주문 마감 📞 +81-3-5453-6494 📷 samurai.shimokita 🏠 samurai-curry.com

사실은 평일의 브런치
선데이 브런치 Sunday Brunch
🔍 sunday brunch shimokitazawa

실내가 넓고 천장이 높아 시원시원하다. 평일 11~15시에 방문하면 주문할 수 있는 점심 세트(1,650엔~)가 인기가 많다. 점심 세트를 주문하면 파스타, 오므라이스 등의 메인 메뉴 1가지, 수프 또는 디저트, 음료가 나온다. 공간 일부에서 주방용품 위주의 잡화를 진열, 판매한다.

시모키타자와점 下北沢店 🚶 오다큐 전철·케이오 전철 시모키타자와역에서 도보 2분 📍 東京都世田谷区北沢2-29-2 フェニキアビル 2F 🕐 11:00~19:30, 75분 전 주문 마감 📞 +81-3-5453-3366 🏠 www.sundaybrunch.co.jp

지브리 팬이라면
시로히게 슈크림 공방
白髭のシュークリーム工房 🔍 시로히게노 슈크림 공방

귀여운 토토로 모양의 슈크림(600엔~)을 판매한다. 1년 내내 판매하는 커스터드와 생크림 맛 외에도 딸기, 복숭아, 밤 등 계절마다 새로운 맛을 선보인다. 토토로 슈크림이 쓴 모자도 맛에 따라 색이 전부 다르다.

🚶 오다큐 전철·케이오 전철 시모키타자와역에서 도보 8분 📍 東京都世田谷区代田5-3-1 🕐 10:30~18:00 ❌ 화요일(공휴일인 경우 다음 날 휴무) 📞 +81-3-5787-6221 🏠 www.shiro-hige.net

달콤한 바람이
불어오는 언덕
지유가오카
自由が丘

지유가오카의 공기에는 언제나 빵 굽는 냄새가
은은하게 배어 있다. 고소한 식사 빵부터
눈으로 먼저 맛보는 화려한 케이크까지.
'빵순이', '빵돌이'는 무장 해제되어 버리고 마는
동네, 지유가오카. 다이어트 걱정은 잠시
내려놓고 달콤하고 고소한 산책을 즐겨보자.

이동 방법

지유가오카의 주요 볼거리는 빵집, 잡화점 등이기 때문에
오전에 지유가오카를 둘러보고 오후에 시부야로 넘어가
는 일정이 좋다. 토큐 전철의 토요코선과 오이마치선이 지
유가오카역自由が丘駅을 지나간다. 역에는 출구가 3개 있
는데 그중 정면 출구正面口로 나가면 책에서 소개하는 공
간을 모두 손쉽게 찾아갈 수 있다. 역이 크지 않고 주변도
복잡하지 않아 출구를 잘못 나갔다고 해도 큰 문제는 되
지 않는다.

시부야역   지유가오카역

🚃 토큐 전철   🕐 12~15분   ¥ 180엔

지유가오카의 녹색지대
쿠혼부츠가와료쿠도 九品仏川緑道

하천을 복개해 조성한 산책로. 한가운데에 벤치가 놓여 있고 키 큰 가로수가 그늘을 만들어주어 지역 주민과 여행자의 쉼터 역할을 톡톡히 한다.

🚶 토큐 전철 지유가오카역 남쪽 출구 바로 앞

오랜 시간 사랑받아온 비건 레스토랑
티스 레스토랑 T's レストラン
📍 t's restaurant jiyugaoka

2009년부터 지금의 자리를 지켜온 채식 음식점이다. 식사, 디저트 등 모든 메뉴가 비건이다. 평일 오후 3시까지 메인 메뉴, 샐러드, 음료 등으로 구성된 런치 세트(1,400엔~)를 주문할 수 있다. 도쿄역, 나리타 국제공항 등에 채식 탄탄면 전문점 티스 탄탄T'sたんたん 지점이 있다.

🚶 토큐 전철 지유가오카역 정면 출구에서 도보 4분 📍東京都目黒区自由が丘2-9-6 Luz自由が丘 B1F 🕐 11:30~21:00, 30분 전 주문 마감 ❌ 연말연시 📞 +81-3-3717-0831
📷 tsrestaurant_jp 🏠 ts-restaurant.jp

지유가오카 대표 파티스리
몽 생 클레르 Mont St. Clair 📍몽 상 클레르

일본을 대표하는 파티시에 츠지구치 히로노부辻口博信가 1998년에 문을 열었다. 20년 넘게 까다로운 지유가오카의 '마담들'에게 사랑받으며 일본 국내 음식점 평가 사이트에서도 매년 상위권에 뽑힌다. 대표 메뉴는 화이트 초콜릿 무스와 피스타치오, 라즈베리의 조화가 인상적인 케이크 '세라비セラヴィ(820엔)'. 가을 한정 메뉴인 몽블랑도 인기가 많다. 매장 휴무는 매달 달라지며 인스타그램에서 확인할 수 있다.

🚶 토큐 전철 지유가오카역 정면 출구에서 도보 10분 📍東京都目黒区自由が丘2-22-4 🕐 11:00~18:00 📞 +81-3-3718-5200 📷 mont_st_clair_ 🏠 www.ms-clair.co.jp

아름다운 정원이 있는 고택
코소안 古桑庵 ♀코소안

1954년에 만든 다실을 찻집이자 갤러리로 사용한다. 정원, 실내 어디를 보더라도 옛 정취가 물씬 풍겨 마치 이 공간만 80년 전에서 시간이 멈춰버린 것처럼 느껴진다. 맛차(1,000엔)를 주문하면 먹기 아까울 정도로 예쁜 화과자가 함께 나온다.

🚶 토큐 전철 지유가오카역 정면 출구에서 도보 5분
♀ 東京都目黒区自由が丘1-24-23
🕐 12:00~18:30(주말 11:00~), 1시간 전 주문 마감
❌ 수요일 📞 +81-3-3718-4203 🏠 www.kosoan.co.jp

커피와 맥주를 함께
알파 베타 커피 클럽 ALPHA BETA COFFEE CLUB
♀ alpha beta coffee club jiyugaoka

오픈부터 마감까지 손님이 끊이지 않는다. 오전 11시 30분까지 샌드위치, 아사이볼 등과 커피가 함께 나오는 모닝 세트(1,100엔)를 주문할 수 있다. 다양한 수제맥주도 판매한다. 지유가오카역앞점은 건물 3층에 있고 비좁은 편이다. 걸어서 3분 거리에 좀 더 넓은 지유가오카 콩코드점自由が丘コンコード店이 위치한다.

지유가오카역앞점 自由が丘駅前店 🚶 토큐 전철 지유가오카역 정면 출구에서 도보 3분 ♀ 東京都目黒区自由が丘2-10-4 ミルシェ自由が丘 3F 🕐 09:00~21:00(일요일 ~20:00) 📞 +81-3-5726-8433 📷 abccoffeeclub 🏠 abccoffee-roasters.com

향수가 특히 유명한
시로 SHIRO ♀shiro jiyugaoka

향수를 좋아하는 사람은 반드시 들르는 공간. 지유가오카점은 1층이 카페, 지하가 상점으로 운영된다. 향수, 화장품, 주방세제 등 모든 상품은 깨끗한 흰색 패키지다. 상쾌한 비누향이 나는 사봉サボン 라인이 가장 인기가 많다. 원하는 향은 시향 할 수 있으며 공간이 넓어 편하게 둘러보기 좋다.

지유가오카점 自由が丘店 🚶 토큐 전철 지유가오카역 정면 출구에서 도보 5분 ♀ 東京都目黒区自由が丘2-9-14 アソルティ B1~1F 🕐 11:00~20:00, 30분 전 주문 마감 📞 +81-3-5701-9146 📷 shiro_japan 🏠 shiro-shiro.jp

다채로운 일상을 위한 잡화점
투데이스 스페셜
TODAY'S SPECIAL 🔍투데이즈 스페셜

플라스틱 투명 물통의 붐을 일으킨 '마이 보틀MY BOTTLE'을 처음 판매하기 시작한 잡화점으로 전국 매장 중 지유가오카점이 가장 넓다. 1층에서는 주방용품을 중심으로 다양한 일상 속 소품과 식품을, 2층에선 화분과 식물 관련 용품, 의류를 판매한다.

지유가오카 Jiyugaoka
🚶 토큐 전철 지유가오카역 정면 출구에서 도보 6분
📍 東京都目黒区自由が丘2-17-8 1~2F 🕐 11:00~20:00
📞 +81-3-5729-7131 📷 cibone_ts
🏠 www.todaysspecial.jp

작지만 충실한 상업 시설
지유가오카 데 아오네
JIYUGAOKA de aone 🔍jiyugaoka de aone

2023년 10월 오픈한 상업 시설로 규모는 크지 않지만 둘러볼 만한 공간이 많다. B1층 전체가 슈퍼마켓이다. 1층에 과일 디저트 카페, 일본 차 카페, 치즈 디저트 전문점 등이 있고 2층에 생활용품, 인테리어 전문점이 있다. 3층은 테라스, 4층은 루프톱으로 이어지며 층마다 음식점이 있다.

🚶 토큐 전철 지유가오카역 정면 출구에서 도보 5분
📍 東京都目黒区自由が丘2-15-4
🕐 슈퍼마켓 09:00~23:00, 시설마다 다름
🏠 jiyugaoka-de-aone.aeonmall.com

일본을 대표하는 홍차 브랜드
루피시아 ルピシア 🔍루피시아 지유가오카 본점

루피시아는 일본인에게 가장 친숙한 홍차 브랜드로 전국 곳곳에 매장이 있다. 홍차, 녹차, 허브티, 기간 한정 제품 등 400여 종류 이상의 차와 그에 어울리는 쿠키, 잼 등을 판매한다. 차 종류에 따라 가격은 천차만별이며 본점 한정 제품 찻잎 50g이 820엔이다. 종이 박스나 틴 케이스 등 포장이 예뻐서 선물하기 좋다.

지유가오카 본점 自由が丘本店 🚶 토큐 전철 지유가오카역 정면 출구에서 도보 4분 📍 東京都目黒区自由が丘1-26-7 田中ビル
🕐 10:00~19:00 📞 +81-3-5731-7370
📷 lupicia_japan 🏠 www.lupicia.com

다양한 취향이 모이고 또 모이는

하라주쿠 原宿
오모테산도 表参道

#타케시타도리 #유스 컬처 #오모테산도 힐스
#건축 산책 #고급 브랜드

하라주쿠역에서 오모테산도를 지나 일자로 쭉 뻗은 길을
빠르게 걸으면 불과 10분 남짓. 하지만 10대의 거리인
타케시타도리에서 시작해 세계적인 건축가가 설계한 명품
브랜드 매장까지 거리의 풍경은 놀랍도록 확연하게 달라진다.
캣 스트리트와 우라하라주쿠까지 둘러본다면 다양성의
바다에서 헤엄치던 하루가 훌쩍 지나가버릴 것이다.

하라주쿠·오모테산도
여행의 시작

하라주쿠
오모테산도

하라주쿠, 오모테산도 일대는 JR역과 지하철역이 적당한 거리를 두고 위치해 있어
교통이 매우 편리하다. 도쿄에서 가장 오래된 목조 역사였던 JR 하라주쿠역은
2020년 도쿄 올림픽을 앞두고 철거했고 큰 규모의 새 역사가 세워져 이용하기 편리해졌다.

**하라주쿠역에서
어느 출구로 나갈까?**

- **동쪽 출구 東口** ▶ 오모테산도, 도쿄 메트로 메이지진구마에〈하라주쿠〉역,
  오모테산도 힐스, 캣 스트리트
- **서쪽 출구 西口** ▶ 메이지 신궁, 요요기 공원

**주변의 다른 역을
이용하자!**

JR 하라주쿠역에서 도보 2분 정도 거리에 도쿄 메트로 치요다선, 후쿠토신선이 지나는
메이지진구마에〈하라주쿠〉역이 있고, 오모테산도 한복판에는 도쿄 메트로 긴자선, 치
요다선, 한조몬선이 지나는 오모테산도역이 있다. 지하철 관련 교통 패스를 갖고 있다면
JR 하라주쿠역이 아니라 지하철역에서 여행을 시작해도 좋다.

Ⓜ **메이지진구마에〈하라주쿠〉역** 明治神宮前〈原宿〉駅
  ▶ 메이지 신궁, 요요기 공원, 오모테산도, 토큐 플라자

Ⓜ **오모테산도역** 表参道駅 ▶ 오모테산도, 오모테산도 힐스, 스파이럴, 네즈 미술관

Ⓜ **가이엔마에역** 外苑前駅 ▶ 메이지 신궁 가이엔

하라주쿠·오모테산도 추천 코스

오모테산도 사거리

여행의 출발점은 JR 하라주쿠역 또는 도쿄 메트로 메이지진구마에(하라주쿠)역 중 어디라도 좋다. 하라주쿠, 오모테산도 지역에는 사무실이 거의 없어서 상점이 문을 여는 오전 11시 이후부터 북적이기 시작한다. 아침에 메이지 신궁이나 요요기 공원을 들른 다음 오모테산도의 큰길을 따라 좌우로 캣 스트리트, 우라하라주쿠 등의 골목을 구경하는 일정을 추천한다. 오모테산도 사거리까지 내려오면 동쪽으로 아오야마 지역과 이어진다. 고급 브랜드 상점 등이 많으며 오모테산도보다 차분한 분위기의 거리다. 체력이 허락한다면 시부야 또는 롯폰기 지역의 국립 신미술관까지 걸어갈 수 있다.

🕐 **소요 시간** 6시간~

💰 **예상 경비** 식비 약 3,000엔 + 쇼핑 비용 = 총 3,000엔~

✔ **참고 사항** 캣 스트리트에서 코스가 마무리 되므로 저녁 식사는 시부야로 넘어가서 해결해도 된다. 벚꽃이 피는 계절에 하라주쿠를 방문한다면 일정의 첫 번째 장소로 메이지 신궁보다는 요요기 공원을 추천한다.

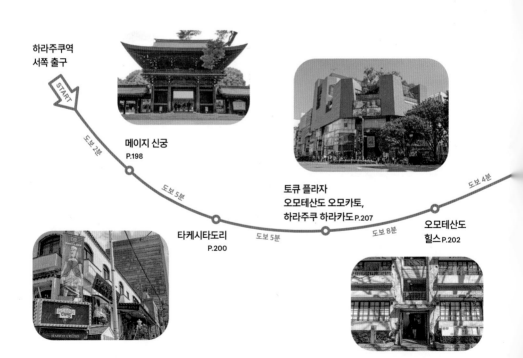

하라주쿠역
서쪽 출구

START

도보 2분

메이지 신궁
P.198

도보 5분

타케시타도리
P.200

도보 5분

토큐 플라자
오모테산도 오모카토,
하라주쿠 하라카도 P.207

도보 8분

오모테산도
힐스 P.202

도보 4분

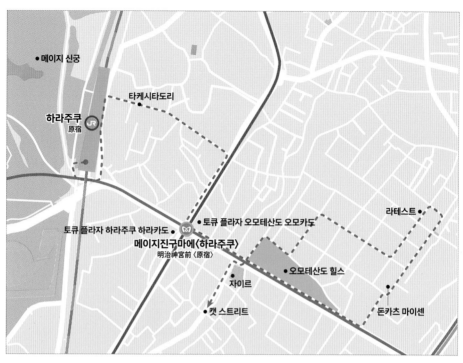

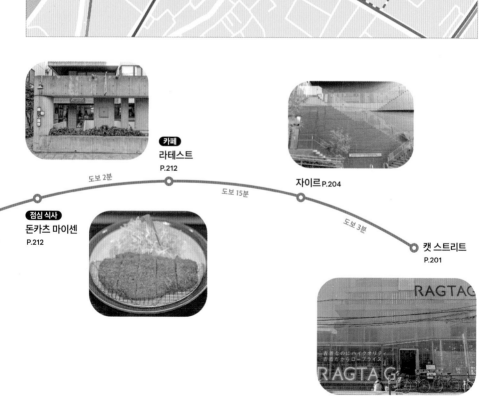

카페
라테스트
P.212

자이르 P.204

점심 식사
돈카츠 마이센
P.212

도보 2분

도보 15분

도보 3분

캣 스트리트
P.201

메이지 신궁

타케시타도리

하라주쿠
原宿

토큐 플라자 하라주쿠 하라카도
메이지진구마에〈하라주쿠〉
明治神宮前〈原宿〉

토큐 플라자 오모테산도 오모카도

라테스트

오모테산도 힐스

자이르

돈카츠 마이센

캣 스트리트

0   150m

① 메이지 신궁

② 싱크 오브 싱스

③ 요요기 공원

④ 타케시타도리

🇯🇷 하라주쿠
原宿
동쪽

서쪽

2번

① 위드 하라주쿠

라포레
하라주쿠
③

4번 5번

④ 토큐 플라자
오모테산도
오모카도

메이지진구마에〈하라주쿠〉
明治神宮前〈原宿〉

7번

키디 랜드 ⑥

토큐 플라자 하라주쿠 하라카도 ⑤

랄프스 커피 ⑩

자이르 ▯

모마 디자인 스토어 ⑦

⑨ 니코 앤드

⑪

시보네 ⑧

넘버 슈거

⑨ 더 로스터리
바이 노지 커피

⑥ 캣 스트리트

JR 야마노테선

도쿄 메트로 후쿠토신선

② 모쿠바자

① 요고로

메이지 신궁 가이엔
(은행나무 가로수길) ②

⑤ 우라하라주쿠

4b

가이엔마에
外苑前

⑤ 라테스트

③ 돈카츠 마이센

도쿄 메트로 한조몬선

도쿄 메트로 긴자선

⑦ 오모테산도 힐스

A2

보스

A1 A3

④ 소바키리 미요타

⑥
회전 초밥 긴자
오노데라

⑧ 키르훼봉

🍴 서니힐스

오모테산도
表参道

A4

B2 B3 A5
꼼데가르송

🍴 미우미우

도쿄 메트로 치요다선

피에르
에르메 파리

스파이럴

프라다

⑫

⑦ 아오야마 플라워 마켓
그린 하우스

라 콜레지오네

⑪ 아오야마 북 센터

오카모토 다로 기념관 ⑨

⑧ 네즈 미술관

197

짚고 넘어가야 할 역사 ······ ①

메이지 신궁 明治神宮 ♀ 메이지 신궁

JR 하라주쿠역 바로 앞, 울창한 숲 때문에 얼핏 평범한 공원처럼 보이는 메이지 신궁. 야스쿠니 신사靖国神社, 미에현三重県의 이세 신궁伊勢神宮과 함께 일본에서 가장 규모가 큰 신사 중 하나로 새해 첫날에는 300만 명이 넘는 사람이 방문한다. 메이지 신궁은 메이지 일왕明治天皇 부부가 사망한 후 두 사람을 기리기 위해 1920년에 만들어졌다. 1867년부터 1912년까지 재위한 메이지 일왕은 메이지 유신을 통해 일본 근대화의 초석을 닦은 인물로 추앙받는다. 하지만 대한제국을 강제 합병하고 청일 전쟁, 러일 전쟁 등을 일으켜 일본이 제국주의와 군국주의로 치닫는 데 결정적 역할을 한 인물이기도 하다. 신궁을 둘러싼 울창한 숲의 나무조차 일본 각지, 그리고 한반도와 타이완 등에서 가져와 심었다는 사실을 알고 본다면 메이지 신궁이 단순히 도심 속 오아시스, 혹은 종교 시설로만 보이지 않는다.

🚶 ① JR 하라주쿠역 서쪽 출구에서 도보 1분 ② 도쿄 메트로 메이지진구마에〈하라주쿠〉역 2번 출구에서 도보 3분 ♀ 東京都渋谷区代々木神園町1-1 🕐 매월 운영 시간 다름 📞 +81-3-3379-5511 🏠 www.meijijingu.or.jp

신사 참배, 어떻게 봐야 할까?

신사는 일본 고유 신앙인 신토神道의 사원이다. 종교의 자유는 인간의 기본권 중 하나이므로 그 누구도 일본인의 종교 활동에 대해 이래라 저래라 할 권리는 없다. 문제는 신토 그 자체라기보다 신사에서 어떤 신을 모시고 받드느냐는 것이다. 야스쿠니 신사에선 A급 전범을, 메이지 신궁에서는 대한제국을 강제 합병한 메이지 일왕을 신으로 받든다. 여행을 즐기기 위해서는 상대방의 문화를 배척하지 않고 우리와 다름을 인정하는 열린 마음이 중요하다. 하지만 가슴 아픈 역사를 기억하고 행동을 조심하는 것도 그만큼 중요하지 않을까?

아름다운 은행나무 가로수길 ⸺ ②

메이지 신궁 가이엔
明治神宮外苑 📍 신궁 외원 은행나무거리

메이지 신궁에서 1.5km 떨어진 곳에 위치한 정원. 내부에 럭비, 야구, 육상 등 스포츠 경기장이 많은 것이 특징이다. 특히 1935년에 개장한 메이지 신궁 야구장은 많은 아마추어 경기가 열리는 곳으로 효고현兵庫県에 있는 한신 코시엔 구장阪神甲子園球場과 함께 일본 야구의 성지로 불린다. 야구장 뒤쪽에는 구마 겐고가 설계한 도쿄 국립 경기장이 있다. 아오야마도리青山通り에서 세이토쿠 기념 회화관聖徳記念絵画館으로 향하는 도로 양옆에는 100그루 넘는 은행나무가 줄지어 있다. 빠르면 11월 중순, 길게는 12월 중순까지 노랗게 물든 은행나무의 모습을 볼 수 있다.

🚶 ① 도쿄 메트로 가이엔마에역 4a·4b 출구에서 은행나무 가로수길 입구까지 도보 1분 ② 도쿄 메트로·토에이 지하철 아오야마잇초메역 1번 출구에서 은행나무 가로수길 입구까지 도보 4분 📍 東京都港区北青山2-1
🏠 www.meijijingugaien.jp

하라주쿠와 신주쿠 사이 녹색 지대 ⋯⋯ ③
요요기 공원 代々木公園 ♀요요기 공원

도쿄 23구 안에 있는 공원 중 다섯 번째로 큰 공원이다. 인접한 역만 JR, 지하철, 사철 등 4군데나 되며 하라주쿠에서 시부야에 걸쳐 녹지를 이루어 시민들의 휴식처로 사랑받는다. 특히 벚꽃이 피는 계절에는 공원 곳곳에 돗자리를 펴놓고 피크닉을 즐기는 시민들의 모습을 만날 수 있다. 공원은 도로를 사이에 두고 녹음이 우거진 북쪽 구역과 각종 경기장, 야외 공연 시설이 모인 남쪽 구역으로 구분된다. JR 하라주쿠역에 접하고 면적이 훨씬 넓은 북쪽 구역에는 중앙 광장을 중심으로 벚꽃, 매화, 장미 정원이 위치한다. 중앙 광장 동남쪽에 있는 조수 보호 구역에는 계절마다 다양한 철새가 날아든다. 공원 남쪽에는 1964년 도쿄 올림픽 때 단게 겐조가 설계한 국립 요요기 경기장国立代々木競技場이 있다.

🚶 ① JR 하라주쿠역 서쪽 출구에서 도보 3분
② 도쿄 메트로 요요기코엔역 C02 출구에서 도보 3분
♀ 東京都渋谷区代々木神園町2-1
🏠 www.yoyogikoen.info

10대 유행의 최전선 ⋯⋯ ④
타케시타도리 竹下通り ♀타케시타 거리

하라주쿠역 길 건너에 위치한 아치형 입구부터 시작하는 350m의 짧은 골목으로 여행자가 상상하는 하라주쿠의 모습이 전부 담겨 있다. 주로 10대가 좋아할 만한 옷과 소품을 판매하며, 코스튬 플레이나 아이돌 관련 상품을 판매하는 상점도 많다. 골목이 워낙 좁아 평일이나 주말 언제 가도 매우 복잡하다. 홈페이지에서 골목의 일러스트 지도와 가게 리스트를 볼 수 있다.

🚶 JR 하라주쿠역 동쪽 출구에서 도보 4분
🏠 www.takeshita-street.com

하라주쿠 안의 하라주쿠 ……… ⑤

우라하라주쿠 裏原宿 ♀ura harajuku

타케시타도리에 매장을 내지 못하거나 원래 타케시타 도리에 있었지만 임대료의 압박을 견디지 못한 가게들이 하라주쿠의 골목으로 숨어 들어가며 생긴 개념이다. 큰길에 있는 가게들이 문을 활짝 열어놓고 손님을 맞이하는 데 반해 우라하라주쿠의 가게는 그렇지 않다. 아예 안이 보이지 않게 유리에 색을 입힌 곳도도 있을 정도. 작은 가게의 문을 열고 들어갈 때는 조금 머뭇거리게 되지만 어쩌면 새로운 발견을 하게 될지도 모를 일이다. 패션 잡화 매장이 많은 편이고 중간에 쉬어갈 만한 아담한 카페도 여럿 있다.

🏃 JR 하라주쿠역 타케시타 출구에서 도보 5~10분

고양이는 없지만 귀여운 거리 ……… ⑥

캣 스트리트 キャットストリート ♀cat st

오모테산도를 중심으로 메이지 신궁 가이엔 방향으로 뻗은 길을 노스 캣 스트리트, 시부야 방향으로 뻗은 길을 사우스 캣 스트리트라고 부른다. 여행자가 많이 찾는 지역은 사우스 캣 스트리트로 샤넬 등이 입점한 쇼핑몰 '자이르'와 카페 '아일랜드 빈티지 커피' 사이에 서 있는 등신대 크기의 조각상에서 시작된다. 골목 구석구석 개성이 뚜렷한 가게가 많고 차가 거의 다니지 않아 쇼핑과 산책을 즐기기에 좋다. 하라주쿠에서 걷기 시작해 길이 끝나는 지점까지 오면 시부야 미야시타 파크에 닿는다.

🏃 ① 도쿄 메트로 메이지진구마에 〈하라주쿠〉역 4번 출구에서 도보 3분
② 도쿄 메트로 오모테산도역 A1 출구에서 도보 5분

오모테산도 힐스
表参道ヒルズ ♀ 오모테산도 힐즈

오모테산도는 키가 큰 느티나무 가로수와 유명 브랜드 매장 사이로 현지인과 여행자가 자연스레 뒤섞여 '도쿄의 샹젤리제'라 불리는 거리다. 2006년 문을 연 오모테산도 힐스는 건물 전면 파사드façade가 오모테산도 전체 길이의 약 4분의 1에 달하는 오모테산도의 랜드마크다. 본관, 서관, 도준칸同潤館 3개 동으로 나뉘며 안도 다다오安藤忠雄가 설계했다. B3층부터 3층까지 이루어진 본관은 전체 6층의 천장이 전부 뚫려 있어 호쾌한 느낌을 주고 계단이 아닌 슬로프로 이어진다. 슬로프의 경사도는 오모테산도 거리 자체의 경사도와 비슷하며 건물 높이도 가로수인 느티나무와 맞춰 주변의 경관과 건물이 잘 어우러진다. 도준칸은 원래 이 자리에 있던 아파트 건물 1개 동을 그대로 활용해 만들었다.

🚶 ① 도쿄 메트로 오모테산도역 A2 출구에서 도보 2분 ② 도쿄 메트로 메이지진구마에〈하라주쿠〉역 5번 출구에서 도보 3분 ③ JR 하라주쿠역 동쪽 출구에서 도보 13분
📍 東京都渋谷区神宮前4-12-10 🕐 상점, 카페 11:00~20:00, 레스토랑 11:00~22:30
📞 +81-3-3497-0310 📷 omotesandohills_official 🏠 www.omotesandohills.com

건축물 그 자체가 작품인 미술관 ⋯⋯⋯ ⑧
네즈 미술관 根津美術館 🔍 네즈 미술관

토부 철도 사장 등을 지낸 실업가 네즈 가이치로根津嘉一郎의 수집품을 보존, 전시하기 위해 1941년에 개관한 사립 미술관. 수집품은 대부분 일본과 한국, 중국 등지의 고미술품이다. 2009년에 재개관한 본관은 구마 겐고가 설계했다. 미술관 벽과 대나무 숲이 만들어내는 소실점이 인상적인 통로를 지나면 입구가 나온다. 본관 1, 2층에 각각 3개의 전시실이 있고 1층 홀의 한쪽 벽은 통유리로 되어 있어 정원이 내다보인다. 홈페이지에서 연간 전시 일정을 확인 할 수 있다.

🚶 도쿄 메트로 오모테산도역 A5 출구에서 도보 8분　📍 東京都港区南青山6-5-1
🕙 10:00~17:00, 30분 전 입장 마감　❌ 월요일(공휴일인 경우 다음 날 휴무), 연말연시, 전시 교체 시기　💴 **기획전** 일반 1,400엔, 학생 1,100엔, 중학생 이하 무료, **특별전** 일반 1,600엔, 학생 1,300엔 ※온라인 예매 시 100엔 할인　📞 +81-3-3400-2536
🏠 www.nezu-muse.or.jp

작가의 아틀리에가 미술관으로 ⋯⋯⋯ ⑨
오카모토 다로 기념관 岡本太郎記念館
🔍 오카모토 타로 기념관

〈태양의 탑〉, 〈내일의 신화〉 등의 작품으로 알려진 예술가 오카모토 다로가 50여 년간 머물렀던 집이자 아틀리에를 개조해 공개한 기념관이다. 도쿄 한복판에서 보기 힘든 열대 식물과 익살스러운 조형물이 조화를 이룬 정원이 독특하다. 실내로 들어가면 입구에서 예술가의 등신대가 관람객을 맞이하는, 작지만 유쾌한 공간이다.

🚶 도쿄 메트로 오모테산도역 A5 출구에서 도보 8분
📍 東京都港区南青山6-1-19　🕙 10:00~18:00, 30분 전 입장 마감　❌ 화요일(공휴일인 경우 영업)　💴 650엔
📞 +81-3-3406-0801　🏠 www.taro-okamoto.or.jp

거장의 작품을 찾아
오모테산도 건축 산책

자이르 GYRE

자이르는 '소용돌이'라는 뜻이다. 이름 그대로 이 건물은 각 층이 조금씩 엇나가도록 설계되어 건물 전체가 소용돌이치는 것처럼 보인다. 네덜란드 건축 스튜디오 MVRDV가 설계했다. 내부 B1층부터 5층까지 뻥 뚫려 있고 전시 공간으로 활용한다. 샤넬, 모마 디자인 스토어, 메종 마르지엘라 등이 입점해 있다.

📍 東京都渋谷区神宮前5-10-1 📞 +81-3-3498-6990
🏠 www.gyre-omotesando.com

건축
MVRDV

보스 BOSS

건축
단 노리히코
團紀彦

건축 관련 책뿐만 아니라 소설도 쓴 독특한 이력의 건축가 단 노리히코가 설계했다. 토치 모양의 회색 콘크리트 건물은 밤에 조명이 들어오면 더욱 아름답다.

오모테산도점 表参道店
📍 東京都渋谷区神宮前5-1-3
📞 +81-3-6418-9365
🏠 www.hugoboss.com

디올 DIOR

가나자와 21세기 미술관 등을 설계했고 현재 일본에서 가장 잘나가는 건축 유닛인 사나가 설계했다. 건물 꼭대기의 별 조형물이 인상적이다.

오모테산도점 表参道店
📍 東京都渋谷区神宮前
5-9-11
📞 +81-3-5464-6260
🏠 www.dior.com/ja_jp

건축 SANNA

건축
마키 후미히코
槇文彦

스파이럴 spiral

'생활과 예술의 융합'을 콘셉트로 1985년 오픈했다. 다이칸야마 힐사이드 테라스를 만든 마키 후미히코의 작품이다. 1층 갤러리에서 현대 미술과 디자인 중심의 전시가 자주 열리고, 2층에는 편집 숍인 스파이럴 마켓이 있다.

📍 東京都港区南青山5-6-23
📞 +81-3-3498-1171 🏠 www.spiral.co.jp

도쿄의 내로라하는 멋쟁이들이 사랑하는 지역인 오모테산도. 알고 보면 건축학도에겐 교과서와 같은 지역이기도 하다. 한 발자국 뗄 때마다 거장의 건축물과 만나게 되니 어쩌면 당연한 일. 건축을 잘 모르는 사람도 감탄사를 내뱉을 수밖에 없는 화려한 산책을 지금부터 시작한다. 산책은 지하철 메이지진구마에〈하라주쿠〉역에서 출발하자.

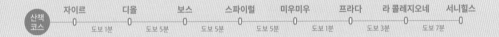

산책 코스 — 자이르 — 도보 1분 — 디올 — 도보 5분 — 보스 — 도보 5분 — 스파이럴 — 도보 5분 — 미우미우 — 도보 1분 — 프라다 — 도보 3분 — 라 콜레지오네 — 도보 7분 — 서니힐스

미우미우 MIU MIU

스위스의 건축 듀오인 헤르조드 앤드 드 뫼롱이 설계했다. 브랜드명이나 로고가 전혀 보이지 않는 새하얀 파사드가 독특하다. 가까이서 보면 마치 선물 상자를 여는 것처럼, 또는 책을 펼치는 것처럼 디자인되었다.

아오야마점 青山店 ◉ 東京都港区南青山3-17-8
📞 +81-3-6434-8591 🏠 www.miumiu.com/jp

건축
헤르조그 앤드 드 뫼롱
Herzog & de Meuron

서니힐스 SunnyHills

타이완에서 온 파인애플 과자 전문점. 네즈 미술관 등을 설계한 구마 겐고가 설계했다. 차가운 유리와 무뚝뚝한 콘크리트 건물이 대부분인 이곳 일대에서 목조로 된 외관이 유독 눈에 띈다.

미나미아오야마점 南青山店 ◉ 東京都港区南青山3-10-20
📞 +81-3-3408-7778 🏠 www.sunnyhills.co.jp

건축
구마 겐고
隈研吾

프라다 PRADA

길 건너에 위치한 미우미우를 설계한 헤르조그 앤드 드 뫼롱의 작품이다. 가운데가 볼록 튀어나온 옅은 초록빛의 마름모꼴 유리가 건물 전체를 둘러싼다. 일본에서 가장 큰 프라다 매장이다.

아오야마 AOYAMA
◉ 東京都港区南青山5-2-6
📞 +81-3-6418-0400
🏠 www.prada.com

건축
헤르조그 앤드 드 뫼롱
Herzog & de Meuron

건축 안도 다다오 安藤忠雄

라 콜레지오네 LA COLLEZIONE

안도 다다오가 설계했다. B3층에서 4층까지 규모로 결혼식, 기자 회견 등 이벤트가 열릴 때 공간을 대여해준다. 전체 건축물의 절반 이상이 지하로 들어갔지만 교묘한 설계로 지하까지 자연광이 닿는다.

◉ 東京都港区南青山6-1-3 🏠 www.lacollezione.net

역 바로 앞에 위치한 복합 시설 ...... ①

위드 하라주쿠 WITH HARAJUKU ♀ with harajuku

건물 저층부인 B2층에서 3층까지 상업 시설이고 1층에 하라주쿠역과 타케시타도리를 연결하는 길이 뚫려 있어 일종의 통로역할도 한다. 1~2층에 이케아 도심형 매장이 있다. 이외에 피너츠 카페, 이탈리, 유니클로, H&M 등의 매장이 있다. 3층에는 하라주쿠역 방향이 내려다보이는 테라스가 위치한다.

🚶 ① JR 하라주쿠역 동쪽 출구에서 도보 1분
② 도쿄 메트로 메이지진구마에〈하라주쿠〉역 2번 출구에서 도보 1분
📍 東京都渋谷区神宮前1-14-30
🕐 건물 개방 시간 07:30~23:30, 상점마다 다름
📞 +81-3-5843-1791 🏠 withharajuku.jp

고르고 고른 물건 ...... ②

싱크 오브 싱스 THINK OF THINGS
♀ think of things tokyo

문구, 가구, 패션잡화 등 결이 맞는 물건을 고르고 골라 판매하는 공간으로 홈페이지와 인스타그램에 게재된 상품과 매장 사진을 둘러보는 것만으로도 눈이 즐겁다. 매장 내부로 들어가면 먼저 카페 카운터가 보이고 진열된 상품 구석구석에 테이블과 의자가 놓여 있다.

🚶 JR 하라주쿠역 타케시타 출구에서 도보 4분
📍 東京都渋谷区千駄ヶ谷3-62-1 🕐 11:00~19:30
❌ 수요일 📞 +81-3-6447-1113
📷 think_of_things 🏠 think-of-things.com

10대의 쇼핑몰 ...... ③

라포레 하라주쿠 ラフォーレ原宿 ♀ 라포레 하라주쿠

1978년에 오픈한 쇼핑몰로 10대 후반, 20대 초반 여성 대상의 패션 브랜드가 많이 입점해 있으며 한때는 하라주쿠의 유행을 선도하는 역할을 했다. 하라주쿠라는 지역 성격에 맞는 다양한 팝업 스토어와 이벤트를 꾸준히 개최하며 10대 고객의 변함없는 지지를 받는다.

🚶 ① 도쿄 메트로 메이지진구마에〈하라주쿠〉역 5번 출구에서 도보 1분
② JR 하라주쿠역 동쪽 출구에서 도보 4분 ③ 도쿄 메트로 오모테산도역
A2 출구에서 도보 7분 📍 東京都渋谷区神宮前1-11-6 🕐 11:00~20:00
📞 +81-3-3475-0411 📷 laforet_h 🏠 www.laforet.ne.jp

토큐 플라자 오모테산도 오모카도

東急プラザ表参道 オモカド 🔍 도큐플라자 오모테산도 하라주쿠

타케시타도리를 빠져나와 오모테산도로 가는 길목에 자리하며, 벽부터 천장까지 온통 유리로 뒤덮인 입구가 인상적이다. 입구의 엘리베이터가 중간에 한 번 끊겼다가 이어지는데 방문하는 사람 모두가 그 지점에서 다양한 각도로 사진을 찍는다. 6층에 스타벅스, 7층에 팬케이크 전문점 빌스Bills가 위치한다. 6층 루프 톱 가든에서 오모테산도와 새로 생긴 '하라카도'가 한눈에 내려다보인다.

🚶 ① 도쿄 메트로 메이지진구마에〈하라주쿠〉역 5번 출구에서 도보 1분 ② 도쿄 메트로 오모테산도역 A2 출구에서 도보 7분
📍 東京都渋谷区神宮前4-30-3
🕐 B1~5층 11:00~20:00, 6~7층 08:30~22:00
❌ 부정기 🏠 omokado.tokyu-plaza.com

토큐 플라자 하라주쿠 하라카도

東急プラザ原宿 ハラカド 🔍 하라카도 도큐 프라자 하라주쿠

2024년 4월에 토큐 플라자 오모테산도 오모카도 대각선 길 건너에 오픈했다. 베네치아 비엔날레에서 황금사자상을 수상한 건축가 히라타 아키히사平田晃久가 설계했으며 9층 규모의 건물이다. B1층에 1933년 개업한 동네 대중탕 코스기유小杉湯가 입점해 화제가 되었고, 2층에는 3,000권의 이상의 잡지를 무료로 열람할 수 있는 공간인 커버COVER가 있다. 3~4층에는 전시 공간이 있다. 5~7층은 푸드 코트인데, 7층 테라스에서 오모테산도 일대가 훤히 내려다보인다.

🚶 ① 도쿄 메트로 메이지진구마에〈하라주쿠〉역 4·7번 출구에서 도보 1분 ② 도쿄 메트로 오모테산도역 A1 출구에서 도보 9분
📍 東京都渋谷区神宮前6-31-21 🕐 B1~4층 11:00~21:00, 5~7층 11:00~23:00, B1층(코스기유) 07:00~23:00 ❌ 1/1, 부정기 📷 harakado_ 🏠 harakado.tokyu-plaza.com

남녀노소 행복한 장난감 천국 ······⑥
키디 랜드 KIDDY LAND ♀키디 랜드 하라주쿠점

B1층부터 4층까지 온통 캐릭터 상품으로 가득 찬 공간. 1층에서는 그 시기에 가장 화제가 되는 캐릭터를 만날 수 있고 스누피, 미피, 리락쿠마, 헬로키티 등 남녀노소 누구나 알만한 친근한 캐릭터도 반갑다. 수시로 열리는 팝업 스토어와 이벤트에서는 키디 랜드에서만 구할 수 있는 한정 상품도 다양하게 판매한다. 이벤트 정보는 홈페이지에서 확인할 수 있다.

🚶 ① 도쿄 메트로 메이지진구마에〈하라주쿠〉역 4번 출구에서 도보 2분 ② JR 하라주쿠역 동쪽 출구에서 도보 6분 ♥ 東京都渋谷区神宮前 6-1-9 ⏰ 11:00~20:00 📞 +81-3-3409-3431
📷 kiddyland_co.jp 🏠 www.kiddyland.co.jp

굳이 뉴욕까지 가지 않아도! ······⑦
모마 디자인 스토어
MoMA Design Store
♀모마 디자인 스토어 오모테산도

자이르 3층에 있는 모마 디자인 스토어는 뉴욕 현대 미술관 '모마'의 뮤지엄 숍이며 뉴욕 외의 첫 해외 진출 매장이다. 디스플레이를 보면 상점이 아니라 마치 작은 미술관에 온 것만 같다. 모마 오리지널 상품, 모마의 감각으로 선택한 상품 모두 디자인과 실용성을 놓치지 않는다. 모마 로고가 들어간 야구 모자, 나라 요시토모奈良美智의 일러스트가 그려진 메모장 등 한정 상품 종류도 다양하다. 연필, 노트 등은 부담 없는 가격이라 기념품으로 좋다.

오모테산도 表参道 🚶 ① 도쿄 메트로 메이지진구마에〈하라주쿠〉역 4번 출구에서 도보 3분 ② 도쿄 메트로 오모테산도역 A1 출구에서 도보 4분
♥ 東京都渋谷区神宮前5-10-1 GYRE 3F ⏰ 11:00~20:00 📞 +81-3-5468-5801
📷 momastorejapan 🏠 www.momastore.jp

오래도록 곁에 둘 수 있는 물건들 ······ ⑧

시보네 CIBONE 🔍 시보네 라이프스타일 브랜드

유행이 빠르게 바뀌는 시대, 몇 번 쓰고 버리는 물건이 아닌 튼튼하고 질리지 않아 오래도록 쓸 수 있는 물건을 골라 '물건과 천천히 친해져 볼 것'을 제안한다. 자이르 B1층에 위치하며 덴마크의 라이프 스타일 브랜드 '헤이 도쿄HAY TOKYO', 책방 '바흐BACH' 등과 콘셉트와 공간을 공유한다. 소파 등 부피가 큰 가구부터 젓가락, 쿠션 등 소품까지 생활용품이 밀도 있게 모여 있다.

🚶 ① 도쿄 메트로 메이지진구마에〈하라주쿠〉역 4번 출구에서 도보 3분 ② 도쿄 메트로 오모테산도역 A1 출구에서 도보 4분 📍 東京都渋谷区神宮前5-10-1 GYRE B1F
🕐 11:00~20:00 📞 +81-3-6712-5301 📷 cibone_tokyo 🏠 www.cibone.com

카페, 패션, 잡화의 만남 ······· ⑨

니코 앤드 niko and ... 🔍 niko and tokyo

20대 중반에서 30대 중반을 대상으로 하는 패션, 인테리어 전문점. 1층은 카페와 여성복, 남성복 매장이고 2층은 가구, 인테리어 전문 매장이다. 전체적으로 갈색 톤을 띠는 인테리어에 다양한 식물과 캠핑용품 등을 진열해놓은 2층 매장의 구성이 특히 감각적이다.

🚶 도쿄 메트로 메이지진구마에〈하라주쿠〉역 7번 출구에서 도보 3분 📍 東京都渋谷区神宮前6-12-20 J6FRONT
🕐 11:00~21:00 📞 +81-3-5778-3304
📷 nikoandtokyo 🏠 tokyo.nikoand.jp

하트 로고를 찾아 ······⑩

꼼데가르송
Comme des Garçons
🔍 꼼데가르송 아오야마 본점

꼼데가르송은 프랑스어로 '소년들처럼'이란 뜻이다. 1969년에 디자이너 가와쿠보 레이川久保玲가 설립했다. 우리나라에서 이 브랜드가 유명해진 것은 눈이 그려진 하트 로고가 달린 플레이 라인 덕분. 우리나라에도 매장이 있지만 일본 가격이 더 저렴하고 세금도 환급받을 수 있기 때문에 패션에 관심 있는 여행자의 필수 쇼핑 목록 중 하나가 되었다. 아오야마점은 일본 1호 매장이며 아오야마점 한정 상품도 판매한다.

아오야마점 青山店 🏃 도쿄 메트로 오모테산도역 A5 출구에서 도보 1분
📍 東京都港区南青山5-2-1 🕐 11:00~20:00 📞 +81-3-3406-3951
🏠 www.comme-des-garcons.com

지역 독자를 위한 서점 ······⑪

아오야마 북 센터 青山ブックセンター 🔍 aoyama book center

오모테산도역에서 시부야로 넘어가는 길목, 40년 가까이 한 자리를 지켜온 든든한 중형 서점이다. 패션, 사진, 건축 등의 일에 종사하는 사람이 많은 지역의 특성을 반영해 개점 초기부터 구하기 어려운 해외 서적을 다양하게 갖춰놓았다. 그림책 원화전 등 항상 다양한 행사를 개최해 멀리서 일부러라도 들를만한 가치가 있는 공간이다.

🏃 도쿄 메트로 오모테산도역 B2 출구에서 도보 8분 📍 東京都港区神宮前5-53-67
コスモス 青山ガーデンフロア B2F 🕐 평일 11:00~21:30, 주말 10:00~21:00
📞 +81-3-3406-6308 🏠 aoyamabc.jp

도쿄 최고의 로컬 푸드 마켓

아오야마 북 센터 앞에는 단게 겐조가 설계한 유엔 대학 건물이 있고 그 앞에서 주말마다 파머스 마켓이 열린다. 도쿄에서 가장 오래되고 규모가 큰 로컬 푸드 마켓으로 전국에서 생산자가 모인다. 오전 10시부터 오후 4시까지 장이 서며 여행자도 즐겁게 구경할 수 있는 행사다. 인스타그램(@farmersmarketjp)을 통해 관련 정보를 확인할 수 있다.

진하디 진한 시금치 카레 ...... ①
요고로 ヨゴロウ 🔎요고로

하라주쿠역에서 10분 넘게 걸어가야 하
지만 걸어간 보람을 느끼게 해주는 카레
전문점. 카레 베이스는 시금치(호렌소ホ
ウレン草)와 토마토가 있고 토핑으로 들어
가는 고기는 치킨チキン(1,200엔)과 돼지
고기ポーク(1,600엔) 중 선택할 수 있다.
돼지고기는 수량이 한정되어 있기 때문
에 만약 포크 카레를 먹고 싶다면 오픈
전에 가서 줄을 서는 것이 좋다. 시금치
카레가 토마토 카레보다 인기가 더 많다.
밥은 사프란이 들어가 노란빛을 띤다. 현
금 결제만 가능하다.

🚶 JR 하라주쿠역 동쪽 출구에서
　도보 16분 ♥ 東京都渋谷区神宮前
　2-20-10 小松ビル 🕐 11:30~15:45,
　18:00~19:45(토요일은 점심만 영업)
　❌ 일요일, 공휴일
　📞 +81-3-3746-9914

낮에도 밤에도 먹고 싶은 카레 ...... ②
모쿠바자 MOKUBAZA 🔎커리 바 모쿠바자

바에서 팔던 카레가 입소문을 타고 인기를 얻으며 오히려 카레 맛집으로 유명해
져 버렸다. 원래 밤에 팔던 음식이라 뱃속이 부담스럽지 않도록 밀가루, 화학조
미료, 첨가물 등을 일체 넣지 않는다. 다진 소고기와 돼지고기에 10시간 이상 볶
은 양파와 각종 향신료를 더해 맛을 낸 키마 카레キーマカレー(1,080엔~)가 기본.
아보카도, 치즈, 고수, 구운 토마토 등 다양한 토핑을 선택할 수 있다.

🚶 JR 하라주쿠역 동쪽 출구에서 도보 14분
♥ 東京都渋谷区神宮前2-28-12
🕐 점심 수~토요일 11:30~15:00, 저녁 18:00
~22:00, 30분 전 주문 마감 ❌ 일요일,
공휴일인 월·화요일 📞 +81-3-3404-2606
🏠 www.mokubaza.com

아오야마의 돈카츠 강자 ······ ③

돈카츠 마이센 とんかつまい泉
📍 돈카츠 마이센 아오야마

1965년에 창업한 돈카츠 전문점으로, 아오야마 본점은 1983년에 문을 열었다. 마이센의 대표 메뉴는 흑돼지 돈카츠이며 정식은 가격이 3,000엔이 넘는다. 평일 오후 3시까지 저렴한 점심 메뉴를 주문할 수 있다. 선착순 30명, 70명 수량이 정해진 메뉴도 있으니 점심 메뉴를 맛보고 싶다면 오픈 시간에 맞춰 방문하는 걸 추천한다.

아오야마 본점 青山本店 🚶 도쿄 메트로 오모테산도역 A2 출구에서 도보 3분 📍 東京都渋谷区神宮前4-8-5
🕐 11:00~22:00, 1시간 전 주문 마감 📞 +81-50-3188-5802
📷 maisenjp 🏠 www.mai-sen.com

동전 하나의 행복 ······ ④

소바키리 미요타 蕎麦きり みよた
📍 소바키리 미요타

제대로 만든 소바를 저렴한 가격으로 제공하는 게 미요타의 콘셉트로 소바와 덮밥이 함께 나오는 세트도 가격이 1,100엔을 넘지 않는다. 홋카이도산 메밀을 쓰며 껍질을 많이 벗겨 색이 연하다. 따듯한 소바는 우동 면으로 변경 가능하다. 식사 시간이 아니어도 늘 붐비는데 회전율이 빠른 편이라 오래 기다리지 않는다.

아오야마 본점 青山本店 🚶 도쿄 메트로 오모테산도역 A3 출구에서 도보 4분 📍 東京都港区南青山3-12-12
🕐 10:00~22:00(주말 ~20:00)
📞 +81-3-5411-8741 🏠 www.sobakiri.jp

라테의 변신 ······ ⑤

라테스트 LATTEST 📍라테스트

하라주쿠의 소란함이 한풀 꺾이는 골목에 있다. 대표 메뉴는 오로지 이곳에서만 마실 수 있는 시그니처 음료 라테스트(560엔). 전용 잔에 찬 우유를 먼저 넣은 후 에스프레소 샷을 부어 완성한다. 일반 카페라테(610엔)보다 훨씬 진하고 고소한 맛이 일품이다.

🚶 도쿄 메트로 오모테산도역 A2 출구에서 도보 5분
📍 東京都渋谷区神宮前3-5-2 🕐 10:00~19:00
📞 +81-3-3478-6276 📷 lattest28
🏠 www.lattest.jp

오모테산도에서 초밥이 먹고 싶다면 ...... ⑥

회전 초밥 긴자 오노데라

廻転鮨 銀座おのでら 📍회전초밥 긴자 오노데라 본점

긴자에서 창업 후 미국 로스앤젤레스 지점에서 초밥으로 미쉐린 2스타를 받은
오노데라에서 운영하는 회전 초밥집. 입구에 놓인 키오스크를 이용해 대기 등록
을 하면 번호가 적힌 종이가 나오고 순서가 되면 직원이 번호를 부르고 안내해준
다. 태블릿 피시를 이용해 주문하고 한국어가 지원된다. 가장 저렴한 접시가 320
엔부터 시작하고 한 접시에 초밥 한 점이 나오기 때문에 결코 저렴하다고는 할
수 없으나 그만한 값어치를 하는 맛이다.

🚶 도쿄 메트로 오모테산도역 A1 출구에서
도보 2분 📍 東京都渋谷区神宮前5-1-6 イル
パラッツィーノ表参道
🕐 10:30~22:30, 30분 전 주문 마감
❌ 부정기 📞 +81-50-3085-1700
🏠 onodera-group.com/kaitensushi-ginza

초록에 둘러싸여 브런치 ...... ⑦

아오야마 플라워 마켓 그린 하우스

青山フラワーマーケット GREEN HOUSE
📍아오야마 플라워마켓 티하우스 본점

전철역, 쇼핑몰 입구 등 도쿄 시내
구석구석에서 만날 수 있는 꽃
집 아오야마 플라워 마켓의 본
점 옆에 위치한 카페. 초록으로
가득한 싱그러운 공간은 수시로
인테리어가 달라진다. 식용 꽃으로
장식한 프렌치토스트(1,485엔)가 가
장 인기 있으며 색이 선명한 음료 등은 눈을 먼저 즐겁게 해준
다. 평일 점심시간(11:00~15:00)에는 식사 메뉴와 음료 세트를
주문할 수 있다.

🚶 도쿄 메트로 오모테산도역 B3 출구에서 도보 4분
📍 東京都港区南青山5-4-41 グラッセリア青山
🕐 10:00~21:00, 1시간 전 주문 마감 📞 +81-3-3400-0887
📷 aoyamaflowermarket_teahouse
🏠 www.afm-teahouse.com/aoyama

타르트의 모든 것 ……⑧

키르훼봉 qu'il fait bon ♀키르훼봉 오모테산도점

눈으로 먼저 먹는 과일 타르트 전문점. 진열장 안의 타르트를 보면서 주문할 수 있기 때문에 굳이 메뉴판이 필요 없다. 대표 메뉴는 계절마다 타르트에 올라가는 과일의 종류가 달라지는 계절 과일 타르트季節のフルーツタルト(한 조각 980엔). 과일이 다양하게 나오는 여름에는 2주에 한 번씩 새로운 타르트를 출시하기도 한다. 그 시기에 가장 맛있는 과일을 사용하기 때문에 언제 방문해도 실패가 없다. 포장은 매장에서 먹고 갈 때보다 가격이 저렴하다.

아오야마 青山

🏃 도쿄 메트로 오모테산도역 A4 출구에서 도보 4분
📍 東京都港区南青山3-18-5
🕐 11:00~19:00, 카페 30분 전 주문 마감
📞 +81-3-5414-7741
🏠 www.quil-fait-bon.com

꼭꼭 숨어 있는 카페 ……⑨

더 로스터리 바이 노지 커피

THE ROASTERY BY NOZY COFFEE
♀더 로스터리 바이 노지 커피

캣 스트리트의 끝자락에 위치한 카페로 시부야와 하라주쿠 지역을 묶어서 둘러볼 때 쉬어가기 좋다. 작은 정원으로 둘러싸인 테라스가 운치 있고 실내도 넓은 편. 원두 본연의 맛을 가장 잘 느낄 수 있는 싱글 오리진 커피만 판매하며 커피와 잘 어울리는 다양한 종류의 도넛도 인기가 많다. 에스프레소 베이스 음료인 아메리카노(680엔), 카페라테(730엔)는 2가지 원두 중 원두를 고를 수 있고 핸드 드립 커피(1,080엔~)는 7~8종의 원두 중에서 고를 수 있다.

🏃 ① 도쿄 메트로 메이지진구마에〈하라주쿠〉역 7번 출구에서 도보 6분 ② JR 하라주쿠역 동쪽 출구에서 도보 15분
📍 東京都渋谷区神宮前5-17-13
🕐 10:00~20:00 📞 +81-3-6450-5755
📷 the_roastery_by_nozycoffee
🏠 www.tysons.jp/roastery

브랜드의 정체성을 구현한 카페 ⑩

랄프스 커피 Ralph's Coffee 🔍랄프스 커피 오모테산도

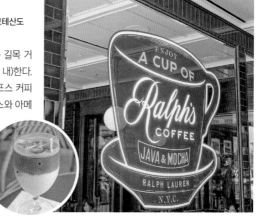

하라주쿠역에서 오모테산도를 따라 아오야마로 가는 길목 거의 중간에 위치(랄프 로렌 오모테산도점과 같은 건물 내)한다. 유기농 원두를 독자적인 방식으로 볶아 사용한다. 랄프스 커피의 로고가 들어간 다양한 상품도 판매한다. 에스프레소와 아메리카노 660엔, 카페라테는 748엔이다.

도쿄 오모테산도 TOKYO OMOTESANDO
🚶 도쿄 메트로 메이지진구마에〈하라주쿠〉역 5번 출구에서 도보 4분 📍 東京都渋谷区神宮前4-25-15
🕐 월~목요일 10:00~19:00, 금~일요일 09:00~20:00 📞 +81-3-6438-5803

하나하나 손으로 만든 캐러멜 ⑪

넘버 슈거 NUMBER SUGAR 🔍넘버 슈가

캣 스트리트에 위치한 캐러멜 전문점. 매장에서 하나하나 손으로 캐러멜(1개 140엔)을 만든다. 캐러멜 맛은 12가지이며 1번 바닐라와 2번 솔트가 인기가 많다. 영업시간 끝나기 전에 품절되는 경우도 종종 있다. 8개, 12개, 24개, 36개들이 선물 세트와 캐러멜을 활용한 잼, 음료 등도 판매한다.

🚶 ① 도쿄 메트로 오모테산도역 A1 출구에서 도보 7분
② JR 하라주쿠역 동쪽 출구에서 도보 8분
📍 東京都渋谷区神宮前5-11-11 🕐 11:00~19:00
📞 +81-3-6427-3334 📷 numbersugar_official
🏠 www.numbersugar.jp

분홍빛 장미 향 마카롱 ⑫

피에르 에르메 파리 PIERRE HERMÉ PARIS
🔍 피에르 에르메 파리 아오야마

프랑스의 유명 파티시에 피에르 에르메의 디저트를 맛볼 수 있다. 1층은 상점, 2층은 카페. 대표 메뉴인 이스파한イスパハン(972엔)은 장미 향 크림과 라이치, 라즈베리를 넣은 디저트다. 단품 마카롱(351엔) 역시 인기 메뉴로 10가지가 넘는 다양한 맛을 즐길 수 있다.

아오야마 青山
🚶 도쿄 메트로 오모테산도역 B2 출구에서 도보 3분
📍 東京都渋谷区神宮前5-51-8 ラ·ポルト青山
🕐 12:00~19:00, 30분 전 주문 마감
📞 +81-3-5485-7766 🏠 www.pierreherme.co.jp

도심 속 망중한

에비스 恵比寿
다이칸야마 代官山
나카메구로 中目黒

#에비스 맥주 #츠타야 서점 #메구로가와
#벚꽃 #산책 #스타벅스 리저브 로스터리

맥주 공장은 한참 전에 없어졌지만 여전히 맥주로 기억되는
에비스, 교통이 불편해 아는 사람만 가는 동네였지만
매력적인 서점이 생긴 이후로 도쿄에 가면 꼭 들러야 할 곳이 된
다이칸야마, 메구로가와가 고요히 흐르는 나카메구로,
그리고 동네와 동네를 이어주는 매력적인 골목. 시부야에서
불과 한두 역 이동했을 뿐인데 이렇게 걷기 좋은 풍경이라니.
도쿄는 산책자에게도 꽤 친절한 도시다.

에비스·다이칸야마·나카메구로
여행의 시작

세 지역 중 가장 번화한 에비스에 JR, 도쿄 메트로 히비야선이 지나간다.
에비스에서 다이칸야마, 나카메구로까지는 충분히 걸어서 갈 수 있는 거리다.
도심에서 한 발자국 벗어난 지역이라 역 구조나 출구도
그다지 복잡하지 않아 길 찾기가 수월한 편이다.

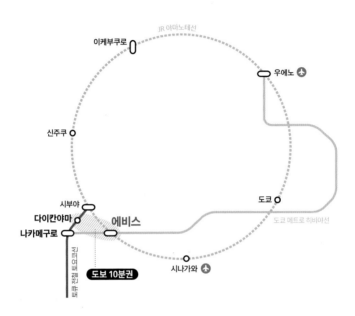

**에비스역에서
걸어서 얼마나 걸릴까?**

· **토큐 전철 다이칸야마역** ▶ 600m, 10분 내외
· **다이칸야마 티사이트** ▶ 850m, 10분 내외
· **도쿄 메트로·토큐 전철 나카메구로역** ▶ 1.4km, 20분 내외

**주변의 다른 역을
이용하자!**

시간이 없어서 다이칸야마 또는 나카메구로만 들러야 한다면 지하철과 사철을 이용하면 된다. 다이칸야마역은 토큐 전철 토요코선의 각 역 정차 열차만 정차한다. 나카메구로역은 토큐 전철 토요코선, 도쿄 메트로 히비야선이 지나간다. 다이칸야마역에서 일정을 시작할 때는 중앙 출구中央口, 나카메구로역에서 일정을 시작할 때는 정면 개찰구正面改札口로 나와 동쪽 출구 1東口1을 이용하면 된다.

◎ **다이칸야마역** 代官山駅 ▶ 다이칸야마 티사이트, 포레스트 게이트 다이칸야마

Ⓜ ◎ **나카메구로역** 中目黑駅 ▶ 메구로가와, 스타벅스 리저브 로스터리 도쿄

에비스·다이칸야마·나카메구로
추천 코스

에비스, 다이칸야마, 나카메구로 세 지역 중 에비스가 가장 번화가라서
밤늦은 시간까지 운영하는 공간이 많다. 따라서 하루에 세 지역을 모두
방문하는 일정을 짤 때는 나카메구로, 다이칸야마, 에비스 순으로 방문
하는 걸 추천한다. 다이칸야마와 나카메구로의 골목 구석구석에는 매력
적인 작은 공간이 많다. 산책하듯 둘러보다가 내 취향과 꼭 맞는 새로운
무언가를 발견할지도 모른다.

🕐 **소요 시간** 5~7시간

💴 **예상 경비** 식비 약 3,000엔 + 쇼핑 비용 = 총 3,000엔~

✅ **참고 사항** 대중교통을 이용하면 세 지역 모두 시부야에서 10분 내외다.
한 지역을 골라 시부야와 함께 꽉 찬 하루 일정을 짜도 좋다.
벚꽃이 피는 계절에 방문하고 일정에 여유가 있다면 낮과 밤,
두 번 메구로가와를 방문해보자. 잊지 못할 독특한 경험이 될
것이다.

메구로가와

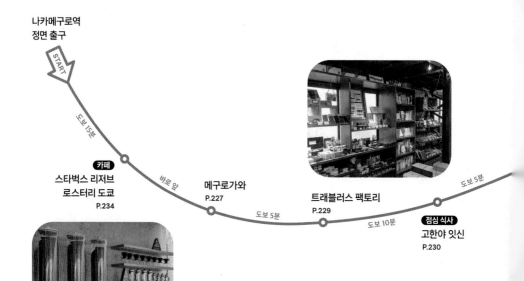

나카메구로역
정면 출구

START

도보 15분

카페
스타벅스 리저브
로스터리 도쿄
P.234

바로 앞

메구로가와
P.227

도보 5분

트래블러스 팩토리
P.229

도보 10분

도보 5분

점심 식사
고한야 잇신
P.230

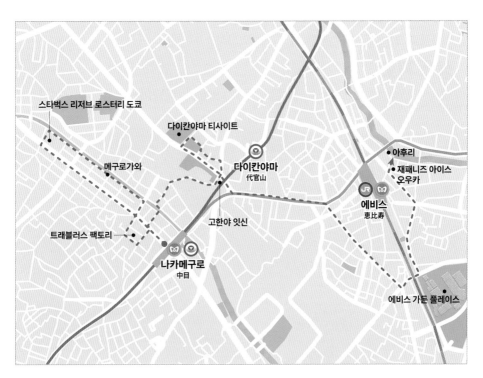

스타벅스 리저브 로스터리 도쿄

다이칸야마 티사이트

메구로가와

다이칸야마
代官山

아후리

재패니즈 아이스
오우카

에비스
恵比寿

고한야 잇신

트래블러스 팩토리

나카메구로
中目

에비스 가든 플레이스

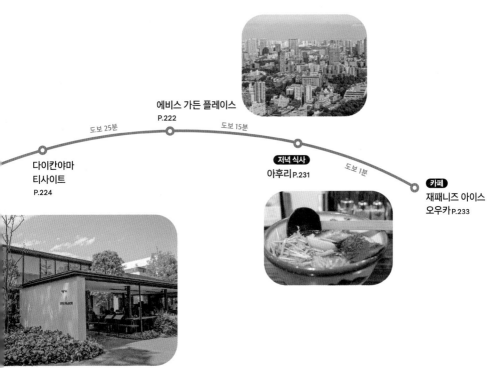

에비스 가든 플레이스
P.222

도보 25분

도보 15분

다이칸야마
티사이트
P.224

저녁 식사
아후리 P.231

도보 1분

카페
재패니즈 아이스
오우카 P.233

포레스트게이트 다이칸야마 ⑤

봉주르 레코드 ②

러프 갤러리 카페 ⑤

다이칸야마 티사이트 ②

⑪ 알래스카 츠바이

⑩ 스타벅스 리저브 로스터리 도쿄

⑬ 그린빈 투 바 초콜릿

츠타야 서점

아이비 플레이스

⑥ 메구로가와

힐사이드 테라스 ③

구 아사쿠라 가문 주택 ④

고한야 잇신 ②

원엘디케이 ③

원엘디케이 아파트먼트

테이스트 앤드 센스

④ 트래블러스 팩토리

나카메구로
中目黒

⑫ 오니버스 커피

토큐 전철 토요코선

사진집 식당 메구타마 ⑦

두부 식당 ①

아후리 ③

요나요나
비어 워크스

스미야키 카도타 ④

재패니즈 아이스 오우카 ⑨

2번

⑥

사루타히코 커피 ⑧

아트레 ①

르 그르니에 아 팡 🍴

서쪽

에비스
恵比寿

JR

동쪽

JR 야마노테선, 사이쿄선, 쇼난 신주쿠 라인

중앙

카이칸야마
代官山

도쿄 메트로 히비야선

에비스 가든 플레이스 ①

도쿄도 사진 미술관 🚶

스카이 라운지 🚶

에비스 브루어리 도쿄 🚶

센터 플라자 🏢

0   100m

맥주가 만들어낸 공간 ----- ①
에비스 가든 플레이스
恵比寿ガーデンプレース
🔍 에비스 가든 플레이스

원래 이 자리에는 삿포로 맥주의 에비스 공장이 있었다. 1988년 공장이 폐쇄된 후 1994년 복합 공간으로 다시 태어났다. 경사가 진 넓은 중앙 광장을 여러 동의 건물이 둘러싼 형태이며 공간 초입에 레스토랑 '블루 노트 재팬'이 있다. 광장 가장 안쪽 서양식 건물 전체는 조엘 로부숑의 레스토랑이다. 이외에도 쇼핑몰 센터 플라자, 전망대가 있는 에비스 가든 플레이스 타워, 도쿄도 사진 미술관 등의 시설이 위치한다. 매년 겨울 중앙 광장에 대형 샹들리에가 불을 밝혀 매우 아름답다.

🚶 JR 에비스역에서 에비스 가든 플레이스 방향 스카이 워크를 이용해 도보 7분
(지하철 에비스역을 이용하는 경우 JR 에비스역으로 이동한 후 스카이 워크를 이용)
📍 東京都渋谷区恵比寿4-20　📞 +81-3-5423-7111　📷 yebisu_garden_place
🏠 www.gardenplace.jp

쇼핑과 휴식을 모두 책임지는
센터 플라자 センタープラザ

B2층, 지상 1층 규모로 공간을 넓게 써 여유롭게 둘러보기 좋다. 1층에는 버브 커피, 패션 잡화 매장이 있고 B1층에는 츠타야 서점과 공유 오피스, 스타벅스, 미야코시야 커피宮越屋珈琲, 투데이스 스페셜 등이 위치한다. B2층에는 칼디 커피 팜, 슈퍼마켓, 드러그스토어 등이 입점해 있다.

🚶 에비스 가든 플레이스 입구
🕐 상점 10:00~20:00, 음식점은 시설마다 다름

사진에 관한 모든 것
도쿄도 사진 미술관 東京都写真美術館

일본 최초의 사진, 영상 전시관으로 개관 20주년을 맞아 2016년 리뉴얼 오픈했다. 3만 7,000점 이상의 작품을 소장 중이며 3개의 전시실에서 다양한 주제의 전시회가 열리고 독립 영화나 다큐멘터리 상영회도 연다. 무료로 이용 가능한 4층 도서실에는 다양한 사진집과 전시회 도록 등을 갖추고 있다.

🏃 에비스 가든 플레이스 가장 안쪽 🕐 10:00~18:00(목·금요일 ~20:00), 30분 전 입장 마감 ❌ 월요일(공휴일인 경우 다음 날 휴무) ¥ 전시마다 다름 📞 +81-3-3280-0099
📷 topmuseum 🏠 www.topmuseum.jp

에비스의 지붕
스카이 라운지 スカイラウンジ

에비스 가든 플레이스에서 가장 높은 빌딩 38층에 마련된 무료 전망 공간이다. 1층에서 전용 엘리베이터를 타고 올라간다. 규모는 작지만 시부야와 도쿄 타워에서 가깝고 날씨가 좋으면 오다이바와 도쿄만의 바다까지 보인다. 밤에도 조명을 어둡게 해놓기 때문에 야경을 볼 때 특히 좋다. 같은 층과 39층에 다양한 음식점이 모여 있다. 화창한 날에는 엘리베이터 옆 창에서 후지산이 보인다.

🏃 에비스 가든 플레이스 입구를 바라보고 오른쪽 빌딩 38층
🕐 11:00~23:30

새로 쓰는 에비스 맥주의 역사
에비스 브루어리 도쿄 YEBISU BREWERY TOKYO

에비스 맥주 탄생 120주년을 기념해 2010년 개관한 에비스 맥주 박물관이 2024년 4월 에비스 브루어리 도쿄로 다시 태어났다. 공간은 에비스 맥주의 역사를 알 수 있는 전시실, 갓 양조한 맥주를 맛볼 수 있는 탭 룸, 기념품점으로 구성된다. 탭 룸에서 에비스 브루어리 도쿄를 위해 양조한 맥주인 '에비스 인피니티(1,100엔)'와 '에비스 인피니티 블랙(1,100엔)'을 마실 수 있다.

🏃 에비스 가든 플레이스의 센터 플라자 뒤편
🕐 평일 12:00~ 20:00, 주말 11:00~19:00, 30분 전 입장 마감
❌ 화요일(공휴일인 경우 다음 날 휴무)
🏠 www.sapporobeer.jp/brewery/y_museum

서점이 랜드마크가 되다 ⋯⋯⋯ ②

다이칸야마 티사이트 代官山 T-site 📍다이칸야마 티사이트

다이칸야마는 2000년대 초반부터 도쿄에서도 손에 꼽히는 세련된 동네의 대명
사였다. 주변에 대사관이 많아 다양한 문화가 자연스레 공존해왔고, 도쿄 한복
판임에도 비교적 여유가 있는 동네. 하지만 교통이 불편한 편이라 여행자가 많이
찾는 지역은 아니었다. 그런 다이칸야마에 2011년 츠타야 서점을 필두로 다이칸
야마 티사이트가 오픈하며 상황이 완전히 바뀌었다. 다이칸야마 티사이트의 핵
심 공간은 츠타야 서점과 스타벅스이다. 그 외에 음식점 아이비 플레이스, 밀라
노에서 온 빵집 프린치 プリンチ, 식료품점 푸드 앤드 컴퍼니 FOOD & COMPANY, 다목
적 공간인 가든 갤러리 등이 들어와 있다.

🚶 토큐 전철 다이칸야마역 중앙 출구에서
도보 5분 📍 東京都渋谷区猿楽町16-15
📞 +81-3-3770-2525
🏠 store.tsite.jp/daikanyama

서점, 그 이상의 공간
츠타야 서점 蔦屋書店

다이칸야마 티사이트는 곧 츠타야 서점이라 해도 좋을 정도다. 가장 넓은 면적을 차지하고 있을 뿐만 아니라 이후에 생긴 츠타야 서점의 원점이자 DVD, CD 대여점이던 츠타야의 이미지를 단번에 바꿔놓은 공간이기 때문이다. 서점은 총 3개 동으로 이루어진다. 세심하게 큐레이션한 책, 책 내용과 관련 있는 상품을 함께 진열, 판매한다. 3관 1층 여행서 옆에는 스타벅스가 있고, 2관 2층에는 북 카페 안진Anjin이 있어 책을 읽다 한숨 돌리기에 좋다. 책에 큰 관심이 없어도, 일본어를 몰라도 다이칸야마 츠타야 서점에서는 지루하지 않은 시간을 보낼 수 있다.

🕐 서점 09:00~22:00, 스타벅스 07:00~22:00, 안진 11:00~22:00
📞 +81-3-3770-2525
📷 daikanyama.tsutaya

아침 식사부터 저녁 후 술 한 잔까지
아이비 플레이스 IVY PLACE

초록으로 둘러싸인 음식점으로 날씨가 좋으면 테라스 좌석부터 먼저 채워진다. 아침 식사는 조금 비싼 감이 있지만 점심과 저녁 때는 위치와 맛, 서비스 모두 고려해봤을 때도 꽤 좋은 가격으로 식사할 수 있다. 인기 메뉴 중 하나인 클래식 버터밀크 팬케이크(1,680엔)는 다른 토핑을 추가하지 않아도 꿀 혹은 메이플 시럽만으로도 충분히 달콤하고 부드럽다.

🕐 08:00~23:00, 1시간 전 주문 마감
📞 +81-3-6415-3232   🏠 www.tysons.jp/ivyplace

시간이 흘러도 세련된 감각 ······ ③

힐사이드 테라스 ヒルサイドテラス

🔍 힐사이드 테라스

일본 모더니즘 건축의 거장인 마키 후미히코가 설계했으며 도로를 사이에 두고 총 9개 동의 건물로 구성된다. 아기자기한 패턴이 사랑스러운 패션 브랜드 미나 페르호넨minä perhonen, 1년 내내 크리스마스 용품을 파는 크리스마스 컴퍼니クリスマスカンパニー, 애플파이가 유명한 마츠노스케 뉴욕松之助 N.Y., 갤러리, 더 콘란숍 등이 입점해 있다.

🚶 토큐 전철 다이칸야마역 중앙 출구에서 도보 3분
📍 東京都渋谷区猿楽町29-18 🕐 상점마다 다름
🏠 hillsideterrace.com

지금의 다이칸야마를 있게 한 ······ ④

구 아사쿠라 가문 주택

旧朝倉家住宅 🔍 구 아사쿠라가 주택

정치가인 아사쿠라 도라지로朝倉虎治郎의 저택으로 도쿄 23구 내에서 간토 대지진의 피해를 입지 않은 드문 건축물이다. 힐사이드 테라스 주변 부지가 원래 아사쿠라 가문의 땅이어서 재개발 당시 저택을 보존하기 위해 만전을 기했다고 한다. 고즈넉한 정원이 인상 깊으며 국가 중요 문화재로 지정되어 있다.

🚶 토큐 전철 다이칸야마역 중앙 출구에서 도보 5분 📍 東京都渋谷区猿楽町29-20 🕐 10:00~18:00(11~2월 ~16:30), 30분 전 입장 마감 ❌ 월요일(공휴일인 경우 다음 날 휴무), 12/29~1/3 ¥ 100엔

도심 속 숲을 모티프로 한 공간 ······ ⑤

포레스트게이트 다이칸야마

フォレストゲート代官山 🔍 포레스트 게이트 다이칸야마

2023년 10월 다이칸야마역 바로 앞에 새로 생긴 복합 시설로 구마 겐고가 설계했다. 10층 높이의 메인 동과 2층 높이의 테노하Tenoha 동이 중정을 둘러싸 누구나 편히 쉬어갈 수 있도록 꾸며졌다. 메인 동 B1~2층, 테노하 동에 카페, 잡화점 등 상업 시설이 위치한다. 메인 동 1층에 블루 보틀 커피, 조 말론 런던 등이 입점해 있다.

🚶 토큐 전철 다이칸야마역 중앙 출구 길 건너 📍 메인 동 東京都渋谷区代官山町20-23, 테노하 동 東京都渋谷区代官山町20-12 🕐 시설마다 다름 🏠 forestgate-daikanyama.jp

메구로가와 目黒川

최근 몇 년 동안 도쿄에서 가장 아름다운 벚꽃 명소 1위의 왕좌를 차지하고 있다. 세타가야구世田谷区에서 시작해 메구로구目黒区, 시나가와구品川区를 지나 도쿄만으로 흘러 들어가는 메구로가와의 전체 길이는 약 8km. 이케지리오하시역池尻大橋駅과 메구로역目黒駅 사이의 구간에 800그루 가량의 벚나무가 심어져 있으며 그중 나카메구로역 주변으로 사람이 많이 몰린다. 벚꽃이 만개하는 3월 말, 4월 초에는 강 위로 환상적인 분홍빛 터널이 생긴다. 평소에는 비교적 한산하고 여유로운 나카메구로인데 이 시기만큼은 강을 따라 포장마차가 나오고 강 근처 가게들은 영업시간을 연장해 늦은 밤까지 북적인다. 벚꽃이 질 때는 수면이 온통 분홍빛 꽃잎으로 뒤덮이고 그 광경은 또 다른 운치를 선물한다.

🚶 도쿄 메트로·토큐 전철 나카메구로역에서 도보 2분

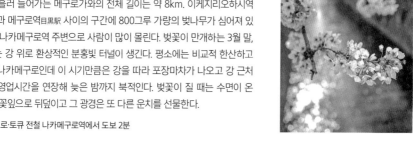

에비스의 대표 랜드마크 ······ ①

아트레 atré ♀ atre ebisu

큰 쇼핑몰이 없는 이 일대의 유일한 쇼핑몰로 본관과 서관이 있다. 양쪽 모두 패션, 생활용품, 식음료 매장이 다양하게 구성되어 있다. 에비스역과 직접 연결된 본관 1~3층에는 빵집, 디저트, 도시락 등의 매장이 많고 서관 5~6층은 전체가 무인양품이다. 4층에서 본관과 서관이 이어진다.

🚶 JR 에비스역과 연결
📍 東京都渋谷区恵比寿南1-5-5
🕐 본관 상점 10:00~21:00,
　식당가 11:00~22:30,
　서관 08:00~23:00
✖ +81-3-5475-8500
🏠 www.atre.co.jp/ebisu

맛있는 바게트 샌드위치

르 그르니에 아 팡
Le Grenier a Pain

파리를 중심으로 프랑스에 20개가 넘는 지점을 둔 브랑제리. 에비스점은 일본 2호점이다. 프랑스의 비론사에서 생산한 밀가루만 사용하며, 10여 가지 종류의 바게트 샌드위치(하프 사이즈 550엔~)가 인기가 많다. 앉아서 먹을 공간도 있다.

🚶 서관 4층 🕐 10:00~21:00
📞 +81-3-5475-8719
🏠 www.legrenierapain.com

다이칸야마의 터줏대감 ······ ②

봉주르 레코드 bonjour records
♀ bonjour records tokyo

1996년에 오픈해 다양한 장르의 음반, 독특한 디자인의 옷, 희귀한 헌책 등 독자적인 기준으로 선정한 상품을 소개하며 사랑을 받아왔다. 봉주르 레코드의 로고가 들어간 에코백 등 자체 제작 상품의 질도 좋다.

🚶 토큐 전철 다이칸야마역 중앙 출구에서
도보 2분 📍 東京都渋谷区猿楽町24-1
🕐 11:00~20:00 📞 +81-3-5458-6020
📷 bonjourrecords 🏠 www.bonjour.jp

원엘디케이 1LDK ♀1ldk nakameguro

일본에서 1LDK라고 하면 하나의 거실Living room, 하나의
식사 공간Dining room, 하나의 부엌Kitchen이 있는 집, 즉 우
리나라의 원룸과 비슷한 형태의 집 구조를 의미한다. 편집
숍인 1LDK에서는 바로 그 거실, 방, 부엌을 채워주는 다양
한 상품을 판매한다. 나카메구로에는 남성 패션 잡화 위주
의 1LDK 매장과 여성 패션 잡화, 생활용품 위주의 1LDK
아파트먼트 매장이 있다. 두 매장은 길을 사이에 두고 마주
보고 있으며 아파트먼트와 같은 건물에 1LDK에서 운영하
는 음식점 테이스트 앤드 센스Taste AND Sense가 위치한다.

🚶 도쿄 메트로·토큐 전철 나카메구로역에서 도보 5분
📍 東京都目黒区上目黒1-8-28
🕐 13:00~19:00(주말 12:00~)
📞 +81-3-3780-1645
📷 1ldk_nakameguro
🏠 1ldkshop.com

트래블러스 팩토리
TRAVELER'S FACTORY ♀트래블러스 팩토리

우리나라에도 골수팬이 많은 일본 문구 회사 미도리MIDOR
에서 만든 '트래블러스 노트' 관련 용품 전문점. 트래블러스
노트의 가죽 커버는 사용하면 할수록 그 깊은 맛이 더해지
고 다양하게 커스터마이징이 가능하기 때문에 오래 사용하
는 사람이 많다. 트래블러스 팩토리에는 이러한 소비자
의 취향을 반영하여 다양한 종류의 속지와 파우치, 그 외에
여행용품 등을 갖춰 놓았다. 트래블러스 노트의 팬이 아니
더라도 문구를 좋아한다면 시간가는 줄 모르고 구경하게
된다. 2층은 카페로 운영한다. 나카메구로점보다 규모는 작
지만 도쿄역과 나리타 공항에도 매장이 있다.

🚶 도쿄 메트로·토큐 전철 나카메구로역에서 도보 5분
📍 東京都目黒区上目黒3-13-10 🕐 12:00~20:00
❌ 화요일 📞 +81-3-6412-7830
📷 travelers_factory 🏠 www.travelers-factory.com

이토록 다양한 콩의 세계 ······ ①
두부 식당 豆富食堂 ♀tofu shokudou

낮에는 밥집, 저녁에는 술집으로 운영한다. 낮에나 밤에나 콩과 두부를 활용한 반찬, 안주, 디저트를 맛볼 수 있다. 점심시간에 가장 인기 있는 메뉴는 국과 여러 가지 반찬, 달콤 짭짤한 두부가 올라간 밥이 나오는 정식 메뉴인 두부고젠豆腐御膳(1,540엔)이다. 근처 직장인이 많이 찾기 때문에 점심시간에 대기 줄이 생기기도 한다. 면 요리(1,480엔)는 저녁에만 주문할 수 있다.

🚶 JR 에비스역 서쪽 출구·도쿄 메트로 에비스역 2번 출구에서 도보 4분
📍 東京都渋谷区恵比寿西1-3-1
🕐 11:30~14:30(30분 전 주문 마감), 17:00~23:00(일요일 ~22:00), 1시간 전 주문 마감
📞 +81-3-6455-2516
📷 tofu_shokudo
🏠 tofushokudo.com

고슬고슬한 가마솥 밥 ······ ②
고한야 잇신 ごはんや一芯 ♀고항야 잇신

다이칸야마에서 팬케이크나 샐러드가 아닌 쌀밥을 먹고 싶다면 이곳으로 가면 된다. 하루에 30개 한정, 매일 메뉴가 바뀌는 히가와리 런치日替わりランチ(1,500엔) 외에도 폭신한 달걀말이가 나오는 다시마키타마고だし巻き玉子(1,800엔) 등 8종류의 점심 메뉴가 있다. 가마솥으로 갓 지은 고슬고슬한 밥이 잇신의 최고 장점. 점심시간에는 30분~1시간 정도 기다리는 경우도 잦다. 저녁 식사 시간에는 예약이 가능하고 코스(5,000엔~)와 단품 요리만 주문 할 수 있다. 현금 결제만 가능하다.

🚶 토큐 전철 다이칸야마역 중앙 출구에서 도보 5분
📍 東京都渋谷区猿楽町30-3 ツインビル代官山A棟 B1F
🕐 11:30~14:30(30분 전 주문 마감), 17:00~23:00 (1시간 전 주문 마감) 📞 +81-3-6455-1614
🏠 g775402.gorp.jp

향긋한 유자 향이 맴돌다 ······ ③
아후리 AFURI 📍아후리 에비스

비교적 담백한 국물과 상큼한 유자 향, 깔끔한 인테리어 덕분에 인기 있는 라멘 전문점. 대표 메뉴는 채 썬 유자가 그대로 들어간 유즈 시오 라멘ゆず塩ラーメン과 유즈 쇼유 라멘ゆず醬油ラーメン(1,390엔). 국물에 닭의 지방으로 낸 기름인 '치유鶏油'가 들어가는데, 기본 국물인 '탄레이淡麗'와 치유를 많이 넣는 '마로아지まろ味' 중에서 선택할 수 있다. 홈페이지에 메뉴부터 토핑 종류 하나하나까지 영어로 잘 설명되어 있어 메뉴 선택에 도움이 된다.

에비스 恵比寿 🏃 JR 에비스역 서쪽 출구·도쿄 메트로 에비스역 1번 출구에서 도보 3분 📍東京都渋谷区恵比寿1-1-7 117ビル ⏰ 11:00~05:00 📞 +81-3-5795-0750 🏠 www.afuri.com

정갈한 생선 요리 ······ ④
스미야키 카도타
炭焼き かどた 📍sumiyaki kadota

점심때는 식사, 저녁에는 술안주 위주로 영업하는 정갈한 음식점. 런치 세트 구성이 좋고 저렴해 점심시간만 되면 B1층의 좁은 공간이 금세 꽉 찬다. 모든 요리의 주재료는 신선한 해산물. 대표 점심 메뉴는 고등어 구이 정식인 사바노시오야키鯖の塩焼き(1,680엔). 정식에는 밥, 된장국, 절임 반찬이 함께 나온다. 연어, 가자미, 대구 등 다른 생선 요리도 깔끔하다. 저녁 시간에는 전골 요리 등 다양한 안주를 주문할 수 있다.

🏃 JR 에비스역 서쪽 출구·도쿄 메트로 에비스역 2번 출구에서 도보 2분 📍東京都渋谷区恵比寿西1-1-2 しんみつビル B1F ⏰ 11:00~15:00(30분 전 주문 마감), 18:00~03:00 (1시간 전 주문 마감) ❌ 일요일 📞 +81-3-3780-1080

공간 그 자체가 작품 ······ ⑤
러프 갤러리 카페 LURF GALLERY cafe
📍러프 뮤지엄

다이칸야마에서는 드물게 아주 넓은 공간을 자랑하는 카페. 건물 1, 2층을 사용하는데 2층 전체가 전시 공간이며 1층은 카페, 잡화점, 전시 공간이 공존한다. 테이블과 의자의 디자인은 제각각이지만 전부 짙은 갈색이라 붕 뜨는 느낌 없이 차분하다. 커피와 차(700엔~)는 로얄코펜하겐의 잔에 제공된다. 다이칸야마에 위치한 디저트 전문점 세 군데의 대표 디저트를 맛볼 수 있으며 그중 당근 케이크(800엔)가 가장 인기가 많다.

🚶 토큐 전철 다이칸야마역 중앙 출구에서 도보 3분
📍 東京都渋谷区猿楽町28-13 Roob1
🕐 11:00~19:00, 30분 전 주문 마감
🏠 lurfgallery.com

일본의 알프스에서 온 맥주 ······ ⑥
요나요나 비어 워크스
YONAYONA BEER WORKS
📍yona yona beer works ebisu east exit

일본에서 가장 유명한 수제 맥주 양조장 얏호 브루잉ヤッホーブルーイング에서 직접 운영한다. 수제 맥주로는 최초로 캔 맥주로 출시된 요나요나 에일よなよなエール(600엔~)을 포함한 6가지 종류의 맥주는 항상 마실 수 있고 기간 한정 맥주도 다양하게 나온다. 각 맥주와 가장 잘 어울리는 안주를 메뉴판에 함께 적어두었다.

에비스히가시구치점 恵比寿東口店 🚶 JR 에비스역 동쪽 출구에서 도보 1분
📍 東京都渋谷区恵比寿1-8-4 COCOSPACE恵比寿 🕐 15:00~23:30(토요일 11:30~),
일요일 11:30~23:00, 30분 전 주문 마감 📷 yona_yona_beer_works
🏠 www.yonayonabeerworks.com

사진과 건강한 음식의 만남 ······ ⑦

사진집 식당 메구타마 写真集食堂 めぐたま

📍 photo book dining megutama

30년 경력의 사진평론가 이자와 고타로飯沢耕太郎가 소장한 5,000권이 넘는 사진집을 자유롭게 열람하며 음식을 즐길 수 있는 공간이다. 사진집은 사람들이 봐줘야만 비로소 제 역할을 다하는 것이라고 생각한 그는 사진집 식당이라는 독특한 형태로 자신의 정서를 대중에게 공개했다. 근처 직장인, 사진 전공자 등이 많이 찾는다. 식사, 디저트, 안주 등 사진집만큼 음식 종류도 다양하다. 점심시간(12:00~14:30)에는 제철 재료로 만든 정식을 저렴한 가격(1,210엔~)에 맛볼 수 있다.

🏃 에비스역 동쪽 출구에서 도보 10분 📍 東京都渋谷区東3-2-7
🕐 12:00~22:00, 1시간 전 주문 마감 ❌ 월요일, 공휴일
📞 +81-3-6805-1838 🏠 megutama.com

에비스에서 시작해 일본 전국으로 ······ ⑧

사루타히코 커피 猿田彦珈琲 📍 사루타히코 커피 에비스

에비스역 앞의 작은 본점에서 시작해 커피 맛을 인정받아 지금은 일본 전국에 20개가 넘는 매장을 운영하는 스페셜티 커피 전문점. 드립 커피, 라테 등 모든 메뉴가 고르게 맛있다. 본점 맞은편에 원두와 커피용품을 파는 별관이 있고 아트레 서관 1층에 본점보다 넓은 지점이 있다.

에비스 본점 恵比寿本店

🏃 JR 에비스역 동쪽 출구에서 도보 3분
📍 東京都渋谷区恵比寿1-6-6 🕐 월~목요일 08:00~22:00,
금요일 08:00~23:30, 토요일 10:00~23:30,
일요일 10:00~22:00 📞 +81-3-5422-6970
📷 sarutahikocoffee 🏠 sarutahiko.jp

일본식 젤라토 ······ ⑨

재패니즈 아이스 오우카

JAPANESE ICE OUCA 📍 아이스 오우카

사루타히코 커피 본점 바로 옆에 있는 일본식 디저트 전문점. 대표 메뉴는 일본에서 주로 사용하는 식재료로 만든 젤라토. 흑임자, 팥, 군고구마, 아마자케甘酒 등으로 만든 젤라토는 자극적이지 않고 깊은 맛이 난다. 제일 작은 크기인 코모리小盛(500엔)는 3가지 맛을 선택할 수 있다.

🏃 JR 에비스역 동쪽 출구에서 도보 3분
📍 東京都渋谷区恵比寿1-6-7
🕐 11:00~23:00 📞 +81-3-5449-0037
📷 japanese_ice_ouca 🏠 www.ice-ouca.com

새로운 스타벅스를 경험하다 ……⑩

스타벅스 리저브 로스터리 도쿄
STARBUCKS RESERVE ROASTERY TOKYO 🔍 스타벅스 리저브 로스터리 도쿄

시애틀, 밀라노 등 전 세계에 6군데 밖에 없는 스타벅스 리저브 로스터리 매장 중 하나다. 메구로가와가 훤히 내려다보이는 4층 건물은 구마 겐고의 작품. 3~4층에는 테라스 좌석이 있어 벚꽃 철이면 눈치 싸움이 치열하다. 대기할 때는 매장 옆 대기 공간에서 번호표를 뽑아 QR코드를 스캔하면 대기 시간을 확인할 수 있다. 들어갈 때 번호표를 확인하므로 잃어버리지 않도록 주의하자. 1층에는 메인 커피 바, 베이커리, MD 판매대가 있다. 거대한 배전기와 1층부터 4층까지 훤히 뚫린 공간 전체를 차지하는 황동관이 눈에 띈다. 2층에는 차 브랜드인 티바나 바TEAVANA BAR가 있고 3층에서는 주류를 판매한다.

🚶 도쿄 메트로·토큐 전철 나카메구로역에서 도보 15분 📍 東京都目黒区青葉台2-19-23 🕐 07:00~22:00, 30분 전 주문 마감 📞 +81-3-6417-0202 🏠 store.starbucks.co.jp

채식주의자가 아니어도 좋다 ……⑪

알래스카 츠바이 ALASKA zwei 🔍 alaska zwei

나카메구로의 끝자락에 위치한 채식 요리 전문 카페. 대표 메뉴는 현미밥과 함께 매일 반찬이 달라지는 겐마이고한 플레이트玄米ごはんプレート(평일 1,550엔, 주말 1,750엔). 그 외에 카레, 샐러드, 수프 플레이트도 있다. 오픈부터 11시 30분까지는 모닝 세트를 주문할 수 있다. 빵만 사러 오는 사람이 있을 정도로 빵 종류도 다양하다.

🚶 도쿄 메트로·토큐 전철 나카메구로역에서 도보 11분
📍 東京都目黒区東山2-5-7
🕐 09:00~18:00, 1시간 전 주문 마감
📞 +81-3-6425-7399 📷 alaska_zwei

덜컹덜컹 한없이 바라보게 되는 풍경 ······ ⑫

오니버스 커피 ONIBUS COFFEE
📍 오니버스 커피 나카메구로점

오니버스는 포르투갈어로 '공공버스'란 뜻으로 버스가 사
람을 출발지에서 목적지까지 이어 주듯 커피를 통해 사람
과 사람을 이어주고 싶다는 마음을 담아 지은 이름이다.
그 이름 그대로 오니버스 커피는 일본인뿐만 아니라 외국
인 여행자도 많이 찾는 카페가 되었다. 2층 창가 좌석은
토큐 전철의 선로와 같은 높이에 위치한다. 열차가 지나
가는 소음조차 오니버스 커피에서는 훌륭한 배경음악이
된다. 에스프레소 싱글은 528엔이고 라테 같은 음료는 에
스프레소 양이나 우유 종류 등에 따라 가격이 달라진다.

나카메구로에키마에점
中目黒駅前店
🚶 도쿄 메트로·토큐 전철
나카메구로역에서 도보 2분
📍 東京都目黒区上目黒2-14-1
🕐 09:00~18:00
📞 +81-3-6412-8683
📷 onibuscoffee
🏠 www.onibuscoffee.com

카카오 원두가 초콜릿이 되기까지 ······ ⑬

그린빈 투 바 초콜릿 green bean to bar CHOCOLATE 📍 green bean to bar chocolate nakameguro

2017년 국제 초콜릿 어워드 아시아 퍼시픽 부문에서 일본 초콜릿 중에서는 금
상, 전체 국가 중에서는 은상을 차지한 그린빈 투 바 초콜릿. 모든 제품을 매장에
서 하나하나 손으로 만든다. '초콜릿으로 이렇게까지?' 싶을 정도로 다양한 초콜
릿 디저트를 맛 볼 수 있다. 초콜릿 드링크(653엔~)는 기본인 스탠더드와 블랙페
퍼 등의 향신료가 들어간 스파이스, 매일 달라지는 오늘의 추천 메뉴까지 3가지
종류가 있다.

나카메구로 본점 中目黒店
🚶 도쿄 메트로·토큐 전철 나카메구로역에서
도보 10분 📍 東京都目黒区青葉台2-16-11
🕐 10:00~20:00 📞 +81-3-5728-6420
📷 greenbeantobar_chocolate
🏠 www.greenchocolate.jp

낮과 밤, 야누스의 두 얼굴

롯폰기 六本木

#롯폰기 힐스 #도쿄 미드타운
#아자부다이 힐스 #일루미네이션 #도쿄 타워

롯폰기 힐스와 도쿄 미드타운, 그리고 국립 신미술관이 각각
삼각형의 한 꼭짓점을 차지하며 의식주와 문화 예술까지
책임지던 이 지역에 아자부다이 힐스가 더해지며 방문할 이유가
하나 더 늘었다. 해가 지고 밤이 내려앉으면 네온사인이 하나둘
켜지고, 여기가 일본이 맞나 싶을 정도로 다양한 국적의 사람들이
이 거리의 밤을 즐기기 위해 쏟아져 나온다. 초고층빌딩
너머로 붉게 빛나는 도쿄 타워가 조용히 그 모습을 내려다본다.

롯폰기
여행의 시작

롯폰기 지역은 JR과 사철이 지나가지 않는다. 가장 편리하고 무난한 교통수단은 바로 지하철.
도쿄 메트로 히비야선과 토에이 지하철 오에도선을 이용하면 롯폰기역으로 갈 수 있다.
롯폰기역은 출구 표시가 직관적이고 롯폰기 힐스와 도쿄 미드타운이 역 지하에서 연결되기 때문에 헤맬 염려가 거의 없다.
아자부다이 힐스는 히비야선 카미야초역과 이어진다.

**주변의 다른 역을
이용하자!**

JR과 사철역은 없지만 롯폰기 지역은 도쿄
메트로와 토에이 지하철의 다양한 노선이
지나간다. 굳이 롯폰기역을 고집할 필요 없
이 가고자 하는 목적지와 가장 가까운 지하
철역에 내려서 일정을 시작하면 된다.

- Ⓜ **노기자카역** 乃木坂駅 ▶ 국립 신미술관
- Ⓜ **카미야초역** 神谷町駅 ▶ 아자부다이 힐
  스, 도쿄 타워
- Ⓜ **롯폰기잇초메역** 六本木一丁目駅 ▶ 아자
  부다이 힐스
- Ⓣ **시바코엔역** 芝公園駅 ▶ 도쿄 타워, 조조
  지, 시바 공원

롯폰기
추천 코스

2023년 11월 아자부다이 힐스가 오픈하며 롯폰기 지역의 볼거리가 더욱 풍성해졌다. 도쿄 미드타운, 롯폰기 힐스, 아자부다이 힐스, 도쿄 타워까지 하루에 둘러보려면 부지런하게 움직여야 한다. 국립 신미술관의 전시까지 챙겨볼 예정이라면 미술관 개관 시간에 맞춰서 일정을 시작하자. 전시를 보지 않더라도 건축물 자체가 멋스러워 잠깐이라도 들러볼 만하다. 미술관 앞에서 도쿄 미드타운까지 벚나무가 쭉 이어지기 때문에 벚꽃이 피는 시기라면 꼭 들러보자.

🕐 **소요 시간** 8시간 이상

💴 **예상 경비** 입장료 최소 3,500엔 + 식비 약 3,000엔 + 쇼핑 비용 = 총 6,500엔~

✅ **참고 사항** 롯폰기에는 수준 높은 전시를 볼 수 있는 공간이 많다. 또한 롯폰기 힐스와 도쿄 타워의 전망대까지 더하면 입장료를 내고 들어가는 시설이 많은 편이다. 도쿄 타워와 인접한 조조지를 방문하고 싶다면 도쿄 타워를 오전에 들른 후 아자부다이 힐스, 롯폰기 힐스, 도쿄 미드타운 순으로 이동하면 된다.

도쿄 타워

노기자카역
6번 출구

START

도보 5분

국립 신미술관 P.251

도보 7분

점심 식사
이마카츠 P.258

도보 3분

도쿄 미드타운
P.247

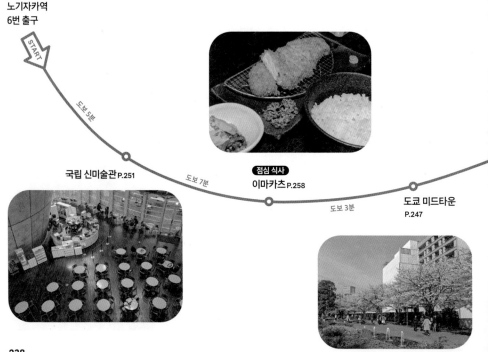

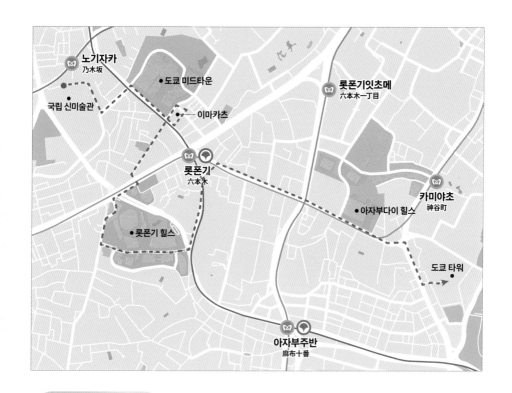

노기자카
乃木坂

도쿄 미드타운

국립 신미술관

이마카츠

롯폰기잇초메
六本木一丁目

롯폰기
六本木

카미야초
神谷町

아자부다이 힐스

롯폰기 힐스

도쿄 타워

아자부주반
麻布十番

롯폰기 힐스
P.242

도보 10분

도보 20분

아자부다이 힐스
P.252

도보 10분

도쿄 타워 P.256

0 150m

도쿄 메트로 치요다선

21_21 디자인 사이트   미드타운 가든

노기자카
乃木坂

3번

6번

국립 신미술관

츠루통탄

21

도쿄 미드타운

후지필름 스퀘어

갤러리아
산토리 미술관
장 폴 에방
메종 카이저
파티스리 사다하루 아오키 파리

8번

7번

이마카츠

잇푸도 라멘

6번

4a

3번

롯폰기
六本木

1c

부타구미쇼쿠도

마망

도쿄 시티 뷰
모리 미술관

롯폰기 힐스

모리 정원

티브이 아사히 본사

롯폰기 케야키자카도리

사라시나호리이

도쿄 메트로 난보쿠선

7번

나니와야

아자부주
麻布十番

마메겐

4번

롯폰기
상세 지도

롯폰기잇초메
六本木一丁目

2번

5번 카미야초
神谷町

중앙 광장
4 아자부다이 힐스
• ⋯⋯⋯⋯⋯ 스카이 로비
타워 플라자

도쿄 메트로 히비야선

토에이 지하철 미타선

5 도쿄 타워

6 조조지

• 시바 공원

프린스 시바 공원

아카바네바시
赤羽橋

토에이 지하철 오에도선

아카바네바시

A4

시바코엔
芝公園

롯폰기 힐스 六本木ヒルズ ♀롯폰기 힐스

롯폰기 힐스가 없었다면 롯폰기는 지금의 모습이 아니었을지도 모른다. 버블 경제의 붕괴, 지역 주민의 반대 등 어려움을 이겨내고 완공까지 17년이나 걸렸지만, 지금은 매년 4,000만 명 이상이 방문하는 도시 재개발의 대표적 성공 사례다. 롯폰기 힐스는 여러 동으로 구성된다. 롯폰기역에서 내리거나 롯폰기 교차로 방향에서 걸어가면 모자를 쓴 것 같은 모양의 원통 구조물 메트로 햇メトロハット이 가장 먼저 눈에 들어오고, 그 뒤로 54층 높이의 모리 타워森タワー가 보인다. 메트로 햇 옆에 위치한 에스컬레이터를 타고 올라가면 광장이 나오는데 한가운데 롯폰기 힐스의 대표 예술 작품 중 하나인 마망이 자리한다. 마망을 바라본 상태에서 오른쪽에 상점과 음식점, 그랜드 하얏트 호텔로 이어지는 웨스트 워크ウェストウォーク의 입구가 있다. 마망을 지나쳐 2~3분 정도 걸어가면 왼쪽에 전망대와 모리 미술관 입구가 나온다. 입구를 지나치면 나오는 계단을 따라 1층으로 내려가면 티브이 아사히 본사, 모리 정원, 롯폰기 케야키자카로 갈 수 있다.

🚶 ① 도쿄 메트로 롯폰기역 1c 출구에서 연결 ② 토에이 지하철 롯폰기역 3번 출구에서 도보 5분 📍 東京都港区六本木6-10-1 📞 +81-3-6406-6000
🏠 www.roppongihills.com

아름다운 도쿄 타워 전망
도쿄 시티 뷰 東京シティビュー

모리타워 52층에 위치한다. 실내 전망대로 들어가자마자 정면에 도쿄 타워와 아자부다이 힐스의 모리JP타워가 눈에 들어온다. 해가 질 때 가장 붐비며 도쿄 타워가 보이는 유리창 앞을 차지하기 위한 눈치 싸움이 치열하다. 같은 층에 기념품점, 카페, 모리 아트센터 갤러리森アーツセンターギャラリーが 위치한다. 갤러리 전시 중에는 입장료가 달라지거나 전망대 일부가 가려지는 경우가 있으니 방문 전에 홈페이지를 통해 확인하자. 시부야 스카이, 아자부다이 힐스 전망대가 생긴 이후로 예전보다 한산해졌다.

🏃 모리 타워 52층 📍 실내 전망대 10:00~22:00(30분 전 입장 마감) ¥ 평일 일반 2,000엔, 고등·대학생 1,400엔, 4세~중학생 800엔, **주말** 일반 2,200엔, 고등·대학생 1,500엔, 4세~중학생 900엔 ※홈페이지 예약 시 할인
🏠 tcv.roppongihills.com/jp

일몰을 보고 싶다면 도쿄 타워를 지나가라

도쿄 시티 뷰에서 가장 아름다운 일몰을 볼 수 있는 위치는 도쿄 타워가 보이는 지점이 아니다. 도쿄 타워와 오다이바의 풍경을 지나쳐 벽에 대형 스크린이 달려 있는 지점으로 가야한다. 도쿄 타워 앞 유리창보다 덜 붐비고 테이블과 스툴도 놓여 있어 느긋하게 일몰을 감상할 수 있다.

지구에서 가장 높은 곳에 있는 미술관
모리 미술관 森美術館

'문화가 있는 도심'을 콘셉트로 모리 타워 53층에 개관한, 지구에서 가장 높은 곳에 있는 미술관이다. 현대 미술 위주의 기획전을 주로 개최한다. 모리 미술관이 있었기에 국립 신미술관, 산토리 미술관으로 이어지는 롯폰기 아트 트라이앵글이 만들어질 수 있었다. 기념품점은 3층과 53층 두 군데에 위치한다.

🚶 모리 타워 53층 🕐 10:00~22:00(화요일 ~17:00), 30분 전 입장 마감
¥ 전시마다 다름(보통 2,000엔) 🏠 www.mori.art.museum/jp

롯폰기 힐스의 만남의 광장
마망 ママン

롯폰기 힐스의 모든 시설과 연결되는 광장인 로쿠로쿠 플라자66 PLAZA의 중앙에 자리 잡은 높이 10m의 거미 조형물이다. 20세기를 대표하는 조각가 중 한 명인 루이즈 부르주아Louise Bourgeois의 대표작이다. 마망은 프랑스어로 '엄마'라는 뜻. 작가 자신의 어머니를 투사해 만든 작품이라고 한다.

🚶 메트로 햇 옆에 위치한 에스컬레이터를 타고 올라가면 바로

도심 속 쉼터
모리 정원 毛利庭園

롯폰기 힐스와 티브이 아사히 본사 중간에 있는 정원. 원래 이 자리에는 모리 가문의 저택이 있었다고 한다. 연못을 중심으로 곳곳에 벤치도 있어 잠시 쉬어가기에 좋다. 4월이 되면 정원 뒤편의 모리 타워를 배경으로 핀 벚꽃이 꽤 운치 있다.

🚶 전망대 입구를 지나친 후 나오는 에스컬레이터를 타고 내려가면 위치

하얀 별이 땅에 흩뿌려지다
롯폰기 케야키자카도리 六本木けやきざか通り

평소에는 평범한 언덕길이지만 크리스마스 시즌에는 일루미네이션(17:00~23:00)을 보려는 사람들의 발길이 끊이지 않는다. 하얀색 LED 등이 만들어내는 불빛 너머로 보이는 붉은색 도쿄 타워는 도쿄의 겨울을 대표하는 장면이다.

🚶 전망대 입구를 지나친 후 나오는 에스컬레이터를 타고 내려가면 위치

도라에몽과 짱구 팬은 모여라
티브이 아사히 본사 テレビ朝日本社

롯폰기 힐스 바로 옆에 위치한 민영 방송국 티브이 아사히의 본사. 1층 로비는 〈도라에몽〉과 〈짱구는 못 말려〉의 캐릭터로 꾸며져 있고, 공식 캐릭터 상품의 종류도 다양하다. 해당 작품의 팬이라면 들러볼 만하다.

🚶 모리 정원 뒤쪽 📞 +81-3-6406-2020
🏠 www.tv-asahi.co.jp

제대로 된 돈카츠를 저렴하게
부타구미쇼쿠도
豚組食堂 📍 부타구미 식당

니시아자부西麻布에 있는 유명한 돈카츠 전문점 부타구미의 맛은 그대로 재현하고 가격은 훨씬 저렴한 곳이다. 특히 로스카츠 런치 세트ロースかつランチ(110g 1,200엔)는 롯폰기 일대의 물가를 생각하면 놀랄 정도로 저렴한 데다 밥과 양배추는 무료로 리필된다. 가격이 저렴하다고 해서 맛을 걱정할 필요는 없다. 주문이 들어오면 바로 눈앞에서 한 장 한 장 정성 들여 돈카츠를 튀겨낸다. 오후 4시까지 런치 세트 주문이 가능하므로 기다리는 게 싫다면 식사 시간대를 피해 오후 3시 이후에 방문하는 것을 추천한다.

🚶 메트로 햇 B2층 🕐 11:00~16:00(45분 전 주문 마감), 17:30~22:00(30분 전 주문 마감)
📞 +81-3-3408-6751 🏠 www.butagumi.com

롯폰기 힐스 VS 도쿄 미드타운

2003년 롯폰기 힐스의 등장으로 주목받은 롯폰기는 2007년 도쿄 미드타운의 등장으로 또 한 번 도약했다.
두 곳은 걸어서 10분 남짓의 거리를 두고 떨어져 있다. 미술관, 공원, 호텔 등 다양한 성격의 시설이 한군데 모여 있어
하나의 작은 마을이라고 해도 좋을 두 복합 시설을 비교해보자.

- **면적** 약 93,389m²
- **주요 시설** 전망대(도쿄 시티 뷰), 미술관(모리 미술관), 영화관, 녹지(모리 정원), 호텔(그랜드 하얏트 도쿄) 등

관광 ▮▮▮▮▮ 　문화 ▮▮▮▮▯ 　휴식 ▮▮▮▮▯
쇼핑 ▮▮▮▮▯ 　맛집 ▮▮▮▮▯

이것만은 꼭
① 도쿄 시티 뷰에서 도쿄 시내 감상
② 세계에서 가장 높은 미술관인 모리 미술관 방문
③ 마망을 비롯해 롯폰기 힐스 곳곳에 놓인 공공예술작품 감상

이럴 때는 여기로
- **4월 벚꽃 구경** ▶ 모리 정원
- **12월 일루미네이션** ▶ 롯폰기 케야키자카도리

- **면적** 약 68,900m²
- **주요 시설** 미술관(산토리 미술관, 21_21 디자인 사이트), 녹지(미드타운 가든), 호텔(리츠 칼튼) 등

관광 ▮▮▮▮▯ 　문화 ▮▮▮▮▮ 　휴식 ▮▮▮▮▮
쇼핑 ▮▮▮▮▯ 　맛집 ▮▮▮▮▯

이것만은 꼭
① 미드타운 가든에서 여유로운 휴식
② 갤러리아 지하에서 디저트를 맛보는 달콤한 시간
③ 21_21 디자인 사이트와 디자인 허브 방문

이럴 때는 여기로
- **4월 벚꽃 구경** ▶ 미드타운 가든, 구립 히노키초 공원
- **12월 일루미네이션** ▶ 미드타운 가든

도쿄 미드타운 東京ミッドタウン ♀도쿄 미드타운

'일본적 가치를 세계로JAPAN VALUEを世界に向けて'라는 콘셉트로 2007년 문을 연복합 시설. 갤러리아, 미드타운 타워ミッドタウン・タワー, 미드타운 이스트ミッドタウン・イースト, 미드타운 웨스트ミッドタウン・ウェスト 등 4개 동의 건물이 이벤트 공간이자 입구인 캐노피 스퀘어キャノピー・スクエア와 플라자プラザ를 에워싸고 있고, 미드타운 가든과 잔디 광장, 구립 히노키초 공원港区立檜町公園이 도쿄 미드타운을 둘러싼 형태다. 다른 복합 시설보다 녹지 비율이 상당히 높은 편이다. 쇼핑몰, 음식점, 호텔, 의료 시설, 주거 시설, 사무실 등이 입점해 있으며, 이 가운데 여행자가방문할 만한 곳은 갤러리아와 미드타운 웨스트, 미드타운 가든에 모여 있다.

🚶 ① 토에이 지하철 롯폰기역 8번 출구에서 연결 ② 도쿄 메트로 노기자카역 3번 출구에서 도보 3분 📍 東京都港区赤坂9-7-1 🕐 상점 11:00~20:00, 음식점 11:00~21:00 (일부 ~23:00) 📞 +81-3-3475-3100 🏠 www.tokyo-midtown.com

봄과 겨울 화려하게 피어나는
미드타운 가든 ミッドタウン・ガーデン

도쿄 미드타운을 둘러싸며 구립 히노키초 공원과 만나는 미드타운 가든은 롯폰기 내 녹지 비율의 40%를 차지할 정도로 넓다. 벚꽃이 피고 다양한 이벤트가 열리는 3월 말에서 4월 초, 공원 전체를 밝히는 일루미네이션이 시작되는 12월에 가장 많은 사람이 몰린다.

🚶 토에이 지하철 롯폰기역 7번 출구에서 도보 5분

일상생활과 가까운 디자인
21_21 디자인 사이트
21_21 DESIGN SIGHT

미드타운 가든 한쪽에 엎드려 있듯 낮은 B1~1층의 건물. 패션 디자이너 미야케 이세이三宅一生가 설립, 무인양품의 제품 디자이너로 잘 알려진 후카사와 나오토 深澤直人가 총괄 디렉터, 건물은 안도 다다오가 설계했다. 디자인 관련 전시, 워크숍 등을 통해 디자이너뿐만 아니라 누구나 일상에서 디자인의 즐거움을 발견하고 발산하는 공간이다.

🚶 미드타운 가든 🕙 10:00~19:00, 30분 전 입장 마감
❌ 화요일, 연말연시, 전시 교체 시기 ¥ 일반 1,400엔, 대학생 800엔, 고등학생 500엔
📞 +81-3-3475-2121 📷 2121designsight 🏠 www.2121designsight.jp

미드타운의 중심
갤러리아 ガレリア

갤러리아는 도쿄 미드타운의 중심이 되는 건물이다. 각종 상점, 음식점이 모여 있어 롯폰기 힐스보다 쇼핑하기 편리하다. 롯폰기역과 연결되는 B1층에는 슈퍼마켓, 유명 빵집과 디저트 전문점 등이 입점해 있다. 1층에서 3층까지는 패션, 문구 등 다양한 상점이 있는데 산토리 미술관이 있는 3층에는 디자인 관련 상품을 판매하는 곳이 많다.

🏃 토에이 지하철 롯폰기역과 연결
🕐 상점 11:00~20:00, 음식점 11:00~21:00(일부 ~23:00)

사진의 역사가 담긴 공간
후지필름 스퀘어 FUJIFILM SQUARE

후지필름에서 운영하는 전시관이자 쇼룸. 규모가 크지는 않지만 공간 구획이 잘 나뉘어 있다. 사진 역사 박물관에는 쉽게 보기 힘든 앤티크 카메라 등이 전시되어 있다. 후지필름 포토 살롱의 사진 전시는 일주일에 한 번씩 교체된다. 또한 폴라로이드 카메라 등 후지필름의 신제품을 가장 먼저 만날 수 있는 공간이라 사진을 좋아하는 사람이라면 들러볼 만하다.

🏃 미드타운 웨스트 1층 🕐 10:00~19:00, 10분 전 입장 마감
📞 +81-3-6271-3350 🏠 fujifilmsquare.jp

생활 속의 아름다움
산토리 미술관 サントリー美術館

갤러리아 3층에 자리한 산토리 미술관은 1961년 개관했다. '생활 속의 미'를 콘셉트로 소장품을 수집, 전시한다. 국보 1점, 국가 중요 문화재 15점을 보유한다.

🏃 갤러리아 3층 🕐 10:00~18:00(금요일 ~20:00), 30분 전 입장마감 ❌ 화요일, 연말연시, 전시 교체 시기 💴 전시마다 다름
📞 +81-3-3479-8600 🏠 www.suntory.co.jp/sma

어른스러운 맛의 아름다운 초콜릿
장 폴 에방 JEAN-PAUL HÉVIN

프랑스의 유명 쇼콜라티에인 장 폴 에방의 부티크. 초콜릿이 들어간 케이크(686엔~)의 종류만 10가지가 넘는다. 많이 달지 않은 '어른스러운' 맛이다. 초콜릿이 들어간 음료(772엔~) 종류도 다양하고 마카롱도 인기가 많다.

🚶 갤러리아 B1층
🕐 11:00~21:00,
　 30분 전 주문 마감
📞 +81-3-5413-3676
🏠 www.jph-japon.co.jp

새롭게 대를 잇는 빵집
메종 카이저 MAISON KAYSER

단팥빵으로 유명한 긴자 키무라야의 후계자가 빵의 장인 에릭 케제르Eric Kayser에게 제빵을 배워 개업했다. 바게트(335엔)가 가장 인기가 좋다.

🚶 갤러리아 B1층
🕐 11:00~21:00
📞 +81-3-6804-6285
🏠 maisonkayser.co.jp

파리의 맛을 도쿄로
파티스리 사다하루 아오키 파리
パティスリー・サダハル・アオキ・パリ

프랑스에서 먼저 인정받은 일본인 파티시에 아오키 사다하루의 섬세한 디저트를 맛볼 수 있는 공간. 파리에 1호점이 있고 도쿄에는 4개의 지점이 있으며 2호점인 도쿄 미드타운점에는 먹고 갈 수 있는 살롱 공간이 마련되어 있다. 가장 인기 있는 메뉴는 아오키 사다하루가 3년의 연구 끝에 완성했다는 마카롱(324엔). 5개 이상 구매하면 선물 포장도 해준다.

🚶 갤러리아 B1층　🕐 11:00~21:00(살롱 ~18:00)
📞 +81-3-5413-7112　🏠 www.sadaharuaoki.jp

미술관의 새 역사를 쓰다 ⋯⋯⋯ ③
국립 신미술관 国立新美術館 ♀ 국립 신미술관

물결이 일렁이듯 유연한 유리벽, 1층부터 3층까지 탁 트인 20m 높이의 천장, 천장을 지탱해주는 단 하나의 뒤집힌 원뿔형 기둥. 2007년 1월 개관한 국립 신미술관은 일본을 대표하는 건축가 중 한 명인 구로카와 기쇼黒川紀章의 유작이다. 국립 미술관으로는 유일하게 소장 컬렉션 없이 기획전과 공모전만으로 운영한다. 주로 서양 미술 중심의 대형 전시를 개최해왔으며 기획전을 제외한 대부분의 전시는 무료로 관람 가능하다. 3층에는 〈미쉐린 가이드〉에서 3개의 별을 받은 프랑스 요리사 폴 보퀴즈가 운영하는 레스토랑 브라세리 폴 보퀴즈 뮤제ブラッスリー·ポール·ボキューズミュゼ가 있다.

🚶 ① 도쿄 메트로 노기자카역 6번 출구에서 연결
② 토에이 지하철 롯폰기역 7번 출구에서 도보 4분
③ 도쿄 메트로 롯폰기역 4a 출구에서 도보 5분
📍 東京都港区六本木7-22-2
🕐 10:00~18:00(금·토요일 ~20:00), 30분 전 입장 마감
❌ 화요일(공휴일인 경우 다음 날 휴무), 연말연시
💴 전시마다 다름
📞 +81-3-5777-8600
📷 thenationalartcentertokyo
🏠 www.nact.jp

예술로 가득한 밤!

롯폰기 아트 나이트六本木アートナイト기간에는 안 그래도 사람이 많은 롯폰기 일대가 늦은 밤까지 문화 예술 행사를 즐기는 사람들로 넘쳐난다. 국립 신미술관, 모리 미술관 등 미술관, 박물관뿐만 아니라 상점가, 음식점, 거리 곳곳에서 다양한 행사를 무료로(일부 유료) 즐길 수 있다. 행사 기간 등 자세한 사항은 인스타그램과 홈페이지에서 확인할 수 있다.

📷 roppongi_art_night_official
🏠 www.roppongiartnight.com

롯폰기에 새로운 활기를
가져다준 명소 ⋯⋯④

아자부다이 힐스

麻布台ヒルズ 📍아자부다이 힐즈

지금 도쿄에서 가장 주목받는 공간이다.
2023년 11월 24일 일부 개장했으며 롯폰
기 힐즈와 도쿄 타워의 거의 중간 지점에
위치한다. B5층에서 지상 64층까지의 규
모, 높이 325.19m로 일본에서 제일 높은
빌딩인 모리JP타워森JPタワー를 필두로 높
이 200m가 넘는 빌딩인 레지던스レジデンス
A·B동, 가든 플라자ガーデンプラザ A·B·C·D
동, 중앙 광장으로 구성된다. 저층부 디자인
은 토마스 헤더윅Thomas Heatherwick이 이
끄는 헤더윅 스튜디오가 맡았다. 전체 부지
의 약 3분의 1이 녹지이며 음식점 등 상업
시설 뿐만 아니라 학교, 미술관, 사무실, 호
텔, 주거 시설 등이 자리해 하나의 작은 마
을이라고 해도 부족함이 없다. 가든 플라자
C동 B1층에 34개의 식료품점, 음식점이 모
인 아자부다이 힐스 마켓麻布台ヒルズ マーケ
ット이 위치하며 레지던스 A동 1~13층에 아
만이 운영하는 호텔 자누 도쿄Janu Tokyo가
2024년 3월 오픈했다.

🚶 ① 도쿄 메트로 카미야초역 5번 출구에서 연결
② 도쿄 메트로 롯폰기잇초메역 2번 출구에서
도보 4분 ③ 도쿄 메트로·토에이 지하철
롯폰기역 3·5번 출구에서 도보 10분 📍東京都
港区麻布台1-3-1 🕐 상점 11:00~20:00,
음식점 11:00~23:00, 아자부다이 힐스 마켓
10:00~20:00 🏠 www.azabudai-hills.com

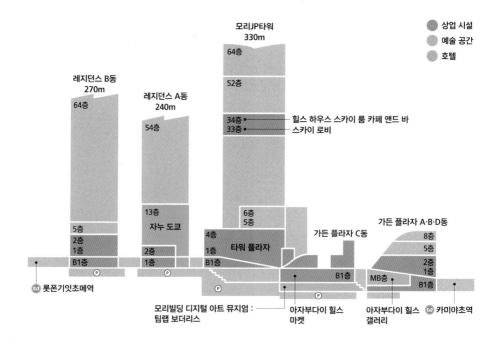

상업 시설
예술 공간
호텔

모리JP타워
330m

64층

52층

34층 • —— 힐스 하우스 스카이 룸 카페 앤드 바
33층 • —— 스카이 로비

레지던스 B동
270m

64층

레지던스 A동
240m

54층

13층
자누 도쿄

6층
5층

4층
1층 타워 플라자

가든 플라자 C동

가든 플라자 A·B·D동

8층

5층

2층
1층

5층
2층
1층
B1층

2층
1층
B1층

B1층

B1층

MB층

B1층

🚇 롯폰기잇초메역

P   P   P   P

모리빌딩 디지털 아트 뮤지엄 :
팀랩 보더리스

아자부다이 힐스
마켓

아자부다이 힐스
갤러리

🚇 카미야초역

초록 쉼의 공간
중앙 광장 中央広場

200m가 넘는 빌딩이 모여 있음에도 답답하지 않은 건한가운데 드넓은 중앙 광장이 있기 때문이다. 1,200㎡넓이의 잔디밭과 군데군데 위치한 연못, 바위 덕분에공원에 와 있는 것 같은 느낌을 준다. 잔디밭은 다양한이벤트 공간으로 쓰이며 11월 오픈 당시에는 크리스마스 마켓이 열렸다. 광장 한쪽에는 나라 요시토모의2023년 작품 〈도쿄의 숲의 아이東京の森の子〉가 전시되어 있다.

🚶 모리JP타워 바로 앞

도쿄 타워를 가장 가까이서
스카이 로비 スカイロビー

도쿄 타워를 가장 가까이에서 볼 수 있는 전망대. 일본에
서 가장 높은 빌딩인 모리JP타워의 33~34층에 위치한다.
1층에서 직원의 안내에 따라 스카이 로비로 바로 올라가
는 엘리베이터를 탈 수 있다. 전망을 감상하려면 34층에
위치한 힐스 하우스 스카이 룸 카페 앤드 바Hills House Sky
Room Cafe&Bar에서 커버 차지 개념의 입장료(500엔)를 내
고 음료 1잔을 주문해야 한다. 조명이 밝아 야경 사진을 찍
기 힘든 게 단점이다.

🚶 모리JP타워 33층 🕘 09:00~21:00 ❌ 연말연시, 전체 대관 시

이토록 다양한 아자부다이 힐스의 예술 공간

아자부다이 힐스에서는 다양한 방식으로 예술과 만날 수
있다. 중앙 광장에는 나라 요시토모의 작품을 비롯해 예술
가들의 조형물이 전시되어 있다. 모리JP타워 1층 로비는 현
재 북유럽에서 가장 유명한 예술가라고 해도 좋은 올라퍼
엘리아슨Ólafur Eliasson의 작품으로 꾸며져 있다. 가든 플라
자 A동에는 아자부다이 힐스 갤러리麻布台ヒルズギャラリー,
가든 플라자 C동에는 모리빌딩 디지털 아트 뮤지엄 : 팀랩
보더리스森ビル デジタルアートミュージアム : エプソン チームラボ
ボーダレス(09:00~21:00, 휴무 유동적, 입장료 일반 3,600
엔~, 예약 추천)가 위치한다. 가든 플라자 A동 1~2층에는
뉴욕, 런던, 서울 등 전 세계 8곳의 공간을 운영하는 페이스
갤러리ペース・ギャラリー가 자리한다. 타워 플라자 4층에는 교
토를 대표하는 서점인 오가키 서점大垣書店의 첫 도쿄 지점
과 서점에서 운영하는 갤러리가 있다.

위치	예술 공간
중앙 광장	나라 요시토모 작품 등
모리JP타워 1층 로비	올라퍼 엘리아슨 작품
타워 플라자 4층	오가키 서점 갤러리
가든 플라자 A동	아자부다이 힐스 갤러리, 페이스 갤러리
가든 플라자 C동	모리빌딩 디지털 아트 뮤지엄 : 팀랩 보더리스

쇼핑, 식사, 휴식을 한 공간에서
타워 플라자 タワープラザ

모리JP타워의 B1~4층의 상업 시설이다. 백화점처럼 음식점만 따로 모아놓지 않고 패션 잡화, 인테리어, 문구 등의 상점과 음식점이 한 층에 고루 섞여 있다. 1층에 와규 햄버거로 유명한 쇼군 버거ショーグンバーガー와 식빵 전문점에서 운영하는 펠리칸 카페ペリカンカフェ가 있고 3층에는 더콘란샵이 있다. 4층에서는 교토에서 도쿄로 첫 진출한 스페셜티 커피 전문점 아라비카 도쿄アラビカ東京가 가장 눈에 띈다.

🚶 모리JP타워 B1~4층   🕐 시설마다 다름

아자부다이 힐스에서 뭘 먹을까?

아자부다이 힐스에는 도쿄와 일본 전국에서 검증받은 음식점이 모여 있다. 2024년 봄에 오픈한 아자부다이 힐스 마켓에서는 웬만한 음식점보다 맛이 뛰어난 조리 식품을 판매한다. 아자부다이 힐스 전체에서 추천하는 음식점은 다음과 같다.

위치	상호
타워 플라자 1층	펠리칸 카페
	쇼군 버거
타워 플라자 3층	발코니 바이 식스
타워 플라자 4층	알케미
가든 플라자 B B1층	돈카츠 카타무라
	하카타 텐푸라 타카오 우무
가든 플라자 C B1층	스즈카케
	하브스

도쿄 타워 東京タワー

🔍 도쿄 타워

지상파 방송, 라디오 FM 방송 등을 송신하는 방송탑으로 1959년에 세워졌다. 도쿄 스카이트리가 생긴 이후로는 본래의 역할은 넘겨주고 도쿄를 대표하는 관광 명소로서 수많은 관람객을 맞이하고 있다. 붉은색과 하얀색을 교차해서 칠한 모습은 회색 도시 도쿄 어디에서나 눈에 띈다. 해가 지면 조명이 들어와 더욱 아름답고, 크리스마스 시즌이나 스포츠 경기 등 이벤트가 있을 때는 평소와는 다른 색상으로 불을 밝힌다. 어떤 조명이 들어올지는 홈페이지에서 확인 가능하다. 도쿄 타워 내의 전망대는 150m 높이의 메인 데크, 250m 높이의 톱 데크 2개가 있다. 톱 데크는 투어로만 올라갈 수 있으며 메인 데크 관람이 투어에 포함된다. 한국어가 나오는 음성 가이드가 제공된다. B1층부터 5층까지에는 음식점, VR 체험 어트랙션, 기념품점 등이 있다. 1층에 전망대로 바로 올라가는 엘리베이터가 있다.

🚶 ① 토에이 지하철 아카바네바시역 아카바네바시 출구에서 도보 5분
② 도쿄 메트로 카미야초역 1번 출구에서 도보 7분
📍 東京都港区芝公園4-2-8
🕐 메인 데크 09:00~23:00, 톱 데크 투어 09:00~22:45, 30분 전 입장 마감
¥ 메인 데크 일반 1,500엔,
고등학생 1,200엔, 초등·중학생 900엔,
4세 이상 600엔,
통합권(메인+톱) 일반 3,500엔,
고등학생 3,300엔, 초등·중학생 2,300엔,
4세 이상 1,700엔
※통합권 온라인 예약 시 200엔 할인
📞 +81-3-3433-5111
🏠 www.tokyotower.co.jp

조조지 增上寺 ♀ 조조지

정토종의 칠대 본산 사찰 중 하나로 한때는 3,000명이 넘는 학승学僧을 거느렸을 정도로 번성했다. 온통 붉게 칠한 산문三門과 그 너머로 보이는 도쿄 타워의 조화는 굉장히 독특한 분위기를 풍겨낸다. 사찰 뒤편에 도쿠가와 가문의 묘지가 있다. 조조지 앞쪽에 위치한 시바 공원芝公園에서도 도쿄 타워가 잘 보인다.

🚶 ① 토에이 지하철 시바코엔역 A4 출구에서 도보 3분 ② JR·도쿄 모노레일 하마마츠초역에서 도보 10분
📍 東京都港区芝公園4-7-35
🕐 09:00~17:00
📞 +81-3-3432-1431
🏠 www.zojoji.or.jp

도쿄 타워, 어디서 사진을 찍을까?

세워진지 60년이 넘었지만 여전히 도쿄의 상징으로 사랑받고 있는 도쿄 타워. 모든 여행자가 각자의 도쿄 타워를 사진첩에 담아간다. 수많은 포토 스폿 중 도쿄 타워를 가장 아름답게 담을 수 있는 공간을 소개한다.

❶ 토후야 우카이 주차장 계단

도쿄 타워 바로 앞에 토후야 우카이とうふ屋うかい라는 두부 요리 전문점이 있다. 그 옆에 지하 주차장으로 내려가는 계단이 있는데 그 계단이 바로 SNS에서 가장 화제가 되는 도쿄 타워 포토존이다. 찾는 사람이 많아지며 사진을 찍기 위해 1시간 이상 기다리는 경우도 생기곤 한다.

❷ 프린스 시바 공원

조조지의 시바 공원에 비해 프린스 시바 공원プリンス芝公園은 잘 알려지지 않았다. 이름만 들으면 조조지 근처에 있는 더 프린스 파크 타워 호텔에 속해 있는 공간 같지만 누구나 자유롭게 드나들 수 있는 공원이다. 탁 트인 넓은 잔디 광장 너머로 도쿄 타워의 모습을 볼 수 있으며 장미가 활짝 피는 5월에 더욱 아름답다.

📍 東京都港区芝公園4-8-1

닭 가슴살 요리의 혁명 ······ ①
이마카츠 イマカツ ♀이마카츠 롯폰기 본점

닭 가슴살 커틀릿인 사사미카츠ささみかつ膳(1,700엔)가 대표 메뉴다. 돈카츠는 이곳보다 더 맛있는 집이 많지만, 사사미카츠는 '지금까지 내가 먹은 퍽퍽한 닭 가슴살은 뭐였을까' 싶을 정도로 식감이 부드럽고 육즙도 풍부하다. 간도 적당히 잘되어 있어 소금이나 소스 없이도 충분히 맛있게 먹을 수 있다. 영어 메뉴판이 있다.

롯폰기 본점 六本木本店 🚶 토에이 지하철 롯폰기역 7번 출구에서 도보 1분 ♥ 東京都港区六本木4-12-5 フェニキアルクソス ⏱ 월~토요일 11:30~16:00, 18:00~22:30, 공휴일 11:30~21:00, 30분 전 주문 마감 ❌ 일요일 ☎ +81-3-3408-1029 🏠 www.grasseeds.jp/imakatsu

오사카에서 온 세숫대야 우동 ······ ②
츠루통탄 つるとんたん ♀츠루통탄 롯폰기점

세숫대야만 한 우동 그릇으로 유명하다. 그릇 크기만큼이나 양도 많고, 다른 우동 전문점에서는 볼 수 없는 독특한 우동도 많다. 우리나라 여행자에게는 명란젓이 들어간 멘타이코 크림 우동明太子クリームのおうどん(1,580엔)이 인기. 도쿄에는 하네다 국제공항을 포함해 6개의 지점이 있으며 지점별 한정 판매 메뉴도 있다. 외국인 손님이 많아 외국어 메뉴판을 잘 갖추어 놓았다.

롯폰기점 六本木店 🚶 토에이 지하철 롯폰기역 8번 출구에서 도보 3분 ♥ 東京都港区六本木7-8-6 アクソール六本木 7F ⏱ 11:00~08:00(일요일 ~23:00), 1시간 전 주문 마감 ☎ +81-3-5786-2626 🏠 www.tsurutontan.co.jp

파리까지 진출한 돈코츠 라멘집 ······ ③
잇푸도 라멘 一風堂 ♀잇푸도 롯폰기점

하카타에서 시작해 파리에까지 지점을 낸 돈코츠 라멘 전문점이다. 대표 메뉴인 시로마루白丸元味(850엔)는 누린내 없이 깔끔하면서도 맛이 진해 속이 든든하다. 아카마루赤丸新味(980엔)는 시로마루에 올리브유와 매운 된장을 첨가한다. 붉은 고추기름이 들어간 매운맛 라멘인 게키카라카멘激からか麺도 인기.

롯폰기점 六本木店 🚶 토에이 지하철 롯폰기역 6번 출구에서 도보 3분 ♥ 東京都港区六本木4-9-11 第2小田切ビル ⏱ 11:00~23:00, 30분 전 주문 마감 ☎ +81-3-5775-7561 🏠 www.ippudo.com

200년 역사의 노포 ...... ④
사라시나호리이 更科堀井
🔍 사라시나호리이 아자부주반본점

1789년에 개업한 노포. 우리나라에선 볼 수 없는 소면처럼 새하얀 면발의 사라시나 소바更科そば(1,000엔)가 대표 메뉴다. 사라시나 소바를 반죽할 때 그 시기에 가장 맛있는 식재료를 함께 넣은 계절 메뉴도 인기가 많다. 1월에는 유자, 5월에는 쑥, 6월에는 토마토 등 1년에 20가지 이상의 계절 메뉴를 준비한다.

본점 本店 🚶 도쿄 메트로·토에이 지하철 아자부주반역 4·7번 출구에서 도보 7분
📍 東京都港区元麻布3-11-4
🕐 평일 11:30~15:30, 17:00~20:30, 주말 11:00~20:30, 30분 전 주문 마감
📞 +81-3-5775-7561 ⊙ sarashina_horii 🏠 www.sarashina-horii.com

고소한 콩 과자 전문점 ...... ⑤
마메겐 豆源 🔍 마메겐 아자부주반 본점

콩으로 만든 각종 주전부리를 판매하는 곳으로 1865년에 개업했다. 콩고물, 녹차, 새우 등 다양한 맛의 콩 과자는 골라먹는 재미가 있다. 유통기한이 길고 포장이 깔끔해서 기념품으로도 제격이다.

아자부주반 본점 麻布十番本店
🚶 도쿄 메트로·토에이 지하철 아자부주반역 4·7번 출구에서 도보 5분 📍 東京都港区麻布十番1-8-12 🕐 10:00~18:30
❌ 화요일 📞 +81-3-3583-0962 🏠 www.mamegen.com

일본식 붕어빵 '도미빵' ...... ⑥
나니와야 浪花家 🔍 나니와야 소혼텐

우리나라 붕어빵과 닮은 타이야키鯛焼き(200엔) 전문점. 1909년 문을 연 나니와야 총본점은 도쿄 3대 타이야키 전문점 중 한 곳이다. 포장은 1층에서 주문하면 되고 2층에는 카페가 있다. 현금 결제만 가능하다.

총본점 総本店
🚶 도쿄 메트로·토에이 지하철 아자부주반역 4·7번 출구에서 도보 4분 📍 東京都港区麻布十番1-8-14 🕐 11:00~19:00
❌ 화요일, 셋째 수요일 📞 +81-3-3583-4975

도쿄의 시작

도쿄역 東京駅

#일본의 심장 #도쿄역 #코쿄
#경제 중심지 #근대 건축 산책

도쿄역과 그 주변 지역이야말로 현대 일본의 심장이다.
과거의 에도성, 지금의 코쿄가 있는 이 지역은 400년 전부터
쭉 일본의 중심이었다. 오래된 과거를 상징하는 코쿄와
근대 일본을 간직한 붉은 벽돌의 도쿄역에 하늘까지
치솟을 것 같은 빌딩들이 더해졌다. 국회의사당, 총리대신관저,
각종 공관이 있는 나가타초永田町와 카스미가세키霞が関도
코쿄에서 걸어갈 수 있는 거리에 있으니 일본의 심장이
아니면 무어라 표현할 수 있을까.

도쿄역
도쿄 디즈니 리조트·

도쿄역
여행의 시작

일본 철도 교통의 상징(특히 JR)인 도쿄역은 1914년에 완공된 고풍스런 붉은 벽돌 역사 안에
복잡한 세상을 품고 있다. 하루에 오가는 열차만 무려 3,000편이고 플랫폼은 30개가 넘는다.
그래도 한국어 안내가 잘되어 있고 여행자가 이용하는 열차의 종류는 정해져 있으니 크게 걱정할 필요는 없다.

▶ 도쿄역 길 찾기 내비게이션 P.126

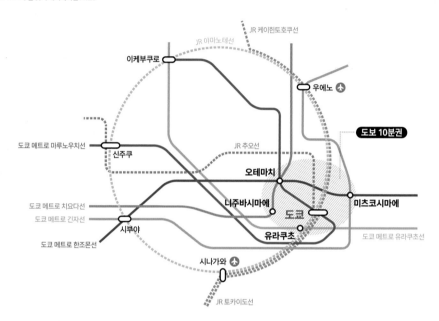

| 도쿄역에서 어느 출구로 나갈까? | · **마루노우치 남쪽 출구** 丸の内南口 ▶ 코코, 킷테, 마루노우치 브릭스퀘어,
미츠비시 이치고칸 미술관, 도쿄 메트로 마루노우치선 도쿄역
· **마루노우치 중앙 출구** 丸の内中央口 ▶ 코코, 도쿄역 기념비, 마루노우치 빌딩,
신 마루노우치 빌딩, 도쿄 메트로 마루노우치선 도쿄역
· **마루노우치 북쪽 출구** 丸の内北口 ▶ 코코, 도쿄 메트로·토에이 지하철 오테마치역
· **야에스 남쪽 출구** 八重洲南口 ▶ 고속버스 터미널, 공항버스 승차장
· **야에스 중앙 출구** 八重洲中央口 ▶ 다이마루 |

**주변의 다른 역을
이용하자!**

도쿄역 주변은 도심 중의 도심이라 다양한 지하철 노선이 지나간다. 거대한 도쿄역에서
헤매기 싫다, 내가 원하는 공간으로 헤매지 않고 찾아가고 싶다, 지하철 관련 교통 패스
를 갖고 있다, 하는 사람이라면 도쿄역 주변의 지하철역을 이용하자.

유라쿠초역 有楽町駅 ▶ 마루노우치 브릭스퀘어, 미츠비시 이치고칸 미술관

오테마치역 大手町駅 ▶ 코코

니주바시마에역 二重橋前駅 ▶ 코코

도쿄역
추천 코스

여행의 출발점은 굳이 도쿄역이 아니어도 된다. 가장 먼저 방문할
장소에 맞춰 편리한 역을 이용하자. 도쿄역 지역은 대표적인 오피
스가로 평일 업무 시간에는 인구밀도가 높았다가 밤이 되면 사람
이 확 빠져나가고 평일보다 주말이 한가한 편이다. 오전에 코쿄와
니혼바시역 근처의 근대 건축물을 둘러보고 오후에 도쿄역 주변의
상업 시설을 둘러보는 일정이 효율적이다.

🕐 소요 시간 6~8시간

💴 예상 경비 식비 약 3,000엔 + 쇼핑 비용 = 총 3,000엔~

💚 참고 사항 코쿄 가이드 투어를 한 후 히가시교엔까지 둘러볼 예
정이라면 꽤 많이 걸을 각오를 해야 한다. 대부분의 고
층 빌딩은 저층부를 상업 시설로 사용해 쉴 수 있는 공
간은 넉넉하다. 만약 벚꽃 철에 방문한다면 코쿄의 가
이엔에 있는 치도리가후치와 니혼바시역 근처의 사쿠
라도리를 일정에 넣자.

도쿄역 앞 마루노우치 거리

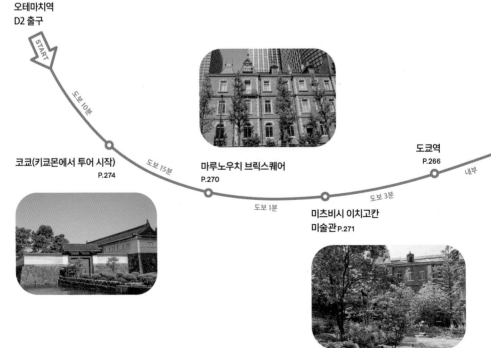

오테마치역
D2 출구

START

도보 10분

코쿄(키쿄몬에서 투어 시작)
P.274

도보 15분

마루노우치 브릭스퀘어
P.270

도보 1분

미츠비시 이치고칸
미술관 P.271

도보 3분

도쿄역
P.266

내부

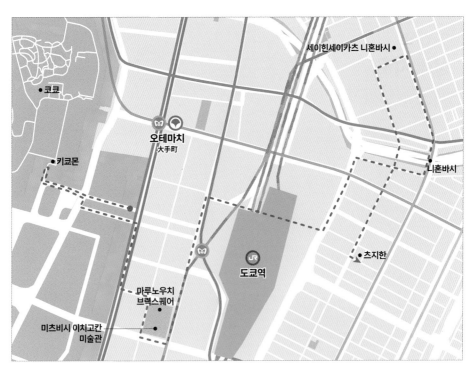

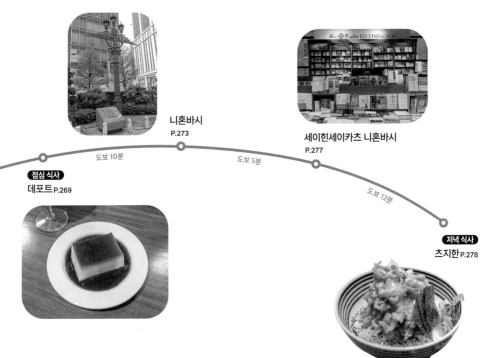

니혼바시
P.273

세이힌세이카츠 니혼바시
P.277

도보 10분

도보 5분

도보 12분

점심 식사
데포트 P.269

저녁 식사
츠지한 P.278

도쿄역
상세 지도

쿠단시타
九段下

진보초
神保町

도쿄 메트로 한조몬선

치도리가후치

토에이 지하철 미타선

코쿄 하가시교엔

6 코쿄

키쿄몬 •

D2

6번

니주바시마에역

코쿄 가이엔

메이지 생명관

도쿄 메트로 유라쿠초선

도쿄 메트로 한조몬선

도쿄 메트로 마루노우치선

히비야
日比谷

도쿄 메트로 치요다선

칸다
神田

세이힌세이카츠 니혼바시 ②

잇푸쿠 앤드 맛차 ②
A8
미츠이 본관 🚶
A4
니혼바시 미츠코시 본점
A3 A1

미츠코시마에
三越前

③ 니혼바시 텐동
카네코한노스케

닌교초
人形町

오테마치
大手町

D5
④ 마루노우치 나카도리
니혼바시

일본 공업
클럽 회관

④ 엠 앤드 시 카페

마루노우치 북쪽

도쿄 스테이션 갤러리
🚶 신마루노우치 빌딩
도쿄역 마루노우치 광장
마루노우치 빌딩

다이마루
①

니혼바시
日本橋

마루노우치 중앙

① 도쿄역

야에스 중앙

B3
B1
① 츠지한
🚶 타카시마야 본관

킷테 ⑦

마루노우치 남쪽

⑧
도쿄 미드타운 야에스

⑤ 아티존 미술관
🚋 도쿄역 일번가
🚋 그란스타
🍴 돈카츠 스즈키
🍴 데포트

② 마루노우치 브릭스퀘어
🍴 에쉬레 메종 드 뵈르

③ 미츠비시 이치고칸 미술관

유라쿠초
有楽町

국제 포럼

JR 케이요선

도쿄 디즈니 리조트 🚶 ▶

0   150m

도쿄역 東京駅 🔍도쿄역

단순히 열차가 드나드는 교통 시설이 아니다. 도쿄역은 일본 철도 교통과 근대화의 상징이며 역구내에 수많은 상업 시설을 갖춰 하루 종일 구경해도 심심하지 않은 엔터테인먼트 공간이기도 하다. 도쿄역의 상징인 붉은 벽돌 역사는 건축가 다츠노 긴고辰野金吾의 설계로 1914년에 완공되었으며 2003년 국가 중요 문화재로 지정되었다. 참고로 도쿄역사와 닮은 옛 서울역사는 다츠노 긴고의 제자인 츠카모토 야스시塚本靖가 설계했다. 코코와 마루노우시 방향을 향해 열린 출입구 밖으로 나오면 탁 트인 광장을 마주한다. 광장 앞에서 코쿄까지 일자로 곧게 도로는 교코도리行幸通り라고 불린다. 폭 73m의 넓은 길 한가운데는 인도로 조성되었다. 붉은 벽돌 역사와 등을 맞대고 있는 현대식 역사는 야에스 방향을 향하고 있다. 전국으로 향하는 고속버스를 탈 수 있는 버스 터미널 도쿄 야에스バスターミナル東京八重洲, 다이마루 백화점 등이 야에스 역사 쪽에 위치한다. 야에스 방향으로 나오면 근대 건축물이 모인 니혼바시 주변, 옛 정취가 물씬 풍기는 닌교초人形町 등으로 갈 수 있다. 도쿄역은 도쿄돔 3.6개가 들어갈 만큼 넓고 하루에 오가는 사람이 46만 명에 달할 정도로 복잡하다. 홈페이지에 역 구내 지도, JR 안내 창구, 여행안내소, 물품보관함, ATM 등 꼭 필요한 정보에 대한 내용이 자세하게 안내되어 있다.

🚶 JR·도쿄 메트로 도쿄역 　📍 東京都千代田区丸の内1
🏠 www.tokyostationcity.com

공항버스 어디서 탈까?

도쿄역과 나리타 국제공항을 오가는 가장 저렴한 교통수단은 저비용 고속버스(1,500엔)다. 주의할 점은 버스를 내리는 곳과 타는 곳이 다르다는 점! 공항으로 가는 버스를 타기 위해서는 야에스 방향 출구로 나와 버스 정류장 표시가 보일 때까지 그대로 직진한다. 7번 또는 8번 정류장에서 버스를 탈 수 있다.

먹고 놀고 쇼핑하는 도쿄역 투어

쉼 없이 오가는 열차처럼 바쁘게 돌아가는 도쿄역은 어떻게 둘러보면 좋을까? 열차에서 내려 개찰구 안을
구경한 후 개찰구 밖으로 나와 한 바퀴 더 돌아본 다음, 탁 트인 광장에서 도쿄역의 상징인
붉은 벽돌 역사를 배경으로 기념 촬영! 물론 반대 경로도 좋다. 지금부터 소개하는 공간을 놓치지 말자!

도쿄역 마루노우치 광장 東京駅丸の内駅前広場 ♀도쿄역 마루노우치 광장

붉은 벽돌 역사 앞에 시원하게 탁 트인 광장이다. 중앙 출구 바로 앞에 도쿄역 기
념비가 있어 많은 이들이 기념사진을 찍는다. 광장 앞으로 쭉 뻗은 도로인 교코도
리는 코쿄까지 일직선으로 이어진다. 길 건너 좌우를 지키는 고층 건물은 각각 역
을 등지고 섰을 때 왼쪽이 마루노우치 빌딩, 오른쪽이 신新마루노우치 빌딩이다.
겨울에는 두 건물 모두 화려한 일루미네이션으로 유명하다. 마루노우치 빌딩 5층,
신마루노우치 빌딩 7층 테라스에서 도쿄역과 고층 빌딩이 조화를 이루는 모습을
한눈에 담을 수 있다.

🚶 마루노우치 중앙 출구로 나오면 바로

도쿄 스테이션 갤러리
東京ステーションギャラリー ♀도쿄 스테이션 갤러리

1998년 개관 이후 100회가 넘는 기획전을 개최해 온 미
술관이다. 입구는 1층이고 전시는 2~3층으로 이어진다.
2층 복도에 도쿄역의 모형, 옛 사진 등을 상설 전시한다.

🚶 마누로우치 북쪽 출구 ⏰ 10:00~18:00(금요일 ~20:00),
30분 전 입장 마감 ❌ 월요일(공휴일인 경우 다음 날 휴무)
💴 전시마다 다름 📞 +81-3-3212-2485
🏠 www.ejrcf.or.jp/gallery

도쿄역 일번가 東京駅一番街 ♀ 도쿄역 일번가

JR 도쿄역의 야에스 방향 개찰구 밖에 위치한 상업 시설이다. B1층부터 2층까지 걸쳐 있으며 그중 도쿄 오카시 랜드東京おかしランド, 도쿄 캐릭터 스트리트東京キャラクターストリート, 도쿄 라멘 스트리트東京ラーメンストリート가 모인 B1층에 볼거리가 가장 많다. 오카시 랜드에는 일본을 대표하는 과자 메이커 가루비カルビー, 글리코グリコ, 모리나가森永의 안테나 숍이 있다. 캐릭터 스트리트에서는 포켓몬 등 30개가 넘는 캐릭터를 만날 수 있고 라멘 스트리트에는 도쿄를 대표하는 8개의 라멘 전문점이 모여 있다.

🚶 야에스 개찰구에서 연결 ⏰ 도쿄 오카시 랜드 09:00~21:00, 도쿄 캐릭터 스트리트 10:00~20:30 🏠 www.tokyoeki-1bangai.co.jp

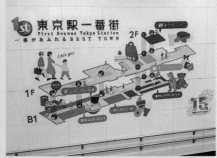

그란스타 GRANSTA ♀ 그란스타

그란스타는 JR 도쿄역 B1~1층에 걸쳐 위치한 상업 시설이다. 다른 역에는 상업 시설이 주로 개찰구 밖에 위치한 것과는 달리 도쿄역의 그란스타는 개찰구 내부에도 다양한 시설이 있어 밖으로 나가지 않아도 쇼핑, 식사를 모두 해결할 수 있다. 워낙 넓고 항상 사람이 많아 시간 여유를 갖고 둘러보는 걸 추천한다. 나리타 익스프레스 플랫폼 근처에는 수공예품, 도쿄역 한정 기념품을 파는 매장이 모여 있어 여행 막바지에 쇼핑하기 좋다. 문을 여는 시간은 시설마다 다른데 닫는 시간은 보통 밤 10~11시 경이다.

🚶 JR 도쿄역 B1~1층 📷 gransta_jp
🏠 www.gransta.jp

돈카츠 스즈키 とんかつ 寿々木 ♀돈카츠 스즈키

도쿄역에 온 김이 아니라 일부러라도 들르고픈 돈카츠 전문점이다. 캐리어를 놓을 공간이 따로 있어 불편함 없이 식사를 할 수 있다. 로스카츠 정식(1,600엔)과 히레카츠 정식(1,700엔) 등 정식 세트를 주문하면 밥과 양배추를 무료로 리필 할 수 있다. 테이블에 놓인 소스 통 중 하얀색에는 샐러드 드레싱, 단지 모양에는 돈카츠에 뿌리는 소스가 들어 있다.

🚶 그란스타 1F(개찰구 밖) ⏱ 11:00~23:00 📞 +81-3-3284-8305

데포트 Depot ♀depot tokyo

다방 느낌이 나는 차분한 분위기의 카페이자 바. 나폴리탄(1,100엔)과 푸딩(700엔)이 유명하며 도쿄 내의 다른 전문점과 비교해도 뒤지지 않을 맛이다. 푸딩은 포장이 되기 때문에 '도쿄역 기념품'으로 사가는 사람도 많다. 거품을 90% 이상 따라주는 맥주(800엔)도 명물이다. 불편한 좌석이 단점이다.

🚶 그란스타 B1F(개찰구 밖) ⏱ 10:00~23:00(일요일 ~22:00), 30분 전 주문 마감 📞 +81-3-6551-2411 🏠 classic-inc.jp/depot

휴먼 스케일
건축물의 대표작 ......②
마루노우치 브릭스퀘어
丸の内ブリックスクエア
🔍 marunouchi brick square

34층 높이의 빌딩 마루노우치 파크 빌딩의 저층 부분을 가리킨다. 부드러운 갈색 건물과 차가운 전면 유리의 초고층 빌딩이 만나 색다른 풍경을 만들어낸다. 자칫 사람을 압도하기 십상인 고층 빌딩에 둘러싸여 있으면서도 이곳 주변은 느긋한 분위기를 풍긴다. B1층부터 4층까지 음식점, 패션 잡화점 등 다양한 상업 시설이 들어와 있고 1층에 있는 에쉬레 메종 드 뵈르가 특히 인기가 많다.

🚶 ① JR 도쿄역 마루노우치 남쪽 출구에서 도보 5분 ② JR 유라쿠초역 국제 포럼 출구 国際フォーラム口에서 도보 5분 📍 東京都千代田区丸の内2-6-1
🕐 11:00~21:00(일요일 ~20:00), 음식점 11:00~23:00(일요일 ~22:00)
❌ 1/1

버터가 맛을 좌우한다
에쉬레 메종 드 뵈르
ECHIRE MAISON DU BEURRE

프랑스 중남부에 있는 에쉬레 마을에서 전통 방법으로 만든 버터만을 사용해 디저트를 만든다. 크루아상, 피낭시에(367엔), 마들렌(367엔), 아이스크림 등 에쉬레 버터로 만든 디저트를 구매할 수 있다. 2009년에 문을 열었지만 여전히 오픈 전부터 대기자가 있고, 피낭시에 등 인기 제품은 오전에 품절되는 경우도 많다. 시부야, 신주쿠 등에도 지점이 있다.

🚶 1층 🕐 10:00~19:00 📞 +81-3-6269-9840
🏠 www.kataoka.com/echire

옛 모습을 간직한 예술 공간 ------ ③

미츠비시 이치고칸 미술관 三菱一号館美術館
🔍 미쓰비시1호관미술관

일본 근대 건축에 큰 영향을 준 영국 건축가 조시아 콘도르 Josiah Conder의 설계로 1894년 완공, 미츠비시의 사무실로 사용하던 건물이다. 2010년에 미술관으로 다시 태어났다. 미술관과 마루노우치 브릭스퀘어 사이에 위치한 정원은 장미가 피는 5월에 특히 아름답다. 리뉴얼을 마친 후 2024년 11월 재개관했다.

🚶 ① JR 도쿄역 마루노우치 남쪽 출구에서 도보 3분
② JR 유라쿠초역 국제 포럼 출구国際フォーラム口에서 도보 5분
📍 東京都千代田区丸の内2-6-2
📷 mitsubishi_ichigokan_museum 🏠 mimt.jp

걷고 싶고 쉬고 싶은 거리 ------ ④

마루노우치 나카도리 丸の内仲通り
🔍 마루노우치 나카도리

도쿄역 마루노우치 광장과 코쿄 가이엔의 중간 지점. 길 양옆으로 가로수가 늘어서 도쿄를 대표하는 오피스 거리 한복판임에도 여유가 느껴지는 공간이다. 평일 오전 11시부터 오후 3시까지, 주말 오전 11시부터 오후 5시까지 차량을 통제하고 노천에 테이블을 내놓는다. 겨울에는 '샴페인 골드' 색상의 LED 전구 100만 개가 거리 전체를 화려하게 장식한다.

🚶 JR 도쿄역 마루노우치 남쪽 출구에서 도보 5분
📍 丸の内1~3, 有楽町1

도심 속 미술관 ------ ⑤

아티존 미술관 アーティゾン美術館 🔍 아티존 미술관

일본을 대표하는 기업 브리지스톤의 창업자인 이시바시 쇼지로 石橋正二郎가 1952년 세운 브리지스톤 미술관이 2020년 새로운 공간에 아티존 미술관으로 재개관했다. 1층에는 뮤지엄 카페, 2층에는 뮤지엄 숍이 위치한다. 4층 입구로 들어가면 6층까지 전시실이 이어진다. 동서양을 아우르는 3,000점 이상의 컬렉션을 소장 중이다.

🚶 ① JR 도쿄역 야에스 중앙 출구에서 도보 5분 ② 도쿄 메트로·토에이 지하철 니혼바시역 B1 출구에서 도보 5분 📍 東京都中央区京橋1-7-2
🕐 10:00~18:00(공휴일이 아닌 금요일 ~20:00), 30분 전 입장 마감
❌ 월요일(공휴일인 경우 다음 날 휴무) ¥ 전시마다 다름 📞 +81-3-5777-8600 📷 artizonmuseum 🏠 www.artizon.museum

리얼 가이드

도쿄역 주변
근대 건축 산책

벚꽃 철에는 니혼바시로

다이마루에서 지하철 니혼바시역으로 가는 도중 만날 수 있는 '니혼바시·야에스 사쿠라도리日本橋·八重洲さくら通り'에는 길 양옆으로 벚나무가 빼곡하게 심어져 있다. 벚꽃 철에는 라이트 업 행사도 진행한다.

건축 연도
1934년

메이지 생명관
明治生命館

고전주의 건축의 걸작으로 평가 받으며 1997년 국가 중요 문화재로 지정되었다. 현재는 보험 회사인 메이지 야스다 생명의 본사이며 1층에 7점의 국보를 소장한 세카이도분코 미술관静嘉堂文庫美術館이 위치한다.

📍 東京都千代田区丸の内2-1-1
🏠 www.meijiyasuda.co.jp/profile/meiji-seimeikan

건축 연도
1920년

일본 공업 클럽 회관
日本工業倶楽部会館

건물이 노후화해 1997년에 다시 지었다. 입구 위쪽에 석상이 두 개 있는데 남자는 망치, 여자는 실패를 들고 있다. 20세기 초 일본에서 가장 발달한 산업이었던 석탄 채굴과 방직업을 표현했다.

📍 東京都千代田区丸の内1-4-6
🏠 www.kogyoclub.or.jp

건축 연도
1933년

타카시마야 본관
高島屋本館

일본의 유명 백화점. 총 4개의 동으로 이루어져 있는데 그중 본관 건물이 백화점 최초로 국가 중요 문화재로 지정되었다.

📍 東京都中央区日本橋室町1-4-1
🕐 10:30~19:30
📞 +81-3-3211-4111
🏠 www.takashimaya.co.jp

신주쿠, 시부야 같은 지금의 부도심이 생기기 전에는 도쿄의 모든 기능이 코쿄와 도쿄역 주변에 집중되어 있었다.
은행 본점, 최초의 백화점 등 당시의 모든 자원을 투입해 지은 웅장한 건물들이 지금도 여전히 건재하니
건축에 관심 있는 사람이라면 눈 여겨 보자.

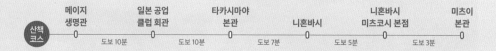

산책
코스

메이지   일본 공업   타카시마야   니혼바시   미츠이
생명관   클럽 회관   본관   니혼바시   미츠코시 본점   본관
○─────────────○─────────────○─────────────○─────────────○─────────────○
      도보 10분   도보 10분   도보 7분   도보 5분   도보 3분

건축 연도
1911년

니혼바시
日本橋

한자 '일본교'의 일본어 발음이 바로 니혼바시. 이 자리에 최초로 다리가 놓인 시기는 17세기. 다리 중간에 일본 도로 원표가 있으며 이 지점이 기점인 도로는 7개다.

📍 東京都中央区日本橋1

건축 연도
1914년

니혼바시 미츠코시 본점
日本橋三越本店

이상의 시 〈건축무한육면각체〉에 등장하는 공간이다. 당시 최신 설비였던 엘리베이터, 난방 장치 등을 설치해 이후 백화점 건축의 기준이 되었다. 고급스러운 인테리어가 인상적이며 국가 중요 문화재다.

📍 東京都中央区日本橋室町1-4-1
🕐 10:00~19:00 📞 +81-3-3241-3311
🏠 mitsukoshi.mistore.jp

건축 연도
1902년, 1929년

미츠이 본관
三井本館

간토 대지진 때 피해를 입어 다시 지었다. 그리스 신전을 떠올리게 하는 엄청난 크기의 코린트식 기둥이 압권이다. 7층에 미츠이 기념 미술관三井記念美術館이 위치한다.

📍 東京都中央区日本橋室町2-1-1
🕐 10:00~17:00, 30분 전 입장 마감
❌ 월요일 ¥ 일반 1,200엔
🏠 www.mitsui-museum.jp

일왕의 궁전이 있는 ⋯⋯ ⑥

코쿄 皇居 ♀고쿄, 황거 외원

1603년 도쿠가와 이에야스가 에도 막부를 열며 정치의 중심이 교토에서 지금의 도쿄인 에도로 옮겨왔다. 도쿠가와 가문이 머물기 위해 지은 에도성이 바로 이곳 코쿄의 바탕이 되었다. 에도 막부와는 별개로 일왕은 계속 교토에 머물렀는데 1868년 메이지 유신의 시작과 함께 기존 거처였던 교토고쇼京都御所를 떠나 에도성으로 옮겨 왔고 지금에 이르게 되었다. 화재, 간토 대지진, 도쿄 공습 등으로 인해 소실된 건물은 1968년에 현재의 모습으로 재건됐다. 코쿄는 도쿄 23구의 거의 중앙에 위치한 치요다구千代田区 면적의 15%를 차지할 정도로 넓다. 일왕이 거주하고 내부에 궁내청 등의 관청도 있기 때문에 여행자가 둘러볼 수 있는 범위는 한정된다. 역사에 관심이 많은 사람이라면 가이드 투어를 신청해서 둘러보기를 추천한다.

🏃 키쿄몬 기준 ① JR 도쿄역 마루노우치 중앙 출구에서 도보 12분 ② 도쿄 메트로·토에이 지하철 오테마치역 D2 출구에서 도보 10분 ③ 도쿄 메트로 니주바시마에역 6번 출구에서 도보 10분 📍東京都千代田区千代田1-1 ❌ 가이드 투어 월·일요일, 공휴일, 7월 중순~8월 말의 오후 회차, 12/28~1/4, 내부 행사가 있는 날 📞 +81-3-5223-8071 🏠 sankan.kunaicho.go.jp

가이드 투어 어떻게 신청할까?

가이드 투어는 오전 10시, 오후 1시 30분에 키쿄몬桔梗門에서 출발한다. 사전 설명을 포함해 총 1시간 30분 정도 걸린다. 아침부터 기다리기 싫다면 궁내청 홈페이지에서 미리 신청하자. 투어를 가고자 하는 날의 전달 1일 오전 5시부터 온라인 접수를 할 수 있다. 당일 접수는 투어 1시간 전부터 선착순 300명까지 가능하다. 투어는 일본어로 진행되며 한국어 음성 가이드를 빌릴 수 있다.

투어 시 주의 사항

• 잊지 말고 여권을 챙기자. 여권 사본은 신분증으로 인정해주지 않는다.
• 1시간 15분 동안 2.2km를 걷기 때문에 편한 신발은 필수다.

코쿄의 바깥 정원
코쿄 가이엔 皇居外苑

넓게는 키타노마루 공원北の丸公園과 치도리가후치千鳥ヶ
淵까지 포함하지만 보통 마루노우치와 코쿄 사이 광장을
가리킨다. 이 광장에 코쿄의 정문(출입 불가)과 니주바시
二重橋가 있다. 앞쪽에 걸린 돌다리를 니주바시로 착각하
는 경우가 많은데 실제는 뒤에 걸린 철다리가 바로 니주
바시. 벚꽃 명소로 알려진 치도리가후치는 지하철 한조몬
역을 이용하면 편하게 갈 수 있다.

에도의 흔적을 볼 수 있는
코쿄 히가시교엔 皇居東御苑

옛 에도성의 흔적이 남아 있는 구역. 지하철 오테마치역
과 가깝다. 1657년에 화재로 소실된 후 재건하지 않아 거
대한 돌담처럼 보이는 천수각 터와 계절마다 아름다운 꽃
을 피우는 니노마루 정원二の丸庭園이 있다. 들어갈 때 출
입증을 받고 나올 때 반납하면 된다.

🕐 09:00~계절마다 다름, 30분 전 입장 마감
❌ 월·금요일, 12/28~1/3, 내부 행사가 있는 날

킷테 KITTE ○ 킷테 마루노우치

도쿄 중앙우체국을 철거하고 초고층 빌딩 JP타워를 지을 때 과거 우체국의 저층 부분을 살려 만든 상업 시설이다. 참고로 일본어로 우표를 '킷테切手'라고 발음한다. '도쿄의 중심에서 많은 사람에게 일본의 미의식을 알리겠다'라는 테마를 바탕으로 엄선해 매장을 구성했다. 1층부터 6층까지 천장이 탁 트인 아트리움 덕분에 모든 층이 유기적으로 연결된 것처럼 느껴지며, 6층 옥상에 있는 킷테 가든에서는 도쿄역과 마루노우치가 매우 잘 보인다. 스노우피크, 오니츠카타이거 등의 브랜드 매장이 있다.

🚶 ①JR 도쿄역 마루노우치 남쪽 출구에서 도보 1분 ②도쿄 메트로 도쿄역에서 연결
📍 東京都千代田区丸の内2-7-2 🕐 상점 11:00~20:00, 음식점 11:00~22:00
❌ 1/1 📞 +81-3-3216-2811 🏠 marunouchi.jp-kitte.jp

도쿄 미드타운 야에스
東京ミッドタウン八重洲 ○ 도쿄 미드타운 야에스

B3층, 지상 45층 규모이며 B1~B2층에는 일본에서 가장 큰 버스 터미널이 있고 B1층에서 도쿄역과 이어진다. 1층에는 가방 브랜드 포터의 플래그십 스토어, 운동화 오니츠카 타이거의 라인 중 하나인 니폰 메이드NIPPON MADE의 단독 매장 등이 있고 2층에는 일본 전국의 전통 공예품, 문구류를 파는 매장이 모여 있다. 40~45층에는 불가리 호텔 도쿄가 있다.

🚶 JR 도쿄역 야에스 방향 출구에서 도보 5분 📍 東京都中央区八重洲
2-2-1 🕐 상점 11:00~21:00, 음식점 11:00~23:00, B1F 10:00~21:00
🏠 www.yaesu.tokyo-midtown.com

기념품 쇼핑을 깜빡했다면 ······ ①

다이마루 大丸  다이마루 도쿄점

오사카에 본점을 둔 노포 백화점의 유일한 도쿄 지점이다. 도쿄역과 연결된다는 특성 때문에 1층 공간의 대부분이 기념품으로 사가기 좋은 과자류를 판매하는 매장이다. 그중 가장 인기 있는 제품은 뉴욕 캐러멜 샌드N.Y.キャラメルサンド. 도쿄 시내에 매장이 딱 한 군데라서 백화점 영업시간 전부터 대기해 번호표를 받아야 구매할 수 있을 정도도. B1층 식품관에는 도시락만 판매하는 '오벤토 스트리트お弁当ストリート'가 있다. 계절 한정 상품을 포함해 1년에 1,000종류 이상의 도시락을 판매한다. 8~10층에는 잡화점 핸즈, 12층에는 면세 카운터(10:00~20:00)가 위치한다.

도쿄점 東京店 🚶 JR 도쿄역 B1층, 1층에서 연결 📍 東京都千代田区丸の内1-9-1
🕐 10:00~20:00, 12층(식당가) 11:00~22:00, 13층(식당가) 11:00~23:00
❌ +81-3-3212-8011 🏠 www.daimaru.co.jp

도쿄에서 만나는 타이완 ······ ②

세이힌세이카츠 니혼바시

誠品生活 日本橋 📍 eslite spectrum nihonbashi

'성품 서점誠品書店'은 타이완을 대표하는 서점이다. 니혼바시에 있는 복합 공간 2층에 성품 서점과 문구, 그리고 타이완을 대표하는 다양한 브랜드와 음식점이 자리를 잡았다. '일본에 와서 왜 타이완 브랜드를 찾아?'라고 생각할 수 있지만 서점의 큐레이션만 놓고 보더라도 충분히 방문할 가치가 있는 공간이다.

🚶 도쿄 메트로 미츠코시마에역 A8 출구에서 도보 3분
📍 東京都中央区日本橋室町3-2-1 COREDO室町テラス 2F
🕐 11:00~20:00(주말 10:00~) 📞 +81-3-6225-2871
📷 eslite_japan 🏠 www.eslitespectrum.jp

회덮밥의 신세계 ····· ①
츠지한 つじ半
◉ 츠지한 니혼바시 본점

해산물 덮밥인 카이센동海鮮丼 전문점. 메뉴는 제이타쿠동ぜいたく丼 단 1가지 뿐이며 들어가는 재료에 따라 가격이 달라진다. 기본은 우메梅(1,250엔)로 한국어 메뉴판에 먹는 방법이 자세하게 쓰여 있다. 밥, 도미 회를 조금 남겨 놓고 직원에게 국물을 요청해 말아 먹으면 또 다른 맛을 느낄 수 있다. 밥은 무료로 리필 해준다. 본점은 1시간 이상 기다릴 각오를 하고 방문하자. 카구라자카, 도쿄 미드타운 등에 위치한 지점은 본점보다는 한가한 편이다. 현금 결제만 가능하다.

니혼바시 본점 日本橋本店
🚶 ① JR 도쿄역 야에스 방향 지하상가 22번 출구에서 도보 5분
② 도쿄 메트로·토에이 지하철 니혼바시역 B3 출구에서 도보 2분
📍 東京都中央区日本橋3-1-15 久栄ビル 🕐 11:00~21:00, 30분 전 주문 마감
📞 +81-3-6262-0823 🏠 www.tsujihan-jp.com

녹차의 다양한 변신 ····· ②
잇푸쿠 앤드 맛차 IPPUKU & MATCHA
◉ ippuku and matcha

엄선된 우지의 녹차만 사용한다. 실내 좌석은 클래스, 코스 예약으로만 이용할 수 있으며 매장 앞에 건물 공용 테이블이 있다. 맛차 라테(690엔~)를 포함해 음료 종류만 10개가 넘고 디저트 중에서는 맛차 푸딩(780엔)이 인기가 많다. 씁쓸한 푸딩 위에 달콤한 아이스크림이 올라가고 소스를 따로 줘 당도를 조절할 수 있다. 요요기에 2호점이 있다.

니혼바시점 日本橋店 🚶 도쿄 메트로 미츠코시마에역 A8 출구로 나오면 바로 📍 東京都中央区日本橋室町2-1-1 日本橋三井タワ
🕐 11:00~20:00 📞 +81-3-6262-3224 📷 ippukuandmatcha
🏠 ippukuandmatcha.jp

니혼바시 텐동 카네코한노스케 日本橋 天丼 金子半之助

📍 카네코한노스케 텐동

에도 시대 서민이 먹던 요리의 맛을 재현해내기 위해 힘쓴 인물 카네코 한노스케의 손자가 개업한 음식점이다. 가장 인기 있는 메뉴는 에도마에 텐동江戶前天丼 (1,380엔). 붕장어, 오징어, 새우, 반숙 달걀, 각종 채소 등이 올라가며 매일 아침 토요스 수산시장에서 신선한 재료를 받아온다. 된장국 등은 따로 주문해야 한다. 매장이 그리 넓지 않아 식사 시간이 아니어도 기다리는 경우가 잦다. 본점에서 걸어서 2분 거리에 밥과 튀김을 따로 내어주는 텐푸라메시天ぷらめし 전문점인 니혼바시점이 위치한다.

본점 本店 🚶 도쿄 메트로 미츠코시마에역 A1 출구에서 도보 1분
📍 東京都中央区日本橋室町1-11-15 🕐 평일 11:00~22:00, 주말 10:00~21:00,
30분 전 주문 마감 📞 +81-3-6262-3734 🏠 kaneko-hannosuke.com

엠 앤드 시 카페 M&C Café

📍 마루젠 서점 마루노우치 본점

140년의 역사를 자랑하는 마루젠 서점丸善書店 본점 4층에 위치하며 창가 자리에서 도쿄역을 한눈에 내려다 볼 수 있다. 항상 복잡하고 사람 많은 도쿄역 주변에서 여유롭게 쉴 수 있는 공간이다. 대표 메뉴는 창업자가 고안한 하야시라이스ハヤシライス(1,480엔). 계산하지 않은 책은 갖고 들어갈 수 없다.

마루노우치점 丸の内店
🚶 도쿄역 마루노우치 북쪽 출구에서 도보 3분
📍 東京都千代田区丸の内1-6-4 丸の内オアゾ 4F
🕐 09:00~21:00, 30분 전 주문 마감 📞 +81-3-3214-1013

환상의 나라,
도쿄 디즈니 리조트

도쿄 디즈니 리조트東京ディズニーリゾート는 디즈니랜드, 디즈니시,
그리고 주변의 오피셜 호텔까지 포함하는 하나의 거대한 세계를 이루고 있다.
2개의 테마파크는 말할 것도 없고 호텔까지도 디즈니가 만들어놓은
애니메이션 속 세상을 그대로 재현해놓았다. 아이부터 어른까지
도쿄 디즈니 리조트에선 행복한 동화 속 주인공이 될 수 있다.

🏠 www.tokyodisneyresort.jp/kr/index.html

'판타지 스프링스' 6월 오픈!

도쿄 디즈니시에 새로운 테마 구역 '판타지 스
프링스ファンタジースプリングズ'가 2024년 6월
오픈했다. 디즈니시의 8번째 테마 구역으로 도
쿄 디즈니 판타지 스프링스 호텔도 함께 문
을 열었다. 〈겨울왕국〉, 〈피터팬〉, 〈라푼젤〉의
3개의 공간으로 나뉘며 4개의 어트랙션을 운
영 중이다. 판타지 스프링스에 들어가기 위해
서는 디즈니 프리미어 액세스, 스탠바이 패스
등이 필요하다. 디즈니시에서 가장 인기가 많
은 구역이기 때문에 입장하자마자 바로 예약부
터 하는 것을 추천한다. 만약 앱 예약을 실패했
다면 입구 근처의 안내 센터에 가서 직접 잔여
시간을 확인하고 직원에게 예약을 부탁하자.

언제 갈까?

도쿄 디즈니 리조트는 연중무휴로 운영되지만 디즈니랜드와 디즈니시의 운영 시간은 유동적이다. 보통 오전 9시부터 밤 9시까지인데 이벤트(크리스마스 시즌 연장 운영, 전체 대관으로 인한 단축 운영 등) 등에 따라 달라지므로 방문하기 전에 홈페이지를 꼭 확인하자. 한국어 안내가 매우 잘 되어 있다.

- 주말보다는 평일!
- 일본의 공휴일도 제외!
- 일본의 방학 기간(7월 중순~8월 말, 12월 말~1월 말)도 제외!
- 매일 다른 운영 시간 확인!

어디를 갈까?

디즈니 리조트가 처음이라면 정석에 충실한 디즈니랜드를 추천한다. 디즈니의 상징인 '신데렐라 성'이 디즈니랜드에 있다. 박진감 넘치는 어트랙션을 좋아한다면 디즈니시가 좀 더 취향에 잘 맞을 것이다.

디즈니랜드 추천!

- 도쿄 디즈니 리조트 첫 방문자
- 어린이 동행자가 있다면

디즈니시 추천!

- 이미 디즈니랜드는 방문한 적이 있다면
- 어른끼리 왔다면
- 역동적인 놀이기구를 좋아하는 사람

어떤 티켓을 살까?

일정과 방문할 테마파크를 결정했다면 입장권을 구매하자. 현장 매표소는 운영하지 않기 때문에 공식 홈페이지와 앱, 우리나라의 대행사를 통해 날짜 지정 입장권을 구매해야 한다. 공식 홈페이지, 앱으로 구매한 경우 입장일 변경이 가능하며 환불은 불가능하다. 대행사에서 구매한 경우에는 대행사의 규정을 따른다. 입장권 가격은 매일 달라지며 보통 주말, 공휴일이 더 비싸다. 입장권이 곧 자유이용권이고 표 구매 후 전송된 QR코드를 찍고 입장한다. 매일 오후 2시부터 2개월 후의 입장권을 구매할 수 있다 (1월 5일 오후 2시에 3월 5일 티켓 판매 개시).

	원데이 패스포트	얼리 이브닝 패스포트	위크 나이트 패스포트
설명	디즈니랜드와 디즈니시 중 한 군데를 개장 시간부터 하루 종일 이용할 수 있는 티켓	주말과 공휴일 오후 3시부터 한 파크를 골라 입장 가능한 티켓	평일 오후 5시부터 한 파크를 골라 입장 가능한 티켓
사용처	예매 시 디즈니랜드 또는 디즈니시 중 선택		
이용 시간	개장 시간~	주말·공휴일 15:00~	평일 17:00~
일반 (18세 이상)	7,900~10,900엔	6,500~8,700엔	4,500~6,200엔
청소년 (12~17세)	6,600~9,000엔	5,300~7,200엔	
어린이 (3세 이상)	4,700~5,600엔	3,800~4,400엔	

어떻게 갈까?

도쿄 디즈니 리조트는 도쿄도가 아닌 치바현의 우라야스시浦安市에 있다. 도쿄역에서 JR을 타고 15분만 가면 도쿄 디즈니 리조트에서 가장 가까운 역인 마이하마역舞浜駅에 도착한다. 리조트는 디즈니랜드, 디즈니시, 제휴 호텔이 하나의 커다란 단지를 이루고 있다. 마이하마역에서 디즈니랜드까지는 걸어서 7분 정도, 디즈니시까지는 걸어서 16분 정도 걸린다. 하지만 모노레일인 디즈니 리조트 라인을 이용하면 더욱 빠르고 편리하게 이동할 수 있다.

○ 신주쿠역
　　JR 추오선　🕐 15분　¥ 210엔
○ 도쿄역
　　JR 케이요선　🕐 15분　¥ 230엔
○ 마이하마역

리조트 내부 교통수단은?

디즈니 리조트 라인 ディズニーリゾートライン

리조트 내부에서만 운행하는 모노레일이다. 총 4개의 역이 있고 한 바퀴 도는 데 13분 정도 걸린다. 미키마우스 모양의 창문이 디즈니 리조트에 왔다는 사실을 실감하게 해주고 특정 기간에는 차량 전체를 장식한 열차도 운행한다. 스이카와 파스모로 이용할 수 있다.

🕐 리조트 게이트웨이 스테이션 기준 06:31~23:30, 배차 간격 4~13분
¥ **승차권** 일반 300엔, 6~11세 150엔, **1일권** 일반 700엔, 6~11세 350엔

어느 역으로 갈까?

리조트 게이트웨이 스테이션 リゾートゲートウェイ·ステーショ	▶ JR 마이하마역

🕐 2분

도쿄 디즈니랜드 스테이션 東京ディズニーランド·ステーション	▶ 디즈니랜드, 디즈니랜드 호텔

🕐 3분

베이 사이드 스테이션 ベイサイド·ステーション	▶ 토이 스토리 호텔, 기타 디즈니 리조트 제휴 호텔(역 앞에서 호텔까지 무료 셔틀버스 운행)

🕐 3분

도쿄 디즈니시 스테이션 東京ディズニーシー·ステーション	▶ 디즈니시

도쿄 디즈니 리조트 이용 팁

· **호텔 숙박객은 해피 엔트리 활용** 디즈니 리조트 제휴 호텔에 숙박하면 파크 개장 시간보다 15분 빨리 입장하는 '해피 엔트리' 서비스를 이용할 수 있다. 어트랙션은 일반 입장 후 순차적으로 운영이 개시되지만 디즈니 프리미어 액세스, 스탠바이 패스 등을 남들보다 빨리 예약할 수 있다는 사실은 큰 장점이다. 이 서비스는 체크인 다음 날부터 체크아웃 당일까지 이용할 수 있다. 제휴 호텔은 다음과 같다.

숙박 호텔	대상 파크
· 도쿄 디즈니시 판타지 스프링스 호텔 · 도쿄 디즈니랜드 호텔 · 디즈니 앰버서더 호텔 도쿄 디즈니시 호텔 미라 코스터	디즈니랜드 또는 디즈니시
· 도쿄 디즈니 리조트 토이 　스토리 호텔 · 도쿄 디즈니 셀레브레이션 호텔	디즈니랜드

· **홈페이지와 앱 활용** 공식 홈페이지와 앱을 적극 활용하자. 홈페이지에서는 운영 시간, 시기마다 바뀌는 퍼레이드 일정, 어트랙션 운영 여부 등의 정보를 알 수 있다. 입장권 예매와 내부의 음식점 예약도 가능하다.

· **재입장 가능** 손등에 도장을 받고 나가면 당일에 한해 재입장이 가능하다. 파크 내의 음식점이 너무 붐빈다면 마이하마역 근처에서 식사를 한 후 재입장하는 것도 하나의 방법!

· **대기 시간 확인** 파크 곳곳에 있는 안내 게시판을 통해 각 어트랙션의 예상 대기 시간을 알 수 있다.

· **물품 보관함 체크** 도쿄 디즈니 리조트 라인의 모든 역, 디즈니랜드와 디즈니시 입구에는 물품 보관함이 있다. 가볍게 돌아가니고 싶다면 이용해보자.

어떻게 효율적으로 움직일까?

디즈니랜드와 디즈니시의 일부 어트랙션과 상점, 음식점은 대기 시간을 줄이기 위해 사전에 입장(체험) 등록이 필요하다. 입장한 후 애플리케이션을 이용해 상황에 맞추어 입장 시간 등을 지정하여 예약할 수 있으니 미리 앱을 받아두자. 아래에 소개된 서비스로 이용할 수 있는 시설(어트랙션, 공연, 음식점 등)은 수시로 변동된다. 홈페이지에 상시 공지되니 방문 전에 미리 확인하자. 디즈니 프리미어 액세스와 프라이어리티 패스로 선택할 수 있는 어트랙션은 중복되지 않으니 원하는 어트랙션이 있는 서비스를 먼저 신청한 후 다른 서비스를 선택하자.

- **스탠바이 패스** 파크 안 시설 중 일부의 입장(체험) 시간을 무료로 지정하여 예약할 수 있는 서비스다. 앱을 통해 시간을 지정해 예약할 수 있으며 예약 시간에 맞춰 어트랙션, 상점, 공연장, 음식점으로 가면 예약 확인 후 바로 입장(체험)할 수 있다.

- **디즈니 프리미어 액세스** 스탠바이 패스와 다르게 유료(1,500~2,500엔)로 운영되는 시간 지정 예약 서비스다. 인당 개별 구매를 해야 해 성인 2명, 중학생 2명이 입장했다면 4명 모두 결제해야 한다. 3세 이하의 어린이는 보호자가 구매했다면 함께 이용할 수 있다. 디즈니 리조트 앱에서 신용 카드로 구매가 가능하며 발행 수량에 제한이 있어 매진되는 경우도 있으니 입장 하자마자 바로 확인하는 것이 좋다.

- **프라이어리티 패스**Priority Pass 2023년 도쿄 디즈니 리조트 개원 40주년을 기념해 7월부터 실시된 제도(서비스 종료일 미정)다. 선택한 어트랙션의 대기 시간을 무료로 줄일 수 있다. 디즈니 리조트 앱의 '마이 플랜'의 하위 항목인 'Tokyo Disney Resort 40th Anniversary Priority Pass'에서 어트랙션, 이용 시간, 인원을 선택한다. 이용 방법은 디즈니 프리미어 액세스와 동일하다.

리조트에서 이것만은 꼭 즐기자!

디즈니랜드, 디즈니시에서 2024년 한 해 동안 사랑을 가장 많이 받은 어트랙션을 살펴보자. 이중 일부는 스탠바이 패스 또는 디즈니 프리미어 액세스 적용 대상이므로 입장하자마자 앱에 접속해 대기 시간을 확인하는 것을 추천한다.

디즈니랜드

- **미녀와 야수 '마법 이야기'** 2020년 4월에 오픈한 이후 지금까지 디즈니랜드에서 가장 인기 있는 어트랙션. 찻잔을 타고 '미녀와 야수'의 세계를 여행한다.

- **미키의 필하매직** 도날드덕과 함께 디즈니 애니메이션의 세계를 탐험하는 3D 극장. 2022년 9월에 새로운 영상이 추가되었다.

- **빅 선더 마운틴** 골드러시가 끝난 후 활기를 잃은 광산 속을 광산 열차를 타고 빠르게 달린다. 잔잔한 어트랙션이 대부분인 디즈니랜드에서 가장 역동적인 어트랙션.

- **스플래시 마운틴** 통나무 보트를 타고 디즈니의 세계를 모험하는 어트랙션. 중간에 낙차 16m의 폭포로 떨어지기 때문에 맨 앞줄은 생각보다 물이 많이 튄다.

- **헌티드 맨션** 999명의 유령이 살고 있는 저택을 관람하는 으스스한 어트랙션. 할로윈, 크리스마스 시즌에 특히 인기가 많다.

디즈니시

- **소링:판타스틱 플라이트** 박물관 내부를 둘러본 후 마지막에는 '드림 플라이어'라는 기구에 올라타 공중에서 전 세계의 명소와 대자연을 내려다본다.

- **토이 스토리 마니아!** 우디의 입을 통과해 들어가면 장난감 상자가 나온다. 3D 안경을 쓰고 슈팅 게임을 즐기는 어트랙션.

- **타워 오브 테러** 폐쇄된 호텔을 투어하는 콘셉트. 최상층으로 올라가 아래로 추락하며 상승과 하강을 반복한다.

- **센터 오브 디 어스** 디즈니시의 랜드마크인 화산 속을 롤러코스터를 타고 탐험하는 어트랙션.

어른의 거리

긴자 銀座

#고가 브랜드 #노포 #보행자 천국
#은화 주조소 #어른의 거리

르네상스 양식의 고풍스런 건물, 옛날 방식으로 커피를
내리는 오래된 다방, 고가의 브랜드와 면세 간판을
내건 드러그스토어……. 시대와 풍경의 변화를 담담히 받아들이는
긴자는 마치 고급 기모노를 차려입은 우아한 중년 여성 같다.
아무리 거센 풍랑이 불어도 오랜 시간 지켜온 꼿꼿함과
우아함은 절대 잃지 않는 사람 말이다. 어른의 거리 긴자에서는
시간조차 도도히 흐른다.

긴자
여행의 시작

긴자는 JR 도쿄역과 가장 가까운 번화가로 여러 개의 지하철 노선이 지나간다.
긴자의 중심부에 있는 긴자역은 도쿄 메트로 긴자선, 히비야선, 마루노우치선이 교차하는 역이다.
긴자를 상징하는 욘초메 사거리와 가장 가까운 역은 긴자선 긴자역이며 히비야선이 중간 지점이다.
3개의 노선이 만나는 역이지만 그다지 넓지 않고 출구 표시가 직관적이라 길 찾기는 수월하다.

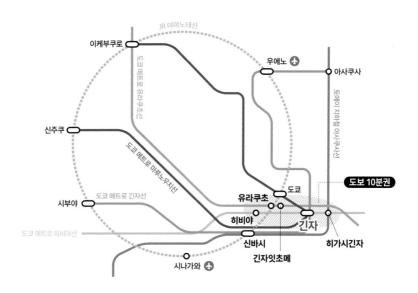

**주변의 다른 역을
이용하자!**

긴자역 주변에는 '긴자'라는 지명이 들어간 다른 지하철역이 여러 개 있고 유라쿠초역과
신바시역 등 JR이 지나가는 역도 걸어서 15분 정도면 갈 수 있다.

- 🅜 ⬤ **히가시긴자역** 東銀座駅 ▶ 지하에서 긴자역과 연결, 카부키자, 츠키지 장외 시장
- 🅜 **긴자잇초메역** 銀座一丁目駅 ▶ 지하에서 긴자역과 연결, 무인양품 긴자, 긴자 이토야
- 🅜 ⬤ **히비야역** 日比谷駅 ▶ 도쿄 미드타운 히비야, 토큐 플라자 긴자
- 🅙 🅜 **유라쿠초역** 有楽町駅 ▶ 지하에서 긴자역과 연결, 도쿄 미드타운 히비야, 도쿄역
- 🅙 🅜 ⬤ Ⓤ **신바시역** 新橋駅 ▶ 유리카모메, 시오도메

나리타 국제공항, 어떻게 오갈까?

버스 정류장은 긴자역 C5 출구와 C7 출구 중간에 있
는 엘리베이터 앞에 있다. 산리오월드에서 도보 1분
거리. 버스가 자주 있는 편은 아니니 시간표를 미리
확인해두자.

🔍 더 엑세스 나리타 승차장

긴자
추천 코스

여행의 출발점은 긴자 추오도리의 긴자욘초메 사거리다. 이 일대는 초고층 빌딩이 없어 사람이 많고 복잡해도 어쩐지 아늑한 느낌이 든다. 화려한 명품 브랜드 매장이 즐비한 큰길가 뒤로 들어가면 작지만 매력적인 가게도 많다. 긴자 일대의 길은 바둑판 모양으로 구획되어서 도쿄 도심에서 길 찾기가 가장 수월하다. 길을 잃었더라도 큰길로 나오면 방향을 잡기가 어렵지 않으니 발길 닿는 대로 걸어보자.

🕐 **소요 시간**　6시간~

💴 **예상 경비**　식비 약 3,000엔 + 쇼핑 비용 = 총 3,000엔~

✅ **참고 사항**　긴자는 사무실이 많은 지역에 둘러싸여 있다. 그래서 점심시간이 유독 더 정신없다. 오전 11시부터 점심 영업을 하는 음식점이 많으니 붐비기 전에 식사하고 둘러보는 것도 좋다. 주말과 공휴일에는 긴자잇초메부터 긴자핫초메까지 이어지는 긴자 추오도리 전체의 차량 통행을 막아 자유롭게 걸어 다닐수 있다.

긴자 미츠코시

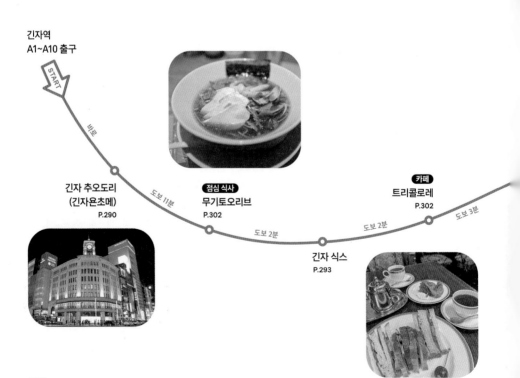

긴자역
A1~A10 출구

START

긴자 추오도리
(긴자욘초메)
P.290

바로

도보 11분

점심 식사
무기토오리브
P.302

도보 2분

긴자 식스
P.293

도보 2분

카페
트리콜로레
P.302

도보 3분

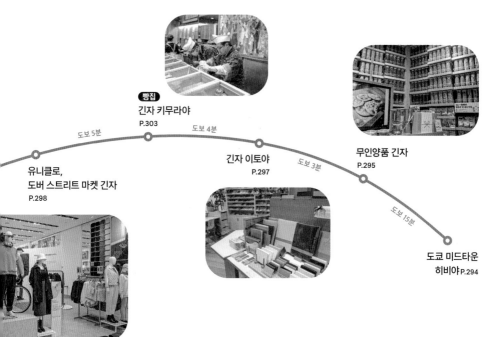

빵집
긴자 키무라야
P.303

무인양품 긴자
P.295

긴자 이토야
P.297

유니클로,
도버 스트리트 마켓 긴자
P.298

도보 5분

도보 4분

도보 3분

도보 15분

도쿄 미드타운
히비야 P.294

긴자
상세 지도

히비야
日比谷

A11

히비야 공원

도쿄 미드타운 히비야 ③

산리오월드 긴자 ⑤

도쿄 메트로 치요다선

도쿄 메트로 마루노우치선

C2

C3

토큐 플라자 ③

네무로 하나마루 ⑪

쿠야 ⑧

JR 야마노테선·케이힌토호쿠선

도버 스트리트 마켓 긴자 ⑦

유니클로 ⑥

긴자 바이린 ③

토에이 지하철 미타선

카페 드 람브르 ⑤

긴자 텐쿠니 ②

도쿄 메트로 긴자선

시오도메

JR Ⓜ Ⓤ

신바시
新橋

1번

JR **유라쿠초**
有楽町
D9

6 **센트레 더 베이커리**

3번

7번

2 **마로니에**
게이트 긴자 2

긴자잇초메
銀座一丁目

5번

8번 9번

1 **무인양품 긴자**

4 **긴자 이토야**

K.이토야

도쿄 메트로 유라쿠초선

토에이 지하철 아사쿠사선

커포트 버스 도쿄-나리타 정류장

A13

B4

긴자
銀座

B1

11 **긴자 키무라야**

와코

A9

시오팡야 팡 메종 10

1 **긴자 추오도리(긴자욘초메)**

A7

A2

긴자 미츠코시

노와 드 브루

본겐 커피 도쿄 긴자 12

A3

긴자 플레이스

9 **트리콜로레**

A7

2 **긴자 식스**

A2

A1

히가시긴자
東銀座

4 **킷사 유**

7 **무기토오리브**

4 **카부키자**

4번

3번

긴자 스시마사 1

츠키지 장외 시장

0 ━━ 70m

긴자 추오도리 銀座中央通り ♀chuo-dori ave.

신바시에서 시작해 긴자, 칸다, 아키하바라를 거쳐 우에노까지 이어지며 도쿄의 도심 중 도심을 남북으로 시원하게 가르는 길을 추오도리라고 부른다. 그중 긴 자핫초메銀座八丁目 교차로부터 긴자도리구치銀座通り口 교차로까지 약 1.1km 구간은 긴자 추오도리라는 애칭으로 불린다. 긴자 추오도리의 정중앙인 긴자욘초메銀座四丁目 사거리는 바로 긴자의 상징으로 도쿄를 방문하는 여행자라면 누구나 이 사거리에서 기념사진을 찍는다. 와코 백화점을 기준으로 시계 방향 순서대로 미츠코시 백화점, 긴자 플레이스, 산아이 드림 센터(공사 중)가 사거리의 모퉁이를 하나씩 차지하며 길 양옆으로는 명품 브랜드 매장, 쇼핑몰 등이 화려한 외관으로 여행자를 맞는다. 역사가 깊은 동네라서 골목골목으로 들어가면 그 역사를 함께 한 노포가 많다. 주말과 공휴일 정오부터 저녁(4~9월 18:00, 10~3월 17:00)까지 긴자 추오도리는 차량이 들어올 수 없는 보행자 전용 도로가 된다.

🚶 ① 도쿄 메트로 긴자역 어느 출구로 나가도 연결 ② 도쿄 메트로 긴자잇초메역 7~9번 출구로 나오면 바로 🏠 www.ginza.jp

긴자욘초메의 랜드마크

'중앙대로'라는 뜻의 추오도리 중간쯤에 위치한 긴자욘초메 사거리에는 동서남북을 지키는 랜드마크가 있다.
오래된 건물과 지은 지 얼마 안 된 건물이 자연스레 어울려 긴자 특유의 분위기를 만들어낸다.
그중 서쪽에 자리한 산아이 드림 센터는 2027년 완공을 목표로 공사 중이다.
새롭게 바뀔 긴자욘초메 사거리를 기대하며 현재를 든든히 지키는 건물의 이야기를 살펴본다.

Since 1930

긴자의 백화점은 바로 여기
긴자 미츠코시 銀座三越　◯긴자 미츠코시

1673년에 에치고야越後屋라는 포목점으로 시작,
1904년에 미츠코시로 상호를 바꾼 일본 최초의 백
화점이다. 긴자점은 1980년에 개업했다. 본관과 신
관, 2동의 건물로 구성되며 긴자욘초메 사거리의 입
구로 들어가면 본관이다. B2~B3층의 식품관은 신주
쿠 이세탄 백화점과 함께 백화점 식품관 양대 강자
로 꼽힌다. 본관 B1층 안내 센터에서 외국인 여행자
게스트 카드를 만들 수 있다. 신관 7층에 면세 카운
터와 외국인 관광 안내 센터가 위치한다. 본관 8층에
시내 면세점, 9층에 옥상 정원이 있으며 신관 9·11·
12층에는 음식점이 모여 있다.

🚶 도쿄 메트로 긴자역 A7 출구에서 연결
📍 東京都中央区銀座4-6-16　🕙 10:00~20:00, 음식점은
시설마다 다름　❌ 1/1　📞 +81-3-3562-1111
🏠 www.mistore.jp/store/ginza.html

노와 드 브루 ノワ・ドゥ・ブール

고소한 버터 냄새에 이끌리는 피낭시에 전문점이다. 언제 방
문해도 기다리는 줄이 길다. 항상
갓 나온 피낭시에(249엔)를 맛
볼 수 있고 유료 포장 상자가
예뻐서 선물용으로 사가는
사람도 많다.

🚶 본관 B1층

Since 1932

긴자의 상징

와코 和光 🔍 와코 본관

1881년 작은 시계 수리점으로 시작
해 지금은 고급 백화점의 대명사가
되었다. 처음 건물은 간토 대지진 때
무너졌고, 현재 건물은 1932년에 다
시 지었다. 다른 백화점과 달리 시계
에 특화된 매장 구성을 보여준다. 본
관 옆에는 식료품 매장, 티 살롱 등
이 위치한 아넥스관이 있다.

🚶 도쿄 메트로 긴자역 B1 출구에서 연결
📍 東京都中央区銀座4-5-11
🕐 11:00~19:00 ❌ 연말연시
📞 +81-3-3562-2111
🏠 www.wako.co.jp

Since 2016

제조업 강국 일본을 만나다

긴자 플레이스 GINZA PLACE
🔍 긴자 플레이스

긴자의 정취를 해치지 않으면서 일
본의 기술을 전 세계에 알리는 역할
을 하는 공간. 1~2층은 닛산의 쇼룸
인 닛산 크로싱NISSAN CROSSING이
고, 4층부터 6층까지 소니 스토어와
갤러리가 입점해 있어 닛산과 소니
의 최신 제품을 가장 빠르게 만나볼
수 있다.

🚶 도쿄 메트로 긴자역 A4 출구에서 연결
📍 東京都中央区銀座5-8-1
🕐 닛산 크로싱 10:00~20:00,
소니 스토어·갤러리 11:00~19:00
🏠 ginzaplace.jp

긴자 식스 GINZA SIX ♀ 긴자 식스

1924년에 개업한 노포 백화점 마츠자카야松坂屋가 폐점한 자리를 채운 긴자의 랜드마크 중 하나다. B6층부터 13층까지 규모이며 뉴욕 현대 미술관을 설계한 건축가 다니구치 요시오谷口吉生가 설계했다. 1층부터 5층까지 천장이 시원하게 뚫려 있으며 공간감을 활용해 예술 작품을 전시, 주기적으로 교체한다. 개관 때는 구사마 야요이草間彌生의 작품을 전시했다. B2층 식품관에는 다양한 일본 위스키를 맛보고 구매할 수 있는 위스키 전문점 J.W.C 라이브러리J.W.C LIBRARY가 위치한다. 음식점이 모여 있는 13층의 계단을 이용하면 긴자에서 가장 넓은 옥상 정원인 긴자 식스 가든으로 올라갈 수 있다. B1층부터 5층까지에는 셀린느, 디올 등 명품 브랜드, 패션 잡화, 화장품, 라이프 스타일 매장이 주를 이룬다. 6층에 위치한 츠타야 서점은 예술, 일본 문화 관련 서적에 특화된 매장이다.

🚶 ① 도쿄 메트로 긴자역 A3 출구에서 도보 2분
② 도쿄 메트로·토에이 지하철 히가시긴자역 A1 출구에서 도보 3분
📍 東京都中央区銀座6-10-1
🕐 상점·카페 10:30~20:30, 음식점 11:00~23:00
📷 ginzasix_official 🏠 www.ginza6.tokyo

도쿄 미드타운 히비야 東京ミッドタウン日比谷

◯ 도쿄 미드타운 히비야

B4층부터 35층까지 규모의 빌딩으로 상업 시설이 입점해 있는 층은 B1층부터 7층까지다. 음식점과 패션 잡화, 라이프 스타일 매장이 각 층마다 위치한다. 그 중 3층에는 편집 숍 원엘디케이의 디렉터와 서점 유린도有隣堂가 프로듀싱한 책, 패션, 술, 음식이 만난 공간 히비야 센트럴 마켓이 있다. 6층 파크 뷰 가든에서는 히비야 공원과 코코까지 한눈에 내려다보인다. 입구 앞 광장에 고질라상이 있다.

🚶 ① 도쿄 메트로·토에이 지하철 히비야역에서 연결 ② 도쿄 메트로 유라쿠초역 지하에서 연결(도보 4분) ③ 도쿄 메트로 긴자역 지하에서 연결(도보 5분)
📍 東京都千代田区有楽町1-1-2
🕐 상점 11:00~20:00, 음식점 11:00~23:00
🏠 www.hibiya.tokyo-midtown.com

카부키자 歌舞伎座 ◯ 가부키자

카부키자는 일본의 전통극 카부키의 전용 극장이다. 카부키자가 처음 생긴 건 1889년. 화재와 전쟁 등의 이유로 여러 번 재건했고 지금 건물은 5대째로 2013년에 완공했다. 극장은 1층부터 3층까지 총 1,808석 규모. 재개장하면서 카부키를 잘 모르는 사람도 편하게 둘러볼 수 있는 공간을 마련했다. 의상, 소도구 등을 전시한 갤러리, 역대 카부키자의 모형을 볼 수 있는 회랑 등을 4~5층에 전시한다. 옥상 정원, 음식점, 기념품점도 있다.

🚶 도쿄 메트로·토에이 지하철 히가시긴자역 3번 출구에서 연결 📍 東京都中央区銀座 4-12-15 🕐 갤러리 10:30~18:00 📞 +81-3-3545-6800 🏠 www.kabuki-za.co.jp

세계 최대 규모 ······ ①
무인양품 긴자 無印良品 銀座 ♀무인양품 긴자

전 세계에서 가장 규모가 큰 무인양품 매장이다. 1층 식료
품 매장에는 원두 전문 코너와 빵집이 있다. 4층 파운드
무지FOUND MUJI 코너에서는 무인양품이 발견한 전 세계
의 좋은 상품을 소개 및 판매한다. 같은 층에 면세 카운터
가 있다. 6층에는 무지 호텔의 리셉션, 카페, 레스토랑, 책
방 무지 북스가 있다. 무지 호텔의 객실 내 모든 물품은 무
인양품 제품이며 공식 홈페이지를 통해서만 예약할 수 있
다. B1층의 음식점 무지 다이너MUJI Diner는 점심, 저녁, 카
페 메뉴가 다 다르다.

🚶 ① 도쿄 메트로 긴자역 B4 출구에서 도보 3분
② 도쿄 메트로 긴자잇초메역 5번 출구에서 도보 3분
③ JR 유라쿠초역에서 도보 5분 ♀ 東京都中央区銀座3-3-5
🕐 11:00~21:00 📞 +81-3-3538-1311
📷 muji_ginza 🏠 shop.muji.com/jp/ginza

긴자에서 가장 큰 슈퍼마켓 오픈 ······ ②
마로니에 게이트 긴자 2 マロニエゲート銀座2 ♀marronnier gate ginza 2

1~4층에는 유니클로의 플래그십 스토어가, 5층에는 유니클로의 자매 브랜드 지
유가 있다. 6층에는 다이소의 플래그십 스토어와 다이소가 운영하는 차별화된
저가 숍 스탠다드 프로덕츠Standard Products, 스리피THREEPPY가 입점해 있다.
B1~B2층에는 긴자에서 가장 규모가 큰 슈퍼마켓 오케이OK가 위치한다. 접근
성이 좋은데다 돈키호테, 드러그 스토어보다 저렴하게 식료품을 구매할 수 있고
면세가 가능해 여행자가 많이 찾는다. 저녁 시간에 많이 붐빈다.

🚶 ① 도쿄 메트로 긴자역 C8 출구에서 도보
3분 ② JR 유라쿠초역에서 도보 4분
♀ 東京都中央区銀座3-2-1マロニエゲート
銀座2 🕐 1~6층 11:00~21:00, 슈퍼마켓
08:30~21:30, 슈퍼마켓 면세 카운터 10:00~
21:00 ❌ 부정기

가장 일본적인 것을 세계로 ······③

토큐 플라자 東急プラザ ♀도큐 플라자 긴자

에도 시대의 전통 유리 세공법인 에도키리코江戸切子를 모티프로 한 외관이 눈에 띈다. 일본 국내에서만 만날 수 있는 브랜드의 매장이 주를 이루며 8~9층에는 롯데면세점이, B1층, 10~11층에는 음식점이 모여 있다. 11층에서 이어지는 옥상 정원에 올라가면 긴자와 유라쿠초 일대의 모습이 한눈에 들어온다.

긴자 銀座 🚶① 도쿄 메트로 긴자역 C2·C3 출구에서 도보 1분 ② 도쿄 메트로·토에이 지하철 히비야역 A1 출구에서 도보 2분 ③ JR 유라쿠초역에서 도보 4분
♀ 東京都中央区銀座5-2-1 ⏰ B1~9층 11:00~21:00(B2·10·11층 ~23:00)
📞 +81-3-3571-0109 🏠 ginza.tokyu-plaza.com

역시 홋카이도!
네무로 하나마루 根室花まる

네무로는 홋카이도의 동쪽 끝에 있는 바닷가 마을이고 네무로 하나마루는 홋카이도를 중심으로 매장을 운영하는 회전 초밥집이다. 접시 색깔마다 가격(165엔~)이 다르고 외국인도 많이 찾는 곳이라 외국어 안내와 메뉴판이 잘 갖춰져 있다. 회전 초밥집이지만 원하는 메뉴를 적어서 주면 그 자리에서 바로 초밥을 만들어주는 것도 장점. 항상 대기가 긴 편이라 평일 오후 3~4시쯤 방문하는 것을 추천한다. 기다릴 때는 문 앞에 있는 기계에서 QR코드가 있는 대기표를 꼭 뽑아야 한다.

긴자점 銀座店 🚶 10층 ⏰ 11:00~23:00, 1시간 전 주문 마감
📞 +81-3-6264-5736 🏠 www.sushi-hanamaru.com

긴자 이토야 銀座 伊東屋 ♀ 이토야 문구 긴자점

손으로 글을 쓰기보다는 키보드를 두드려서 쓰는 일이 많은 시대지만 아름다운 문구에 대한 수요는 여전히 유효하다. 이토야는 1904년에 문을 연 노포 문방구로 2015년에 12층 건물로 리뉴얼 오픈했다. 1층은 이토야의 자체 제작 상품과 계절 한정 상품, 2층은 편지지와 엽서, 3층은 만년필과 잉크, 8층은 각종 종이 등 층마다 특화된 구성을 선보인다. 채소를 수경 재배하는 11층, 그 채소로 요리하는 12층 카페는 지금까지 없던 특별한 시도다. 빨간 클립의 간판이 인상적인 본점의 뒷골목에 규모가 작은 K.이토야가 있다.

🏃 ① 도쿄 메트로 긴자역 A13 출구에서 도보 2분 ② 도쿄 메트로 긴자잇초메역 9번 출구에서 도보 1분
♀ 東京都中央区銀座2-7-15
🕐 10:00~20:00(일요일 ~19:00), 카페 11:30~21:00, 1시간 전 주문 마감
📞 +81-3-3561-8311 📷 itoya_official
🏠 www.ito-ya.co.jp

산리오월드 긴자 Sanrioworld GINZA
♀ sanrio world ginza

긴자에서 JR 유라쿠초역으로 가는 길목에 위치한 쇼핑몰 니시긴자NISHIGINZA 1~2층에 위치한다. 산리오 공식 캐릭터 상품을 파는 매장 중에서 가장 크다. 쇼핑몰 입구가 여러 개인데 1층 매장 바로 앞 입구에 헬로키티와 마이멜로디 조형물이 있다. 1층보다 2층 매장이 훨씬 넓고 헬로키티, 쿠로미, 마이멜로디, 폼폼푸린 등 산리오의 모든 캐릭터를 만날 수 있다. 계산은 각 층에서 따로 하며 면세 혜택을 받을 수 없다.

🏃 도쿄 메트로 긴자역 C7 출구에서 도보 3분
♀ 東京都中央区銀座4-1 先西銀座1~2F 🕐 11:00~20:00
📞 +81-3-3566-4040 🏠 www.sanrio.co.jp

단순히 의류점이 아니다 ⋯⋯⋯ ⑥
유니클로 ユニクロ ♀유니클로 긴자점

12층 규모로 전 세계 최대 규모의 매장이며 단순히 옷을 파는 공간이 아니라 유니클로의 정체성과 지향을 보여주는 공간이다. 12층을 오가며 쇼핑하는 게 번거롭긴 하지만 층마다 특색이 확실히 구경하는 맛이 있다. 1층에는 꽃가게 유니클로 플라워가 있고 12층에는 카페 유니클로 커피가 있다. 창가 자리에 앉으면 통유리를 통해 긴자 추오도리를 한눈에 내려다 볼 수 있으며 벽에는 유니클로의 역사에 관한 내용을 간단하게 전시해 놓았다. 11층은 그래픽 티셔츠 유티UT만 판매하는 층. 키무라야, 카페 드 람브르, 킷사 유, 카부키자 등 긴자를 대표하는 공간과 협업해 만든 옷, 가방, 소품을 판매한다.

긴자점 銀座店
- 🚶 도쿄 메트로 긴자역 A2 출구에서 도보 4분
- 📍 東京都中央区銀座6-9-5 ギンザコマツ東館
- 🕐 11:00~21:00
- 📞 +81-3-6252-5181
- 🏠 www.uniqlo.com/jp

이 정도로 '힙'할 수 있다니! ⋯⋯⋯ ⑦
도버 스트리트 마켓 긴자
DOVER STREET MARKET GINZA ♀도버 스트리트 마켓 긴자

꼼데가르송의 디자이너 가와쿠보 레이가 프로듀싱한 편집숍이다. 꼼데가르송의 모든 라인이 입점해 있고 수프림, 톰 브라운, 루이비통, 발렌시아가 등 유명 브랜드는 물론 일본 디자이너의 브랜드도 많이 입점해 있다. 건물 전체의 벽과 바닥이 흰색이고 디스플레이가 감각적이라 마치 현대 미술 전시관에 온 것 같다. 1층 디스플레이는 다양한 예술가, 또는 기업과 협업해 주기적으로 교체하기 때문에 언제 방문하더라도 새로운 모습이다. 스투시 등의 브랜드와 협업한 사진가 모리야마 다이도森山大道의 작품이 곳곳에 놓여 있다. 7층에 카페 로즈 베이커리가 있으며, 4층 연결 통로를 통해 유니클로 긴자와 이어진다.

- 🚶 도쿄 메트로 긴자역 A2 출구에서 도보 4분
- 📍 東京都中央区銀座6-9-5 ギンザコマツ西館
- 🕐 11:00~20:00
- 📞 +81-3-6228-5080
- 🏠 ginza.doverstreetmarket.com

맛, 가격 모두 잡은 오마카세 ······ ①
긴자 스시마사 銀座 鮨正 🔎 ginza sushimasa

츠키지 시장과 가까운 긴자에는 초밥집이 많다. 긴사 스시마사는 그 중에서도 맛과 가격 모두 만족스러운 곳. 점심시간에 방문하면 '오늘의 오마카세 초밥本日のおまかせ握り', '오마카세 런치おまかせランチ'를 4,950엔에 맛볼 수 있다. 초밥 세트는 초밥 11점, 절임 반찬, 일본식 된장국, 디저트가 나오고 런치 세트는 초밥 6점, 달걀말이, 회덮밥ばらちらし, 디저트가 나온다. 자리는 카운터와 룸 중에서 선택할 수 있다. 저녁 시간에는 서비스 요금 10%가 가산된다.

🚶 도쿄 메트로·토에이 지하철 히가시긴자역 4번 출구에서 도보 2분
📍 東京都中央区銀座5-14-5 光澤堂GINZAビルB1F 🕚 11:30~14:30, 17:00~22:30, 30분 전 주문 마감 ❌ 수요일 📞 +81-3-3541-5882 🏠 www.ginza-sushimasa.com

130년 역사를 자랑하는 ······ ②
긴자 텐쿠니 銀座 天國 🔎 긴자 텐쿠니

1885년에 작은 포장마차로 시작해 130년 넘게 사랑을 받아 왔다. 층마다 다른 방식으로 영업한다. 1층은 텐동, 튀김을 편하게 즐기는 텐쿠니, 2층은 눈앞에서 튀김을 튀겨 주는 카운터, 3층은 코스 요리를 내는 공간이다. 1층에서 점심시간에만 주문할 수 있는 오히루텐동お昼天丼(1,500엔)에는 새우, 오징어, 채소 튀김 등이 올라가며 튀김은 소스에 적셔 나오기 때문에 바삭하지 않다.

🚶 ① 도쿄 메트로·토에이 지하철 신바시역 1번 출구에서 도보 5분
② 도쿄 메트로 긴자역 A3 출구에서 도보 7분 📍 東京都中央区銀座 8-11-3 🕚 11:30~22:00(평일 런치 타임 ~15:00), 1시간 전 주문 마감
📞 +81-3-3571-1092 🏠 www.tenkuni.com

긴자 바이린 銀座梅林 ◯ginza bairin main shop

우리나라에 있는 지점이 방송에도 몇 번 나왔을 정도로 유명한 돈카츠 전문점.
1927년에 개업한 노포로 서울 지점도 맛있지만 역시 본점의 맛이 더 뛰어나다
는 평가가 지배적이다. 히레카츠나 로스카츠의 가격이 부담스럽다면 긴카츠 정
식銀カツ定食(2,500엔)을 시켜도 후회하지 않을 정도로 고르게 맛이 좋다. 모든
메뉴는 세트 구성으로 밥과 된장국, 절임 반찬이 함께 나온다. 포장이 가능한 히
레카츠 산도ヒレカツサンド(1,200엔) 역시 인기가 많다.

본점 本店

🚶 도쿄 메트로 긴자역 A2 출구에서 도보 3분
📍 東京都中央区銀座7-8-1 銀座梅林ビル B1F
🕐 11:30~20:00, 주문 마감 기준
❌ 1/1 📞 +81-3-3571-0350
🏠 www.ginzabairin.com

킷사 유 喫茶 YOU ◯킷사 유

1970년에 개업했으며 일본식 다방인 킷사텐喫茶店의 전
형을 보여주는 공간이다. 가장 인기 있는 메뉴는 이보다
더 부드러울 수 없는 오므라이스オムライス(세트 1,500엔).
케첩을 뿌린 달걀부침을 반으로 가르면 반숙된 달걀물이
스르르 흘러내린다. 오므라이스 외에도 나폴리탄 파스타,
카레 등도 맛있다는 평. 오므라이스의 달걀부침을 식빵
사이에 끼워먹는 샌드위치도 인기가 많다. 일본인, 외국인
모두에게 인기가 많은 집이라 보통 30분~1시간의 대기는
각오해야 한다. 오므라이스 등 몇몇 메뉴는 포장이 가능
하다. 현금 결제만 가능하다.

🚶 도쿄 메트로·토에이 지하철 히가시긴자역
3번 출구에서 도보 2분
📍 東京都中央区銀座4-13-17 高野ビル 1~2F
🕐 11:00~16:00, 30분 전 주문 마감
❌ 수요일
📞 +81-3-6226-0482

카페 드 람브르 カフェ ド ランブル

🔍 카페 드 람브르 긴자

1948년에 문을 연 이래 다른 메뉴는 팔지 않고 오로지 커피 하나만 고집해왔다. 원두 종류와 배합에 따라 수십 가지 커피 메뉴가 있으며 가격(900엔~)도 천차만별이다. 한 잔당 1만 원이 넘는 커피도 많다. 우리나라에서는 쉽게 볼 수 없는 융 드립으로 커피를 내리는데, 카운터에 앉아 바리스타의 능숙한 손놀림을 보고 있으면 절로 감탄하게 된다. 빵, 케이크 등은 없지만 커피 젤리(1,000엔) 등 커피를 활용한 달콤한 맛의 메뉴는 있다. 원두만 구매할 수도 있으며 100g 단위로 판매한다.

🚶 ① 도쿄 메트로 긴자역 A3 출구에서 도보 6분
② 도쿄 메트로 신바시역 1번 출구에서 도보 5분
📍 東京都中央区銀座8-10-15
🕐 12:00~21:00(일요일 ~19:00), 30분 전 주문 마감
❌ 월요일 📞 +81-3-3571-1551
🏠 www.cafedelambre.com

센트레 더 베이커리 CENTRE THE BAKERY

🔍 센트레 더 베이커리

조연 취급받기 일쑤인 식빵이 당당히 주연으로 등장한다. 대표 메뉴는 일본, 미국, 영국 식빵을 비교해서 먹어보는 센트레 토스트 세트. 식빵 2장 기준 A세트(잼 1,540엔), B세트(버터 1,320엔), C세트(잼+버터 1,870엔)로 나뉜다. 잼이나 버터를 추가할 수 있고, 드롱기, 발뮤다 등 여러 브랜드의 토스터기 중 원하는 제품을 골라 써볼 수 있다. 세트 음료는 우유 또는 아이스티 중 선택 가능하다. 일본 식빵은 굽지 않고, 미국 식빵은 그냥 먹어도 구워 먹어도 좋고, 영국 식빵은 바삭하게 구워야 맛있다고 안내한다. 프렌치토스트, 샌드위치 등의 메뉴도 있다. 카페와 베이커리 줄이 다르니 헷갈리지 않도록 신경 쓰자.

🚶 ① 도쿄 메트로 긴자잇초메역 3번 출구에서 도보 2분
② 도쿄 메트로 유라쿠초역 D9 출구에서 도보 2분
📍 東京都中央区銀座1-2-1 東京高速道路紺屋ビル
🕐 베이커리 10:00~19:00(일요일 ~18:00), 카페 09:00~19:00, 1시간 전 주문 마감 ❌ 화요일 📞 +81-3-3562-1016
📷 centre_the_bakery

라멘계의 뉴웨이브 ⋯⋯⋯ ⑦
무기토오리브 むぎとオリーブ
📍무기토오리부 긴자점

라멘 전문점 최초로 미쉐린 빕구르망에 선정되었다. 조개와 닭고기로 육수를 내어 국물이 깔끔해 호불호가 크게 갈리지 않는다. 차슈 역시 기름기가 거의 없이 담백한 편. 대표 메뉴는 대합으로 육수를 우린 타이라기 소바蛤SOBA(1,700엔)다. 테이블에 비치된 올리브유는 국물에 넣어 먹거나 면만 따로 덜어 뿌려 먹는다.

🚶 도쿄 메트로 긴자역 A1 출구에서 도보 5분 ⏺ 東京都中央区銀座6-12-12 銀座ステラビル ⏰ 11:00~15:30, 17:30~21:30, 주문 마감 기준 ❌ 수요일 📞 +81-3-3571-2123

대문호도 사랑한 맛 ⋯⋯⋯ ⑧
쿠야 空也 📍쿠야

1884년 개업해 5대째 전통 과자를 만들고 있다. 나츠메 소세키는 겨울에만 판매하는 떡 쿠야모치空也餅를 좋아했고 소설 《나는 고양이로소이다》에도 관련 내용이 나온다. 가장 유명한 메뉴는 홋카이도산 팥이 들어간 모나카(10개입 1,200엔). 전화 예약을 받고 남은 수량만 현장 판매하기 때문에 미리 예약하는 것을 추천한다. 당일 생산, 당일 판매가 원칙이며 상온에서 일주일 동안 보관할 수 있다.

🚶 도쿄 메트로 긴자역 B3 출구에서 도보 3분 ⏺ 東京都中央区銀座6-7-19 ⏰ 10:00~17:00(토요일 ~16:00) ❌ 일요일·공휴일 📞 +81-3-3571-3304 📷 kuya.tokyo 🏠 www.sorairo-kuya.jp/view/page/aboutkuya

역사를 써내려가는 고풍스런 다방 ⋯⋯⋯ ⑨
트리콜로레 トリコロール 📍토리코로루

1936년 개업 이래로 오래도록 긴자를 지켜온 다방이다. 붉은 벽돌로 된 2층 건물의 내외부 모두 고풍스럽다. 직원이 빈자리로 안내해주며 2층이 좀 더 넓다. 융 드립으로 내린 안티크 블렌드 커피(1,070엔)와 애플파이(710엔, 커피 세트 1,630엔)가 인기가 많다. 오전 11시 30분까지 저렴한 모닝 세트 메뉴를 제공한다. 휴무는 인스타그램에 공지한다.

본점 本店 🚶 도쿄 메트로 긴자역 A3·A4 출구에서 도보 3분 ⏺ 東京都中央区銀座5-9-17 ⏰ 08:00~19:00(2층 11:30~), 30분 전 주문 마감 📞 +81-3-3571-1811 📷 tricolore_honten 🏠 www.tricolore.co.jp/ginza_trico

시오팡야 팡 메종 塩パン屋 pain·maison
📍 팡 메종 긴자점

소금빵을 처음 만든 팡 메종의 도쿄 지점 중 한 군데. 기본 소금
빵은 120엔, 그 외에 시오 멜론빵, 시오 앙버터 등의 종류가 있다.
무작정 줄을 서는 게 아니라 입구에 있는 안내판의 QR코드를 읽
어 대기 번호를 받는다. 홈페이지를 통한 원격 등록도 가능하다.
아사쿠사 쪽에도 지점이 있는데 긴자점보다 한산한 편이다.

긴자점 銀座店 🚶 도쿄 메트로·토에이 지하철 히가시긴자역
A7 출구에서 도보 4분 📍 東京都中央区銀座2-14-5 第27中央ビル1
🕐 08:30~19:00 ❌ 화요일 📞 +81-3-6264-0679
📷 shiopan_maison 🏠 shiopan-maison.com

긴자 키무라야 銀座 木村家 📍 긴자 기무라야

일본에서 처음으로 단팥빵을 만들어 팔기 시작했다. 1869년
창업 당시부터 주종酒種을 이용해 빵을 발효시켰고 홋카이도산
팥만 사용하는 등 일본인의 입맛에 맞는 빵을 개발해왔다. 기
본 단팥빵酒種あんぱん(220엔) 말고도 밤 앙금, 크림치즈 등 안
에 들어가는 재료는 다양하다. 1층은 빵집, 2층은 카페,
3~4층은 레스토랑으로 영업시간이 모두 다르다.

🚶 도쿄 메트로 긴자역 A9 출구에서 도보 1분
📍 東京都中央区銀座4-5-7 🕐 빵집 10:00~20:00
❌ 12/31~1/1 📞 +81-3-3561-0091
🏠 www.ginzakimuraya.jp

본겐 커피 도쿄 긴자
BONGEN COFFEE Tokyo Ginza 📍 본겐 커피 도쿄 긴자점

도심 한복판임을 잊게 하는 차분하고 고요한 실내 분위기 덕분
에 온전히 커피 한잔에 집중할 수 있다. 4~5명이 앉으면 꽉 찰
정도로 좁은 카페지만 커피 메뉴는 충실하게 갖춰져 있다. 핸드
드립뿐만 아니라 에스프레소 베이스 음료(라테 760엔
~)도 원두 종류를 선택할 수 있다.

🚶 도쿄 메트로·토에이 지하철 히가시긴자역
A7 출구에서 도보 6분 📍 東京都中央区銀座2-16-3
🕐 10:00~19:00 📞 +81-3-6264-3988
📷 ginza_bongen 🏠 bongen-shirafushi-coffee.com

세계 최대의 수산물 시장, 츠키지 장외 시장

築地場外市場

'도쿄의 부엌'이라 불리던 츠키지 시장이 2018년 10월 도쿄만의 간척지인 토요스豊洲로 이전했다. 츠키지 시장은 원래 도매 거래를 주로 하던 장내 시장과 소매, 음식점이 모인 장외 시장으로 나뉘어 있었다. 경매나 참치 해체 등을 볼 수 있던 공간인 장내 시장이 이전해 현재는 토요스 시장으로 불리고 장외 시장은 여전히 긴자에서 걸어갈 수 있는 그 자리를 지키며 손님을 맞이한다.

🚶 도쿄 메트로 츠키지역 모든 출구에서 도보 5분

시장은 언제 가면 좋을까?

새벽 서너 시부터 나와 일하던 도매상들의 모습은 이제 볼 수 없지만 츠키지 장외 시장의 하루는 여전히 이른 아침부터 시작한다. 아침 6시부터 슬슬 문을 열기 시작해 10시 정도면 가장 북적이고 점심시간이 지나면 파장 분위기. 따라서 아침 일찍부터 서두르기를 추천한다. 매주 수요일, 일요일은 휴무인 가게가 많기 때문에 피하는 것이 좋다. 참고로 토요스 시장의 음식점은 보통 새벽 5시에 문을 열고 인기 있는 음식점은 새벽 4시부터 대기를 하는 경우도 있다.

기다림의 가치가 있는 오마카세

슈토쿠 원조 秀德 元祖 📍 shutoku ganso

카운터 9석의 작은 가게. 골목 안쪽에 있어 쉬이 찾기도 어려운데 오픈 전부터 줄을 선다. 2명의 장인이 최대 10명의 손님에게 정성껏 초밥을 쥐어준다. 점심시간에는 4,500엔, 6,500엔, 8,500엔 등 3종류의 코스가 있다. 오마카세를 먹으면 보통 1시간 정도 지나기 때문에 오픈 후에 줄을 서면 무조건 1시간 이상 기다린다. 따라서 오픈 30분 전쯤 대기를 추천한다.

📍 東京都中央区築地4-14-16 🕐 11:00~15:00, 17:00~22:30, 30분 전 주문 마감 ❌ 수요일 📞 +81-3-3541-4015
🏠 www.shu-toku.com

아침부터 술 한잔

슈비두바 酒美土場 📍 shubiduba

내추럴 와인, 수제 맥주, 발효 식품을 파는 작은 식료품점이다. 앉아서 마실 수 있는 공간은 없지만 가판을 내놓고 잔술을 판매한다. 서늘해지면 우리의 감주와 비슷한 아마자케甘酒를 맛볼 수 있다. 따듯하게 데운 아마자케는 알코올 도수가 매우 낮아 시장 구경하며 마시기 좋다.

📍 東京都中央区築地4-14-18 妙泉寺ビル 🕐 09:00~18:00
❌ 수요일 📞 +81-3-3541-1295 📷 shubiduba.tsukiji
🏠 shubiduba.tokyo

밥보다 많은 참치
시겐 海玄  시겐 도쿄

흰쌀밥 위에 참치의 다양한 부위가 듬뿍 올라간 '궁극의 참치덮밥究極の海玄まぐろ丼 (4,000엔)'을 맛볼 수 있다. 덮밥을 주문하면 맑은 국물, 참치조림, 간 참마가 함께 나온다. 테이블에 비치된 스프레이 통에 담긴 간장을 밥 위에 올라간 참치에 직접 뿌려 먹으면 된다. 궁극의 참치덮밥 외에 참치가 들어간 다른 덮밥 종류도 다양하다. 오픈 전부터 대기 줄이 생기며 기다리는 동안 메뉴판을 나눠주고 주문을 받기 때문에 음식은 빨리 나온다.

🏃 도쿄 메트로 츠키지역 1번 출구에서 도보 6분
📍 東京都中央区築地 4-13-8 ソラシアビル
🕐 10:00~15:00, 30분 전 주문 마감
❌ 수·목요일(공휴일인 경우 점심만 영업)
📞 +81-3-6260-4808
🏠 seagen.tokyo

폭신하고 달달한 달걀말이
마루타케 丸武 마루타케

달걀 초밥에 올라가는 폭신하고 달콤한 달걀말이(150엔)를 테이크아웃으로 판매한다. 간식으로 먹기 딱 좋은 양이다. 만드는 속도가 빨라 줄이 길어도 금방 줄어드는 편이다. 현금 결제만 가능하다.

🏃 도쿄 메트로 츠키지역 1번 출구에서 도보 6분
📍 東京都中央区築地4-10-10 🕐 월~토요일 04:00~14:30, 일요일 08:30~14:00 ❌ 공휴일, 1·8월의 일요일
📞 +81-3-3542-1919 🏠 www.tsukiji-marutake.com

츠키지 시장에서 가장 유명한
키츠네야 きつねや 호르몬 니코미 키츠네야

호르몬동은 푹 삶은 소 내장이 올라간 덮밥으로 호불호가 갈리는 메뉴 중 하나. 키츠네야의 호르몬동(900엔) 양념은 짜장 소스와 비슷한 맛이 난다. 매콤한 시치미를 뿌려 먹어도 좋다. 정오 이전에는 대기 줄이 굉장히 길고 앉을 자리가 거의 없다. 현금 결제만 가능하다.

🏃 도쿄 메트로 츠키지역 1번 출구에서 도보 6분
📍 東京都中央区築地4-9-12 🕐 06:30~13:30
❌ 수·일요일 📞 +81-3-3545-3902 📷 tsukiji_kitsuneya

태평양을 향해 열린
시오도메
汐留

시오도메는 이름 그대로 바닷물(汐)이
머무는(留) 곳이다. 바다를 메워 만든 땅은
과거에는 도쿄의 현관이었고 지금은
초고층 빌딩이 들어선 비즈니스 센터가 되었다.

이동 방법

시오도메역은 토에이 지하철 오에도선과 유리카모메가
지나간다. 신바시역에서 걸어서 약 10분, 긴자역에서 걸어
서 약 20분 정도 걸린다. 열차를 기다리는 시간 등을 고려
하면 지하철을 타든 걷든 소요 시간에 큰 차이는 없다. 시
오도메는 긴자와 오다비아 사이에 위치하기 때문에 두 지
역과 함께 묶어서 일정을 짜면 효율적이다.

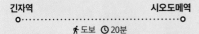

긴자역 ··· 시오도메역

🚶 도보 🕐 20분

육지 끝에 위치한 정원
하마리큐 정원 浜離宮恩賜庭園 ♀하마리큐 은사정원

도쿄 도내에서 유일하게 바닷물이 들어와 연못을 이루는 정원이다. 이 자리는 원래 쇼군 가문의 매 사냥터였고 17세기 중반 바다를 매립해 저택을 지으며 정원을 가꾸기 시작했다. 지진, 전쟁 등으로 옛 건물은 많이 소실되었다. 유채꽃이 피는 2월 중순에서 3월 중순까지의 한 달 가량이 가장 아름답다.

🚶 토에이 지하철 시오도메역 5·6번 출구에서 도보 7분 ♀東京都中央区浜離宮庭園1-1
🕐 09:00~17:00, 30분 전 입장 마감
✖ 12/29~1/1 ¥ 300엔
📞 +81-3-3541-0200

오다이바가 한눈에!
카렛타 시오도메 스카이 뷰
カレッタ汐留 SKY VIEW ♀caretta shiodome sky view

일본 최고의 광고 회사인 덴츠 본사 46~47층에 있는 전망 로비다. 대부분 음식점이 점유하고 있어 무료 전망대의 면적은 좁은 편이지만 오다이바가 매우 잘 보인다. B2층에서 엘리베이터를 이용해 올라갈 수 있다.

🚶 토에이 지하철 시오도메역에서 연결
♀東京都港区東新橋1-8-1 カレッタ汐留電通本社ビル 46~47F
🕐 11:00~23:00

미야자키 하야오가 설계한
니혼 티브이 대형 시계 日テレ大時計

일본의 민영 방송국 중 하나인 니혼 티브이의 본사 2층에 있는 대형 시계. 미야자키 하야오宮崎駿 감독이 설계했다. 매일 정해진 시각(12:00, 13:00, 15:00, 18:00, 20:00, 주말 10:00 추가)이 되면 시계가 움직이는데 마치 지브리 애니메이션의 한 장면을 보는 것 같다.

🚶 토에이 지하철 시오도메역에서 지하보도를 이용해 도보 1분
♀東京都港区東新橋1-6-1

AREA ···· ⑧

바닷바람에 실려 오는 낭만

오다이바 お台場

#자유의 여신상 #데이트 명소
#해변 공원 #건담 #레인보 브릿지

오다이바는 원래 외국 함대로부터 에도를 지키기 위해 설치한
포대砲臺였다. 세월이 흘러 이제는 도심의 혼잡을
개선하는 부도심이자 도쿄에서 가장 낭만적인 데이트 장소가
되었다. 반짝반짝 빛나는 레인보 브리지와 자유의 여신상,
살랑살랑 불어오는 바닷바람은 도쿄의 다른 곳에서는 만날 수
없는 오다이바만의 매력이다.

오다이바
여행의 시작

오다이바

레인보 브리지를 건너 오다이바에 도착하면 도쿄 빅 사이트를 제외한 대부분의 볼거리는
전부 걸어서 구경할 수 있다. 도심과 오다이바 사이를 오갈 때, 오다이바 안에서 이동할 때 가장 유용한
교통수단은 운전사 없이 컴퓨터 제어 시스템으로 운행하는 경전철인 유리카모메다. JR과 도쿄 메트로 신바시역 근처에
유리카모메 신바시역이 있다. 도쿄 임해 고속철도 린카이선도 오다이바를 지나가지만 유리카모메보다 활용도가 떨어진다.

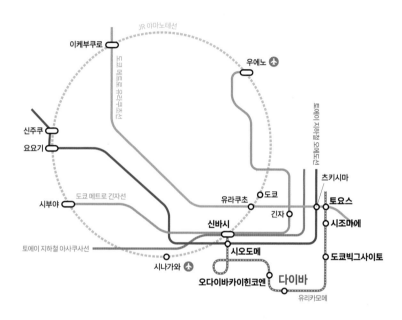

**유리카모메에서
어떤 역을 이용할까?**

- **신바시역** 新橋駅 ▶ 유리카모메 기점, JR·도쿄 메트로·토에이 지하철 신바시역
- **시오도메역** 汐留駅 ▶ 토에이 지하철 시오도메역
- **오다이바카이힌코엔역** お台場海浜公園駅 ▶ 자유의 여신상, 오다이바 해변 공원,
  덱스 도쿄 비치
- **다이바역** 台場駅 ▶ 자유의 여신상, 오다이바 해변 공원, 후지 티브이 본사,
  덱스 도쿄 비치, 아쿠아 시티 오다이바, 다이버시티 도쿄 플라자
- **시조마에역** 市場前駅 ▶ 토요스 시장, 토요스 센캬쿠반라이
- **토요스역** 豊洲駅 ▶ 유리카모메 종점, 도쿄 메트로 토요스역

유리카모메를 타고 즐기는 오다이바 여행

유리카모메는 신바시역에서 토요스역까지 총 16개 역, 14.7km를 달리는 노선이다. 여행의 기점이 되는 유리카모메 신바시역은 JR 신바시
역에서 도보 1분 거리에 있다. 유리카모메의 기본요금은 190엔이고 역을 2개 지날 때마다 요금이 올라간다. 하루 종일 제한 없이 승하차가
가능한 1일 승차권 P.121의 가격은 820엔이다. 신바시역과 오다이바의 명소가 대부분 모여 있는 다이바역 사이의 왕복 요금은 660엔. 다이
바역에서 내린 후 모든 명소를 걸어서 둘러본다면 굳이 1일 승차권을 구매할 필요는 없다. 하지만 오다이바 내에서 유리카모메를 한 번 더
타서 이동한다면 1일 승차권을 사는 게 이득이다.

오다이바
추천 코스

자유의 여신상, 레인보 브릿지와 어우러지는 도심의 모습은 다른 어디에서도 볼 수 없는 오다이바만의 특별한 풍경이다. 특히 해가 질 때와 야경이 아름다우니 오다이바 일정은 가능하면 오후부터 저녁으로 잡는 것을 추천한다. 오다이바를 대표하는 명소였던 팔레트 타운과 오에도 온천이 사라지고 2024년 2월 토요스에 새로운 복합 시설이 들어서며 빈자리를 메웠다. 두 구역을 묶어서 일정을 짜도 좋다.

🕐 **소요 시간** 4시간~

💰 **예상 경비** 입장료 800엔 + 식비 약 3,000엔 + 쇼핑 비용 = 총 3,700엔~

✅ **참고 사항** 오다이바 내의 각종 복합 시설의 영업시간을 확인하자. 식사는 복합 시설 내의 음식점에서 해결하는 게 가장 좋다. 덱스 도쿄 비치에 있는 도쿄 조이폴리스를 방문할 예정이라면 오다이바에서 보내는 시간을 넉넉하게 잡는 게 좋다. 추천 일정대로 움직인다면 유리카모메 1일 승차권이 필요 없고 토요스까지 둘러볼 예정이라면 구매를 추천한다.

자유의 여신상

다이바

START

도보 3분

후지 티브이 본사(전망대)
P.316

도보 10분

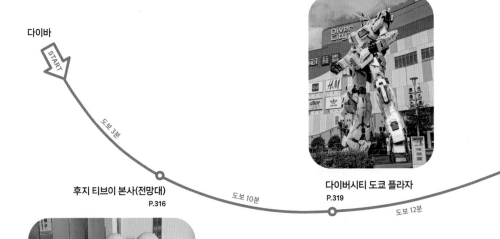

다이버시티 도쿄 플라자
P.319

도보 12분

오다이바와 함께 들르기 좋은 복합 시설

2024년 2월 토요스 시장 근처에 복합 시설 토요스 센캬쿠반라이豊洲 千客万来가 오픈했다. 에도 시대의 거리를 재현한 상점가, 음식점, 온천 시설 도쿄토요스 만요 클럽東京豊洲 万葉倶楽部이 위치한다. 만요 클럽 7층의 무료 족욕탕에서 도쿄만 너머의 도심을 바라보며 족욕을 즐길 수 있다.

🏠 www.toyosu-senkyakubanrai.jp

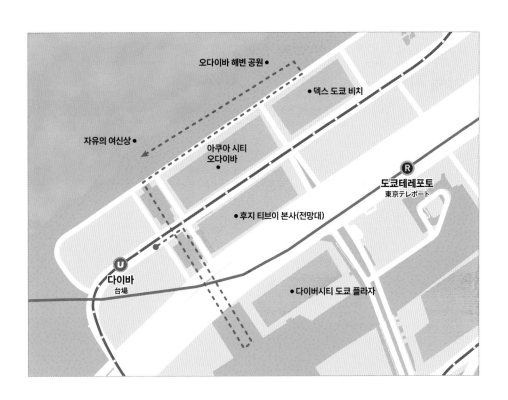

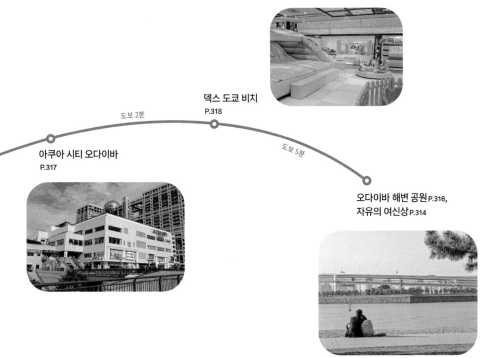

덱스 도쿄 비치
P.318

도보 2분

아쿠아 시티 오다이바
P.317

도보 5분

오다이바 해변 공원 P.316,
자유의 여신상 P.314

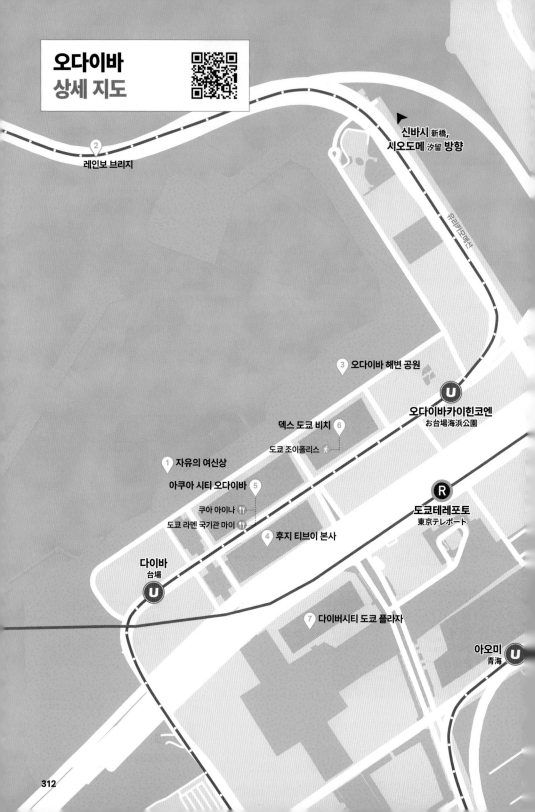

오다이바
상세 지도

② 레인보 브리지

▶ 신바시 新橋,
시오도메 汐留 방향

③ 오다이바 해변 공원

U 오다이바카이힌코엔
お台場海浜公園

⑥ 덱스 도쿄 비치
도쿄 조이폴리스 🚶

① 자유의 여신상

아쿠아 시티 오다이바 ⑤
쿠아 아이나 🍴
도쿄 라멘 국기관 마이 🍴

④ 후지 티브이 본사

R 도쿄테레포토
東京テレポート

다이바
台場
U

⑦ 다이버시티 도쿄 플라자

아오미
青海 **U**

시조마에 市場前,
토요스 豊洲 방향

0   100m

린카이선

U
도쿄빅그사이토
東京ビッグサイト

도쿄 빅 사이트 8

도쿄와도 썩 잘 어울리는 ······ ①

자유의 여신상 自由の女神像
♀ 오다이바 자유의 여신상

"도쿄에 자유의 여신상이?" 솔직히 조금 뜬금없지만 막상 가서 보면 도쿄의 풍경과 썩 잘 어울린다. 오다이바에 있는 자유의 여신상은 파리에 있는 자유의 여신상의 복제품이다. 1998년 '프랑스의 해'를 맞아 센강의 '백조의 섬'에 있던 자유의 여신상을 가져와 1년 동안 전시했고, 반환을 아쉬워한 일본에서 파리시의 허가를 받아 복제품을 제작했다. 뉴욕 자유의 여신상과 비교했을 때 약 7분의 1 크기다. 2000년부터 이 자리를 지키고 있는 자유의 여신상은 이제 명실상부한 오다이바의 상징이다.

🚶 유리카모메 오다이바카이힌코엔역 또는 다이바역에서 도보 4분

무지개색으로 빛나는 다리 ⸺ ②
레인보 브리지

レインボーブリッジ ○ 레인보우 브리지

도쿄 도심과 오다이바를 잇는 다리로 1993년에 완공되었다. 오다이바 쪽에서 바라보는 레인보 브리지의 모습도 아름답고, 이 다리에서 바라보는 도쿄 도심과 오다이바의 풍경 역시 특별하다. 보통 유리카모메를 타고 건너지만 산책로도 마련되어 있으니 시간 여유가 있다면 한번 걸어보자. 산책로 길이는 약 1.7km이며 편도 약 20분 정도 걸린다. 차도와 완전히 분리되어 있어 안전하게 건널 수 있다. 후지 티브이 본사 전망대, 자유의 여신상 앞에서 레인보 브리지가 가장 잘 보인다.

🚶 유리카모메 시바우라후토역芝浦ふ頭駅 동쪽 출구에서 산책로 입구까지 도보 7분
🕐 산책로 개방 4~10월 09:00~21:00, 11~3월 10:00~18:00, 30분 전 입장 마감
❌ 산책로 폐쇄 셋째 월요일(공휴일인 경우 통행 가능)

레인보 브리지

자유의 여신상

시시각각 다른 얼굴을 보여주는 ……… ③

오다이바 해변 공원 お台場海浜公園 ♀오다이바 해변 공원

레인보 브리지를 건너면 가장 먼저 만나게 되는 시설이 바로 이 공원이다. 규모는 작지만 인공 해변, 샤워실과 물품 보관함까지 있어 마음만 먹으면 도쿄 한복판에서 해수욕을 즐길 수 있다. 하지만 오다이바 해변 공원의 백미는 이곳에서 바라보는 도쿄 도심과 바다 풍경이다. 일몰과 야경이 특히 아름답다. 아사쿠사와 오다이바 사이를 오가는 수상버스 정류장도 오다이바 해변 공원에 있다.

🚶 유리카모메 오다이바카이힌코엔역
또는 다이바역에서 도보 4분
📍 東京都港区台場1-4
📞 +81-3-5500-2455
🏠 www.tptc.co.jp/park/01_02

거대한 구체 전망대가 독특한 ……… ④

후지 티브이 본사 フジテレビ本社
♀후지 티브이 본사 빌딩

다이바역 밖으로 나오면 가장 먼저 눈에 띄는 거대한 건물로 마치 SF 영화에 나올 법한 외관이다. 일본 최대 민영 방송국인 후지 티브이의 본사 건물로 도쿄 도청을 설계한 단게 겐조가 설계했다. 여행자가 자유롭게 견학할 수 있는 공간은 1층 로비, 5층 후지 티브이 갤러리 숍, 7층 후지 티브이 숍, 25층 구체 전망대 '하치타마はちたま'다. 옥외 에스컬레이터를 타고 7층으로 올라가면 전망대 매표소가 나온다. 레인보 브릿지와 도심의 빌딩 숲이 만들어내는 야경이 아름다운데 운영 시간이 짧아 해가 일찍 지는 한겨울에만 그 풍경을 볼 수 있다.

🚶 유리카모메 다이바역에서 도보 3분
📍 東京都港区台場2-4-8
🕐 상점·전망대 10:00~18:00, 전망대 30분 전 입장 마감
❌ 월요일(공휴일인 경우 다음 날 휴무)
💴 전망대 일반 800엔, 초등·중학생 500엔
🏠 www.fujitv.com/ja/visit_fujitv

오다이바 최고의 입지 ······ ⑤

아쿠아 시티 오다이바 アクアシティお台場 ♀아쿠아시티 오다이바

후지 티브이와 자유의 여신상, 힐튼 도쿄 오다이바, 그랜드 닛코 도쿄 다이바 호텔까지 걸어서 1분이면 갈 수 있는, 최고의 명당에 자리한 쇼핑몰이다. 1층에는 영유아용품부터 아동용품까지 없는 게 없는 토이저러스·베이비저러스トイザらス·ベビーザらス가 있다. 3층에는 라코스테, 오니츠카타이거, 뉴발란스 등 각종 패션 잡화 브랜드가 입점해 있다.

🚶 유리카모메 다이바역에서 도보 1분
📍 東京都港区台場1-7-1
🕐 상점·푸드코트 11:00~21:00,
식당가 11:00~23:00
📞 +81-3-3599-4700
🏠 www.aquacity.jp

도쿄에서 맛보는 하와이 햄버거
쿠아 아이나 KUA AINA

하와이 오아후섬 북쪽의 작은 마을 할레이바Haleiwa에서 탄생한 햄버거가게. 1호점인 아오야마점을 시작으로 일본에 30개 이상의 매장을 운영한다. 메뉴는 햄버거(단품 990엔~), 샌드위치, 팬케이크 등 다양하다. 아쿠아시티 오다이바점에서는 자유의 여신상, 레인보 브리지, 도쿄의 마천루를 감상하며 식사할 수 있다.

🚶 4층 🕐 11:00~22:00(금·토요일 ~23:00), 1시간 전 주문 마감
📞 +81-3-3599-2800 🏠 www.kua-aina.com

전국 라멘 열전
도쿄 라멘 국기관 마이 東京ラーメン国技館 舞

일본 전국의 유명 라멘집이 아쿠아 시티 오다이바에 한데 모였다. 각 가게의 대표 메뉴는 물론 이곳에서만 먹을 수 있는 한정 메뉴도 있다. 도쿄, 카나가와, 카나자와, 하카타, 카와고에, 삿포로 등 6개의 도시에서 온 매장이 입점해 있고 홋카이도에서 온 미소 라멘 전문점 삿포로 미소 노札幌 みその가 가장 인기가 많다.

🚶 5층 🕐 11:00~23:00

덱스 도쿄 비치 DECKS Tokyo Beach

🔍 덱스 도쿄 비치

얼핏 보면 평범한 쇼핑몰 같지만 자세히 들여다보면 온갖 엔터테인먼트 시설로 가득 찬 공간이다. 두 동의 건물로 이루어져 있으며 그중 시사이드 몰SEASIDE MALL에는 세가에서 만든 실내형 테마파크인 도쿄 조이폴리스, 1950년대 도쿄 거리 모습을 재현한 다이바 잇초메 상점가가 있다. 아일랜드 몰ISLAND MALL 3층에는 규모가 꽤 큰 키즈 카페가 있고 6층에는 마담 투소와 레고랜드 디스커버리 센터(둘 다 입구는 3층)가 있다. 3~5층에 두 건물의 연결 통로가 있다.

🚶 ① 유리카모메 오다이바카이힌코엔역에서 도보 2분
② 유리카모메 다이바역에서 도보 6분 📍東京都港区台場
1-6-1 🕐 상점 11:00~20:00(주말 ~21:00),
음식점 11:00~23:00 📞 +81-3-3599-6500
🏠 www.odaiba-decks.com

일본 최대 규모의 실내 테마파크
도쿄 조이폴리스 東京ジョイポリス

파란색 고슴도치 캐릭터 소닉으로 잘 알려진 게임 제작사 세가에서 운영하는 실내 테마파크. 시사이드 몰 3층에 있는 입구로 들어가면 생각보다 큰 규모에 깜짝 놀란다. 입장권만 끊고 들어왔다면 어트랙션을 탈 때마다 돈을 낸다. 어트랙션 요금은 700~1,000엔. 홈페이지에서 실시간 대기 상황을 알 수 있다. 놀이기구에 탑승한 채 가만히 있는 게 아니라 뛰고 던지고 쏘는 등 몸을 움직이며 즐긴다. 내부에 카페, 기념품점 등이 있다.

🚶 시사이드 몰 3층 🕐 11:00~20:00(주말 ~21:00)
💴 입장권 일반 1,200엔, 학생 900엔, 자유이용권 일반 5,500엔,
학생 4,500엔 📞 +81-3-5500-1801 🏠 tokyo-joypolis.com

다이버시티 도쿄 플라자
DiverCity TOKYO Plaza
📍 다이버시티 도쿄프라자,
실물 크기 유니콘 건담

오다이바에 있는 여느 상업 시설과 크게 다를 바 없지만 2층 페스티벌 광장에 있는 등신대 크기의 건담이 다이버시티 도쿄 플라자를 특별하게 만든다. 오다이바에 건담이 나타난 건 2012년. 2009년부터 시작된 건담 30주년 기념 프로젝트의 일환이었다. 2017년 건담이 철거된 후 많은 이가 아쉬워했는데, 2020년 도쿄 올림픽을 앞두고 도쿄를 방문하는 이들에게 색다른 추억을 선사하고 지역 경제 활성화에 이바지하고자 '유니콘 건담'의 등신대가 그 빈자리를 채웠다. 첫 번째 건담 'RX 782' 모델보다 더 높아진 19.7m의 유니콘 건담은 기체가 하얀색이고 머리엔 유니콘의 뿔과 닮은 뿔이 달려 있다. 공식 사이트(www.unicorn-gundam-statue.jp)에서 건담의 변신 시간과 이벤트를 확인할 수 있다.

🚶 유리카모메 다이바역에서 도보 5분 📍 東京都江東区青海1-1-10
🕐 상점 11:00~20:00(주말 ~21:00), 푸드코트 11:00~21:00(주말 ~22:00),
음식점 11:00~22:00 🏠 mitsui-shopping-park.com/divercity-tokyo

도쿄 빅 사이트 TOKYO BIG SITE
📍 도쿄 빅 사이트

일본에서 제일 큰 컨벤션 센터로 2020년 올림픽을 앞두고 대대적인 확장 공사를 마쳤다. 도쿄 빅 사이트에 사람이 가장 몰리는 행사는 매년 8월과 12월에 개최되는 세계 최대 만화, 애니메이션 행사 중 하나인 코믹 마켓, 일명 코미켓comiket이다. 행사 기간 중 50만 명 이상이 행사장을 찾는다. 전시장 규모에 비해 음식점 등 부대시설은 부족한 편이다.

🚶 유리카모메 도쿄빅그사이토역에서 도보 3분 📍 東京都江東区
有明3-11-1 📞 +81-3-5530-1111 🏠 www.bigsight.jp

아날로그와 디지털의 교차

진보초 神保町
아키하바라 秋葉原

#헌책방 #책의 거리 #애니메이션
#게임 #오타쿠 #취향 존중

진보초와 아키하바라는 다른 듯 닮았다. 도쿄, 일본을 넘어
전 세계를 대표하는 책의 거리 진보초, 수많은 전자 상가와
애니메이션, 게임 관련 상품이 모여 있는 아키하바라.
차분히 가라앉은 거리와 쨍한 원색 간판이 넘쳐나는 거리가
강 하나를 사이에 두고 마주 보고 있다. 하지만 이 두 지역은
누군가의 취향이 모여 만들어졌다는 점에서 다르지 않다.
책벌레 또는 '오타쿠'가 아니더라도 일단 가보면 지금껏 몰랐던
새로운 취향을 발견할 수 있을지도 모른다.

진보초·아키하바라
여행의 시작

진보초부터 방문할 계획이라면 지하철 진보초역에서 일정을 시작하는 게 제일 편하다.
헌책방은 진보초역 주변에 모여 있다. 아키하바라역은 규모에 비해 이용객 숫자가 정말 많은 역이다.
특히 출퇴근 시간에는 신주쿠역 못지않게 붐빈다.

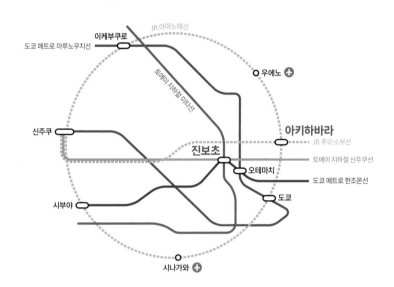

**진보초역을
이용한다면!**

도쿄 메트로 한조몬선, 토에이 지하철 미타선과 신주쿠선이 교차하는 역이다. 3개의 노선이 지나가고 이용객도 많은 편이지만 역 구조가 간단해서 이용이 편리하다. 출구는 3개의 노선 통틀어서 9개. 어디로 나가든 칸다 고서점 거리로 찾아가기 어렵지 않다.

· **A1~A7 출구** ▶ 칸다 고서점 거리
· **A9 출구** ▶ 글리치 커피 앤드 로스터스

**아카하바라역을
이용한다면!**

JR, 도쿄 메트로 히비야선, 사철 츠쿠바 익스프레스가 지나간다. 지나가는 노선 수는 많지 않지만 교통이 편리하다. JR 추오·소부선을 타면 신주쿠역에서 15~20분, JR 야마노테선을 타면 우에노역에서 3분, 도쿄역에서 5분이면 아키하바라역에 도착한다. 지하철을 타면 긴자역에서 15분, 롯폰기역에서 25분 정도 걸린다. JR역이 규모가 크기 때문에 출구는 JR 아키하바라역을 기준으로 잡았다.

· **덴키가이 출구** 電気街口 ▶ 아키하바라 전자 상가
· **중앙 출구** 中央口 ▶ 요도바시 카메라 멀티미디어 아키바

진보초·아키하바라
추천 코스

진보초와 아키하바라 중 취향에 맞는 한 지역만 여행해도 좋고 두 지역을 묶어서 둘러봐도 좋다. 칸다 고서점 거리와 아키하바라 전자 상가 사이는 걸어서 20분 정도 걸린다. 만약 하루에 두 지역을 모두 본다면 서점이 많은 진보초를 오전에 보고 오후에 아키하바라로 넘어가는 일정이 좋다.

🕐 **소요 시간** 5시간~

💴 **예상 경비** 식비 약 3,000엔 + 쇼핑 비용
= 총 3,000엔~

✅ **참고 사항** 진보초역과 아키하바라역은 최단 거리로 1.7km 정도 떨어져 있는데 두 역 사이에 JR 오차노미즈역御茶ノ水駅이 있다. 두 지역을 오가는 중간에 들르기 좋은 명소(히지리바시, 칸다 묘진)가 역 근처에 몇 군데 있다

진보초 난코도

**진보초역
A1~A7번 출구**

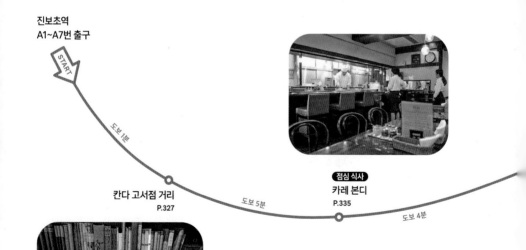

START

도보 1분

칸다 고서점 거리
P.327

도보 5분

점심 식사
카레 본디
P.335

도보 4분

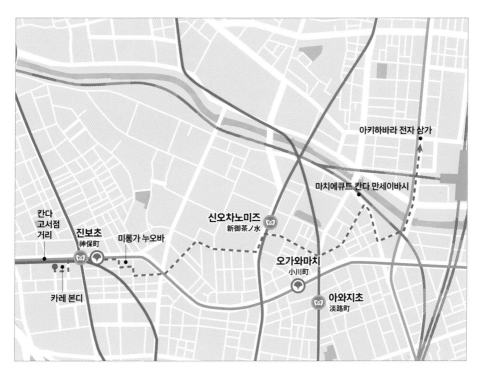

칸다
고서점
거리

진보초
神保町

미롱가 누오바

카레 본디

신오차노미즈
新御茶ノ水

아키하바라 전자 상가

마치에큐트 칸다 만세이바시

오가와마치
小川町

아와지초
淡路町

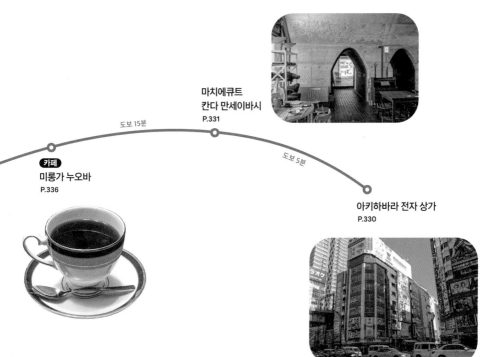

마치에큐트
칸다 만세이바시
P.331

도보 15분

카페
미롱가 누오바
P.336

도보 5분

아키하바라 전자 상가
P.330

진보초 · 아키하바라
상세 지도

JR 추오선

토에이 지하철 미타선

도쿄 돔 시티

오차노미즈
御茶ノ水

오차노미즈
御茶ノ水

히지리바시

히지리바시 4

신오차노미즈
新御茶ノ水

우동 마루카 2

미롱가 누오바 4

보헤미안 길드

A4
진보초 난코도
칸다 고서점 거리 1
A5
A3
쇼센 그란데
진보초
神保町
A1
키타자와 서점
카레 본디 1
A7
분포도 5
A6
마그니프

토에이 지하철 신주쿠선

도쿄 메트로 마루노우치선

도쿄 메트로 한조몬선

글리치 커피 앤드 로스터스 5

0   100m

⊗ 스에히로초
末広町

⑤ 칸다 묘진   규카츠 이치니산 ⑦

규슈 잔가라 ⑧

만다라케 콤플렉스 ③   ④ 애니메이트

② 아키하바라 전자 상가

① 요도바시 카메라
멀티미디어 아키바

아키하바라
秋葉原
덴키가이   중앙
JR   2번

② 아키하바라 라디오 회관

③ 마치에큐트 칸다 만세이바시

🍴 히타치노 브루잉 랩

③ 칸다 야부소바

⑥ 타케무라

⊗ 이와모토초
岩本町

〰와마치
町

⊗ 아와지초
淡路町

칸다
神田

325

칸다 고서점 거리
神田古書店街

이 일대에 서점이 하나둘 생겨나기 시작한
건 19세기 후반부터다. 근처에 메이지 대학,
추오 대학 등이 들어서자 교재를 파는 서점
이 하나둘 늘어나면서 자연스레 책의 거리
를 이루었다. 새로운 학과가 생기면 그 분야
의 책을 다루는 서점이 생겼고, 그렇게 약
140년의 세월을 쌓으며 지금은 130개가 넘
는 서점이 모인 세계 최대 책의 거리가 되었
다. 오랜 역사를 지닌 거리답게 100년이 넘
은 서점도 있고, 대학생 때부터 드나들던 이
들이 백발이 되어서도 여전히 책을 사러 오
는 모습은 매우 인상적이다. 야스쿠니도리
靖国通り와 하쿠산도리白山通り가 만나는 진
보초 교차로를 중심으로 대부분의 헌책방
과 신간 서점이 모여 있다. 매년 10월 말에
'칸다 고서 축제神田古本まつり'가 열린다.

🚶 도쿄 메트로·토에이 지하철 진보초역을
중심으로 야스쿠니도리를 따라 동서로
🏠 jimbou.info

진보초 개성 만점 책방 투어

진보초에는 자그마치 130개가 넘는 서점이
모여 있다. 하지만 서점이란 그 나라의
언어를 모르면 그다지 재미없는 공간일지도
모른다. 그래서 골라보았다. 일본어를
모르는 외국인이 가도 재미있는,
자기만의 색깔이 뚜렷한 멋진 책방들!

'냥집사'의 필수 코스

진보초 냔코도 神保町にゃんこ堂

📍 anegawa bookstores nyankodo

일본 최초의 고양이 서적 전문 책방이다. 원래는 별 특징
없는 평범한 신간 서점이었는데 폐업 직전 고양이 서적 전
문 책방으로 변신하며 지금은 '냥덕'의 성지와도 같은 공
간이 되었다. 언제 가도 고양이에 관한 책 500여 종을 만
날 수 있고 다양한 잡화도 판매한다.

🚶 도쿄 메트로·토에이 지하철 진보초역 A4 출구에서 도보 1분
📍 東京都千代田区神田神保町2-2   🕐 10:00~18:00
❌ 일요일   📞 +81-3-3263-5755   🏠 nyankodo.jp

고서점의 명가
키타자와 서점 北沢書店
📍 키타자와 서점

1902년부터 100년 넘게 진보초를 지켜왔다. 처음에는 대학 도서관 등에 책을 납품하는 일을 주로 했고 1955년부터는 외국(특히 유럽, 미국)의 헌책을 전문으로 다룬다. 서점은 건물 2층에 있는데 1층에는 북 하우스BOOK HOUSE라는 또 다른 서점이 있다. 북 하우스를 바라보고 서서 왼쪽에 있는 문으로 들어가면 2층으로 올라가는 계단이 나온다. 입구에 사진 촬영 등에 관한 몇 가지 주의 사항이 적혀 있다. 갈색 톤의 가구와 오래된 책의 조화는 차분하고 고풍스럽다.

🚶 도쿄 메트로·토에이 지하철 진보초역 A1 출구에서 도보 1분 📍 東京都千代田区神田神保町2-5 北沢ビル 2F 🕐 12:00~17:00 ❌ 일요일, 공휴일 📞 +81-3-3263-0011 📷 kitazawa_books 🏠 www.kitazawa.co.jp

---

복고 패션에 관심이 많다면
마그니프 magnif 📍 magnif tokyo

잡지, 주로 패션지의 과월호를 다루는 작은 헌책방이다. 쨍한 노란색 외관부터가 차분한 분위기의 다른 헌책방과는 다르다. 1960년대 미국과 프랑스의 패션 잡지부터 1990년대 일본 패션 잡지까지 다른 곳에서는 쉽게 구할 수 없는 자료가 많다.

🚶 도쿄 메트로·토에이 지하철 진보초역 A7 출구에서 도보 2분 📍 東京都千代田区神田神保町1-17 🕐 12:00~18:00 📞 +81-3-5280-5911 📷 magnif_zinebocho 🏠 www.magnif.jp

---

아름다운 미술서
보헤미안 길드 ボヘミアンズ·ギルド
📍 bohemian's guild

입구 앞 나무로 된 사람 형태의 입간판이 눈길을 잡아끄는 이곳은 사진집, 화보, 미술 관련 서적을 주로 다루는 헌책방이다. 천장까지 꽉꽉 들어찬 책들 사이를 구석구석 살펴보다 의외의 보석을 발견하는 즐거움을 맛볼 수 있다.

🚶 도쿄 메트로·토에이 지하철 진보초역 A7 출구에서 도보 3분 📍 東京都千代田区神田神保町1-1 木下ビル 🕐 12:00~18:00 📞 +81-3-3294-3300 🏠 www.natsume-books.com

---

당신의 취미가 무엇이든
쇼센 그란데 書泉グランデ
📍 쇼센 그란데

'취미인을 위한 서점'이라는 독특한 콘셉트로 층마다 특화된 분야의 서적을 다뤄 많은 팬을 거느린 서점이다. 1층은 일반 단행본 매장이지만 3층은 게임, 6층은 철도 등 층마다 개성이 뚜렷해 일본어를 못해도 구경하는 재미가 쏠쏠하다.

🚶 도쿄 메트로·토에이 지하철 진보초역 A7 출구에서 도보 2분 📍 東京都千代田区神田神保町1-3-2 🕐 11:00~20:00 ❌ 1/1 📞 +81-3-3295-0011 🏠 www.shosen.co.jp/grande

아키하바라 전자 상가

秋葉原電気街

🔍 akihabara electric town

청과물 시장 한구석에서 전자 부품을 팔던 작은 가게들로 시작해 지금은 일본 콘텐츠 산업의 최전선으로 떠오른 아키하바라. 일본이 고도 경제 성장기에 접어들면서 1970~1980년대에 세계 최대의 전자 상가로 발돋움했다. 하지만 버블 경제가 붕괴하고 교외에 대형 전자제품 양판점이 속속 생기면서 아키하바라는 쇠락의 길을 걷는 듯 했다. 그러다 1990년대 후반 들어 전자제품이 아닌 게임기와 게임 소프트 판매가 호조를 이루며 피규어 등 관련 상품 매장도 생겨났고, 다시 사람이 모여들기 시작했다. 더불어 애니메이션, 만화 관련 상점도 늘어나 아키하바라는 일명 '오타쿠 문화'의 발신지가 되었다. 지금은 마니아뿐만 아니라 자신의 취미를 즐기기 위해, 아키하바라만의 독특한 분위기를 즐기기 위해 전 세계에서 수백만의 여행자가 찾는 명소가 되었다.

🚶 JR 아키하바라역 덴키가이 출구로 나가면 바로
🏠 www.akiba.or.jp

마치에큐트 칸다 만세이바시

mAAch マーチ エキュート 神田万世橋 ♀ 마치에큐트 칸다 만세바시

붉은 벽돌로 만든 옛 고가교가 다시 태어났다. 원래 이 자리에 있던 만세이바시 역이 폐쇄된 후 옛 역의 계단, 벽면 등 남은 구조물을 활용해 마치 역 안에 있는 것 같은 느낌이 든다. 특히 2층 데크는 1945년에 만든 옛 플랫폼을 고스란히 되살려 만들었다. 음식점, 잡화점이 입점한 공간 외에는 '재팬 아트 브리지JAPAN ART BRIDGE' 프로젝트의 전시 공간으로 쓰인다.

🚶 JR 아키하바라역 덴키가이 출구에서 도보 4분 📍 東京都千代田区神田須田町1-25-4
🕐 시설마다 다름 📞 +81-3-3257-8910 🏠 www.ecute.jp/maach

강을 바라보며 낮술 한잔
히타치노 브루잉 랩 Hitachino Brewing Lab

히타치노는 도쿄 북쪽에 위치한 이바라키현茨城県에서 탄생한 맥주다. 우리나라에도 수입되는 맥주로 귀여운 올빼미 로고가 눈에 띈다. 히타치노의 신선한 맥주를 마실 수 있는 직영점으로 8~9종의 생맥주(오늘의 맥주 750엔~)를 즐길 수 있다. 3종의 맥주를 비교해 마실 수 있는 테이스팅 세트(1,100엔)도 있다. 야외 테이블 앉으면 유유히 흐르는 칸다가와가 내려다보인다.

칸다 만세이바시 神田万世橋
🕐 11:00~22:00(일요일 ~21:00), 30분 전 주문 마감
📞 +81-3-3254-3434 🏠 hitachino.cc/brewing-lab

철도 마니아라면 놓칠 수 없는 풍경 ······· ④

히지리바시 聖橋 ♀히지리바시

칸다가와神田川에 걸린 아치형 콘크리트 다리로 1927년에 만들었다. 철도 마니아에게 히지리바시는 단순한 다리가 아니다. JR 추오선의 주홍색 차량, JR 추오·소부선의 노란색 차량, 도쿄 메트로 마루노우치선의 빨간색 차량이 동시에 교차하는 드문 모습을 포착할 수 있는 장소이기 때문이다. 다만, 세 열차가 동시에 지나가는 타이밍을 맞추기는 쉽지 않다. 신카이 마코토 감독의 작품 〈스즈메의 문단속〉에도 나와 철도 마니아뿐만 아니라 작품의 팬들도 많이 방문한다.

🚶 JR 오차노미즈역 히지리바시 출구聖橋口로 나가서 바로

신카이 마코토 감독의 작품으로 만나는 도쿄

〈스즈메의 문단속〉, 〈너의 이름은〉, 〈초속 5센티미터〉 등의 작품으로 잘 알려진 애니메이션 감독 신카이 마코토. 대학에 입학하며 고향을 떠나 삶의 터전을 도쿄로 옮긴 후 30년 가까이 도쿄에 살아온 그의 작품에는 도쿄 구석구석의 풍경이 녹아 있다. 그의 대표작인 〈너의 이름은〉에는 신주쿠역 주변과 NTT 도코모 타워, 롯폰기의 국립 신미술관 P.251, 메이지 신궁 가이엔 P.199의 세이토쿠 기념 회화관 등 여행자에게도 익숙한 공간이 꽤나 등장하며 아예 '너의 이름은 계단 P.139'으로 명명된 공간도 있다. 〈언어의 정원〉 속 신주쿠 교엔 P.139, 〈스즈메의 문단속〉 속 히지리바시 등에도 그의 작품을 사랑하는 팬들의 발길이 끊이지 않는다.

에도의 수호신을 모시는 신사 ······· ⑤

칸다 묘진 神田明神 ♀간다 신사

국가와 가정의 안녕을 지켜주고 좋은 인연을 맺어준다는 다이코쿠だいこく 신을 모시는 신사로 730년에 창건했다. 간토 지방의 영웅인 무장 마사카도まさかど를 모시는 신사이기도 하다. 에도 막부를 창건한 도쿠가와 이에야스가 일생일대의 결전인 세키가하라 전투에 나서기 전 칸다 묘진에서 승리를 기원했고, 그 이후 에도 막부의 수호신総鎮守으로 여겨졌다. 애니메이션 〈러브 라이브!〉의 배경으로 등장한 바 있어 팬들이 많이 찾는다. 매년 5월 칸다 묘진을 중심으로 일본 3대 축제인 칸다 마쓰리가 열린다.

🚶 JR 오차노미즈역 히지리바시 출구에서 도보 5분 ♥ 東京都千代田区外神田2-16-2 📞 +81-3-3254-0753 🏠 www.kandamyoujin.or.jp

전자제품 양판점을 넘어서 ······ ①

요도바시 카메라 멀티미디어 아키바

ヨドバシカメラ マルチメディアAkiba

요도바시 카메라 멀티미디어 akiba

B6층부터 9층까지의 건물로 이루어진 상업 시설. 그중 1~6층은 일본을 대표하는 전자제품 판매점인 요도바시 카메라가 사용한다. 소니, 캐논, 니콘 등 일본 브랜드의 카메라를 가장 많이 갖추었으며 거의 모든 제품을 직접 사용해 볼 수 있다. 요도바시 카메라 외에는 음식점, 다이소, ABC마트, 서점 등이 입점해 있다. 요도바시 아키바가 생긴 후 주변 작은 가게의 손님이 줄어 부정적으로 보는 이들도 있었지만, 결과적으로는 아키하바라를 방문하는 사람이 늘어 지역 경제 활성화에 이바지했다는 평가다.

JR 아키하바라역 중앙 출구 건너편 東京都千代田区神田花岡町1-1

요도바시 카메라 09:30~22:00, 상점마다 다름 +81-3-5209-1010

www.yodobashi-akiba.com

세계의 라디오회관 ······ ②

아키하바라 라디오회관

秋葉原 ラジオ会館 아키하바라 라디오회관

샛노란 간판이 눈에 확 들어온다. 1962년에 오픈해 전자 상가로 번성했다가 이제는 게임, 애니메이션 관련 상품을 주로 다룬다. 층마다 애니메이션, 게임 관련 상품 매장이 다양하게 입점해 있다. 6층에는 보드게임 전문점 옐로 서브마린イエローサブマリン이 위치한다.

JR 아키하바라역 덴키가이 출구로 나가서 바로

東京都千代田区外神田1-15-16

10:00~20:00

www.akihabara-radiokaikan.co.jp

예상 밖의 물건을 만날 수 있는 ⋯⋯ ③
만다라케 콤플렉스
まんだらけ コンプレックス 🔍 만다라케 컴플렉스

유리 장식장 안에 들어간 피규어, 봉제인형 등이 1층
벽을 가득 채우고 있어서 호기심에라도 들어가 보게 된
다. 피규어부터 시작해 포토 카드, 게임 소프트, 만화책
등이 1층부터 8층까지 모든 층에, 정신없어 보이지만
나름의 질서를 갖고 진열되어 있다. 코스튬 플레이를
한 점원도 있다.

🚶 JR 아키하바라역 덴키가이 출구에서 도보 4분
📍 東京都千代田区外神田3-11-12 🕐 12:00~20:00
📞 +81-3-3252-7007 🏠 www.mandarake.co.jp/dir/cmp

이 세상의 모든 만화 ⋯⋯ ④
애니메이트 **アニメイト** 🔍 애니메이트 아키하바라

본점인 이케부쿠로점이 여성 마니아를 위한 공간이라면, 아키
하바라점은 만화를 좋아하는 남녀노소 누구나 좋아할 만한 공
간이다. 1층부터 6층까지 만화책과 라이트노벨 등 책 판매가
주를 이루는데, 중간 중간에 그와 관련한 상품이 진열되어 있
다. 운이 좋으면 유명 작가의 사인본도 구할 수 있다. 1호관과 2
호관이 나란히 붙어 있다.

아키하바라 秋葉原
🚶 JR 아키하바라역 덴키가이 출구에서 도보 4분
📍 東京都千代田区外神田4-3-2 🕐 평일 11:00~21:00, 주말 10:00~
20:00 📞 +81-3-5209-3330 🏠 www.animate.co.jp

유서 깊은 문구점 ⋯⋯ ⑤
분포도 **文房堂** 🔍 분포도 간다 본점

1887년 서점의 한쪽에서 영업을 시작했고 1922년 지
금의 건물로 이전했다. 창업 초기에는 주로 수입 문구
를 취급했으며 일본 최초로 유화 물감을 제조, 판매했
다. 본점 B1층에서는 화구, 1~2층에서는 다양한 문구
와 잡화, 6층에서는 액자를 판매한다. 3층은 카페, 4층
은 갤러리로 운영한다.

칸다 본점 神田本店 🚶 도쿄 메트로·토에이 지하철 진보초역
A7 출구에서 도보 3분 📍 東京都千代田区神田神保町
1-21-1 🕐 10:00~18:30 ❌ 연말연시 📞 +81-3-3291-
3442 📷 bumpodo 🏠 www.bumpodo.co.jp

진보초 최고의 카레 ······ ①

카레 본디 洋風カレーボンディ

🔍 본디 카레 진보쵸본점

'카레의 성지'로 불리는 진보초에서도 최고로 꼽히는 집으로 1973년에 문을 열었다. 예술을 공부하기 위해 프랑스로 유학을 떠났던 창업자가 예술이 아닌 프랑스 요리에 감동을 받아 귀국 후 차린 곳이다. 카레의 종류는 비프, 치킨, 채소 등 다양하고 가장 인기 있는 메뉴는 비프 카레ビーフカレー(1,600엔). 그다지 맵지 않은 카레는 마치 생크림을 넣은 듯 부드럽고 밥에는 피자 치즈가 올라가 있다. 식전에 내어주는 삶은 감자와 마가린도 별미. 오픈 직후부터 긴 줄이 건물 1층까지 이어진다. 현금 결제만 가능하며, 걸어서 10분 거리에도 지점이 있다.

진보초 본점 神保町本店 🚶 도쿄 메트로·
토에이 지하철 진보초역 A3·A6 출구에서
도보 1분 📍 千代田区神田神保町2-3 神田
古書センタービル 2F 🕐 평일 11:00~21:30,
주말 10:30~22:00, 30분 전 주문 마감
📞 +81-3-3234-2080
🏠 www.bondy.co.jp

도쿄에서 만나는 사누키 우동 ······ ②

우동 마루카 うどん 丸香 🔍 우동 마루카

도쿄를 넘어 간토 지방 최고의 사누키 우동으로 인정받는 집이다. 그 인기를 증명하듯 식사 시간이 아니어도 기다려야 하지만 후루룩 먹을 수 있는 음식인지라 테이블 회전은 빠른 편이다. 외국어 메뉴판이 없으니 기다리는 동안 미리 번역기를 실행해놓으면 편하다. 멸치로 국물을 낸 카케 우동かけうどん(500엔)에 사누키 우동의 본고장 카가와현香川県에서 수확한 파를 듬뿍 올려 먹는 스타일이 기본이다. 음식 사진 외에 내부 사진 촬영을 금지한다. 현금 결제만 가능하다.

🚶 도쿄 메트로·토에이 지하철 진보초역 A5 출구에서 도보 5분
📍 東京都千代田区神田小川町3-16-1 ニュー駿河台ビル
🕐 11:00~16:00, 17:00~20:30(토요일 ~15:30), 1시간 전 주문 마감
❌ 일요일, 공휴일

야부소바의 총본산 ······③

칸다 야부소바 かんだ やぶそば ♀칸다 야부소바

1880년에 창업 후 140년 넘게 사랑받아온 곳이다. 대표 메뉴는 세이로 소바せいろうそば(1,100엔). 반죽에 메밀껍질을 함께 갈아 넣어 면이 옅은 초록색을 띠며 구수한 메밀 향이 일품이다. 봄에는 죽순, 여름에는 가지 등 제철 식재료를 사용하는 계절 한정 메뉴도 충실하다. 가격에 비해 양이 적은 편이다. 줄을 서기 전 번호표를 뽑고 기다려야 한다.

🚶 JR 아키하바라역 덴키가이 출구에서 도보 5분
📍 東京都千代田区神田淡路町2-10 🕐 11:30~20:30,
30분 전 주문 마감 ❌ 수요일 📞 +81-3-3251-0287
🏠 www.yabusoba.net

탱고가 흐르는 카페 ······④

미롱가 누오바 ミロンガ・ヌオーバ
♀ milonga nueva tokyo

진보초에는 오래된 서점만큼 오래된 카페도 많다. 1953년에 개업한 미롱가 누오바는 그중에서도 여행자가 찾기 편한 분위기의 카페. 붉은 벽돌로 이루어진 외관부터 옛 영화 속에서 튀어나온 듯하다. 핸드 드립 커피를 주문하면 원두를 고를 수 있으며 상호를 딴 원두인 미롱가 블렌드ミロンガブレンド(650엔)가 가장 인기가 많다.

🚶 도쿄 메트로·토에이 지하철 진보초역 A7출구에서 도보 2분
📍 東京都千代田区神田神保町1-3 🕐 11:30~22:30(주말 ~19:00),
30분 전 주문 마감 ❌ 수요일 📞 +81-3-3295-1716

진보초에서 만나는 스페셜티 커피 ······⑤

글리치 커피 앤드 로스터스

Glitch Coffee and Roasters ♀ glitch coffee and roasters

핸드 드립 커피(850엔~)는 원두 종류에 따라 가격이 달라지며 원한다면 직접 향을 맡아보고 원두를 고를 수 있다. 바리스타들이 영어를 잘하는 편이라 원두에 대한 설명도 자세하게 들려준다. 매장 한쪽은 대형 로스팅 기계가 차지하며 헌책방 거리에서 조금 떨어져 있는데도 항상 사람이 끊이지 않고 찾아온다.

🚶 도쿄 메트로·토에이 지하철 진보초역 A7 출구에서 도보 7분 📍 東京都千代田区神田錦町3-16 香村ビル
🕐 08:00~19:00(주말 09:00~) 📞 +81-3-5244-5458
📷 glitch_coffee 🏠 www.glitchcoffee.com

고소하고 달콤한 한입 ......⑥
타케무라 竹むら ♀타케무라

1930년에 문을 연 유서 깊은 일본식 디저트 전문점이다. 안미츠나 젠자이 등 팥을 사용한 디저트가 주를 이루며, 대표 메뉴는 팥소를 넣은 만주를 튀긴 아게만주揚げまんじゅう(2개 540엔)다. 아게만주 하나가 달걀만한 크기로 2개만 먹어도 속이 꽤 든든하다. 건물은 도쿄도에서 지정한 역사 건축물이고, 음식 사진 외에 내부 사진 촬영을 금지한다.

🏃 JR 아키하바라역 덴키가이 출구에서 도보 6분
♀東京都千代田区神田須田町1-19 🕐 11:00~20:00, 20분 전 주문 마감 ❌ 월·일요일, 공휴일 📞 +81-3-3251-2328

아키하바라의 규카츠 강자 ......⑦
규카츠 이치니산 牛かつ 壱弐参
♀규카츠 이치니산

아키하바라에서 가장 유명한 규카츠 전문점이다. 규카츠란 튀김옷을 입힌 레어 상태의 소고기를 석쇠에 직접 구워 고추냉이, 소금 등을 곁들여 먹는 음식이다. 세트(1번 1,930엔)에는 밥, 된장국, 절임 반찬이 같이 나온다. 우리나라 여행자가 많이 찾기 때문에 한국어 안내가 잘 되어 있지만 매장이 지하에 있고 계단이 좁아 대기할 때 불편하다.

🏃 JR 아키하바라역 덴키가이 출구에서 도보 8분
♀東京都千代田区外神田3-8-17 渡辺ビル B1F
🕐 11:00~22:00, 1시간 전 주문 마감

아키하바라 대표 라멘집 ......⑧
규슈 잔가라 九州じゃんがら
♀큐슈 장가라 라멘 아키하바라점

아키하바라 그 자체인 것처럼 화려한 외관이 눈에 띄는 라멘집. 도쿄에 지점이 여러 개 있는데 아키하바라가 본점이다. 대표 메뉴는 가게 이름과 똑같은 규슈 잔가라九州じゃんがら(890엔). 돈코츠를 기본으로 닭 껍질과 채소를 잘 배합해서 우린 국물은 기름이 많이 떠 있지만 그다지 느끼하지 않다. 면은 얇은 편이다.

아키하바라 본점 秋葉原本店 🏃 JR 아키하바라역 덴키가이 출구에서 도보 5분 ♀東京都千代田区外神田3-11-6
🕐 11:00~22:00, 15분 전 주문 마감 📞 +81-3-3251-4059
🏠 www.kyushujangara.co.jp

도심 속 특별한 경험
도쿄 돔 시티
東京ドームシティ

이승엽 선수가 몸담았던 요미우리 자이언츠의
홈구장이 있는 도쿄 돔 시티는 단순한 야구
경기장이 아닌 종합 엔터테인먼트 시설이다.
도쿄 돔에서 콘서트를 연 우리나라 가수도
꽤 많은데 이는 곧 일본에서 최고의 인기를
구가하고 있다는 뜻이기도 하다.
도쿄 돔 시티 옆에 있는 에도 시대 정원
코이시카와코라쿠엔에서는 도시의 소음을
잠시나마 잊고 여유를 느낄 수 있다.

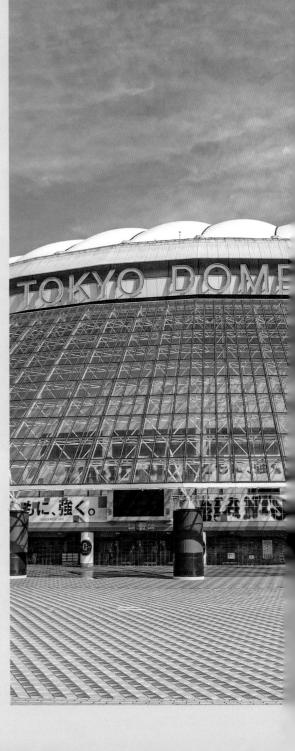

이동 방법
도쿄 돔 시티와 가장 가까운 역은 JR 스이도바시역水道橋
駅이다. 지하철을 이용한다면 도쿄 메트로 마루노우치선
과 난보쿠선이 지나가는 코라쿠엔역後楽園駅에서 내리면
된다. 진보초, 아키하바라와 가까워 함께 일정을 짜도 좋
다. 지하철 진보초역에서 도쿄 돔 시티까지는 걸어서 15분
이면 갈 수 있다.

아키하바라역 ·· 스이도바시역
🚃 JR ⏱ 5분 ¥ 150엔

일본 최초의 돔 구장

도쿄 돔 시티 東京ドームシティ ♀도쿄 돔 시티

도쿄 돔은 일본 프로야구 요미우리 자이언츠의 홈구장이자 일본 최초의 돔 구장이다. 도쿄 돔 시티는 도쿄 돔을 중심으로 조성된 복합 시설로 호텔, 놀이공원, 쇼핑몰 등으로 이루어져 있다. 도쿄 돔 구장 앞에 위치한 놀이공원은 연말연시의 일루미네이션 명소다. 스릴 넘치는 놀이기구를 좋아하는 사람이라면 디즈니랜드보다 만족스러울 것이다. 돔 뒤편에 위치한 상업 시설 라쿠아LaQua에는 실내 온천 시설인 스파 라쿠아가 있다. 도심에서 가장 접근성이 좋은 실내 온천 시설이며 실내외 온천탕, 사우나, 마사지 숍, 음식점 등 다양한 시설이 있다. 추가 요금을 내면 개인탕도 이용할 수 있다.

🚶 JR 스이도바시역 서쪽 출구에서 도보 5분
📍 東京都文京区後楽1-3-61
🕐 놀이공원 10:00~20:00, 스파 라쿠아 11:00~09:00
※운영시간은 수시로 바뀌므로 홈페이지 확인 필수
📞 +81-3-5800-9999
🏠 www.tokyo-dome.co.jp

에도 시대 초기의 정원

코이시카와코라쿠엔 小石川後楽園 ♀고이시카와 고라쿠엔

도쿄 돔 시티 왼쪽에 위치한 에도 시대의 정원. 에도 시대 초기인 1629년에 조성된 곳으로 커다란 연못 주위를 거닐며 즐기는 지천회유식池泉回遊式 정원이다. 정원 한가운데 있는 연못 너머로 도쿄 돔의 하얀 지붕이 보이는데 그 조화가 사뭇 인상적이다. 1952년에 국가 특별 명승지로 지정됐으며 단풍이 드는 계절에 특히 아름답다. 정원 내부에 카페가 있다.

🚶 ① JR 스이도바시역 서쪽 출구에서 도보 8분 ② 도쿄 메트로 코라쿠엔역 2번 출구에서 도보 9분 📍 東京都文京区後楽 1-6-6 🕐 09:00~17:00, 30분 전 입장 마감 ¥ 300엔 📞 +81-3-3811-3015

서민의 휴식처

우에노 上野

#벚꽃 명소 #판다 #박물관 #미술관
#도쿄의 북쪽 현관

과거 일본에서는 북동 방향이 길하지 않다 여겼다.
그리하여 옛 에도성 북동쪽에 안 좋은 기운을 누르기 위해
칸에이지寬永寺라는 절을 세웠다. 세월이 흐르고 흘러 몇 번의
전란이 할퀴고 지나가 에도가 도쿄가 된 지금, 공원으로
변한 옛 절터는 시민의 휴식처가 되었다. 공원 안에 동물원도
있고 수준 높은 전시를 선보이는 미술관과 박물관도
몇 개나 있어 우에노를 찾는 발걸음은 끊이지 않는다.

우에노
여행의 시작

JR 우에노역은 도쿄 북쪽의 관문이다. 신칸센 포함 22개의 플랫폼이 있고 역 구내의
상업 시설 규모도 크다. 다행히 규모에 비해 역 내부는 복잡하지 않은 편이고, 우에노 공원과
붙어 있어 여행의 출발점으로 삼기 적합하다. 도쿄 메트로 우에노역은 JR역과 매우 가까우니
지하철 관련 패스가 있다면 지하철을 이용하자. 참고로 긴자선과 히비야선 사이를
환승하려면 개찰구로 나와서 이동해야 한다. 나리타 국제공항을 오가는 열차를 탈 수 있는
케이세이 우에노역은 JR역의 남쪽에 위치하며 걸어서 5분 정도 거리다.

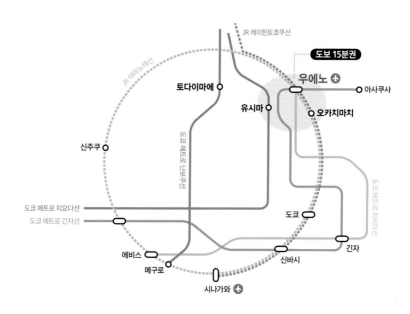

우에노역에서 어느 출구로 나갈까?	• **공원 출구 公園口** ▶ 우에노 공원, 우에노 동물원, 도쿄 국립 박물관, 국립 서양 미술관, 국립 과학 박물관 등
	• **시노바즈 출구 不忍口** ▶ 도쿄 메트로 우에노역, 케이세이 우에노역, 아메요코 시장, 이즈에이 본점

주변의 다른 역을 이용하자!	대부분의 볼거리가 우에노 공원 내부와 그 주변에 있고, 우에노역이 JR과 지하철이 모두 지나가는 역이라서 주변의 다른 역을 이용할 일은 거의 없다. 만약 도쿄 대학이나 유시마 텐만구를 돌아보고 우에노 공원으로 이동할 예정이라면 주변의 지하철역을 이용하는 것이 편리하다.
	🚇 **토다이마에역 東大前駅** ▶ 도쿄 대학
	🚇 **유시마역 湯島駅** ▶ 유시마 텐만구

우에노
추천 코스

우에노 토쇼구 모란 정원

미술관과 박물관을 좋아하는 사람에게 우에노는 하루 종일 머물러도 지루하지 않은 지역이다. 규모가 큰 도쿄 국립 박물관, 국립 서양 미술관, 국립 과학 박물관 외에도 훌륭한 전시를 볼 수 있는 공간이 많기 때문이다. 전시 관람에 별 흥미가 없다면 우에노 공원과 아메요코 시장만 둘러봐도 좋다. 아이와 함께라면 우에노 동물원과 국립 과학 박물관을 일정에 넣기를 권한다. 우에노 공원에서 걸어서 이동할 수 있는 야네센 지역을 묶어서 일정을 짤 수도 있다.

🕐 **소요 시간** 6시간~

💰 **예상 경비** 입장료 1,500엔~ + 식비 약 3,000엔 + 쇼핑 비용 = 총 4,500엔~

✅ **참고 사항** 전시 관람 시간에 따라 소요 시간은 더 길어질 수도 짧아질 수도 있다. 홈페이지에서 전시 정보를 볼 수 있으니 일정을 짤 때 참고하자. 유명한 예술가의 회고전 등 쉽게 만나기 어려운 전시는 일본인도 많이 찾기 때문에 현장이 상당히 복잡할 수 있다. 대부분의 전시는 온라인 사전 예약이 가능하다. 보고 싶은 전시가 있다면 미리 예약해 기다리는 시간을 줄이자.

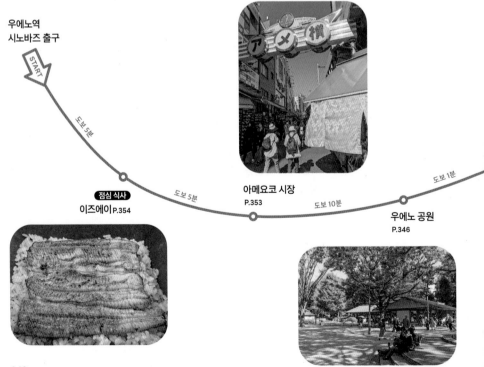

우에노역 시노바즈 출구
START

도보 5분

점심 식사
이즈에이 P.354

도보 5분

아메요코 시장
P.353

도보 10분

우에노 공원
P.346

도보 1분

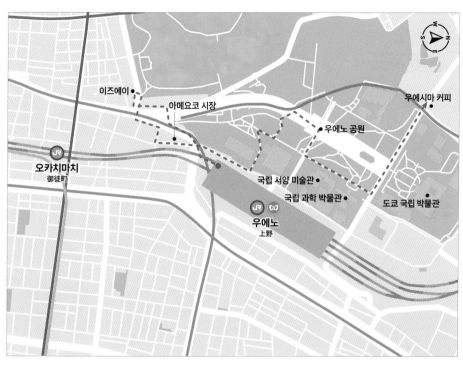

국립 서양 미술관
P.349

도보 3~5분

도쿄 국립 박물관 P.348
또는 국립 과학 박물관 P.352

도보 5분

카페
우에시마 커피 P.348

우에노
상세 지도

토다이마에
東大前

1번

네즈
根津

2번

도쿄 메트로 치요다선

도쿄 메트로 난보쿠선

⑩ 도쿄 대학

토에이 지하철 미타선

토에이 지하철 오에도선

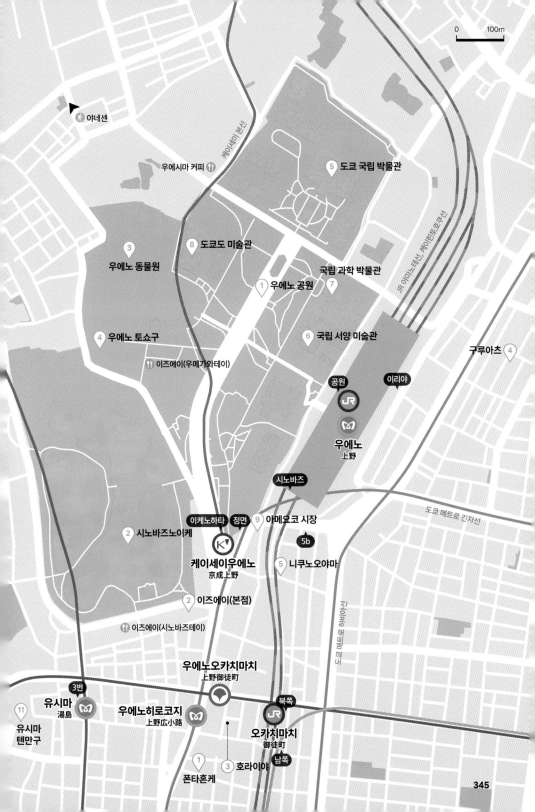

야네센

우에시마 커피 🍴

5 도쿄 국립 박물관

3 우에노 동물원

8 도쿄도 미술관

국립 과학 박물관
1 우에노 공원 7

4 우에노 토쇼구

🍴 이즈에이(우메가와테이)

6 국립 서양 미술관

구루아츠 4

공원 이리야

JR

우에노
上野

시노바즈

도쿄 메트로 긴자선

이케노하타 정면 9 아메요코 시장
2 시노바즈노이케

5b

케이세이우에노
京成上野

5 니쿠노오야마

2 이즈에이(본점)

🍴 이즈에이(시노바즈테이)

우에노오카치마치
上野御徒町

11 유시마 3번 유시마
텐만구 湯島

우에노히로코지
上野広小路

북쪽
JR

오카치마치
御徒町

1 남쪽
폰타혼케 3 호라이야

345

종합 선물 세트 같은 공원 ······ ①

우에노 공원 上野恩賜公園

📍 우에노 공원

정식 명칭은 우에노 온시 공원이다. 여기서 '온시恩賜'는 '군주가 아랫사람에게 하사하다'라는 뜻으로 일본에서 군주는 보통 일왕을 뜻한다. 우에노 공원 부지는 원래 쇠락한 절터였다. 1873년 메이지 정부는 이곳을 일본 최초의 공원으로 지정했고, 1882년에는 국립 박물관과 동물원을 지어 일반에 공개했다. 이후 1924년 쇼와 일왕의 결혼을 축하하며 도쿄도에 양도했고 우에노 온시 공원이란 이름을 얻었다. 공원 내부에는 동물원, 각종 미술관과 박물관을 비롯해서 연못, 신사 등 다양한 시설이 있다. 그리고 다른 무엇보다 벚꽃 명소로 잘 알려져 있다. 벚꽃이 한창일 땐 꽃놀이 명당을 잡기 위해 새벽부터 돗자리를 들고 나오는 고단한 직장인의 모습이 유독 많이 보인다. 저녁이 되면 일본의 회식 문화를 간접 체험할 수 있다.

🚶 ① JR 우에노역 공원 출구에서 바로 ② 케이세이 우에노역 정면 출구正面口에서 도보 1분 ⏰ 05:00~23:00

연꽃으로 뒤덮이는 연못 ······ ②

시노바즈노이케 不忍池 📍 시노바즈노이케

우에노 공원 남쪽에 위치한 연못. 연못 한가운데 있는 섬에는 음악과 예술을 수호하는 신을 모시는 벤텐도辯天堂가 있다. 한여름이면 연못 한쪽이 온통 화사한 연꽃으로 뒤덮인다. 겨울철에는 다양한 철새가 방문해 쉬어간다.

🚶 케이세이 우에노역 이케노하타 출구池の端口에서 도보 5분 📍 東京都台東区上野公園2-1

귀여운 판다와 만나요 ······ ③

우에노 동물원 上野動物園
📍 우에노 동물원

일본 최초의 동물원이자 연간 방문객 수가 가장 많은 동물원. 동원東園과 서원西園으로 나뉘며 정면 출구는 동원 쪽으로 이어진다. 멸종 위기종인 수마트라 호랑이를 비롯해 약 300종, 3,000마리의 동물을 사육한다. 그중 가장 큰 사랑을 받는 동물은 판다다. 우에노 동물원에는 2021년에 태어난 쌍둥이 판다 2마리가 살고 있으며 서원에 위치한 '판다의 숲パンダのもり(10:00~16:00, 30분 전 입장 마감)'에서 만날 수 있다. 한 번에 최대 25명까지 들어가고 관람 시간은 1분 정도이다. 혼잡할 경우 30분 이상 기다릴 수도 있다.

🚶 JR 우에노역 공원 출구에서 도보 7분
📍 東京都台東区上野公園9-83
🕐 09:30~17:00, 1시간 전 입장 마감
❌ 월요일(공휴일인 경우 다음 날 휴무), 12/29~1/1
💴 600엔, 여권 제시 시 480엔
📞 +81-3-3828-5171
🏠 www.tokyo-zoo.net/zoo/ueno

도쿠가와 이에야스의 화려한 취향 ······ ④

우에노 토쇼구 上野東照宮 📍 우에노 동조궁

도쿠가와 이에야스를 신으로 모시는 신사. 본궁은 도쿄 북쪽의 닛코日光에 있으며 우에노 토쇼구는 본궁을 본떠 1627년에 창건했다. 신체를 모시는 건물 샤덴社殿을 비롯해 금박으로 장식한 경내는 화려한 것을 좋아하는 도쿠가와 이에야스의 취향을 반영했다고 한다. 경내의 모란 정원은 꽃이 피는 시기에만 특별 개원한다.

🚶 JR 우에노역 공원 출구에서 도보 10분 📍 東京都台東区上野公園9-88 🕐 3~9월 09:00~17:30, 10~2월 09:00~16:30
💴 경내 무료, 모란 정원 800엔 📞 +81-3-3822-3455
🏠 www.uenotoshogu.com

일본 최대 박물관 ⑤

도쿄 국립 박물관

東京国立博物館 도쿄 국립 박물관

1882년에 개관한 도쿄 국립 박물관은 일본에서 가장 오래되고 규모가 큰 박물관이다. 일본의 미술품을 중심으로 수집(혹은 약탈한) 아시아의 미술품을 전시한다. 그중 국보가 89점, 국가 중요 문화재가 648점으로 제대로 둘러보려면 하루 종일 있어도 시간이 부족하다. 정문에서 입장권을 산 후 관내로 들어갔을 때 바로 정면에 보이는 건물이 본관이다. 1938년에 지어졌으며 본관 내부로 들어서자마자 엄청난 규모의 계단이 나타나 보는 이를 압도한다. 1층은 주제별 전시, 2층은 시대별 전시로 2층부터 관람하면서 내려오면 된다. 본관 오른쪽에 위치한 동양관은 한국, 중국, 캄보디아 등 아시아 미술품을 전시한다. 5층 제10실에 한반도의 미술품을 전시한다. 이 외에도 가장 오래된 건물인 효케이관表慶館, 고대 유물을 전시한 헤이세이관平成館, 호류지 보물관法隆寺宝物館, 구로다 기념관黒田記念館 등 총 6동의 건물로 이루어져 있으며 봄과 가을에는 정원도 개방한다.

JR 우에노역 공원 출구에서 도보 7분 東京都台東区上野公園13-9 09:30~17:00(금·토요일 ~20:00), 30분 전 입장 마감 월요일(공휴일인 경우 다음 날 휴무), 연말연시 ¥ 일반 1,000엔, 대학생 500엔, 기획전 요금 별도 +81-3-3822-1111 www.tnm.jp

커피 맛에 분위기를 더한

우에시마 커피 上島珈琲店

ueshima coffee kuroda museum

일본 근대 서양화의 아버지라 불리는 구로다 세이키黒田清輝의 유지를 이어받아 지어진 공간인 구로다 기념관에 위치한다. 공원 내의 다른 카페보다 한산하고 여름의 신록, 가을의 단풍 등 계절에 따라 변하는 우에노 공원을 즐길 수 있다. 융 드립 커피(610엔~)와 토스트 등이 포함된 모닝 세트가 있다.

구로다 기념관점 黒田記念館店

도쿄 국립 박물관 매표소에서 도보 4분

東京都台東区上野公園12-53 黒田記念館別館 1~2F

07:30~19:00 +81-3-5815-0411

www.ueshima-coffee-ten.jp

국립 서양 미술관 国立西洋美術館
🔍 국립 서양 미술관

우에노역 공원 출구에서 3분만 걸어가면 로댕의 〈생각하는 사람〉, 〈칼레의 시민〉, 〈지옥의 문〉이 존재감을 드러내며 한자리에 모여 있는 국립 서양 미술관이 나온다. 1959년에 개관했으며 본관은 프랑스 건축가 르 코르뷔지에Le Corbusier가 설계했는데, '르 코르뷔지에의 건축 작품−근대 건축 운동에 대한 뛰어난 공헌' 중 하나로 2016년에 유네스코 세계문화유산에 지정되었다. 상설전은 기업가 마츠카타 고지로松方幸次郎의 '마츠카타 컬렉션'을 중심으로 이루어진다. 마츠카타는 1910~1920년대에 유럽을 돌며 중세 시대 종교화부터 인상파 작품까지 폭넓게 미술품을 수집했다. 이 컬렉션은 1945년 전쟁에서 패한 후 프랑스에 귀속되었다가 상설전을 하는 미술관을 짓겠다는 조건으로 일본에 반환되었다. 대표작으로는 모네의 〈수련〉이 있다. 당일 기획전 표가 있는 경우 상설전을 무료로 관람할 수 있다. 규모가 큰 기획전은 미리 온라인으로 표를 예약하는 걸 추천한다.

🚶 JR 우에노역 공원 출구에서 도보 3분
📍 東京都台東区上野公園7-7
🕐 09:30~17:30(금·토요일 ~20:00), 30분 전 입장 마감
✖ 월요일(공휴일인 경우 다음 날 휴무), 12/28~1/1
💴 일반 500엔, 대학생 250엔, 기획전 요금 별도
🏠 www.nmwa.go.jp

국립 서양 미술관에서
꼭 봐야 할 작품

©国立西洋美術館

14~16세기

**아브라함과 이삭이
있는 숲의 풍경**
작가 대 얀 브뤼헐
제작 연도 1599년

©国立西洋美術館

겟세마네의 기도
작가 대 루카스 크라나흐
제작 연도 1518년경

다비드로 알려진 젊은 남자의 초상
작가 틴토레토
제작 연도 1555~1560년경

17세기

©国立西洋美術館

잠자는 두 명의 아이
작가 페테르 파울 루벤스
제작 연도 1612~1613년경

©国立西洋美術館

루크레티아
작가 귀도 레니
제작 연도
1636~1638년경

일부러 도쿄까지 찾아가서 볼만한 굵직굵직한 기획전이 끊임없이 열리는 것은 물론 상설전도 그 수준이 상당히 높다. 370점에 달하는 마츠카타 컬렉션을 중심으로 회화, 조각 등 6,000여 점의 작품을 소장하며, 중세부터 현대까지 서양 미술의 흐름을 한눈에 파악할 수 있도록 전시해 놓았다. 기획전 입장권을 구매하면 상설전은 무료로 볼 수 있다. 여기서 소개 하는 작품들은 미술관 1~2층에 전시되어 있다.

©国立西洋美術館

18세기

여름 저녁, 이탈리아 풍경
작가 조세프 베르네
제작 연도 1773년

자화상
작가 마리 가브리엘 카페
제작 연도 1783년경

©国立西洋美術館

**마리 앙리에트
베르틀로의 초상**
작가 장 마르크 나티에르
제작 연도 1739년

19세기

©国立西洋美術館

사랑의 잔
작가 단테 가브리엘 로제티
제작 연도 1867년

**알제리풍의
파리 여인들**
작가 피에르 오귀스트
르누아르
제작 연도 1871년

대화
작가 카미유 피사로
제작 연도 1881년경

브르타뉴 풍경
작가 폴 고갱
제작 연도 1888년

생 트로페즈의 항구
작가 폴 시냑
제작 연도 1901~1902년

©国立西洋美術館

수련
작가 클로드 모네
제작 연도 1916년

장미
작가 빈센트 반 고흐
제작 연도 1889년

살아 움직이는 모든 것에 대한 호기심 ······ ⑦

국립 과학 박물관 国立科学博物館
🔎 국립 과학 박물관 도쿄

아이와 함께 여행 중이라면 국립 과학 박물관은 상당히 흥미진진한 공간이 될 것이다. 박물관 전체 테마는 '인류와 자연의 공존을 바라며'이고 지구관과 일본관으로 나뉜다. 주로 일본어와 영어로만 설명되어 있지만 중요 전시품에는 한국어 안내도 있다. 지구관 1층 전시실에서는 지구의 탄생부터 21세기에 이르기까지의 과정을 애니메이션으로 알기 쉽게 보여준다. 3층에는 수십 종류의 포유류와 조류의 박제품이 전시되어 있고, B1층에서는 공룡의 골격 표본을 볼 수 있다. 일본관의 테마는 '일본 열도의 자연과 우리들'이다. 실물 크기 박제품과 인공위성 등이 전시된 지구관보다는 박진감이 떨어지지만 가축의 역사처럼 소소한 볼거리가 많다. 일본관 2층에는 시부야역 앞에 동상이 세워진 충견 '하치'의 박제품이 있다.

🚶 JR 우에노역 공원 출구에서 도보 5분 📍東京都台東区上野公園 7-20 🕐 09:00~17:00, 30분 전 입장 마감 ❌ 월요일(공휴일인 경우 다음 날 휴무), 12/28~1/1 💴 일반 630엔, 초·중·고등학생 무료, 기획전 요금 별도 🏠 www.kahaku.go.jp

작지만 수준 높은 전시 ······ ⑧

도쿄도 미술관 東京都美術館 🔎 도쿄도 미술관

벽돌 건물로 둘러싸인 중정에서 〈마이 스카이 홀 85-2 빛과 그림자〉라는 반짝반짝 빛나는 스테인리스 구가 관람객을 맞이한다. 계단으로 반 층 정도 내려간 로비 층에 안내 센터, 뮤지엄 숍 등이 위치하고 기획전 전시실로 이어진다. 규모는 작지만 기획전 역량만큼은 국립 서양 미술관 등에 뒤지지 않는다. 고흐, 고갱, 클림트, 뭉크, 티치아노 등 세계적 거장과 오카모토 다로, 이사무 노구치 등 일본을 대표하는 예술가의 작품도 꾸준히 전시해왔다. 홈페이지를 통해 전시 일정을 확인할 수 있다.

🚶 JR 우에노역 공원 출구에서 도보 7분
📍 東京都台東区上野公園8-36
🕐 09:30~17:30(기획전 개최 중 금요일 ~20:00), 30분 전 입장 마감
❌ 첫째·셋째 월요일(공휴일인 경우 다음 날 휴무), 12/29~1/3 💴 전시마다 다름
📞 +81-3-3823-6921
📷 tokyometropolitanartmuseum
🏠 www.tobikan.jp

없는 거 빼고 다 있다 ⑨

아메요코 시장 アメ横

🔍 아메요코 상점가

아메요코 시장은 도쿄, 아니 일본에서 유일무이하게 흥정이 가능한 시장이 아닐까 싶다. JR 우에노역과 오카치마치역 사이를 달리는 야마노테선 철도의 고가 아래로 500m 가량 이어지는 시장 골목이다. 사탕(일본어로 '아메ぁめ')을 파는 상점이 유독 많아서, 혹은 미군 부대에서 빼돌린 상품을 판매하는 암시장이 있었기 때문에 아메요코라는 이름이 붙었다고 전한다. 농수산물, 과자, 의류, 화장품, 기념품 등 없는 물건 빼고 다 있다. 특히 연말에는 시장 전체가 새해맞이 먹거리 전문점으로 변신해 평소 일일 방문객의 다섯 배 정도가 시장을 찾는다.

🚶 ① JR 우에노역 시노바즈 출구에서 도보 5분 ② 케이세이 전철 우에노역 정면 출구 正面口 건너편 ③ 도쿄 메트로 우에노역 5b 출구에서 도보 2분
📍 東京都台東区上野6-11-11 🏠 www.ameyoko.net

일본 최고의 지성이 모인 곳 ⑩

도쿄 대학 東京大学 🔍 도쿄 대학

도쿄 시내에 캠퍼스가 몇 군데 있는데 혼고 캠퍼스의 규모가 제일 크다. 등록 유형 문화재 야스다 강당安田講堂, 국가 중요 문화재인 아카몬赤門 등 오랜 역사를 지닌 고풍스런 건물이 많다.

혼고 캠퍼스 本郷キャンパス 🚶 도쿄 메트로 토다이마에역 1번 출구에서 정문까지 도보 6분 📍 東京都文京区本郷7-3
🏠 www.u-tokyo.ac.jp

학문의 신을 모시는 신사 ⑪

유시마 텐만구 湯島天満宮 🔍 유시마 천만궁

학문의 신인 스가와라노 미치자네菅原道真를 모시는 신사. 도쿄 대학과 가까워 입시철이면 합격을 기원하는 이들로 인산인해를 이룬다. 매화 정원이 아름답기로 유명하다.

🚶 ① 도쿄 메트로 유시마역 3번 출구에서 도보 2분
② JR 오카치마치역 북쪽 출구에서 도보 8분
📍 東京都文京区湯島3-30-1 🕐 06:00~20:00
📞 +81-3-3836-0753 🏠 www.yushimatenjin.or.jp

1905년부터 한결같은 맛 ····· ①
폰타혼케 ぼん多本家 ♪ 폰타혼케

대표 메뉴인 카츠레츠(3,850엔)는 물론이고 쿠루마에비 후라이車海老フライ(보리새우튀김), 아나고 후라이穴子フライ(붕장어튀김) 등 튀김 요리의 명가. 1905년에 개업했으며 커틀릿의 '원조집'이라고 할 수 있는데 그때그때 가장 상태가 좋은 돼지고기로 만든다. 돼지 등심의 지방을 제거하고 라드를 사용해 120℃에서 서서히 온도를 높여가며 튀기는 게 이곳만의 방식이다. 가격 표시는 단품 기준이며 밥과 된장국, 절임 반찬이 포함된 세트는 550엔이 추가된다.

🚶 JR 오카치마치역 남쪽 출구에서 도보 3분
📍 東京都台東区上野3-23-3
🕐 11:00~14:00, 16:30~20:20
(일요일 16:00~)
❌ 월요일(공휴일인 경우 다음 날 휴무)
🏠 g608200.gorp.jp

노포의 장어 맛 ····· ②
이즈에이 伊豆栄 ♪ 이스에이

18세기에 개업해 약 300년의 역사를 자랑하는 장어 요리 전문점이다. 우에노 공원 내외부에 3개의 지점을 운영하며 본점은 시노바즈노이케 남쪽 길 건너에 위치해 넓은 창으로 우에노 공원이 보인다. 달콤 짭짤한 양념이 배인 장어가 올라가는 장어덮밥(3,630엔~)이 가장 인기 있는 메뉴이며 장어 양에 따라 가격이 달라진다. 장어는 젓가락을 살짝 대기만 해도 살이 부서질 정도로 부드럽고 잔가시도 많지 않다. 기다릴 땐 번호표를 받아야 하며 7층 규모의 건물이라 테이블 회전은 빠른 편이다.

본점 本店
🚶 JR 우에노역 시노바즈 출구에서 도보 5분
📍 東京都台東区上野2-12-22
🕐 11:00~21:00, 45분 전 주문 마감
📞 +81-3-3831-0954
🏠 www.izuei.co.jp

씹는 맛이 탁월한 히레카츠 ……③

호라이야 蓬莱屋 ♀호라이야

폰타혼케와 함께 우에노의 돈카츠 맛집 양대 산맥을 이루는 호라이야는 1914년에 개업했다. 음악이 흐르지 않는 실내는 기름이 튀는 소리만 들릴 뿐 놀랄 정도로 조용하다. 호라이야의 대표 메뉴는 안심을 사용한 히레카츠ひれかつ(3,500엔). 다른 가게보다 고기를 훨씬 두툼하게 썰어 육즙이 그대로 살아 있고 씹는 맛이 탁월하다.

🚶 JR 오카치마치역 남쪽 출구에서 도보 1분 ♀東京都台東区上野 3-28-5 🕐 평일 11:30~14:30, 주말 11:30~14:30, 17:00~20:30, 30분 전 주문 마감 ❌ 수요일(공휴일인 경우 다음 날 휴무) 📞 +81-3-3831-5783 🏠 www.ueno-horaiya.com

도시락 싸들고 공원으로 ……④

구루아츠 ぐるあつ ♀구루아츠 도쿄

모든 메뉴가 100% 채식인 카페. 식사 메뉴인 굿 밀 플레이트(평일 1,550엔, 주말 1,700엔, 수프 130엔 추가)는 수량 한정이고 도시락(평일 1,180엔, 주말 1,300엔)으로 포장도 가능하다. 두부를 넣어 식감이 독특한 스콘, 머핀은 종류가 매우 다양하고, 유기농 식품도 판매한다. 휴무는 인스타그램을 통해 공지한다. 현금 결제만 가능하다.

🚶 JR 우에노역 이리야 출구入谷口에서 도보 6분 ♀東京都台東区上野4-21-6 🕐 11:00~16:30 📞 +81-3-5830-3700 📷 guruatsu

육즙 가득 특제 멘치 ……⑤

니쿠노오야마 肉の大山 ♀니쿠노 오오야마

1932년에 개업한 노포로 다진 소고기를 뭉친 후 튀김옷을 입혀 바삭하게 튀겨낸 멘치카츠メンチカツ로 유명하다. 대표 메뉴인 특제 멘치特製メンチ(220엔)는 성인 주먹 크기 정도로 하나만 먹어도 든든하다. 테이크아웃 손님이 많고 식사가 가능한 좌석도 준비되어 있다. 먹고 갈 경우 점심과 저녁 메뉴가 다르다.

우에노점 上野店
🚶 케이세이 우에노역 정면 출구에서 도보 3분 ♀東京都台東区上野6-13-2 🕐 11:00~23:00, 1시간 전 주문 마감 📞 +81-3-3831-9007 🏠 www.ohyama.com

옛 정취가 남아 있는 거리

야네센
谷根千

도쿄 국립 박물관을 오른편에 두고 10분 정도
걸으면 우에노의 소음은 저 멀리 사라지고
큰 건물도 더 이상 눈에 띄지 않는다. 이 지역은
제2차 세계 대전 때도 피해를 거의 입지 않았고,
그 이후 이루어진 대규모 개발과도 인연이
없어 오래된 마을의 모습이 꽤 남아 있다.
비슷한 정취를 가진 야나카谷中, 네즈根津,
센다기千駄木의 머리글자를 따서 이 동네를
'야네센'이라고 부른다.

이동 방법

야네센 지역은 우에노 공원과 묶어서 일정을 짜기에 딱
좋은 위치다. 도쿄 국립 박물관에서 도쿄 예술대학을 지
나 쭉 올라가는 경로가 가장 편리하다. JR 우에노역 공원
출구에서 야나카레이엔까지 걸어서 20분 정도 걸린다. 만
약 야네센에서 일정을 시작한다면 JR과 케이세이 전철 닛
포리역日暮里駅, 도쿄 메트로 치요다선 네즈역根津駅 또는
센다기역千駄木駅을 이용하면 편리하다.

우에노역   **야나카레이엔**
　ㅇ----------------------------------ㅇ
　　　　　　🚶 도보　🕐 20분

야나카 긴자 상점가 谷中ぎんざ 🔍 야나카 긴자

야네센 지역에서 가장 번화한 상점가. 하지만 끝에서 끝까지 거리가 175m 정도로 소박하기 그지없다. 카페, 술집, 문방구, 정육점 등 어디에나 있을 법한 동네 가게가 오밀조밀 모여 있는 모습은 꽤나 정겹다. 상점가 끝에는 '유야케 단단夕やけだんだん'이라는 이름의 계단이 있고, 계단 꼭대기에서 바라보는 노을은 은은한 멋이 있다. 이 부근은 길고양이가 많기로 유명했는데 요즘은 재개발, 중성화 수술 활성화 등으로 인해 고양이의 모습을 보기 힘들어졌다.

🚶 ① JR 닛포리역 서쪽 출구에서 도보 5분
② 도쿄 메트로 센다기역 2번 출구에서
도보 5분 📍 東京都台東区谷中3-13-1
🏠 www.yanakaginza.com

진분홍빛 5월의 명소

네즈 신사 根津神社 🔍 네즈 신사

도쿄의 10대 신사 중 하나로 약 1,900년 전 세워졌다고 전해진다. 그 후로 증축을 거듭했으며 전쟁, 자연재해의 피해를 입지 않아 300년 전의 모습을 그대로 간직하고 있다. 네즈 신사는 도쿄 최고의 철쭉 명소다. 4월 말, 5월 초가 되면 철쭉 정원에 100종류, 3,000그루가 넘는 철쭉이 장관을 이룬다. 이때는 정원 출입 시 입장료를 내야한다. 정원을 따라 붉은 색 토리이鳥居가 일렬로 늘어서 있다.

🚶 ① 도쿄 메트로 네즈역 1번 출구에서 도보 5분 ② 도쿄 메트로 센다기역 1번 출구에서 도보 5분 📍 東京都文京区根津1-28-9
🕐 06:00~17:00, 계절에 따라 다름
📞 +81-3-3822-0753
🏠 www.nedujinja.or.jp

보통의 일상과 함께하는 공동묘지
야나카레이엔 谷中霊園 🔎 야나카 묘지

주택가, 상점가 바로 옆에 위치한 평범한 공동묘지. 하지만 봄이 되면 다른 어디
에도 뒤지지 않는 아름다운 벚꽃 명소로 변한다. 부지 내 가장 넓은 길 양옆으로
300그루 이상의 벚나무가 줄지어 서 있어 화사한 벚꽃 터널을 만든다. 도쿠가와
가문의 마지막 장군, 근대 일본화의 거장 요코야마 타이칸横山大観, 제국 호텔을
설립한 실업가 시부사와 에이이치渋沢栄一 등의 무덤이 위치한다.

🚶 JR 닛포리역 서쪽 출구에서 도보 6분 📍 東京都台東区谷中7-5-24

그리운 타마고산도의 맛
카야바 커피 カヤバ珈琲 🔎 가야바 커피

1938년 개업 이후 한자리를 지켜온 카페. 대가 끊기며 폐
업했다가 '역사도시연구회' 등의 도움으로 2009년 다시
문을 열었다. 1916년에 지어진 건물의 정취가 그대로 남
아 있으며 2층은 다다미가 깔린 방이다. 대표 메뉴인 달
걀샌드위치, 즉 타마고산도たまごサンド(1,400엔)는 초대의
조리법 그대로 만든다. 구글 맵스에서 링크를 통해 예약
할 수 있다.

🚶 도쿄 메트로 네즈역 1번 출구에서 도보 10분
📍 東京都台東区谷中6-1-29 🕐 08:00~18:00, 1시간 전
주문 마감 ❌ 월요일(공휴일인 경우 다음 날 휴무)
📞 +81-3-3823-3545 📷 kayabacoffee

밤 디저트의 천국
와구리야 和栗や ♀와구리야

일본 최고의 밤 산지인 이바라키현의 밤으로 디저트를
만든다. 가장 인기 있는 메뉴는 몽블랑 데세르モンブラ
ンデセル(호지차 세트 1,600엔). 인위적인 단맛 없이 밤
의 풍미가 진하게 느껴진다. 아이스크림, 파르페, 빙수
등 밤을 이용한 다양한 디저트를 맛 볼 수 있다.

본점 本店 🚶 야나카 긴자 상점가 입구
📍 東京都台東区谷中3-9-14
🕐 11:00~17:30, 1시간 전 주문 마감 ❌ 월요일
📞 +81-3-5834-2243 📷 waguriya
🏠 www.waguriya.com

공간에 숨을 불어넣다
하기소 HAGISO ♀하기소

지은 지 60년 된 목조 아파트를 개조해서 만든 공간.
1층은 카페와 갤러리, 2층은 호텔과 상점인 하나레
hanare로 구성된다. 카페에서는 근처에서 나는 식재료
를 사용하고, 갤러리에서는 젊은 아티스트의 작품 위
주로 전시하는 등 단순한 상업 시설을 넘어선 지역 밀
착형 복합 문화 공간이다.

🚶 JR 닛포리역 서쪽 출구에서 도보 6분 📍 東京都台東区谷
中3-10-25 🕐 평일 08:00~10:30, 12:00~17:00,
주말 12:00~20:00 📞 +81-3-5832-9808
📷 hagiso_yanaka 🏠 hagiso.com

도쿄 최고의 면발
네즈 카마치쿠 根津釜竹 ♀네즈 카마치쿠

국물이나 양념 없이 면 자체만으로도 최고의 맛을 내
는 우동 전문점. 대표 메뉴인 카마아게 우동釜揚げうど
ん(990엔)을 시키면 곁들이는 재료 없이 따뜻한 물에
담긴 면만을 내어주는데 다 먹을 때까지 면이 퍼지지
않는다.

🚶 도쿄 메트로 네즈역 1번 출구에서 도보 5분
📍 東京都文京区根津2-14-18 🕐 11:30~14:30
(30분 전 주문 마감), 17:30~21:30(1시간 전 주문 마감)
❌ 월일요일 📞 +81-3-5815-4675
🏠 www.kamachiku.com

도쿄의 어제와 오늘을 만나다

아사쿠사 浅草
도쿄 스카이트리
타운 東京スカイツリータウン

#센소지 #시타마치 #일본의 정취 #가장 높은 전망대

강을 사이에 두고 무려 1,400년 가까운 시간이 흐른다.
도쿄의 북쪽에서 시작해 태평양으로 흘러 들어가는
스미다가와隅田川 서쪽에는 628년에 창건한 이래 지금까지
수많은 이의 기원을 들어준 센소지가 위치한다. 한편 동쪽에는
2012년 완공돼 관광 명소로 사랑받는 도쿄 스카이트리가 있다.
오래된 사찰과 최첨단 방송탑이 함께하는 이 지역이야말로
도쿄의 어제와 오늘이 가장 극적으로 만나는 곳임에 틀림없다.

아사쿠사·도쿄 스카이트리 타운
여행의 시작

쿠라마에
키요스미시라카와
아사쿠사
도쿄 스카이트리 타운

아사쿠사와 도쿄 스카이트리 타운 근처에는 JR역은 없지만 지하철과 사철이 골고루 지나간다.
사철은 여행자가 이용할 일이 거의 없기 때문에 두 지역 모두 지하철역만 잘 알고 있으면 된다.
나리타 국제공항, 하네다 국제공항까지 가는 교통도 편리하다.
각 역의 구조가 복잡하지 않아서 출구를 찾는 데 큰 어려움은 없다.

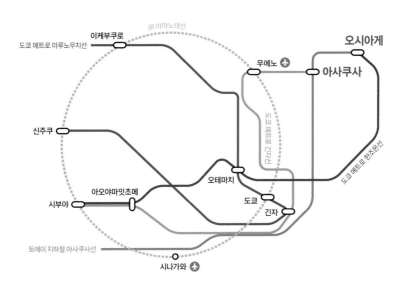

**아사쿠사역을
이용한다면!**

지하철 노선은 도쿄 메트로 긴자선과 토에이 지하철 아사쿠사선이 지나가고 두 역은 지하에서 이어진다. 사철은 토부 철도 스카이트리 라인과 츠쿠바 익스프레스가 지나간다. 지하철, 토부 철도의 역은 센소지 동쪽(스미다가와 쪽)에 위치하고 츠쿠바 익스프레스의 역은 센소지 서쪽에 위치한다. 아사쿠사선 열차 중 일부는 환승 없이 하네다 국제공항까지 바로 간다.

· **1~3번 출구 ▶** 센소지, 나카미세, 아사쿠사 문화 관광 센터, 덴보인도리, 홋피도리
· **4~5번 출구 ▶** 스미다 공원
· **7번 출구 ▶** 도쿄 미즈마치

**오시아게역을
이용한다면!**

지하철은 도쿄 메트로 한조몬선과 토에이 지하철 아사쿠사선이 지나간다. 사철은 케이세이 오시아게선과 토부 철도 스카이트리 라인이 지나간다. 지하철 B3 출구로 나가면 도쿄 스카이트리 타운 B3층으로 바로 연결된다. 도쿄 스카이트리 타운을 기준으로 동쪽에 오시아게역이 있고 서쪽에는 토부 철도의 도쿄스카이트리역이 위치한다. 아사쿠사선 열차 중 일부는 환승 없이 하네다 국제공항까지 바로 가고, 케이세이 오시아게선 열차 중 일부는 환승 없이 나리타 국제공항까지 바로 간다.

아사쿠사·도쿄 스카이트리 타운
추천 코스

센소지

일본의 정취를 느끼고 싶다면 아사쿠사, 쇼핑과 엔터테인먼트를 중요시한다면 도쿄 스카이트리 타운 위주로 일정을 짜면 된다. 만약 두 지역을 모두 볼 계획이라면 오전에는 아사쿠사에서 시간을 보내고 오후에 도쿄 스카이트리 타운으로 넘어가는 일정을 추천한다. 두 지역 모두 평일보다 주말에 인구 밀도가 훨씬 높다. 주말에 방문할 예정이라면 아침 일찍 서두르는 게 좋다.

🕐 **소요 시간** 8시간~

💰 **예상 경비** 입장료 2,100엔~ + 식비 약 3,000엔 + 쇼핑 비용
= 총 5,100엔~

✅ **참고 사항** 카미나리몬에서 도쿄 스카이트리 타운까지는 걸어서 20분 정도 걸린다. 걷는 게 싫다면 토에이 지하철 아사쿠사선을 이용하자. 도쿄 스카이트리 전망대 입장권은 미리 예약하기를 추천한다.

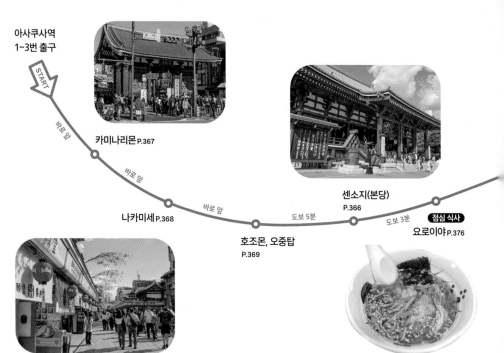

아사쿠사역
1~3번 출구

START

바로 앞

카미나리몬 P.367

바로 앞

나카미세 P.368

바로 앞

호조몬, 오중탑
P.369

도보 5분

센소지(본당)
P.366

도보 3분 점심 식사
요로이야 P.376

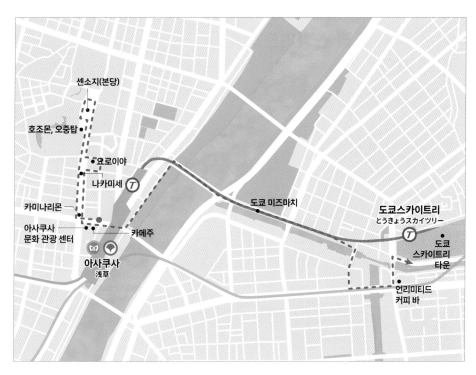

센소지(본당)

호조몬, 오중탑

요로이야

나카미세 (T)

카미나리몬

아사쿠사
문화 관광 센터

카메주

도쿄 미즈마치

도쿄스카이트리
とうきょうスカイツリー
(T)

도쿄
스카이트리
타운

아사쿠사
浅草

언리미티드
커피 바

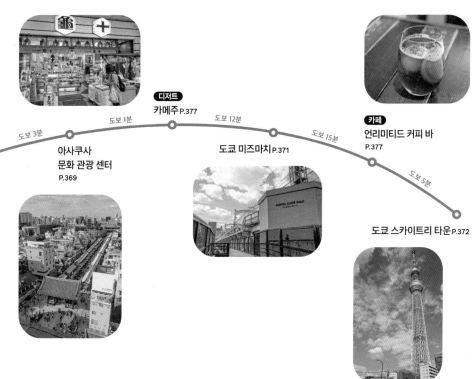

도보 3분

아사쿠사
문화 관광 센터
P.369

디저트
카메주 P.377

도보 1분

도보 12분

도쿄 미즈마치 P.371

도보 15분

카페
언리미티드 커피 바
P.377

도보 5분

도쿄 스카이트리 타운 P.372

아사쿠사 · 도쿄 스카이트리 타운
상세 지도

③ 카페 하레쿠라

⑤ 캇파바시 도구 거리

Ⓣⓧ 아사쿠사
浅草

④ 아사쿠사 카게츠도

① 센소지(본당)

오중탑 🚶   🚶 호조몬

④ 홋피도리

덴보인도리 ③

② 요로이야

🚶 나카미세

① 미소주

카미나리몬 🚶

아사쿠사 문화 관광 센터 ②

3번

2번

5번

4번

Ⓣ

카메주 ⑤

🈯 아사쿠사
浅草

🈯 1번

타와라마치
田原町

2번

도쿄 메트로 긴자선

A2a

토에이 지하철 오에도선

🚶 쿠라마에

스미다가와

7 스미다 공원

0   100m

6 도쿄 미즈마치

토부 철도 토부 스카이트리 라인

도쿄 스카이트리
とうきょうスカイツリー

오시아게
(스카이트리마에)
押上(スカイツリー前)

8 도쿄 스카이트리 타운

6 언리미티드 커피 바

🚡 도쿄 스카이트리
🚡 도쿄 소라마치
🍴 로쿠린샤 도쿄
🍴 회전 초밥 토리톤

토에이 지하철 아사쿠사선

도쿄 메트로 한조몬선

키요스미시라카와 🚡

365

센소지 | 浅草寺 ♀센소지

강 근처라는 지리적 이점의 영향도 무시할 수 없지만, 예부터 이 지역에 사람이 모인 이유는 역시 센소지 때문이다. 도쿄에서 가장 크고 오래된 사찰인 센소지는 시타마치下町 민간 신앙의 중심으로 오랫동안 서민의 사랑을 받아왔다. 628년, 이 지역에 사는 어부 형제가 스미다가와에서 물고기를 잡던 중 그물에 걸린 관음상을 발견했고, 그 관음상을 모시기 위해 센소지를 창건했다. 카미나리몬, 나카미세, 호조몬, 오중탑을 지나면 관음상이 안치된 본당이 나온다. 본당은 제2차 세계 대전 때 공습으로 소실되어 1958년에 재건했다. 본당 앞에 있는 커다란 향로에서는 쉬지 않고 향이 타오르는데, 연기를 쐬면 아픈 곳이 낫는다는 이야기가 전해져 내려온다. 원래 용도는 본당에 소원을 빌기 전 연기를 쐬어 몸을 깨끗이 하기 위함이다. 본당 내부는 개방 시간이 정해져 있지만 센소지 부지 자체는 출입문 없이 항상 개방되어 있다. 나카미세의 상점이 문을 열기 전과 문을 닫은 후에는 인파가 덜해 여유롭게 둘러보기 좋다. 특히 교교한 밤에 보는 센소지의 야경은 독특한 분위기를 자아낸다.

본당 本堂

🚶 도쿄 메트로·토에이 지하철 아사쿠사역에서 도보 8분
📍 東京都台東区浅草2-3-1　🕐 본당 내부 06:00~17:00(10~3월 06:30~)
📞 +81-3-3842-0181　🏠 www.senso-ji.jp

시타마치가 뭘까?

에도 시대 때는 주변 지대보다 높지만 산이나 언덕이라기에는 낮은 지역을 '야마노테山の手', 저지대는 '시타마치'라고 불렀다. 시타마치에는 주로 상인과 직인이 많이 살았다. 도쿄의 대표 시타마치로 아사쿠사, 니혼바시, 칸다 등이 있다.

센소지의 상징
카미나리몬 雷門

아사쿠사역에서 밖으로 나와 가장 먼저 만나는 카미나리몬은 센소지의 정문이다. 정식 명칭은 후라이진몬風雷神門으로 문 양쪽에 험상궂은 표정으로 서 있는 바람의 신과 번개의 신에서 그 이름이 유래했다. 문 한가운데 있는 붉은 제등의 높이는 3.9m, 무게는 700kg에 달한다. 카미나리몬을 통과하면 바로 나카미세 상점가로 이어진다.

바람의 신 風神

번개의 신 雷神

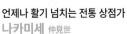

언제나 활기 넘치는 전통 상점가
나카미세 仲見世

카미나리몬과 호조몬 사이, 250m 정도 되는 거리에 작은 가게들이 오밀 조밀하게 모인 상점가를 나카미세라고 부른다. 역사가 17세기 후반까지 거슬러 올라가는 유서 깊은 상점가다. 부역에 동원되어 센소지 경내를 청소하던 지역 주민에게 경내에서 장사할 수 있는 특권을 준 이후부터 형성되기 시작했다. 폐쇄나 소실 등 어려움이 있었지만 지금은 '일본적인 느낌'이 가장 짙게 남아 있는 상점가로 일본인, 외국인 모두의 발길이 끊이지 않는 명소가 되었다. 주전부리 가게, 기념품점이 주를 이루며 보통 오전 10시 이후에 문을 열고 오후 6시쯤 영업을 마친다.

🚶 도쿄 메트로·토에이 지하철 아사쿠사역 1~3번 출구에서 도보 3분
🏠 www.asakusa-nakamise.jp

본당으로 향하는 2층 문
호조몬 宝蔵門

카미나리몬을 지나 북적이는 나카미세를 통과하면 탑과 사찰의 문 양쪽을 지키는 수문신장인 인왕仁王상이 놓인 호조몬이 나온다. 본당 쪽에서 바라보면 호조문에 커다란 짚신이 걸려있다. 볏짚은 인왕의 힘을 나타내는 상징으로 '이렇게 큰 짚신을 신는 자가 이 절을 지키고 있다'고 보여주며 액운을 쫓아내기 위해 매달았다고 한다.

석가모니의 사리를 모신
오중탑 五重塔

본당을 바라보고 섰을 때 왼쪽에 위치한 오중탑(오층탑)은 몇 번의 소실을 거친 후 1973년에 재건됐다. 맨 위층에 스리랑카에서 가져온 석가모니의 사리가 모셔져 있다.

관광 안내소 그 이상 ⑵
아사쿠사 문화 관광 센터
浅草文化観光センター　♀ 아사쿠사 문화 관광 센터

카미나리몬에서 대각선 길 건너에 위치한 곳으로 단순한 관광 안내소가 아니다. 건물은 일본을 대표하는 건축가 구마 겐고가 설계했다. 1층에 한국어 응대가 가능한 안내 창구와 환전소가 있고, 층마다 용도가 전부 다르다. 2층에서 와이파이와 콘센트를 이용할 수 있다. 8층 전망대는 높이가 그다지 높지 않지만 주변에 고층 건물이 거의 없어 전망이 꽤 좋다. 센소지와 나카미세, 강 건너 도쿄 스카이트리까지 보인다.

🚶 도쿄 메트로·토에이 지하철
아사쿠사역 2번 출구에서 도보 1분
📍 東京都台東区雷門2-18-9
🕐 B1~2·6·7층 09:00~20:00
(포켓 와이파이 대여점 ~22:00),
8층 09:00~22:00
📞 +81-3-3842-5566
🏠 city.taito.lg.jp

에도 시대 정서를 느낄 수 있는 ⋯⋯⋯ ③

덴보인도리 伝法院通り ◯denboin street

카미나리몬에서 호조몬을 향해 나카미세를 걷다 보면
상점가 양 옆으로 뚫린 거리가 나온다. 왼쪽 길 입구에
는 거리 이름인 덴보인도리가 적힌 붉은 색 문이 있다.
옛 정취가 남아 있는 상점가로 길이 넓어 나카미세보
다 여유롭게 둘러볼 수 있고 사진 찍기 좋은 독특한 조
형물이나 간판도 많다. 늦봄에만 개방하는 정원 덴보
인에서 이름을 따왔다.

🚶 도쿄 메트로·토에이 지하철 아사쿠사역 1~3번 출구에서
도보 6분

지갑이 가벼워도 한잔 술 ⋯⋯⋯ ④

홋피도리 ホッピー通り ◯hoppy street

덴보인도리가 끝나는 지점에서 시작 되는 거리 이름이
다. 길 양쪽으로 지갑이 가벼운 여행자도 부담 없이 들
를 수 있는 이자카야가 쭉 이어져 있다. 홋피는 '맥주
맛이 나는 청량음료(알코올 도수 0.8%)'로 맥주보다
가격이 저렴하다. 도쿄, 카나가와 등 간토 지방에서 주
로 마신다.

🚶 도쿄 메트로·토에이 지하철 아사쿠사역 1~3번 출구에서
도보 8분

주방도구 쇼핑은 여기서 ⋯⋯⋯ ⑤

캇파바시 도구 거리

かっぱ橋道具街 ◯캇파바시 주방도구거리

근엄한 표정이 오히려 귀여운 요리사 아저씨의 대형 모
형이 반겨주는 거리. 소소한 주방 도구부터 식당 개업
에 필요한 메뉴판 등 없는 게 없다. 또한 일본이 자랑
하는 정교한 식품 모형을 취급하는 가게도 있어서 구
경하는 재미가 쏠쏠하다. 매년 10월 초에 '캇파바시 도
구 축제かっぱ橋道具まつり'가 열린다.

🚶 도쿄 메트로 타와라마치역田原町駅 1~2번 출구에서
도보 4분 🏠 www.kappabashi.or.jp

도쿄 미즈마치 東京ミズマチ ♀도쿄 미즈마치

아사쿠사와 도쿄 스카이트리 타운을 오가며 들르기 딱 좋은 자리에 위치한다. 스미다가와의 지류를 끼고 철로 아래 고가를 따라 음식점, 편집 숍, 호스텔 등이 모여 있으며 수양버들이 심어진 잘 정돈된 산책로가 이어진다. 스미다가와에 걸린 철교인 스미다 리버 워크SUMIDA RIVER WALK(07:00~22:00 개방)를 이용하면 센소지와 도쿄 미즈마치 사이를 최단 거리로 오갈 수 있다.

🚶 ① 카미나리몬에서 스미다가와를 건너 도보 12분 ② 도쿄 스카이트리 타운에서 아사쿠사 방향으로 도보 5분 ♥ 東京都墨田区向島1 🕐 상점마다 다름
🏠 www.tokyo-mizumachi.jp

스미다 공원 隅田公園 ♀스미다 공원

아사쿠사와 도쿄 스카이트리 타운 사이를 흐르는 강, 스미다가와를 따라 조성된 공원이다. 공원 남쪽 선착장에서 오다이바까지 가는 유람선을 탈 수 있다. 봄에는 벚꽃, 여름에는 도쿄를 대표하는 불꽃놀이를 즐길 수 있는 장소로 많은 사람이 찾는다.

🚶 ① 도쿄 메트로·토에이 지하철 아사쿠사역 4~5번 출구에서 도보 5분 ② 도쿄 스카이트리 타운에서 도보 12분 ♥ 東京都墨田区向島1, 2, 5

도쿄 스카이트리 타운

東京スカイツリータウン ♀도쿄 스카이트리

2012년에 완공된 높이 634m의 도쿄 스카이트리는 세계에서 가장 높은 자립식 방송탑이다. 인공 건조물로는 두바이의 부르즈 할리파에 이은 세계 2위. 도쿄 스카이트리와 주변 시설을 포함해 도쿄 스카이트리 타운이라고 부른다. 전망대, 수족관, 쇼핑몰 등 다양한 시설이 한데 모여 있다. 도쿄 스카이트리가 들어선 자리는 원래 폐쇄된 화물역이었고 강 건너 아사쿠사와는 달리 외지인이 찾는 지역이 아니었다. 하지만 도쿄 스카이트리가 생긴 이후 숙소나 음식점 등도 많이 생기면서 관광 명소가 되었다. 스카이트리 자체가 워낙 높아 어디서나 잘 보이지만 아사쿠사 문화 관광 센터 8층, 스미다가와에 걸린 아즈마 다리吾妻橋에서 사진을 찍으면 전체 모습이 잘 나온다.

🚶 ① 도쿄 메트로·토에이 지하철 오시아게역에서 도쿄 스카이트리 타운 B3층으로 연결
② 토부 철도 도쿄 스카이트리역에서 도쿄 스카이트리 타운 1층으로 연결
♀ 東京都墨田区押上1-1-2

밤에 더욱 돋보이는 도쿄 스카이트리

평소에는 푸른빛 구성의 '이키粋'와 보랏빛 구성의 '미야비雅'가 번갈아가면서 점등된다. 올림픽 등 규모가 큰 행사가 있을 때나 크리스마스 시즌 등에는 도쿄 스카이트리 전체가 특별한 색으로 물든다. 라이트 업 일정은 홈페이지의 '도쿄 스카이트리 체험' 항목에서 확인할 수 있다.

하늘을 향해 뻗은
도쿄 스카이트리 東京スカイツリー

입구와 매표소는 4층에 위치하며 전망대는 350m 높이의 전망 데크展望デッキ와 450m 높이의 전망 회랑展望回廊으로 나뉜다. 전망데크, 두 전망대 통합권은 사전 예약이 가능하다. 주말, 공휴일에는 매표부터 입장까지 1시간 이상 기다려야 하는 경우도 있고, 사전 예약 표가 당일 입장권보다 최대 400엔까지 저렴하기 때문에 미리 예약하는 것을 추천한다. 4층에서 엘리베이터를 타면 바로 전망 데크까지 올라간다. 전망 데크는 5m가 넘는 높이의 대형 유리가 앞으로 기울어지듯 배치되어 고소공포증이 있는 사람은 제대로 쳐다보기 힘들지도 모른다. 내부에 음식점, 카페, 기념품점이 있다. 전망 회랑은 전망 데크에 있는 엘리베이터를 통해서만 갈 수 있다. 445m 부분에서 내린 후 유리로 된 나선형 회랑으로 올라가면 450m에 닿는다. 영업시간은 유동적이기 때문에 일정을 짤 때 꼭 확인해두자.

🕐 10:00~22:00, 1시간 전 입장 마감 ¥ **전망 데크** 일반 2,600엔, 12~17세 1,650엔, 6~11세 1,000엔, **통합권(데크+회랑)** 일반 3,800엔, 12~17세 2,550엔, 6~11세 1,550엔, 휴일 기준, 온라인 예약 시 할인
📷 tokyoskytree_official 🏠 www.tokyo-skytree.jp

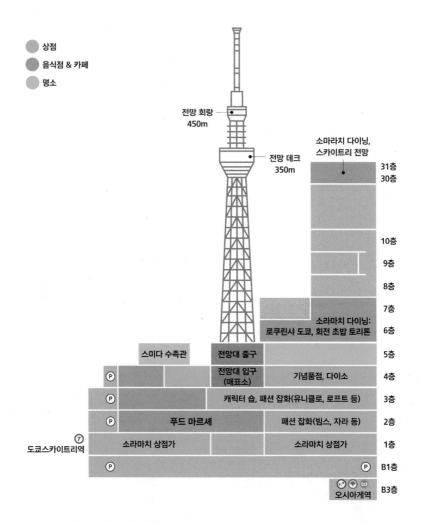

상점
음식점 & 카페
명소

전망 회랑
450m

전망 데크
350m

소마라치 다이닝,
스카이트리 전망

		소마라치 다이닝, 스카이트리 전망	31층
			30층
			10층
			9층
			8층
			7층
		소라마치 다이닝: 로쿠린샤 도쿄, 회전 초밥 토리톤	6층
	스미다 수족관	전망대 출구		5층
Ⓟ		전망대 입구 (매표소)	기념품점, 다이소	4층
Ⓟ			캐릭터 숍, 패션 잡화(유니클로, 로프트 등)	3층
Ⓟ		푸드 마르셰	패션 잡화(빈스, 자라 등)	2층
	소라마치 상점가		소라마치 상점가	1층
Ⓟ			Ⓟ	B1층
		Ⓣ 오시아게역	B3층

도쿄스카이트리역 Ⓣ

도쿄 대표 츠케멘
로쿠린샤 도쿄 六厘舍TOKYO
🔍 로쿠린샤 도쿄 소라마치점

도쿄에만 지점이 있는 츠케멘(950엔~) 전문점이다. 돼지 뼈와 닭 뼈로 우린 육수에 고등어포 등 해산물의 맛을 가미한 육수는 상당히 걸쭉하다. 면은 두꺼운 편이고 쫄깃한 식감에 면만 먹어도 고소한 맛이 난다. 브레이크 타임이 없어 애매한 시간대에 방문하면 기다리지 않는다. 도쿄역의 라멘 스트리트와 우에노 공원 앞에도 지점이 있다.

🚶 소라마치 6층 🕐 10:30~23:00, 30분 전 주문 마감
📞 +81-3-5809-7368 🏠 www.rokurinsha.com

다양한 즐거움이 모인
도쿄 소라마치 東京ソラマチ

도쿄 스카이트리의 저층부와 연결된 복합 시설이다. 취향에 따라 전망대보다 소라마치 쪽이 더 재미있을 수도 있다. 1층부터 5층까지 각종 쇼핑 시설, 음식점, 슈퍼마켓 등이 입점해 있다. 3~4층에는 포켓몬스터, 헬로키티, 치이카와 등 18개의 캐릭터 숍이 모여 있다. 캐릭터 숍과 기념품점에서는 도쿄 스카이트리 한정 상품을 판매한다. 6·7·30·31층은 식당가인 소라마치 다이닝 ソラマチダイニング이다. 특히 30~31층 로비에서는 도쿄 시내가 한눈에 내려다보인다. 스미다 수족관 すみだ水族館은 5~6층에 있으며 입구는 4층이다.

🕐 상점 10:00~21:00, 식당가 11:00~23:00, 수족관 평일 10:00~20:00, 주말 09:00~21:00 🏠 www.tokyo-solamachi.jp

믿고 먹는 홋카이도 초밥집
회전 초밥 토리톤 回転寿しトリトン

홋카이도에서도 동쪽 끝 키타미北見에서 온 회전 초밥집. 도쿄에는 스카이트리 소라마치 지점과 이케부쿠로점이 있다. 미리 만들어 놓은 초밥이 회전 레일을 돌아가는 방식이 아니라 먹고 싶은 종류(한 접시 143엔~)를 주문하면 바로바로 만들어 주는 시스템이다. 좌석 앞 터치 패널에서 사진을 보고 먹고 싶은 메뉴를 선택하면 된다. 한국어 메뉴판이 준비되어 있다.

🚶 소라마치 6층 🕐 11:00~23:00, 1시간 전 주문 마감
📞 +81-3-5637-7716 🏠 www.toriton-kita1.jp

된장국으로 시작하는 든든한 하루 ⋯⋯ ①

미소주 MISOJYU 🔍 미소쥬

일본식 된장국인 미소시루의 다양한 변주를 만날 수 있
다. 미소시루 단품은 1,100엔, 주먹밥과 반찬이 포함된 세
트는 1,680엔이다. 오전 10시까지 주문 가능한 모닝 세트
는 770엔이다. 추천 메뉴는 채소와 돼지고기가 들어간 미
소시루chunky vege & pork tonjuru다. 도쿄 스카이트리 타운
의 소라마치 1층에 영업시간이 더 긴 지점이 있다.

아사쿠사 본점 浅草本店 🚶 도쿄 메트로·토에이 지하철 아사쿠
사역 1~3번 출구에서 도보 5분 📍 東京都台東区浅草1-7-5
🕐 08:00~16:00 📞 +81-3-5830-3101 📷 misojyu
🏠 misojyu.jp

찰떡궁합 라멘과 교자 ⋯⋯ ②

요로이야 与ろゐ屋 🔍 요로이야 라멘

1991년에 문을 연 라멘집. 닭고기, 돼지 뼈로 우린 육수에
진한 간장 맛이 베어든 라멘ら─めん和風醤油(900엔)이 대
표 메뉴다. 달걀, 죽순조림 등 고명을 선택할 수 있는데 그
중 양념된 달걀은 쌍란으로 나온다. 닭고기와 당면이 주
재료인 교자(3개 400엔)도 인기가 많다. 간장 말고 산초
소금에 찍어 먹으면 풍미가 훨씬 좋다.

🚶 도쿄 메트로·토에이 지하철 아사쿠사역 1~3번 출구에서
도보 4분 📍 東京都台東区浅草1-36-7
🕐 11:00~21:00, 30분 전 주문 마감
📞 +81-3-3845-4618 🏠 www.yoroiya.jp

바삭한 프렌치토스트 ⋯⋯ ③

카페 하레쿠라 Cafe 晴蔵 🔍 카페 하레쿠라

옛 가옥을 개조해 만든 카페. 모닝 세트(850엔)는 오전
10시 30분까지 주문 가능하다. 커피 또는 차, 요거트, 수
프, 버터 토스트가 나온다. 일반 메뉴는 10시부터 주문 가
능하고 식감이 바삭한 이곳만의 프렌치토스트(세트 900
엔)가 인기가 많다. 바닐라 아이스크림, 졸인 팥, 살구절임
이 함께 나오는 아사쿠사 프렌치토스트를 추천한다.

🚶 도쿄 메트로·토에이 지하철 아사쿠사역 1~3번 출구에서
도보 14분 📍 東京都台東区浅草3-34-2 🕐 07:00~16:00,
30분 전 주문 마감 ❌ 목요일 📞 +81-3-6802-3223
📷 harekura1

하루에 3,000개씩 팔리는 멜론빵 ······ ④

아사쿠사 카게츠도 浅草花月堂 ♀아사쿠사 화월당

대표 메뉴는 점보 멜론빵ジャンボめろんぱん(300엔)이다. 갓 나온 따끈한 멜론빵은 '겉은 바삭, 속은 촉촉'의 정석을 보여준다. 멜론빵 사이에 아이스크림을 넣어주는 아이스 멜론빵アイスめろんぱん(700엔~)도 인기가 많다. 녹차, 바닐라 맛은 항상 맛볼 수 있고 고구마, 딸기 등 계절 한정 메뉴도 나온다.

본점 本店 ⻌ 도쿄 메트로·토에이 지하철 아사쿠사역 1~3번 출구에서 도보 9분 ♀東京都台東区浅草2-7-13 🕐 11:00~소진 시(주말 10:00~) 📞 +81-3-3847-5251 🏠 www.asakusa-kagetudo.com

도쿄 3대 도라야키 ······ ⑤

카메주 亀十 ♀카메쥬

아사쿠사를 대표하는 화과자 전문점. 그중에서도 도라야키どら焼き(430엔)는 도쿄 3대 도라야키로 불릴 정도로 유명하다. 마치 팬케이크처럼 폭신폭신한 식감이 특징이며 팥 앙금의 종류(흑, 백)를 선택할 수 있다. 유통 기한은 3일. 기다리는 줄이 길어 보여도 포장만 가능해 대기 시간이 그렇게 길지는 않다.

⻌ 도쿄 메트로·토에이 지하철 아사쿠사역 2번 출구에서 도보 1분 ♀東京都台東区雷門2-18-11 🕐 10:00~19:00 📞 +81-3-3841-2210

커피와 술을 함께 즐길 수 있는 ······ ⑥

언리미티드 커피 바
UNLIMITED COFFEE BAR
♀언리미티드 커피 바

도쿄 스카이트리 타운 내에 있는 수많은 카페를 마다하고 일부러 찾아갈 만한 가치가 있는 공간이다. 커피 바는 단순히 카페를 의미하는 게 아니라 정말로 술도 파는 칵테일 바이기도 하다. 콜드브루 진토닉(1,200엔), 에스프레소 마티니 등 다른 카페에서는 맛볼 수 없는 다양한 커피 칵테일 메뉴가 있다. 물론 커피 그 자체도 까다롭게 원두를 골라 정성스레 제공한다.

⻌ 도쿄 스카이트리 타운에서 도보 5분 ♀東京都墨田区業平1-18-2 🕐 화~금요일 12:00~17:00, 토요일 10:30~19:30, 일요일 10:30~18:30 ⊘ 월요일(공휴일인 경우 영업) 📞 +81-3-6658-8680 🏠 www.unlimitedcoffeeroasters.com

도쿄의 브루클린
쿠라마에
蔵前

지금, 아사쿠사 남쪽에 위치한 거리 쿠라마에가
뜨겁다. '도쿄의 브루클린'이라고 말하는
이들도 있을 정도. 역사를 거슬러 올라가면
에도 막부의 쌀 창고가 이 지역에 있었고
덕분에 수많은 사람이 들고 났다.
그중에는 손재주가 좋은 직공도 많았는데
그들의 흔적이 아직도 거리 곳곳에 남아 있으며
그 전통을 이어받아 젊고 발랄하고 재주 많은
'메이커'가 속속 쿠라마에로 모여들고 있다.

이동 방법

쿠라마에역에는 토에이 지하철 아사쿠사선과 오에도선이
지나간다. 두 노선은 지하에서 연결되지 않아 환승할 때는
개찰구를 통과한 뒤 지상으로 나가 이동해야 한다. 두 역
사이 거리는 걸어서 5분 정도. 카미나리몬에서 오에도선
쿠라마에역까지 걸어서 12분 정도 걸린다. 지하철을 타든
걸어가든 아사쿠사와 함께 일정을 짜기에 딱 좋은 위치다.

아사쿠사역 ·············○·············· **쿠라마에역**

🚌 토에이 지하철 ⏱ 2분 ¥ 180엔

오직 나를 위한 노트
카키모리 쿠라마에 カキモリ 蔵前 ♀ 카키모리 kakimori

이 세상에 단 한 권뿐인 나만의 노트를 만들 수 있는 문구점이다. 노트 크기는 B5와 B6 중에서 고를 수 있고 표지, 내지, 스프링 등 재료 하나하나 직접 만져보고 고른 후 직원에게 주면 그 자리에서 바로 제본해준다. 각인도 가능(3주 이상 소요)하다. 주말에는 홈페이지를 통해 예약한 사람만 노트를 만들 수 있다. 또한 자신만의 잉크를 만드는 잉크 스탠드도 있다. 카키모리에서 직접 만든 또는 고른 노트, 펜 등 아름다운 문구가 많아 천천히 오래 둘러보게 되는 공간이다.

🚶 토에이 지하철 쿠라마에역 A1 출구에서 도보 8분
📍 東京都台東区三筋1-6-2 🕐 11:00~18:00 ❌ 월요일(공휴일인 경우 영업)
📷 kakimori_tokyo 🏠 www.kakimori.com

지속가능한 술 빚기
도쿄 리버사이드 증류소
東京リバーサイド蒸溜所 ♀ 도쿄 리버사이드 증류소

청주를 만들 때 나오는 술지게미, 마실 때를 지난 오래된 술을 증류해 각각 '라스트LAST', '리바이브REVIVE'라는 브랜드명의 진gin을 빚는 양조장이다. 양조장 1층에 소매점이 있으며 시음, 시향이 가능하고 술 외의 굿즈도 판매한다. 2층에는 직접 만든 진을 활용한 다양한 칵테일을 내는 술집 스테이지Stage가 있다.

🚶 토에이 지하철 쿠라마에역 A0 출구에서 도보 2분
📍 東京都台東区蔵前3-9-3 🕐 증류소 매장 13:00~19:00, 스테이지 18:00~23:00 ❌ 소매점 월·화요일, 스테이지 월·일요일 📷 ethicalspirits_jp 🏠 ethicalspirits.jp

일본식 바지락 칼국수

라멘 카이 らーめん 改 ♀라멘 카이

시오 라멘의 강자. 어패류로 국물을 낸 카이 시오 라멘 貝塩らーめん(1,000엔)이 대표 메뉴. 고명으로 미역을 올리는 점이 독특하다. 굵은 면발과 바다 향이 가득한 국물이 마치 바지락 칼국수 같다.

🚶 토에이 지하철 쿠라마에역 A0 출구에서 도보 3분
📍 東京都台東区蔵前4-20-10 宮内ビル
🕐 11:00~15:00, 17:30~21:00
📞 +81-3-3864-6055
📷 kainoodles2016

샌프란시스코에서 날아온

단델리온 초콜릿
DANDELION CHOCOLATE
♀댄델리온 초콜렛 팩토리 카페 쿠라마에

단델리온 초콜릿의 첫 일본 지점이다. 쿠라마에 지점 한정 메뉴인 쿠라마에 핫초콜릿(800엔)이 인기가 많다. 기본이 되는 하우스 핫초콜릿에 시즈오카현静岡県의 호지차를 더했다.

팩토리 앤드 카페 쿠라마에 ファクトリー&カフェ蔵前
🚶 토에이 지하철 쿠라마에역 A4 출구에서 도보 3분
📍 東京都台東区蔵前4-14-6 🕐 10:00~19:00
📞 +81-3-5833-7274 📷 dandelion_chocolate_japan
🏠 dandelionchocolate.jp

매일 먹고 싶은 머핀

데일리스 머핀 Daily's muffin
♀daily's muffin kuramae

동네 사람들이 입을 모아 추천하는 머핀 전문점. 항상 10종류 이상의 머핀(380엔~)을 준비하고 수시로 계절 한정 메뉴도 내놓는다. 머핀에 들어가는 부재료가 초콜릿 등 달콤한 종류면 '디저트 머핀', 베이컨 등 짭짤한 종류면 '반찬 머핀'으로 구분한다. 베이글도 맛있다.

🚶 토에이 지하철 쿠라마에역 A1 출구에서 도보 1분
📍 東京都台東区蔵前2-3-1-101
🕐 08:00~소진 시(토요일 11:00~) ❌ 일요일, 공휴일
📞 +81-3-3865-4451 🏠 dailysmuffin.jp

커피 향을 따라 걷는 거리

키요스미시라카와

清澄白河

키요스미시라카와 지역의 번화가는 역을
중심으로 형성되어 있지 않다. 주택과 창고,
공장이 뒤섞여 있어 외지인은 일부러 찾을 이유가
전혀 없을 것만 같은 거리에 불쑥 멋진 공간이
나타나곤 한다. 블루보틀 커피의 일본
1호점이 생긴 이후 외국인 여행자의 발길까지
붙잡는 거리가 됐으며, 제각각 개성을
뽐내는 작은 카페들은 무엇 하나 놓칠 수 없을
정도로 매력적이다.

이동 방법

키요스미시라카와역에는 도쿄 메트로 한조몬선과 토에
이 지하철 오에도선이 지나간다. 도쿄 스카이트리 타운이
있는 오시아게역 정남쪽에 위치한다. 대부분의 카페가 오
전 일찍 문을 열고 저녁 6시쯤 되면 거리가 한산해지기 때
문에 오전에 키요스미시라카와를 돌아본 후 오후에 도쿄
스카이트리 타운으로 넘어가는 일정을 추천한다.

오시아게역   키요스미시라카와역
○·········○·········○·········○
🚌 도쿄 메트로   🕐 8분   ¥ 180엔

재벌의 정원에서 모두의 정원으로

키요스미 정원 清澄庭園
🔍 기요스미 정원

약 200년에 걸쳐 조금씩 변화해 여러 시대의 정원 양식을 동시에 보여준다. 연못을 중심으로 식물을 심고 돌, 건축물을 배치한 지천회유식 정원이다. 이곳을 본격적으로 가꾼 사람은 미츠비시의 창립자인 이와사키 야타로岩崎弥太郎. 미츠비시 직원의 휴식 공간이자 손님 접대를 위한 공간으로 정원을 가꾸기 시작했다고 한다. 1973년에 도쿄도에서 사들여 재정비한 후 시민에게 공개했다.

🚶 도쿄 메트로·토에이 지하철 키요스미시라카와역 A3 출구에서 도보 3분 📍 東京都江東区清澄3-3-9 🕐 09:00~17:00, 30분 전 입장 마감 ❌ 12/29~1/1 ¥ 150엔

현대 미술의 흐름을 한눈에

도쿄도 현대 미술관 東京都現代美術館(MOT) 🔍 도쿄도 현대 미술관

키바 공원木場公園 내에 위치한 도쿄도 현대 미술관은 도쿄도 미술관**P.352**에서 약 3,000점의 작품을 이관 받아 1995년 개관했다. 현재는 약 5,700점의 작품을 소장 중이다. 전시실은 1, 3층에 위치하며 끊임없이 기획전과 상설전을 선보인다. B2~B1층에는 약 27만 권의 도서를 소장한 미술도서실이 있으며 전시를 보지 않아도 자유롭게 책을 열람할 수 있다. 2층에 있는 카페의 실외 테이블에서는 중정이 내려다보인다.

🚶 도쿄 메트로·토에이 지하철 키요스미시라카와역 B2 출구에서 도보 10분 📍 東京都江東区三好4-1-1 🕐 10:00~18:00, 30분 전 입장 마감 ❌ 월요일, 전시 교체 시, 연말연시 ¥ 전시마다 다름 📞 +81-3-5245-4111 📷 mot_museum_art_tokyo 🏠 www.mot-art-museum.jp

유쾌한 커피 한잔
아라이즈 커피 로스터스
ARISE COFFEE ROASTERS 🔍 아라이즈 커피 로스터즈

블루보틀 커피에서 걸어서 1분 거리에 있으며 4~5명이 들어가면 꽉 차는 작은 규모의 로스터리 카페. 항상 10종류 이상의 원두를 준비해놓아 선택의 폭이 넓고 커피 가격(500엔~)은 원두 종류에 따라 달라진다. 바리스타가 매우 친절하고 붙임성이 좋다.

🚶 도쿄 메트로·토에이 지하철 키요스미시라카와역 A3 출구에서 도보 6분 ● 東京都江東区平野1-13-8 🕐 10:00~17:00 ❌ 월요일 📞 +81-3-3643-3601 🏠 arisecoffee.jp

뉴질랜드에서 온 커피
올프레스 에스프레소
ALLPRESS ESPRESSO
🔍 올프레소 에스프레소 도쿄 로스터리 & 카페

오래된 창고를 개조해 2014년에 문을 열었다. 뉴질랜드에서 온 카페라는 특징 때문인지 핸드 드립 커피보다는 롱블랙이나 플랫화이트(540엔)가 더 인기가 많다.

도쿄 로스터리 앤드 카페 Tokyo Roastery & Cafe
🚶 도쿄 메트로·토에이 지하철 키요스미시라카와역 B2 출구에서 도보 3분 ● 東京都江東区平野3-7-2 🕐 평일 09:00~17:00, 주말 10:00~18:00 📞 +81-3-5875-9131
🏠 www.allpressespresso.com/ja/find/tokyo-roastery

현지인이 추천하는 카페
더 크림 오브 더 크롭 커피
THE CREAM OF THE CROP COFFEE
🔍 cream of the crop coffee

키요스미시라카와에 있는 로스터리 카페의 선구자라고 해도 좋은 곳. 역에서 꽤 떨어져 있고 공간도 좁지만 동네 사람들이 추천하는 카페이기도 하다. 핸드 드립 커피 가격(500엔~)은 원두 종류에 따라 달라진다.

키요스미시라카와 로스터 清澄白河ロースター 🚶 도쿄 메트로·토에이 지하철 키요스미시라카와역 B2 출구에서 도보 10분
● 東京都江東区白河4-5-4 🕐 10:00~18:00 ❌ 월요일 📞 +81-3-5809-8523 🏠 www.c-c-coffee.ne.jp

커피와 잘 어울리는 디저트
엉 브데트
EN VEDETTE 🔍 en vedette tokyo

일본과 프랑스를 오가며 활동하는 파티시에 모리 다이스케森大祐가 오픈한 공간. 엉 브데트는 프랑스어로 '주역'이란 뜻. 맛있는 케이크(480엔~)가 이벤트의 주역이 되는 사람을 즐겁게 해줬으면 좋겠다는 마음을 담아 지었다고 한다.

🚶 도쿄 메트로·토에이 지하철 키요스미시라카와역 A3 출구에서 도보 5분 ● 東京都江東区三好2-1-3 🕐 10:00~19:00 (일요일 ~18:30) ❌ 화·수요일 📞 +81-3-5809-9402
📷 en_vedette_ 🏠 www.envedette.jp

도쿄의 북서쪽 관문

이케부쿠로 池袋

#도쿄 대표 부도심 #선샤인시티 #라멘 격전지

신주쿠, 시부야와 어깨를 나란히 하는 도쿄의 대표 부도심.
여러 건물과 연결된 거대한 이케부쿠로역을 중심으로
일본에서 손꼽히는 번화가를 형성한다. 백화점이든 호텔이든
뭐든 크고 투박해 세련된 맛은 떨어지지만, 그래서 오히려
메트로폴리스 도쿄의 모습을 가장 잘 구현하는 지역이다.

이케부쿠로
여행의 시작

이케부쿠로

이케부쿠로역은 신주쿠역 다음으로 이용객 수가 많은 역이다. JR 3개 노선, 도쿄 메트로 3개 노선,
사철 2개 노선 등 총 8개의 노선이 이케부쿠로역을 지나간다. 그래도 여행자가 주로 이용하는
출구는 정해져 있고 선샤인 시티 등 랜드마크로 나가는 길 안내가 잘 되어 있으니 수십 개의 출구 앞에서
지레 겁먹을 필요는 없다. JR역을 기준으로 살펴보자.

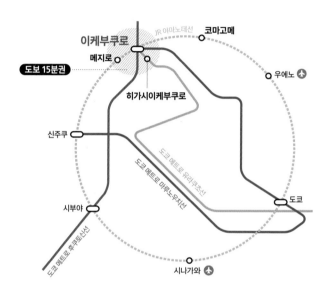

**이케부쿠로역에서
어느 출구로 나갈까?**

- **동쪽 출구 東口 ▶** 선샤인 시티, 미나미 이케부쿠로 공원, 선샤인60도리,
  오토메 로드, 메지로 정원
- **서쪽 출구 西口 ▶** 도쿄 예술 극장

**주변의 다른 역을
이용하자!**

굳이 이케부쿠로역을 고집할 필요 없이 가고자 하는 목적지에 따라 이케부쿠로역 주변
에 있는 JR, 지하철역 등에 내려 일정을 시작하자.

- 🚇 **히가시이케부쿠로역 東池袋駅 ▶** 선샤인 시티
- 🚉🚇 **코마고메역 駒込駅 ▶** 리쿠기엔, 구 후루카와 정원
- 🚉 **메지로역 目白駅 ▶** 메지로 정원

이케부쿠로
추천 코스

얼핏 보면 대형 상업 시설과 사무실뿐이라 여행자에게는 그다지 매력적이지 않은 지역일지 모른다. 하지만 랜드마크인 선샤인 시티만 해도 볼거리가 풍성하고 이케부쿠로 주변에 운치 있는 정원, 공원 등이 점점이 흩어져 있어 묶어서 일정을 짜는 것도 좋다.

🕐 **소요 시간** 5시간~

💴 **예상 경비** 입장료 300엔 + 식비 약 3,000엔 + 쇼핑 비용
= 총 3,300엔~

✅ **참고 사항** 벚꽃이 피는 시기에는 일정에 미나미 이케부쿠로 공원을, 장미가 피는 시기에는 구 후루카와 정원을 넣는 것을 추천한다. 신주쿠, 시부야 등 다른 부도심에 비해 둘러볼 공간은 적지만 쇼핑의 편의성은 뒤떨어지지 않는다. 쇼핑을 즐기고 수족관, 전망대 등 선샤인 시티를 꼼꼼하게 둘러볼 예정이라면 소요 시간을 넉넉하게 잡는 게 좋다.

미나미 이케부쿠로 공원

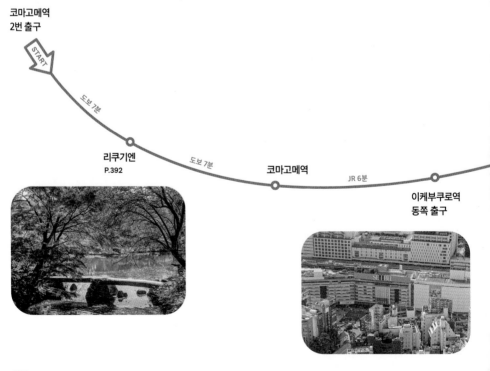

코마고메역 2번 출구

START

도보 7분

리쿠기엔
P.392

도보 7분

코마고메역

JR 6분

이케부쿠로역 동쪽 출구

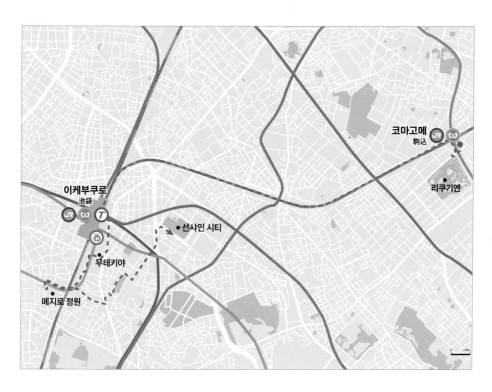

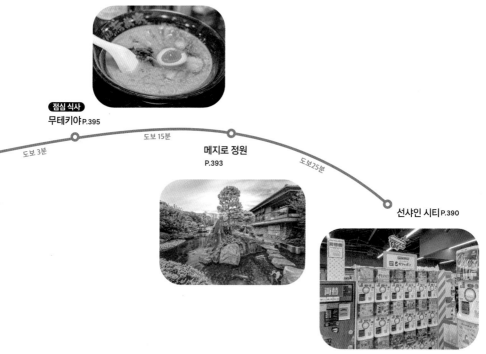

점심 식사
무테키야 P.395

도보 3분

도보 15분

메지로 정원
P.393

도보 25분

선샤인 시티 P.390

이케부쿠로
상세 지도

도부 철도 도조선

JR 야마노선

도쿄 메트로 유라쿠초선

서쪽

JR Ⓜ Ⓣ

2b

도쿄 예술 극장 ④

책과 커피 후쿠로소사보

이케부쿠로
池袋

35번

동쪽

40번

애니메이트
(이케부쿠로 본점)

선샤인60도리

③ 오토메 로드

② 츠케멘야 야스베에

②

① **선샤인 시티**

🚶 선샤인 수족관

🦉 선샤인60전망대 전망 파크

📮 동구리 공화국

🎮 포켓몬 센터 메가 도쿄 앤드 피카츄 스위!

무코하라
向原
🚆

③ 톤친

① 미나미 이케부쿠로 공원

① 무테키야

6·7번

히가시이케부쿠로
東池袋 Ⓜ

히가시이케부쿠로욘초메
東池袋四丁目

세이부 철도 이케부쿠로선

메지로 정원

메지로
目白 JR

도쿄 메트로 후쿠토신선

선샤인 시티 サンシャインシティ

🔍 선샤인 시티

두말하면 입 아픈 이케부쿠로의 대표 랜드마크. 1978년 준공 이래 40년 넘게 지금의 자리를 지키고 있다. 도쿄에서 다섯 번째로 높은 빌딩인 선샤인60, 프린스 호텔, 월드 임포트 마트, 문화 회관으로 구성되며 내부에 음식점, 전망대, 수족관, 극장, 전시장, 사무실 등이 모인 다목적 복합 공간이다. 선샤인69 빌딩과 프린스 호텔 B1층부터 3층까지 위치한 상업 시설 전문 상가 알파에는 포켓몬스터, 원피스, 짱구 등 일본을 대표하는 캐릭터 숍이 모여 있다. 월드 임포트 마켓 3층에는 흔히 '가챠'라고 불리는 랜덤 뽑기 기계가 3,000대 넘게 모여 있는 '가샤폰 백화점ガシャポンのデパート' 본점이 위치한다. 전 세계에서 가장 규모가 큰 매장이다.

🚶 ① JR 이케부쿠로역 동쪽 출구에서 도보 12분 ② 도쿄 메트로 이케부쿠로역 35번 출구에서 도보 10분 ② 도쿄 메트로 히가시이케부쿠로역 6·7번 출구에서 도보 3분 ④ 토덴 히가시이케부쿠로욘초메역에서 도보 4분 📍 東京都豊島区東池袋3-1
🏠 www.sunshinecity.co.jp

도심에서 만나는 자연
선샤인 수족관 サンシャイン水族館

일본 최초 도심 수족관이며 '천공의 오아시스'가 콘셉트다. 실내 수족관과 옥상 정원을 함께 운영하며 옥상 정원에서는 펭귄, 펠리컨 등의 조류와 수달을 만날 수 있다. 실내 수족관 1층에는 바다 생물, 2층에는 민물 생물이 산다.

🚶 월드 임포트 마트 빌딩 옥상 ⏰ 10:00~18:00, 1시간 전 입장 마감 ¥ 일반 2,600~2,800엔, 초등·중학생 1,300~1,400엔, 4세 이상 800~900엔
🏠 sunshinecity.jp/aquarium

지상 60층 전망 공원
선샤인60전망대 전망 파크
サンシャイン60展望台 てんぼうパーク

선샤인60 빌딩 60층에 위치한 전망대다. 빌딩 내부에 있는 전망대로는 도쿄에서 가장 높은 251m의 높이를 자랑한다. 오픈 45주년을 맞아 2022년 하반기부터 리뉴얼 공사에 들어갔고 2023년 4월 재개장했다. 리뉴얼 후 이름을 '전망 파크'로 바꿨으며 인조 잔디를 깔고 구석구석 화분을 놓아 실내지만 마치 공원에 있는 듯한 환경을 조성했다. 또한 창을 향해 의자를 많이 놓아두어 느긋하게 풍경을 즐기기 좋다. 도쿄 전역을 360도로 조망할 수 있으며 날이 좋으면 후지산까지 보이고 주변에 높은 건물이 없어 도쿄 스카이트리의 모습이 또렷하게 보인다. 내부에 카페가 있고 다양한 이벤트도 개최한다.

🚶 선샤인60 빌딩 60층
¥ 평일 일반 700엔, 초등·중학생 500엔, 주말 일반 900엔, 초등·중학생 600엔, 수족관 통합권 있음
🕐 11:00~21:00, 30분 전 입장 마감

지브리가 한가득
동구리 공화국 どんぐり共和国

'지브리가 한가득'이라는 매장 소개에서 알 수 있듯이 지브리 스튜디오의 캐릭터 상품을 판매한다. 참고로 동구리는 도토리를 뜻한다. 이케부쿠로점은 지브리에서 만든 여성 패션 잡화 브랜드인 동구리 클로젯Donguri Closet 상품을 구매할 수 있는 규모가 큰 매장이다.

이케부쿠로점 池袋店
🚶 알파 B1층 🕐 10:00~20:00 📞 +81-3-3988-8188
🏠 benelic.com/donguri

포켓몬스터의 천국
포켓몬 센터 메가 도쿄 앤드 피카츄 스위트
ポケモンセンターメガトウキョー & ピカチュウスイーツ

일본 최대 규모의 포켓몬스터 공식 매장 중 하나다. 특히 스위트 카페는 오로지 이케부쿠로에서만 만날 수 있다. 카페의 한정 상품은 포켓몬스터 팬이 아니더라도 눈이 크게 떠질 정도로 귀엽다.

🚶 알파 2층 🕐 10:00~20:00
🏠 www.pokemon.co.jp/shop/pokecen/megatokyo

리얼
가이드

●

싱그러운
이케부쿠로
그린 플레이스

높이 솟은 빌딩이 빽빽한 숲을 이루고 있는
이케부쿠로. 하지만 살짝만 눈을 돌려도
마음이 편해지는 초록의 공간이 있다.
봄이면 근처 직장인들이 벚꽃을 보며 잠깐의
쉼을 갖는 미나미 이케부쿠로 공원부터
에도 시대의 역사를 품고 있는 오래된 정원까지,
취향에 맞는 초록 공간을 찾아보자.

도쿄를 대표하는 에도 시대 정원

리쿠기엔 六義園 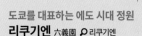 리쿠기엔

에도 막부 5대 쇼군 도쿠가와 츠나요시德川綱吉의 측근인
야나기사와 요시야스柳沢吉保가 조성했다. 쇼군 츠나요시
도 자주 방문했을 정도로 당시부터 천하일품 정원이라는
칭송이 자자했다. 막부 말까지 야나기사와 가문의 별저로
이용되었고, 메이지 시대에 미츠비시 재벌이 구입해 정원
을 재정비했다. 입구의 수양벚나무가 꽃을 피우는 3월 말
과 단풍이 드는 가을에는 야간 개장을 한다. 리쿠기엔이
위치한 분쿄구文京区의 꽃, 철쭉이 피는 4월 중순부터 5월
초까지도 아름답다.

🚶 ① JR 코마고메역 남쪽 출구에서 도보 7분 ② 도쿄 메트로
코마고메역 2번 출구에서 도보 7분 📍東京都文京区本駒込
6-16-3 🕘 09:00~17:00(야간 개장 ~21:00), 30분 전 입장
마감 ❌ 12/29~1/1 ¥ 300엔 📞 +81-3-3941-2222

연못을 돌아보며 즐기는
메지로 정원 目白庭園 메지로 정원

입구에서 정원의 전체 모습이 한눈에 들어올 정도로
규모가 작다. 연못 둘레를 걸으면서 감상하는 전형적
인 지천회유식 정원으로 느긋하게 걸어도 10분이면 다
둘러볼 수 있다. 산책로 중간에 작은 정자도 있고, 규모
는 작으나 세심하게 관리한다.

🚶 ① JR 메지로역에서 도보 5분 ② JR 이케부쿠로역 동쪽
출구에서 도보 15분 📍 東京都豊島区目白3-20-18
🕐 09:00~17:00(7~8월 ~19:00)
❌ 둘째·넷째 월요일(공휴일인 경우 다음 날 휴무), 12/29~3/1
💴 무료 📞 +81-3-5996-4810 🏠 mejiro-garden.com

도쿄 최고의 장미 정원
구 후루카와 정원 旧古河庭園 구 후루카와 정원

서양식 건물과 정원 그리고 일본 정원이 어우러져 독
특한 아름다움을 보여주는 곳. 서양식 건물과 정원은
미츠비시 이치고칸 미술관을 설계한 영국인 조시아 콘
더, 나중에 조성한 일본 정원은 교토 헤이안 신궁의 신
엔을 설계한 대가 오가와 지혜小川治兵衛의 솜씨다. 5월
중순부터 6월 초에는 서양식 정원 전체에 장미가 화사
하게 피어나 무척 아름답다.

🚶 JR 코마고메역 동쪽 출구에서 도보 12분
📍 東京都北区西ヶ原1-27-39
🕐 09:00~17:00, 30분 전 입장 마감 ❌ 12/29~1/1
💴 150엔 📞 +81-3-3910-0394

이케부쿠로의 벚꽃 명소
미나미 이케부쿠로 공원 南池袋公園 미나미 이케부쿠로 공원

1951년에 개원한 오래된 공원으로 2016년에 재정비 공사를 해 한
층 깔끔해졌다. 공원 전체에 초록 잔디를 깔고 공원 둘레에 벚나무
를 심어 그야말로 빌딩 숲 한가운데서 꽃놀이를 즐길 수 있다. 재정
비 때 문을 연 카페 라신 팜 투 파크Racines FARM to PARK에서는 계
절에 따라 바비큐 등도 즐길 수 있다.

🚶 ① JR 이케부쿠로역 동쪽 출구에서 도보 5분 ② 도쿄 메트로
이케부쿠로역 40번 출구에서 도보 3분 📍 東京都豊島区南池袋2-21-1
🕐 08:00~22:00 ❌ 12/31~1/3

쇼핑은 여기서 ······ ②
선샤인60도리 サンシャイン60通り

이케부쿠로역에서 선샤인 시티까지 가는 가장 빠르고 확실한 길. 잘 정비된 길 양옆으로 ABC마트 등의 상점과 오락실, 영화관, 음식점 등이 자리한 활기 넘치는 거리다. 특히 유니클로와 드러그스토어인 마츠모토키요시의 매장 규모가 크고 상품 구성이 충실하다.

🚶 ① JR 이케부쿠로역 동쪽 출구에서 도보 3분
② 도쿄 메트로 이케부쿠로역 35번 출구에서 도보 1분

모여라, 소녀들이여 ······ ③
오토메 로드 乙女ロード

아키하바라가 취향이 다양한 마니아를 위한 거리라면, 오토메 로드는 여성 마니아를 위한 거리다. 선샤인 시티 길 건너에 여성 취향의 애니메이션, 만화, 게임 관련 상품 파는 상점이 모여 있고, 집사 카페도 있다. 2023년 3월에는 오토메 로드의 랜드마크인 애니메이트 이케부쿠로 본점이 리뉴얼 오픈했다. 기존보다 2배가 넓어진 매장은 평일, 주말 할 것 없이 여성 고객으로 붐빈다.

🚶 ① JR 이케부쿠로역 동쪽 출구에서 도보 10분
② 도쿄 메트로 이케부쿠로역 35번 출구에서 도보 8분

누구에게나 열린 문화 예술 공연 ······ ④
도쿄 예술 극장 東京芸術劇場 📍도쿄 예술 극장

문화 예술 공연이 시민들과 가까워지기를 바라며 1990년에 개관했다. 그 취지에 걸맞게 장기 휴일을 제외하면 매일 공연이 열리고, 평일 오후 공연은 저렴한 가격에 감상할 수 있다. 가장 큰 콘서트홀은 2,000석 규모이며 세계 최대 규모의 파이프 오르간을 보유한다. 로비에 휴식 공간도 마련되어 있고, 인테리어도 훌륭해 공연을 보지 않더라도 방문해볼 만하다.

★ 2024년 12월 현재 리모델링 공사로 2025년 7월까지 휴관 예정

🚶 ① JR 이케부쿠로역 서쪽 출구에서 도보 2분 ② JR 이케부쿠로역 지하 통로 2b 출구에서 바로 연결 📍 東京都豊島区西池袋1-8-1
📞 +81-3-5391-2111 🏠 www.geigeki.jp

누가 적수가 될 것인가 ...... ①
무테키야 無敵家 ♀무테키야

'라멘 격전지'라 불리는 이케부쿠로에서도 최고의 인기를 자랑하며, 지점을 내지 않아 오로지 이케부쿠로에서만 맛볼 수 있다. 제일 잘나가는 메뉴는 가게 이름과 같은 무테키야 라멘無敵屋ラーメン(1,450엔)이다. 돼지 뼈로 우린 걸쭉할 국물은 진하지만 깔끔하다. 김, 달걀 등 익숙한 고명 외에 유채나물, 생마늘, 튀긴 양파 등 다른 곳에선 볼 수 없는 독특한 고명(120엔)을 고를 수 있다. 줄을 설 때 메뉴판을 주며 한국어 메뉴판은 3번이다. 현금 결제만 가능하다.

🚶 JR 이케부쿠로역 동쪽 출구에서 도보 3분
📍 東京都豊島区南池袋1-17-1 崎本ビル
🕐 10:30~04:00 ✖ 12/31~1/3
📞 +81-3-3982-7656 💬 mutekiya
🏠 www.mutekiya.com

넉넉한 양의 츠케멘 ...... ②
츠케멘야 야스베에 つけ麺屋やすべえ
♀ 츠케멘 야스베에 이케부쿠로점

면을 국물에 찍어 먹는 츠케멘(920엔) 전문점이다. 면의 양은 220g, 330g, 440g 중 선택할 수 있으며 가격은 동일하다. 220g을 선택하면 달걀 등 100엔 토핑 중 하나를 무료로 추가할 수 있다. 한국 봉지 라면이 보통 120g인 걸 생각하면 양은 넉넉한 편이다. 츠케멘 국물은 채소와 고기, 생선을 골고루 우려내 사용하며, 다른 곳에 비해 짜지 않다. 매운 츠케멘도 인기가 많다.

이케부쿠로점 池袋店
🚶 ① JR 이케부쿠로역 동쪽 출구에서 도보 5분
② 도쿄 메트로 이케부쿠로역 35번 출구에서 도보 3분
📍 東京都豊島区東池袋1-12-14
🕐 11:00~03:00(일요일 ~24:00)
📞 +81-3-5951-4911
🏠 www.yasubee.com

초난강이 추천합니다 ······ ③

톤친 屯ちん ♀돈친 이케부쿠로본점

지갑이 얇은 대학생과 여행자의 주린 배를 싸고 푸짐하게 채워주는 라멘집. 그룹 스맙SMAP 멤버였던 구사나기 츠요시草彅剛가 '인생 라멘집'이라며 추천한 가게이기도 하다. 대표 메뉴 도쿄 돈코츠 라멘東京豚骨ラーメン(880엔)은 진한 돈코츠 국물이 일품이고, 꼬불꼬불한 면은 식감이 탱글탱글하다. 면 곱빼기와 밥 추가는 무료 서비스.

이케부쿠로 본점 池袋本店
🚶 JR 이케부쿠로역 동쪽 출구에서 도보 3분
📍 東京都豊島区南池袋2-26-2
🕐 11:00~23:00, 15분 전 주문 마감
📞 +81-3-3987-8556

진화하는 북 카페 ······ ④

책과 커피 후쿠로쇼사보 本と珈琲 梟書茶房 ♀books and coffee fukuroshosabo

도토루 커피가 동네 책방과 협업해 만든 공간이다. 이케부쿠로라는 지명에 어울리게 후쿠로ふくろう(올빼미)를 마스코트로 내세운 이곳은 바깥의 소음을 단번에 잊게 할 정도로 아늑하다. 책 선정은 카구라자카의 동네 책방 카모메 북스의 대표가 맡았다. 대표 메뉴는 '시크릿 북' 한 권과 책의 이미지에 맞는 커피를 함께 즐길 수 있는 책과 커피 세트本と珈琲のセット. 식지 않도록 주물 팬에 나오는 팬케이크(770엔)도 인기가 많다.

🚶 JR 이케부쿠로역 서쪽 출구 혹은 지하 남쪽 출구에서 도보 1분
📍 東京都豊島区西池袋1-12-1 Esola池袋 4F
🕐 10:30~22:00, 30분 전 주문 마감
📷 fukuroshosabo
🏠 www.doutor.co.jp/fukuro

도쿄의 마지막 노면 전차, 도쿄 사쿠라 트램

전철, 모노레일, 자동차, 유람선, 마차와 인력거까지 참으로 다양한 교통수단이 매일 쉼 없이 도쿄 시내를 내달린다. 그중에서도 가장 아날로그적인 교통수단은 바로 도쿄의 북쪽 아라카와구荒川区를 관통해 와세다 대학까지 가는 도쿄 사쿠라 트램東京さくらトラム (구 토덴 아라카와선都電荒川線)이다. 버스, 택시, 오토바이, 전기차 등과 섞여 도로를 달리는 한 량짜리 전차는 마치 타임머신이라도 되는 것처럼 아련한 과거로 승객을 데려다준다. 우리나라에서는 쉽게 볼 수 없는 교통수단이라 목적지로의 이동보다는 탑승 그 자체만으로 색다른 경험이 될 것이다.

🏠 www.kotsu.metro.tokyo.jp/toden

이용 방법

- 요금은 거리와 상관없이 승차할 때마다 현금 170엔, 교통 카드 168엔을 낸다.
- 앞문으로 승차하고 뒷문으로 하차한다.

주요 역 안내

트램의 출발점
미노와바시역 三ノ輪橋駅

도쿄 사쿠라 트램의 기점이 되는 역. 다양한 디자인의 전차가 계속해서 드나들기 때문에 사진 찍기 좋다.

도쿄 북쪽의 벚꽃 명소
아스카야마역 飛鳥山駅

역 바로 앞에 있는 아스카야마 공원은 도쿄를 대표하는 벚꽃 명소 중 한 곳이라 봄에 많은 이들이 찾아온다.

걷기 좋은 거리
키시보진마에역 鬼子母神前駅

역에서 5분 거리에 아기를 보살피고 양육하는 신인 귀자모신을 모시는 신당이 있다. 신당 주변 지역에는 아기자기하고 감각 있는 상점이 모여 있다.

일본 대표 명문 사학으로 가는 역
와세다역 早稲田駅

도쿄 사쿠라 트램의 종점이다. 와세다 대학 캠퍼스는 토덴 아라카와선 와세다역과 도쿄 메트로 와세다역 중간쯤에 위치한다.

AREA ···· ⑬

토토로와 함께 초록 숲을 걷다

키치조지 吉祥寺

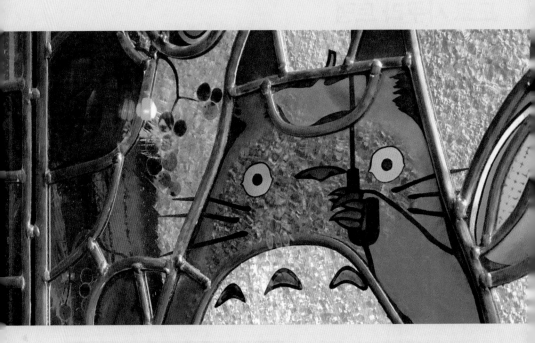

#이노카시라 공원 #살고 싶은 동네 #지브리 미술관

많은 이들이 도쿄에서 가장 살고 싶은 동네로 꼽는 키치조지.
역 주변으로는 대형 쇼핑몰 같은 편의 시설이 충실히
갖추어져 있고, 조금만 벗어나면 숲이라고 해도 좋을 규모의
공원이 나오고, 그 한구석에는 환상적인 지브리의 세계가 있다.
또한 골목골목 주인의 취향이 담긴 아기자기한
상점들이 처마를 나란히 하고 있으니 어떻게 이 동네에
반하지 않을 수 있겠는가.

키치조지
여행의 시작

키치조지

키치조지는 신주쿠의 서쪽, 도쿄의 중심인 23구에서 벗어난 무사시노시武蔵野市에 속한다.
신주쿠역에서 JR 추오·소부선을 타면 키치조지역까지 최대 20분 정도 걸린다.
또한 시부야역에서 케이오 전철 이노카시라선을 타면 키치조지역까지 20분 정도 걸린다.
도쿄 도심에서 사용할 수 있는 그 어떤 패스도 적용되지 않는 지역이지만 지브리 미술관,
이노카시라 공원, 아기자기한 골목 등 일부러 찾아갈 만한 이유는 충분하다.
지브리 미술관으로 바로 가려면 JR 키치조지역 다음역인 JR 미타카역三鷹駅에서 내려도 된다.

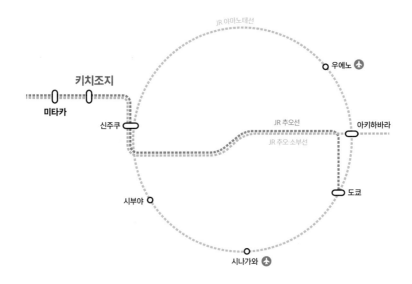

어느 출구로 나갈까?

· **남쪽 출구(공원 출구)** 南口(公園口) ▶ 이노카시라 공원, 미타카의 숲 지브리 미술관
· **중앙 출구** 中央口 ▶ 하모니카요코초, 상점가

키치조지
추천 코스

이왕 이 먼 동네까지 발걸음을 했는데 지브리 미술관만 보고 돌아서는 건 너무 아쉽다. 오전에 아기자기한 골목과 이노카시라 공원을 둘러본 후 설렁설렁 산책하듯 지브리 미술관까지 걸어간다. 저녁에는 하모니카요코초에서 시원하게 한잔하며 일정을 마무리하면 완벽한 하루가 될 것이다.

🕐 **소요 시간** 5시간~

💴 **예상 경비** 입장료 1,000엔 + 식비 약 3,000엔 + 쇼핑 비용 = 총 4,000엔~

✅ **참고 사항** 지브리 미술관은 내가 입장하고 싶은 시간대에 마음대로 들어갈 수 있는 곳이 아니다. 예약이 열리고 표가 있는 시간대에 내 일정을 맞춰야 갈 수 있다. 지브리 미술관에 갈 예정이라면 우선 입장권 예약에 성공한 후 그에 맞춰 다른 일정을 결정하자.

키치조지

키치조지역 중앙 출구

START

도보 9분

빵집
단디종 P.410

도보 5분

점심 식사
마가렛 호웰 숍 앤드 카페
P.411

도보 10분

이노카시라 공원
P.406

도보 15분

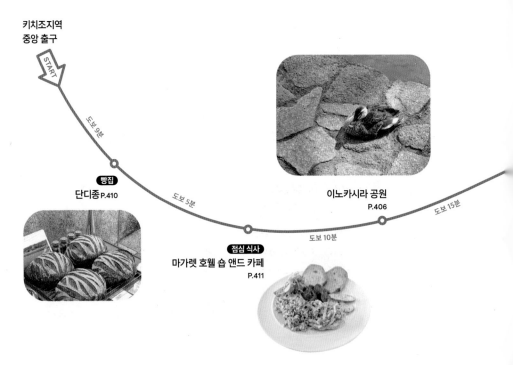

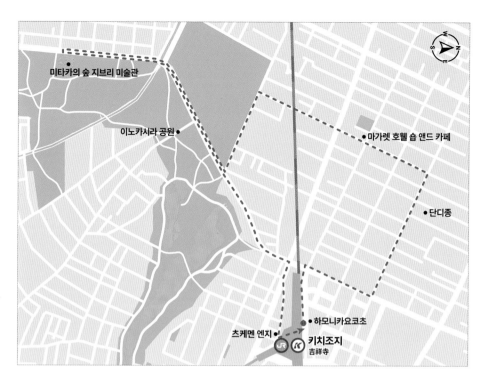

미타카의 숲 지브리 미술관
이노카시라 공원 ●

● 마가렛 호웰 숍 앤드 카페

● 단디종

츠케멘 엔지 ●   ● 하모니카요코초
JR Ⓚ **키치조지**
吉祥寺

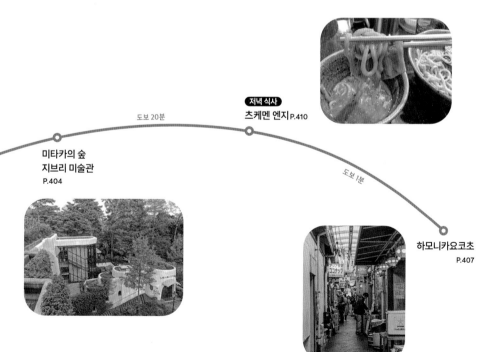

미타카의 숲
지브리 미술관
P.404

도보 20분

저녁 식사
츠케멘 엔지 P.410

도보 1분

하모니카요코초
P.407

키치조지
상세 지도

JR 추오선

JR
미타카
三鷹

미타카의 숲 지브리 미술관 ①

④ 단디종

① 크레용 하우스

② 사부로

이세야(키타구치점)

⑥ 라이트 업 커피

⑤ 마가렛 호웰 숍 앤드 카페

③ 마제루카 ● ④ 페이퍼 메시지

② 웨어 이즈 어 도그

① 키치조지 사토

③ 하모니카요코초

중앙

키치조지 ᴊʀ Ⓚ
吉祥寺

⑦ 이세야

남쪽(공원)

츠케멘 엔지 ③

이세야(공원점)

② 이노카시라 공원

케이오 전철 이노카시라선

이노카시라코엔 Ⓚ
井の頭公園

지브리의 세계로 퐁당! ┈┈┈ ①

미타카의 숲 지브리 미술관 三鷹の森 ジブリ美術館

🔍 지브리 미술관

애니메이션의 거장 미야자키 하야오 감독이 이끄는 스튜디오 지브리의 세계관
을 고스란히 구현해낸 공간이다. B1층부터 2층, 옥상으로 이루어진 아담한 건물
은 미야자키 감독이 직접 디자인했다. 실내로 들어가면 가장 먼저 탁 트인 천장
의 중앙홀과 만난다. B1층의 영상 전시실에서는 미공개 단편 애니메이션 등 이곳
에서만 볼 수 있는 작품을 상영한다. 스케치와 사진, 소품과 물감 등이 어지러이
놓인 전시실을 보고 나면 미야자키 감독이 어떤 식으로 작품을 만드는지 짐작이
된다. 2층에는 〈이웃집 토토로〉에 나오는 고양이 버스의 대형 인형, 옥상 정원에
는 〈천공의 성 라퓨타〉에 나오는 로봇 병사의 청동상이 놓여 있다. 입장 시간은
정해져 있지만 관람 시간 자체는 제한이 없으니 몇 시간이고 머물러도 된다. 내
부 기념품점은 규모가 작은 편이다. 실내 사진 촬영은 엄격히 금지한다.

🏃 ① JR 키치조지역에서 이노카시라 공원을 가로 질러 도보 20분 ② JR 미타카역 남쪽
출구에서 도보 15분 ③ JR 미타카역 남쪽 출구에서 출발하는 셔틀버스(230엔)로 5분
📍 東京都三鷹市下連雀1-1-83 🕙 10:00~18:00 ❌ 화요일, 매년 장기 휴관 있음
💴 일반 1,000엔, 중·고등학생 700엔, 초등학생 400엔, 4세 이상 100엔
📞 +81-0570-055777 🏠 www.ghibli-museum.jp

지브리 미술관, 예약부터 입장까지

지브리 미술관은 매표소 없이 100% 예약 제로 운영한다. 현장에 가면 어떻게든 될 거라는 생각은 통하지 않으니 반드시 예약하도록 하자.

예약 시기

한 달 단위로 예약을 받는다. 방문하고자하는 날짜의 전달 10일 오전 10시에 예약사이트가 열린다. 9월 30일에 가고 싶다면 8월 10일 오전 10시부터 예약할 수 있다. 외국인에게 할당된 표는 예약이 열리는 날전부 매진된다고 보면 된다. 일정이 정해지자마자 지브리 미술관 티켓부터 예약하자!

외국인의 티켓 예약 방법

로손 티켓LAWSON TICKET 공식 홈페이지의 영문 페이지를 통해서만 예약할 수 있다. 로손 티켓 일어어 페이지를 이용하려면 반드시 회원 가입을 해야 하는데 일본 국내 휴대폰 번호 인증이 필요하다. 따라서 외국인 여행자는 이용 자체가 불가능하다고 봐도좋다. 매달 10일 오전 10시에 티켓 예약이열리면 바로 접속해도 1~2시간 동안 접속대기는 기본이다. 그래도 끈기를 갖고 기다리면 창은 열린다! 휴대폰보다는 PC로 접속하는 게 좀 더 안정적이다.

🏠 영문 예약 사이트

l-tike.com/st1/ghibli-en/sitetop

① 원하는 일시(10:00, 12:00, 14:00, 16:00)와 인원수 선택
② 구글 아이디 입력
③ 숫자로 된 비밀번호 4자리 설정
④ 여권 영문명, 국적, 입국하는 공항 입력
⑤ 신용 카드 정보 입력 후 결제
⑥ 결제가 완료되면 입력한 이메일로 티켓 발송

티켓 예약 시 주의 사항

· 티켓은 교환, 환불, 양도되지 않는다.
· 한 번에 최대 6장까지 예약 가능하고 입장하는 사람의 정보를 모두 입력해야 한다.
· 예약자 본인만 입장할 수 있다.

입장 시 주의 사항

· 입장 시간 30분 전부터 티켓에 쓰인 이름과 신분증을 대조한다. 여권 지참 필수!
· 한 번에 여러 장을 예약한 경우 일행이 모두 같이 입장해야 한다.
· 내부로 들어가 티켓 확인 절차를 한 번 더거친 뒤 필름으로 만든 '진짜 입장권'을 받는다.

이노카시라 공원 井の頭恩賜公園
📍 이노카시라 공원

이노카시라 공원이 시민에게 개방된 것은 1917년. 당시에는 그저 도심 외곽의 공원에 지나지 않았으나 100년이 넘는 시간 동안 도쿄 사람들에게 사랑받으며 이제는 키치조지를 대표하는 명소가 되었다. 평소에는 한적한 편이지만 공원 연못을 둘러싼 250그루의 벚나무가 꽃을 활짝 피우는 봄에는 꽃놀이를 즐기는 사람들로 인산인해를 이룬다. 분홍빛 벚꽃에 둘러싸인 연못에서 오리 보트를 즐기는 사람들의 모습은 이노카시라 공원을 대표하는 장면이다. 공원 동쪽에는 동물원인 이노카리사 자연문화원이 있고 남쪽에는 지브리 미술관이 있다.

🚶 JR 키치조지역 남쪽 출구(공원 출구)에서 도보 5분
📍 東京都武蔵野市御殿山1-18-31

하모니카요코초

ハモニカ横町　🔍 하모니카요코초

두 사람이 지나가면 어깨가 닿을 듯 좁은 골목에 작은 가게들이 다닥다닥 붙어 있는 모습이 마치 하모니카의 홀을 닮았다 하여 붙은 이름이다. 제대로 된 좌석 없이 바에 서서 마시는 가게가 대부분이라 느긋한 맛은 없지만, 왁자지껄 흥겨운 분위기에서 가격 부담 없이 가볍게 마실 수 있어 좋다.

🚶 JR 키치조지역 중앙 출구 건너편　🏠 www.hamoyoko.jp

그림책 천국 ······ ①
크레용하우스 クレヨンハウス
🔍 crayon house tokyo

책을 좋아하는 우리나라 여행자에게도 큰 사랑을 받
았던 그림책 전문점 크레용하우스가 하라주쿠에서 키
치조지로 이전 오픈했다. 1층에는 유기농 레스토랑과
식료품 매장이 있다. 2층은 그림책과 장난감을 파는
공간이며 B1층은 원화 전시 등 그림책과 관련한 다양
한 전시나 행사를 개최하는 공간이다.

키치조지점 吉祥寺店 🚶 JR 키치조지역 중앙 출구에서 도보
7분 📍東京都武蔵野市吉祥寺本町2-15-6 🕐 1층 11:00~
21:00, B1·2층 11:00~19:00 📞 +81-422-27-1377
🏠 www.crayonhouse.co.jp

보석상자 같은 문구점 ······ ②
사부로 36 Sublo 🔍 36 사브로

사부로라는 상호는 고향 교토에서 문방구를 운영했던
할아버지의 이름에서 따왔다. 건물 2층에 위치하는데
하얀색 인간판이 눈에 잘 안 띄어 지나치기 쉽다. 점내
는 서너 명이 들어가도 꽉 찰 정도로 좁지만 아기자기
한 문구, 장난감으로 가득해서 제대로 구경하려면 시
간이 꽤 걸린다. 내부 사진 촬영을 금지한다.

🚶 JR 키치조지역 중앙 출구에서 도보 7분 📍東京都武蔵野
市吉祥寺本町2-4-16 2F 🕐 12:00~19:00 ❌ 화요일
📞 +81-422-21-8118 📷 36sublo 🏠 www.sublo.net

창작을 통한 치유 ······ ③
마제루카 マジェルカ 🔍 majerca tokyo

일본 전국의 복지관에서 제작하는 수공예품을 전시,
판매한다. 홈페이지에는 '몸과 마음에 장애를 가진 사
람들이 만든 물건을 판매하는 셀렉트 숍'이라고 소개
하는데, '장애인을 도와야 하니까 구매해주세요'가 아
니라 그들이 만든 제품 자체의 매력을 어필해 구매로
이어지게 하는 방식으로 운영한다.

🚶 JR 키치조지역 중앙 출구에서 도보 8분
📍 武蔵野市吉祥寺本町3-3-11 中田ビル
🕐 11:00~18:00 ❌ 화·수요일 📞 +81-422-27-1623
📷 majerca 🏠 shop.majerca.com

종이의 다채로운 변신 ······ ④
페이퍼 메시지 ペーパーメッセージ 🔎페이퍼 메시지

엽서, 카드, 수첩, 노트, 편지지 등 종이로 만든 문구가 주인
공이 되는 공간이다. 꽃병에 꽂힌 종이 꽃 등 기발하고 아름
다운 아이디어 상품도 많다. '사진 OK'라고 적힌 종이가 붙어
있는 매대는 유독 예쁘게 꾸며놓았다. 인쇄
공방을 함께 운영한다.

🚶 JR 키치조지역 중앙 출구에서 도보 8분
📍 東京都武蔵野市吉祥寺本町4-1-3
🕐 11:00~19:00
📞 +81-422-27-1854
📷 papermessage
🏠 www.papermessage.jp

키치조지의 명물 멘치카츠 ······ ①
키치조지 사토 吉祥寺さとう 🔎기치조지 사토우

대표 메뉴인 멘치카츠元祖丸メンチカツ(300엔)를 사러 사람들
이 오픈 전부터 줄을 선다. 기다리고 있으면 직원이 와서 안
내 사항이 적힌 종이를 나눠주는데 그 종이가 있어야만 멘치
카츠를 살 수 있다. 바삭한 튀김옷을 베어 물면 육즙이 입안
을 가득 채운다. 맛을 제대로 느끼려면 사자마자 바로 먹어
야 하니 딱 먹을 만큼만 구매하는 걸 추천한다.

🚶 JR 키치조지역 중앙 출구에서 도보 1분 📍 東京都武蔵野市吉祥
寺本町1-1-8 🕐 10:00~19:00(멘치카츠 판매 10:30~)
📞 +81-422-22-3130 🏠 www.shop-satou.com

글루텐 프리 식품 전문점 ······ ②
웨어 이스 어 도그 Where is a dog?
🔎 genuine gluten free where is a dog

전 메뉴가 글루텐 프리 식품이며 채식주의자가 먹을 수 있는
메뉴도 많다. 베이글 샌드위치(550엔~)가 인기가 많으며 야
키카레焼きカレー(1,480엔) 등 계절 한정 메뉴도 있다. 빵만
포장하는 손님도 많은데 먼저 말하지 않으면 글루텐 프리 빵
이라고는 상상 못할 정도로 일반 빵과 다를 바가 없다.

🚶 JR 키치조지역 중앙 출구에서 도보 8분
📍 東京都武蔵野市吉祥寺本町2-24-9 SUNO Ecru103
🕐 12:00~21:00 📞 +81-422-27-2812
📷 where_is_a_dog 🏠 www.whereisadog.net

츠케멘 엔지 つけ麺 えん寺 ♀츠케멘 엔지 키치죠지 총본점

키치조지에서 가장 인기 있는 라멘집이다. 대표 메뉴는 채소로 부드러운 맛을
더한 국물이 일품인 베지포타 츠케멘ベジポタつけ麺(950엔). 얼핏 걸쭉해 보이지
만 뒷맛이 깔끔하다. 면은 상당히 두꺼운 편이라 씹는 맛이 있다. 입구가 헷갈리
는데 역을 바라보며 섰을 때 왼쪽에 있는 맥도날드 건물 1층이다. 자판기에서 식
권을 사고 나서 줄을 선다. 현금 결제만 가능하다.

키치조지 총본점 吉祥寺総本店 🏃 JR 키치조지역 남쪽 출구(공원 출구)에서 도보 3분
📍 東京都武蔵野市吉祥寺南町1-1-1 南陽ビル ⏰ 평일 11:00~16:00, 17:30~22:00,
주말 11:00~22:00, 주문 마감 기준 📞 +81-422-44-5303

빵이 아닌 예술 ······ ④
단디종 Dans Dix ans
♀당디종 베이커리

키치조지에서 20년 가까이 사랑받은 빵집. 맛이 강한 조리 빵보다는 식빵(400
엔~)이나 바게트(300엔) 등 밥 대신 먹어도 좋은 심심한 빵이 더 많다. 현지인들
은 전화로 예약을 하고 찾으러 오는 경우가 많다. 원하는 빵이 있다면 예약을 하
거나 오전 중에 방문하는 걸 추천한다. 갤러리 같은 내부도 인상적이다.

🏃 JR 키치조지역 중앙 출구에서 도보 8분
📍 東京都武蔵野市吉祥寺本町2-28-2 B1F
🕐 11:00~18:00 ❌ 화·수요일 📞 +81-422-23-2595
📷 dansdixans2003 🏠 dansdixans.net

군더더기 없이 깔끔한 영국 브랜드 ⑤
마가렛 호웰 숍 앤드 카페
MARGARET HOWELL SHOP & CAFE

📍 마가렛 호웰 숍 & 카페 기치조지

영국 디자이너 마가렛 호웰이 자신의 이름
을 걸고 만든 브랜드. 작은 공원을 마주한 키치
조지점은 1층이 카페, 2층이 상점이다. 오픈부터 오후 3시까지
메인 메뉴와 차 혹은 커피가 함께 나오는 런치 세트(1,900엔~)
를 먹을 수 있다. 디저트 중에는 당근 케이크(780엔)가 인기가
많다.

키치조지 吉祥寺 🚶 키치조지역 중앙 출구에서 도보 9분
📍 東京都武蔵野市吉祥寺本町3-7-14 🕐 11:00~19:00
📞 +81-422-23-3490 🏠 www.margarethowell.jp

마음이 가벼워지는 커피 한잔 ⑥
라이트 업 커피 ライトアップコーヒー
📍 라이트업 커피 키치죠지

파란색과 하얀색의 조화가 청량한 느낌을 주는 카페.
여행자보다 로컬이 많이 찾는 키치조지의 동네 카페로
원두 산지의 상황까지 꼼꼼하게 체크하며 섬세하게 원
두를 볶는다. 손님에게 핸드 드립 커피(600엔~)를 낼
때 원두 특징이 적힌 카드를 함께 준다. 시모키타자와
와 미타카에도 매장이 있다.

키치조지점 吉祥寺 🚶 JR 키치조지역 중앙 출구에서
도보 9분 📍 東京都武蔵野市吉祥寺本町4-13-15
🕐 10:00~19:00 🏠 www.lightupcoffee.com

80년 역사의 꼬치가게 ⑦
이세야 いせや 📍 iseya kichijoji

1928년에 정육점으로 시작, 1958년부터 꼬치를 판매해왔다.
야키토리 단품이 100엔부터라서 배불리 먹어도 크게 부담되지
않는다. 3층까지 좌석이 있지만 밖에 서서 먹는 사람도 많다. 야
키토리 외의 안주는 추천하지 않는다. 총본점 외에 이노카시라
공원 입구에 공원점, 주차 빌딩 키치조지 파킹 플라자 B1층에
키타구치점이 있다. 현금 결제만 가능하다.

총본점 総本店
🚶 JR 키치조지역 남쪽 출구(공원 출구)에서 도보 3분
📍 東京都武蔵野市御殿山1-2-1 🕐 12:00~22:00 ❌ 화요일
📞 +81-422-47-1008 🏠 www.kichijoji-iseya.jp

살고 싶은 도시 1위

요코하마
横浜

카나가와현神奈川県의 현청 소재지인 요코하마시는 단일 행정 구역으로는 일본에서 인구가 가장 많은 도시다. 아울러 일본인이 살고 싶어 하는 도시 1위 자리를 몇 년째 지키는 곳이기도 하다. 일본 최초의 개항 항구로 다양한 문화가 자연스레 공존하며 요코하마의 매력은 배가되었다. 적당한 규모의 단정한 시내는 지역 주민, 여행자 모두에게 편안함을 주며 오래 머물고 싶다는 마음이 들게 할 것이다.

AREA ① 미나토미라이 21
AREA ② 차이나타운·모토마치

요코하마
여행의 시작

요코하마에 거주하면서 도쿄로 출퇴근하는 사람이 많아 교통은 매우 편리하다. 도쿄의 주요 역인 도쿄역, 이케부쿠로역, 신주쿠역, 시부야역, 에비스역 등에서 환승 없이 요코하마역까지 갈 수 있다. 하지만 별 생각 없이 요코하마역에서 내려 밖으로 나오면 어리둥절할 것이다. 왜냐하면 요코하마역 주변은 사무실과 대형 상업 시설 뿐이기 때문이다. 요코하마역은 명소로 가기 위한 환승역이라는 사실을 기억하자.

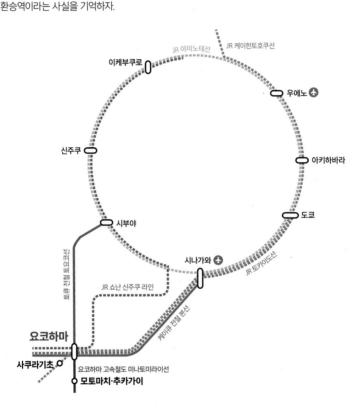

요코하마로 어떻게 갈까?

JR

추천 출발역 신주쿠역, 에비스역, 도쿄역, 유라쿠초역(긴자), 우에노역

JR을 타면 도쿄의 주요 역에서 요코하마역까지 환승 없이 갈 수 있다. 도쿄역에서 케이힌토호쿠선, 토카이도선, 요코스카선을 타면 되고 이 중 케이힌토호쿠선은 갈아탈 필요 없이 사쿠라기초역까지 갈 수 있어 편리하다. 신주쿠역에서 쇼난 신주쿠 라인을 타고 요코하마역까지 간 후 네기시선으로 갈아타면 다음 역이 사쿠라기초역이다.

도쿄역	케이힌토호쿠선	⏱ 45분	¥ 580엔	사쿠라기초역

신주쿠역	쇼난 신주쿠 라인	⏱ 35분	¥ 580엔	요코하마역

토큐 전철 東急電鉄 토큐선 미나토미라이 패스 P.120 사용 가능

추천 출발역 시부야역, 다이칸야마역, 나카메구로역, 이케부쿠로역

도쿄 도심에서 요코하마역까지 가는 가장 빠르고 저렴한 방법. 열차 종류는 빠른 순서대로 특급, 통근특급, 쾌속, 각 역 정차 4가지가 있으며 정차하는 역의 개수가 다르다. 열차 종류에 상관없이 요금은 같다. 토큐 전철 토요코선은 요코하마 고속철도 미나토미라이선, 도쿄 메트로 후쿠토신선과 환승 없이 연결되기 때문에 매우 편리하다.

시부야역 — 토요코선(모토마치·추카가이행) ⏱ 각 역 정차 50분 ¥ 540엔 **모토마치·추카가이역**

케이큐 전철 京急電鉄

추천 출발역 아사쿠사역, 오시아게역, 하네다 국제공항

케이힌큐코 전철을 줄여서 보통 케이큐 전철이라고 한다. JR 야마노테선이 지나는 시나가와역에서 케이큐 전철 본선으로 갈아타면 요코하마역까지 갈 수 있다. 케이큐 본선은 토에이 지하철 아사쿠사선과 이어져 있어 아사쿠사역, 오시아게역에서 요코하마역까지 환승 없이 갈 수 있다. 하네다 국제공항을 오갈 때는 공항선을 이용하면 요코하마역에서 환승 없이 공항까지 바로 갈 수 있다.

아사쿠사역 — 본선 ⏱ 55분 ¥ 630엔 **요코하마역** — **하네다국제공항제3터미널역** — 공항선 ⏱ 30분 ¥ 370엔 **요코하마역**

요코하마의 시내 교통수단은?

요코하마 고속철도 미나토미라이선 みなとみらい線
토큐선 미나토미라이 패스 P.120 사용 가능

미나토미라이선 자체는 요코하마 시내에서만 운행하는 노선인데 첫차를 제외한 모든 열차가 토큐 토요코선, 도쿄 메트로 후쿠토신선과 이어져 있어 시부야, 이케부쿠로까지 환승 없이 오갈 수 있다. 요코하마 내에서 기점이 되는 역은 요코하마역과 차이나타운, 야마테 지역으로 갈 수 있는 모토마치·추카가이역이다.

요코하마 시영 지하철 横浜市営地下鉄

블루 라인, 그린 라인 2개의 노선이 있다. 요코하마역, 사쿠라기초역, 칸나이역이 블루 라인에 속해 있으나 다른 교통수단으로 대체할 수 있기 때문에 여행자가 이용할 일은 거의 없다.

요코하마의 어느 역으로 갈까?

미나토미라이선과 JR이 요코하마의 주요 지역을 모두 지나간다. 다만 관광지는 충분히 도보로 다닐 수 있는 거리이므로 여정의 첫 목적지와 가까운 역을 알아두면 좋다.

사쿠라기초역 桜木町駅 ▶ 동쪽 출구東口로 나오면 미나토미라이 21의 모든 명소

미나토미라이역 みなとみらい駅 ▶ 미나토미라이 21의 모든 명소

바샤미치역 馬車道駅 ▶ 요코하마 해머 헤드, 컵라면 박물관, 아카렌가소코

니혼오도리역 日本大通り駅 ▶ 아카렌가소코, 야마시타 공원, 조노하나 파크, 오산바시 국제 여객 터미널

모토마치·추카가이역 元町·中華街駅 ▶ 요코하마 차이나타운, 모토마치 쇼핑 스트리트, 미나토노미에루오카 공원, 요코하마 서양관

이시카와초역 石川町駅 ▶ 모토마치 쇼핑 스트리트, 요코하마 서양관

요코하마
추천 코스

요코하마는 아침부터 밤까지 매 순간이 매력적인 도시다. 잘 정돈된 거리와 공원, 파란 바다와 하얀 건물의 조화에서 청량함이 느껴진다. 야경까지 야무지게 챙기려면 모토마치와 차이나타운에서 하루를 시작해 야마시타 공원, 아카렌가소코를 지나 미나토미라이 21에서 하루를 마무리하는 경로를 추천한다.

- 🕐 **소요 시간** 8시간~

- ¥ **예상 경비** 입장료 1,000엔 + 식비 약 3,000엔 + 쇼핑 비용
  = 총 4,000엔~

- ✅ **참고 사항** 벚꽃이 피는 계절에 방문한다면 모토마치 쇼핑 스트리트와 멀지 않은 서양관 산책을 추천한다. 미나토미라이 21의 야경은 사무실에서 새어 나오는 불빛도 포함되기 때문에 주말보다는 평일이 더 아름답다.

요코하마 랜드마크 타워 앞 산책로

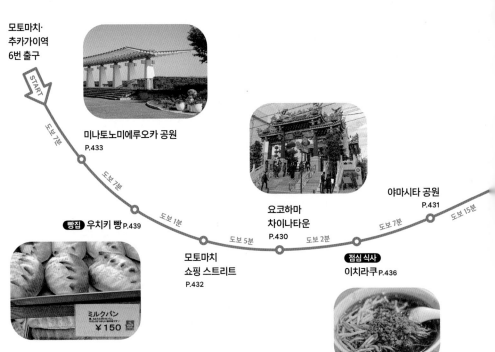

모토마치·추카가이역 6번 출구

START

도보 7분

미나토노미에루오카 공원 P.433

도보 7분

빵집 우치키 빵 P.439

도보 1분

모토마치 쇼핑 스트리트 P.432

도보 5분

요코하마 차이나타운 P.430

도보 2분

점심 식사 이치라쿠 P.436

도보 7분

야마시타 공원 P.431

도보 15분

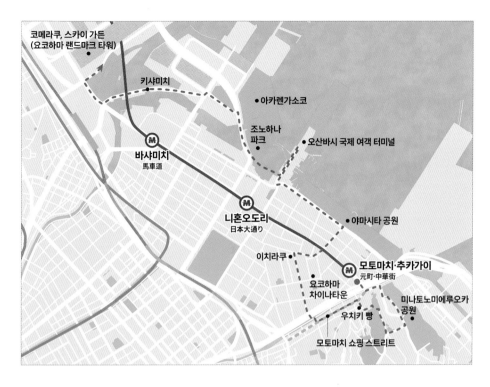

코메라쿠, 스카이 가든
(요코하마 랜드마크 타워)

키샤미치

●아카렌가소코

조노하나
파크

●오산바시 국제 여객 터미널

Ⓜ **바샤미치**
馬車道

Ⓜ **니혼오도리**
日本大通り

●야마시타 공원

이치라쿠 ●

Ⓜ **모토마치·추카가이**
元町·中華街

요코하마
차이나타운

미나토노미에루오카
공원

우치키 빵

모토마치 쇼핑 스트리트

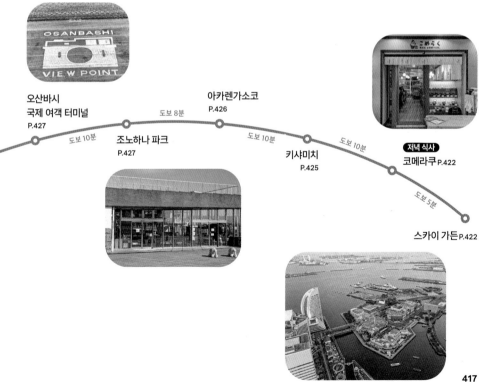

오산바시
국제 여객 터미널
P.427

도보 10분

조노하나 파크
P.427

도보 8분

아카렌가소코
P.426

도보 10분

키샤미치
P.425

도보 10분

저녁 식사
코메라쿠 P.422

도보 5분

스카이 가든 P.422

요코하마
상세 지도

③ 요코하마 해머 헤드

③ 마린 앤드 워크 요코하마

⑨ 아카렌가소코

⑪ 오산바시 국제 여객 터미널

⑩ 조노하나 파크

번

Ⓜ 니혼오도리
日本大通り

⑬ 야마시타 공원

② 크래프트 비어
다이닝 앤드 나인

• 겐부몬

① 이치라쿠

1번

조요몬

2번

후타이로멘보 ③

4번

Ⓜ 모토마치·추카가이
元町·中華街

• 칸테이뵤

⑫ 요코하마
차이나타운

⑦

고쿠차소

⑧ 파블로프

5번

6번

• 엔페이몬

스자쿠몬

⑤

⑨ 우치키 빵

모토마치 쇼핑 스트리트 ⑭

버거 조스

④ 시오 라멘 혼마루테

⑮ 미나토노미에루오카 공원

⑩ 퐁파두르

사쿠라 ⑥

요코하마 외국인 묘지

🚶 영국관

🚶 야마테 111번관

블러프 베이커리 ⑪

• 모토마치 공원

• 주요코하마 대한민국 총영사관

JR 이시카와초
石川町

🚶 야마테 234번관

🚶 블러프 18번관

에리스만 저택

외교관의 집

🚶 베릭 홀

419

항구를 품은 계획 도시

미나토미라이 21

みなとみらい21

#랜드마크 타워 #야경 #바닷가 따라 산책 #전망대

도쿄 집중 현상을 완화하고 요코하마 도심부를 통합,
강화하기 위해 조성한 계획도시로 요코하마 여행의 시작과
끝이라고 해도 좋은 핵심 지역이다. 초고층 빌딩과
역사적 건물, 놀이공원, 미술관, 쇼핑몰 등이 이질감 없이
자연스럽게 어우러져 있다. 밤이 되면 낮과는 전혀 다른 화려한
야경에 깜짝 놀란다. 미나토미라이 21은 '미래항구 21'이란
뜻으로 그 이름에 걸맞게 이 순간에도 계속해서 변화하고 있다.

요코하마 랜드마크 타워

横浜ランドマークタワー

📍 요코하마 랜드마크 타워

요코하마의 상징이자 미나토미라이 21의 핵심이라고 할 수 있는 초고층 빌딩. 지상 70층, 높이 296.33m로 일본에서 세 번째로 높은 빌딩이다. 랜드마크 타워를 중심으로 상업 시설인 랜드마크 플라자, 퀸즈 타워 A, 독 야드 가든으로 구성된다. 랜드마크 타워 49~68층, 70층에는 요코하마 로열 파크 호텔이, 69층에는 전망대인 스카이 가든이 위치한다. 랜드마크 플라자 1층에 덮밥 전문점 코메라쿠, 라멘집 아후리 등을 비롯한 음식점이 모여 있고 편의점과 약국이 있다. 다른 층에는 패션 잡화, 캐릭터 상품 등을 판매하는 상점이 위치한다. 퀸즈 타워 A 1층에는 하드 록 카페 요코하마가 있고 독 야드 가든에는 푸드 코트인 미라이 요코초みらい横丁가 있다.

🚶 ① 미나토미라이선 미나토미라이역 5번 출구에서 도보 3분
② JR 사쿠라기초역 동쪽 출구로 나가 움직이는 보도를 이용해 도보 5분
(랜드마크 타워 3층으로 연결) 📍 神奈川県横浜市西区みなとみらい2-2-1
🕐 상점 11:00~20:00, 음식점 11:00~22:00(미라이 요코초 ~23:00)
📞 +81-45-222-5015 🏠 www.yokohama-landmark.jp

> 랜드마크 타워에서 요코하마역까지 걸어서 25분 정도 걸리는데 가는 길에 쇼핑몰, 미술관, 박물관, 공원 등이 있어 둘러보기 좋다. 랜드마크 타워에서 가까운 순으로 요코하마 미술관横浜美術館, 쇼핑몰 마크 이즈 미나토미라이MARK IS みなとみらい가 그랜드 몰 공원을 사이에 두고 마주본다. 공원은 겨울철 일루미네이션 명소이기도 하다. 공원에서 요코하마역 방향으로 15분 정도 걸어가면 요코하마 호빵맨 어린이 박물관横浜アンパンマンこどもミュージアム이 위치한다.

요코하마 최고의 전망대
스카이 가든 スカイガーデン

수도권에서는 도쿄 스카이트리 다음으로 높은 전망대로 273m의 높이에 위치한다. 도쿄 시내의 전망대보다 한산해서 느긋하게 풍경을 감상하기에 제격이다. 요코하마의 전경을 360도로 감상할 수 있고 맑은 날에는 도쿄 도심과 후지산까지 또렷하게 보인다. 일몰과 야경이 특히 아름답다. 3층에 있는 전망대 전용 출입구를 통해서 올라갈 수 있다.

🚶 랜드마크 타워 69층 🕐 10:00~21:00(주말 ~22:00), 30분 전 입장 마감
💴 일반 1,000엔, 고등학생 800엔, 초등·중학생 500엔, 4세 이상 200엔
📞 +81-45-222-5030 🏠 www.yokohama-landmark.jp/skygarden

덮밥과 오차즈케를 동시에
코메라쿠 こめらく

랜드마크 플라자 1~2층에는 근처 직장인들이 자주 찾는 밥집이 모여 있다. 코메라쿠는 싸고 빠르고 든든하게 한 끼를 해결할 수 있는 덮밥 전문점이다. 덮밥(1,280엔~)을 어느 정도 먹은 후 가다랑어 국물을 더해 오차즈케ぉ茶漬け로도 즐길 수 있어 일석이조다.

🚶 랜드마크 플라자 1층
🕐 11:00~22:00, 30분 전 주문 마감
📞 +81-45-640-5088
🏠 www.tub.co.jp

도심 속 로프웨이 ······②

요코하마 에어 캐빈
YOKOHAMA AIR CABIN 🔍 요코하마 에어 캐빈

2021년 봄부터 운행을 시작한 일본 최초 도심 속 로프웨이. JR 사쿠라기초역 앞과 복합 시설 요코하마 월드 포터스 앞에 승강장이 있으며 약 1,260m를 오간다. 편도 탑승도 가능하다. 운행 구간이 짧은데다가 걸어가면서도 충분히 경치를 즐길 수 있기 때문에 요코하마에 가면 반드시 타봐야 하는 명물은 아니지만 어린이를 동반한 가족에게는 인기가 많다. 도심 속에서 로프웨이를 탈 일이 흔하지 않기 때문에 색다른 체험을 해보고 싶은 사람에게 추천한다.

🚶 JR 사쿠라기초역 동쪽 출구에서 도보 1분
📍 神奈川県横浜市中区新港2-1-2
🕙 10:00~21:00(주말 ~22:00)
💴 편도 일반 1,000엔, 초등학생 이하 500엔,
왕복 일반 1,800엔, 초등학생 이하 900엔
📞 +81-45-319-4931
🏠 yokohama-air-cabin.jp

요코하마의 상징이 지켜보는 ······③

요코하마 해머 헤드 横浜ハンマーヘッド 🔍 해머 헤드 파크

2019년 문을 연 여객 터미널 겸 상업 시설, 호텔, 선착장, 공원이다. 해머 헤드 파크가 생기면서 미나토미라이 21부터 야마시타 공원까지 해안선을 따라 산책로가 쭉 이어지게 되었다. 해머 헤드라는 이름은 공원 한쪽에 놓인 망치 머리 모양의 대형 크레인에서 따왔다. 1914년에 도입된 일본 최초의 선박 하역 전용 크레인이다. 상업 시설 내부에는 재팬 라멘 푸드 홀JAPAN RAMEN FOOD HALL과 같은 음식점과 기념품점 등이 입점해 있다.

🚶 ① 미나토미라이선 바샤미치역에서 도보 10분 ② JR 사쿠라기초역 동쪽 출구에서 도보 15분 📍 神奈川県横浜市中区新港2-14-1 🕙 상점마다 다름
📞 +81-45-211-8080
🏠 www.hammerhead.co.jp

컵라면의 모든 것! ······ ④
컵라면 박물관 カップヌードルミュージアム
🔎 컵라면 박물관 요코하마

세계 최초의 인스턴트 라면인 '치킨 라멘チキンラーメン'과 역시 세계 최초의 컵라면인 '컵 누들'을 발명한 닛신 식품日清食品의 창업자 안도 모모후쿠安藤百福 탄생 100주년을 기념해 만든 박물관. 안도 모모후쿠의 생애와 인스턴트 라면의 역사가 외국인도 알기 쉽게 일목요연하게 정리되어 있다. 토핑을 선택해 자신만의 컵 누들을 만드는 마이 컵 누들 팩토리, 자신이 면발이 되었다는 가정 하에 컵라면을 만드는 공정을 온몸으로 체험하는 컵 누들 파크 등의 시설도 있어 어린이에게 인기 만점이다. 주말에는 상당히 붐비는 편이다.

🚶 ① 미나토미라이선 미나토미라이역, 바샤치미역에서 도보 10분 ② JR 사쿠라기초역 동쪽 출구에서 도보 15분
📍 神奈川県横浜市中区新港2-3-4
🕐 10:00~18:00, 1시간 전 입장 마감
✖ 화요일(공휴일인 경우 다음 날 휴무), 연말연시
¥ 입장료 500엔, 치킨 라멘 팩토리 1,000엔, 마이 컵 누들 팩토리 500엔, 컵 누들 파크 500엔, 일반 기준
📞 +81-45-345-0918 🏠 www.cupnoodles-museum.jp

도심 속 온천 중 최고 ······ ⑤
요코하마 미나토미라이 만요 클럽 横浜みなとみらい万葉倶楽部 🔎 요코하마 미나토미라이 만요 클럽

요코하마 코스모 월드와 아카렌가소코 중간쯤에 위치하며 시즈오카현의 유명 온천지 아타미熱海에서 온천수를 공수해온다. 7층 대욕장의 노천탕, 9층 옥상 야외 족욕탕에서는 미나토미라이 21의 풍경을 바라보며 온천을 즐길 수 있다. 객실이 있어 숙박도 가능하다. 다른 실내 온천에 비해 비싼 편이지만 그만큼 시설이 충실해서 아깝다는 생각은 들지 않는다. 입장료에 유카타, 수건이 포함되고 탈의실에 기초 화장품까지 마련되어 있어 빈손으로 방문해도 된다.

> **무료 셔틀버스 운행**
>
> 요코하마역 서쪽 출구 쪽에 위치한 리소나 은행りそな銀行 앞에서 온천까지 가는 무료 셔틀버스(09:35~22:35, 1시간에 1대꼴)를 탈 수 있다.

🚶 ① 미나토미라이선 미나토미라이역 5번 출구에서 도보 10분
② JR 사쿠라기초역 동쪽 출구에서 도보 16분
📍 神奈川県横浜市中区新港2-7-1
🕐 24시간, 대욕장 청소(입장 불가) 03:00~06:00 ¥ 입장료 일반 2,950엔, 초등학생 이상 1,540엔, 3세 이상 1,040엔, 심야 추가 요금(새벽 3시 이후 퇴장 시) 일반 2,100엔(주말 2,300엔), 3세~초등학생 1,100엔, 입욕세 100엔 별도
🏠 www.manyo.co.jp/mm21

닛폰마루 메모리얼 파크

日本丸メモリアルパーク 🔍 닛폰마루 메모리얼 파크

지구를 45바퀴 이상 도는 거리를 항해한 선박인 닛폰마루가 있는 공원이다. 닛폰마루는 내부 견학이 가능하고 평소에는 돛을 접어놓지만 법정공휴일 등에는 하얀 돛을 활짝 펼친다. 닛폰마루 앞에 위치한 요코하마 미나토 박물관横浜みなと博物館에서는 닛폰마루와 요코하마 항구의 역사에 대해 전시한다.

🚶 ① 미나토라이선 미나토미라이역 5번 출구에서 도보 7분 ② JR 사쿠라기초역 동쪽 출구에서 도보 6분 📍 神奈川県横浜市西区みなとみらい2-1-1 🕙 10:00~17:00, 30분 전 입장 마감 ❌ 월요일(공휴일인 경우 다음날 휴무) ￥ 닛폰마루 400엔, 박물관 500엔, 통합권 800엔 📞 +81-45-221-0280 🏠 www.nippon-maru.or.jp

키샤미치 汽車道 🔍 기샤미치

항구까지 화물을 운반하기 위해 1911년에 건설한 철로를 활용해 만든 산책로. 사쿠라기초역에서 요코하마 월드 포터스까지 가는 지름길이다. 미나토미라이 21의 야경을 볼 수 있는 포토 존 중 한 군데. 요코하마 에어 캐빈의 케이블이 키샤미치와 나란히 지나간다.

🚶 ① 미나토라이선 미나토미라이역 5번 출구에서 도보 7분 ② JR 사쿠라기초역 동쪽 출구에서 도보 6분

요코하마 코스모 월드

よこはまコスモワールド 🔍 요코하마 코스모 월드

1989년 요코하마 박람회 기간에 운영했던 놀이공원의 명맥을 이어받았다. 규모는 작지만 놀이기구가 꽤 많다. 직경 100m에 달하는 대관람차인 '코스모 클록 21コスモクロック21'과 물속으로 그대로 곤두박질쳐 들어가는 착각을 일으키는 롤러코스터가 특히 인기 있다.

🚶 ① 미나토라이선 미나토미라이역 5번 출구에서 도보 4분 ② JR 사쿠라기초역 동쪽 출구에서 도보 10분 📍 神奈川県横浜市中区新港2-8-1 🕙 11:00~20:00(주말 ~22:00) ❌ 목요일 ￥ 입장료 무료, 어트랙션마다 요금 다름 📞 +81-45-641-6591 🏠 www.cosmoworld.jp

개항기의 향수를 느낄 수 있는 ⋯⋯⋯ ⑨

아카렌가소코 横浜赤レンガ倉庫 ○ 요코하마 아카렌가소코 2호관

운치 있는 붉은 벽돌 건물 2개 동이 광장을 사이에 두고 마주본다. 1859년 요코하마 개항 이후 화물을 보관할 창고가 필요해 지금의 2호관을 1911년, 1호관을 1913년에 만들었다. 1989년까지 창고로 쓰이다 한동안 방치되었는데 대대적인 보수 공사를 거쳐 공연장 등 문화 시설을 갖춘 1호관, 기념품점과 음식점 등이 들어선 2호관을 2002년에 동시 개관했다. 코로나19로 휴관하는 동안 다시 한 번 리뉴얼해 2022년 12월 재개관했다. 외관과 내부 모두 완공 당시 모습에서 크게 달라지지 않아 마치 타임머신을 타고 20세기 초반으로 되돌아간 것 같은 느낌을 준다. 근대 건축 유산을 훼손하지 않고 현대적으로 재해석한 모범 사례로 2010년 유네스코에서 주는 '문화유산 보존을 위한 아시아 태평양 유산' 우수상을 수상했다. 1·2호관 사이에 위치한 중앙 광장에서 수시로 다양한 이벤트가 열리며 그중 크리스마스 마켓이 특히 큰 사랑을 받는다.

🚶 ① 미나토미라이선 바샤미치역, 니혼오도리역에서 도보 7분
② JR 사쿠라기초역 동쪽 출구에서 도보 15분　📍 神奈川県横浜市中区新港1-1
🕐 1호관 10:00~19:00, 2호관 11:00~20:00, 매장마다 다름
📞 +81-45-227-2002　📷 yokohamaredbrick　🏠 www.yokohama-akarenga.jp

조노하나 파크

象の鼻パーク 🔍 조노하나 파크

요코하마 개항 150주년을 맞아 2009년에 문을 연 공원이다. '조노하나'는 완만한 곡선을 이루는 서쪽 방파제의 모습이 코끼리 코와 닮았다 하여 붙인 이름이다. 바다를 향해 탁 트인 공원 안에는 이벤트 공간과 카페로 사용하는 조노하나 테라스象の鼻テラス가 있다. 테라스 내의 카페에서는 지역 식재료를 사용한 메뉴를 제공한다.

🚶 미나토미라이선 니혼오도리역 1번 출구에서 도보 3분
📍 神奈川県横浜市中区海岸通1 📞 +81-45-671-2888 🏠 zounohana.com

오산바시
국제 여객 터미널

大さん橋国際客船ターミナル
🔍 오산바시 홀

전 세계에서 들어오는 여객선을 맞이하는 요코하마 항구의 주요 시설 중 하나다. 몇 번의 개보수를 거친 후 2002년 한일 월드컵 때 지금의 모습을 갖추었다. 여객 터미널 옥상에서 아카렌가소코를 포함한 미나토미라이 21의 전망을 감상할 수 있으며 야경이 특히 아름답다. 옥상은 24시간 개방한다.

🚶 미나토미라이선 니혼오도리역 3번 출구에서 도보 7분
📍 神奈川県横浜市中区海岸通1-1-4 📞 +81-45-211-2304 🏠 osanbashi.jp

미나토미라이 21 최대의 쇼핑몰 ······ ①

미나토미라이 토큐 스퀘어

みなとみらい東急スクエア ♀미나토미라이 도큐 스퀘어

미나토미라이 21에서 가장 큰 쇼핑몰 겸 복합 공간. B3층에서 미나토미라이역과 연결된다. 총 5개 동의 건물에 디즈니 스토어, 플라잉 타이거 코펜하겐, ABC마트, 자라, 마루젠 서점 등이 입점해 있다.

🚶 ① 미나토미라이선 미나토미라이역에서 연결
② JR 사쿠라기초역 동쪽 출구에서 도보 8분
♀ 神奈川県横浜市西区みなとみらい2-3-2
🕐 상점 11:00~20:00, 음식점 11:00~22:00
📞 +81-45-682-2100 🏠 www.minatomirai-square.com

젊은 층 대상 브랜드가 많은 ······ ②

요코하마 월드 포터스

横浜ワールドポーターズ ♀요코하마 월드 포터스

키샤미치를 지나 아카렌가소코로 가는 길목에 위치한다. 1층에 푸드 코트, 2층에 게임 개발사 반다이 남코에서 운영하는 반다이 남코 크로스 스토어バンダイナムコCross Store가 위치한다. 중앙 엘리베이터로만 갈 수 있는 옥상 정원은 미나토미라이 21의 야경을 볼 수 있는 숨은 명소다.

🚶 ① 미나토미라이선 미나토미라이역 5번 출구에서 도보 5분
② JR 사쿠라기초역 동쪽 출구에서 도보 10분 ♀ 神奈川県横浜市中区新港2-2-1 🕐 상점 10:30~21:00, 음식점 11:00~23:00
📞 +81-45-222-2000 🏠 www.yim.co.jp

주변 경관에 자연스레 녹아드는 공간 ······ ③

마린 앤드 워크 요코하마

MARINE & WALK YOKOHAMA ♀마린 앤드 워크 요코하마

붉은 벽돌로 지은 아담한 2층짜리 쇼핑몰. 앞으로 바다가 펼쳐지고 걸어서 5분 거리에 아카렌가소코가 있어 원래 그 자리에 있었던 듯 주변 경관과 잘 어우러진다. 바닷가를 산책하는 느낌을 받으며 쇼핑할 수 있도록 사방이 트여 있다. 1층에는 패션 잡화 매장이 많고 2층에는 음식점이 모여 있다.

🚶 ① 미나토미라이선 미나토미라이역 5번 출구에서 도보 12분
② JR 사쿠라기초역 동쪽 출구에서 도보 15분
♀ 神奈川県横浜市中区新港1-3-1 🕐 상점 11:00~20:00,
음식점 11:00~22:00 🏠 www.marineandwalk.jp

동양과 서양이 만나는 거리

차이나타운 横浜中華街
모토마치 元町

#차이나타운 #식도락 #쇼핑 거리 #서양관

정신없고 복잡하고 시끄럽지만 다양한 먹거리가 모여 있는
차이나타운에서 든든하게 배를 채워보자. 그 후 온전한 모습을
갖추고 있는 서양관과 우아하고 고상한 취미가 고스란히
남아 있는 모토마치 쇼핑 스트리트를 걷다 보면
100년이 넘는 시간을 훌쩍 뛰어 넘어 요코하마의 개항기로
순간 이동을 한 것만 같이 느껴진다.

요코하마 차이나타운

横浜中華街 ♀ 요코하마 차이나타운

요코하마에 중국인이 들어와 살기 시작한건 개항 이후.
당시에는 미국과 유럽에서 온 관리의 고용인이나 중간 상
인이 많았다. 그때만 해도 딱히 중국인 거리라는 이미지
는 없었으나 1923년 간토 대지진 이후 미국과 유럽에서
온 사람들이 대부분 귀국하며 중국인의 거리로 자리 잡기
시작했다. 지금은 중국요릿집 200여 개를 비롯해 총 600
여 개의 가게가 모여 있는 세계 최대 규모의 차이나타운
이 되었다. 전 세계 어디를 가든 차이나타운에는 동서남
북에 문이 하나씩 있으며 요코하마도 마찬가지다. 가장
규모가 큰 동쪽의 조요몬朝陽門, 이시카와초역 방향인 서
쪽의 엔페이몬延平門, 모토마치 쇼핑 스트리트 쪽으로 열
린 남쪽의 스이자쿠몬朱雀門, 요코하마 스타디움 옆에 있
는 북쪽의 겐부몬玄武門이 사방에서 방문객을 맞이한다.
차이나타운 정중앙에는 《삼국지》의 관우를 신으로 모시
는 칸테이뵤関帝廟가, 스이자쿠몬 근처에는 도교의 신 마
조뵤媽祖를 모시는 신전 마소뵤媽祖廟가 있다. 마조는 항해
를 수호하는 여신으로 자연재해와 전염병으로부터 사람
을 보호하는 역할도 한다고 전해진다. 매년 11월부터 다
음 해 2월까지 춘절을 맞이해 차이나타운 전체에 화려한
장식을 더하고 불을 밝힌다.

🏃 ① 미나토미라이선 모토마치·추카가이역 2번 출구에서
도보 1분 ② JR 이시카와초역 북쪽·추카가이 출구에서 도보 5분
📷 yokohama_chinatown 🏠 www.chinatown.or.jp

요코하마에서 가장 낭만적인 공원 ······ ⑬

야마시타 공원 山下公園 ♀야마시타 공원

간토 대지진 이후 바다를 메워 만든 땅에 1930년 문을 연 이곳은 요코하마에서 가장 사랑받는 공원이다. 해안선을 따라 조성된 공원 곳곳에 빨간 구두 소녀 동상 등 유명한 조형물이 많고, '태평양의 여왕'이라 불린 호화 여객선 히카와마루氷川丸가 정박해 있어 임해 공원의 운치를 더한다. 공원 중앙 화단에 다양한 품종의 장미를 심어 매년 봄, 가을이면 공원을 화려하게 물들이며 장미 외에도 계절마다 다양한 꽃을 볼 수 있다.

🚶 미나토미라이선 모토마치·추카가이역 4번 출구에서 도보 3분
📍 神奈川県横浜市中区山下町279

모토마치 쇼핑 스트리트

横浜元町ショッピングストリート

📍 요코하마 모토마치 쇼핑 스트리트

원래 모토마치에 살던 사람들은 주로 농어업에 종사했는데 주변 동네인 칸나이와 야마테에 외국인 거류지가 조성되고 그들을 상대로 하는 상업 시설이 늘어나면서 자연스레 상점가가 형성되었다. 현대에 들어서는 요코하마의 유행을 선도하는 거리로 이름을 날리고 있다. 가방 브랜드 키타무라 キタムラ, 귀금속 브랜드 스타 주얼리STAR JEWELRY 등이 모토마치에서 탄생해 일본 전국으로 뻗어나간 브랜드다. 지금도 다른 상점가와 달리 유독 패션 잡화 매장이 많은 편이다. 긴자에 본점을 둔 문구점 이토야의 지점, 수입 또는 고가 식료품을 취급하는 슈퍼마켓 모토마치 유니온MOTOMACHI union 등도 들러볼 만하다.

🚶 ① 미나토미라이선 모토마치·추카가이역 5번 출구에서 바로
② JR 이시카와초역 남쪽·모토마치 출구에서 도보 2분

📷 yokohamamotomachi

🏠 www.motomachi.or.jp

요코하마 항구가 한눈에 ······ ⑮

미나토노미에루오카
공원 港の見える丘公園
🔍 미나토노미에루오카 공원

'항구가 보이는 언덕 공원'이라는 이름 그대로 요코하마 항구가 한눈에 내려다보이는 낮은 언덕에 위치한다. 올라가는 방법은 2가지다. 모토마치·추카가이역에서 나와 모토마치 쇼핑 스트리트 방향 반대로 뒤를 돌아보면 공원 입구와 계단이 보인다. 아니면 우치키 빵 근처의 오르막길을 이용해도 된다. 어떤 길로 가든 정상까지는 10분 정도면 올라갈 수 있다. 공원에서는 요코하마의 항구(미나토)와 베이브리지가 한눈에 내려다보인다. 5월 중순에서 6월 중순, 10월 중순에는 공원 내 장미가 절정을 이뤄 특히 아름답다. 공원 내부에 야마테 111번관과 영국관이 있어 서양관 산책의 시작점으로 삼기 좋다. 공원 가장 안쪽에 카나가와 근대 문학관이 위치하며 문학관 건물 뒤편에 주 요코하마 대한민국 총영사관이 있다.

🚶 미나토미라이선 모토마치·추카가이역 6번 출구에서 도보 7분
📍 神奈川県横浜市中区山手町114

공원을 따라
요코하마
서양관 산책

개항 이후 외국인 거류지로 조성된 야마테山手.
서양식 주택, 외국인 묘지, 미션 스쿨, 교회 등이 모여 있는
거리를 걷다 보면 마치 유럽의 한적한 골목을
걷는 것만 같다. 학교나 교회 등은 지금도 대부분
사용 중이라 함부로 들어갈 수 없지만,
주인을 잃은 서양관은 시에서 사들여 수리·보수를 한 후
일반에 공개하고 있다. 내부 견학은 무료이며
연말연시(12/29~1/3)에는 모든 시설이 휴관한다.

🏠 www.hama-midorinokyokai.or.jp/yamate-seiyoukan

산책 코스

○ 야마테 111번관
　도보 2분
○ 영국관
　도보 5분
○ 야마테 234번관
　도보 2분
○ 에리스만 저택
　도보 1분
○ 베릭 홀
　도보 10분
○ 외교관의 집
　도보 2분
○ 블러프 18번관

열애의 결과물
야마테 111번관 山手111番館

1926년에 지은 주택으로 미국인 환전상의 소유
였다. 배가 고장 나는 바람에 우연히 요코하마에
머물게 된 그는 하코네에 놀러 갔다 일본인과 사
랑에 빠졌고, 8명의 자녀를 낳았다. 이곳은 장남
의 결혼을 앞두고 지은 건물이다. 2층 침실에서
장미 정원이 내려다보이고, 1층에 카페가 있다.

🚶 미나토미라이선 모토마치·추카가이역 6번 출구에서
도보 7분, 미나토노미에루오카 공원 안 📍神奈川県横
浜市中区山手町111 🕤 09:30~17:00 ❌ 둘째 수요
일(공휴일인 경우 다음 날) 📞 +81-45-623-2957

넓은 공원에 위치한
영국관 横浜市イギリス館

1937년에 세워진 영국 총영사관 건물이다. 당시
아시아에 위치한 영국 영사관 중 규모가 상당히
큰 편에 속했다. 건물 입구에 준공 당시 영국 왕
이던 조지 6세의 문장과 왕관이 새겨진 석판이
있다. 현재 1층은 공연장으로 사용 중이고 2층의
침실, 휴게실 등은 당시의 모습을 복원해 전시실
로 개방했다. 건물 앞에 장미 정원이 있다.

🚶 미나토미라이선 모토마치·추카가이역 6번 출구에서
도보 7분, 미나토노미에루오카 공원 안 📍神奈川県横
浜市中区山手町115-3 🕤 09:30~17:00
❌ 넷째 수요일(공휴일인 경우 다음 날)
📞 +81-45-623-7812

당시의 아파트
야마테 234번관 山手234番館

간토 대지진 이후 야마테에 거주하는 외국인의 수가 급감했다. 요코하마시에서는 외국인을 돌아오게 하기 위해 공동 주택 건설 등 여러 가지 사업을 펼쳤다. 1927년에 완공된 야마테 234번관은 민간에서 같은 목적으로 지은 당시의 아파트다.

🚶 미나토미라이선 모토마치·추카가이역 6번 출구에서 도보 7분
📍 神奈川県横浜市中区山手町234-1 🕐 09:30~17:00
❌ 넷째 수요일(공휴일인 경우 다음 날) 📞 +81-45-625-9393

한때는 사라질 뻔했지만
에리스만 저택 エリスマン邸

1926년에 지어졌으며 스위스인 무역상 에리스만이 살던 주택이다. 원래는 지금의 자리에서 400m 정도 떨어진 곳에 있었으나 1990년에 이축, 복원했다. 체코 출신 미국인 건축가 안토닌 레이먼드 Antonin Raymond가 설계했다. 응접실이던 1층은 현재 카페 공간으로 쓰인다.

🚶 미나토미라이선 모토마치·추카가이역 6번 출구에서 도보 8분
📍 神奈川県横浜市中区元町1-77-4 🕐 09:30~17:00
❌ 둘째 수요일(공휴일인 경우 다음 날) 📞 +81-45-211-1101

호쾌한 스페인 양식의 주택
베릭 홀 ベーリック·ホール

1930년에 완공된 베릭 홀은 영국인 무역상 베릭의 가족이 살던 주택이며 야마테에 남아 있는 서양관 중 규모가 가장 크다. 벽을 프레스코화로 장식한 아이용 침실은 야마테의 서양관 중 유일하게 보존된 어린이를 위한 공간이다. 벚꽃 명소이기도 하다.

🚶 미나토미라이선 모토마치·추카가이역 6번 출구에서 도보 8분, 모토마치 공원 안
📍 神奈川県横浜市中区山手町72
🕐 09:30~17:00 ❌ 둘째 수요일(공휴일인 경우 다음 날) 📞 +81-45-663-5685

외교관의 취향
외교관의 집 外交官の家

뉴욕 총영사 등을 지낸 메이지 정부의 외교관 우치다 사다쓰키内田定槌의 저택으로 1910년 시부야에 지었던 건물을 1997년에 이곳으로 이축했다. 1층에는 정원을 바라보며 커피 한잔하기 좋은 통유리로 된 카페가 있다.

🚶 JR 이시카와초역 모토마치 출구에서 도보 5분 📍 神奈川県横浜市中区山手町16 🕐 09:30~17:00
❌ 넷째 수요일(공휴일인 경우 다음 날)
📞 +81-45-662-8819

1930년대 생활상을 재현한
블러프 18번관 ブラフ18番館

1920년대 말에 지어진 오스트리아 무역상의 주택이다. 1945년 이후에는 가톨릭 야마테 교회의 사제관으로 사용되다가 1993년에 지금의 자리로 이축했다. 내부에 당시 사용하던 가구와 소품 등을 복원해 전시하고 있다.

🚶 JR 이시카와초역 모토마치 출구에서 도보 5분 📍 神奈川県横浜市中区山手町16 🕐 09:30~17:00
❌ 둘째 수요일(공휴일인 경우 다음 날)
📞 +81-45-662-6318

100년 노포를 향해 가는 ⋯⋯ ①

이치라쿠 —楽 ♀ichiraku yokohama

1대는 중국의 식재료와 잡화를 다루는 무역상이었고, 2대인 아들이 1926년에 중국요릿집 이치라쿠를 개업했다. 간단한 면 요리뿐만 아니라 다양한 연회 코스도 마련된 규모가 꽤 큰 음식점이다. 가장 인기 있는 메뉴라고 할 수는 없으나 가장 유명한 메뉴는 엄청나게 매운 쿠로 탄탄멘黒タンタン麵(1,100엔). 이름 그대로 검붉은 색에 가까운 국물부터 압도적이다. 우리나라 매운 라면과 비교했을 때도 매운 편이라 다 먹고 나면 속이 뻥 뚫리는 느낌이다.

🚶 미나토미라이선 모토마치·추카가이역
2번 출구에서 도보 5분
📍 神奈川県横浜市中区山下町150
🕐 11:30~15:30(주말 ~16:30), 17:00~22:00,
1시간 전 주문 마감
❌ 월요일(공휴일인 경우 다음 날 휴무),
셋째 화요일 📞 +81-45-662-6396
🏠 www.ichi-raku.jp

야구에 진심입니다 ⋯⋯ ②

크래프트 비어 다이닝 앤드 나인

CRAFT BEER DINING &9 ♀craft beer dining &9

요코하마를 연고로 하는 프로야구팀 요코하마 베이스타스横浜DeNAベイスターズ 구단에서 직접 운영하는 음식점. 선수들이 직접 사용한 야구 배트나 글러브, 유니폼 등을 가져와 인테리어를 했다. 식사가 될 만한 요리나 커피 등 다양한 메뉴를 맛볼 수 있는데 무엇보다 독특한 것은 구단에서 직접 양조에 참여한 생맥주. 라거, 에일, 화이트 3가지 종류가 있으며 한 번에 맛볼 수 있는 테이스팅 세트 (1,700엔)도 있다. 구단 관련 상품, 야구용품을 파는 상점과 붙어 있다.

🚶 미나토미라이선 니혼오도리역 2번 출구에서 도보 5분
📍 神奈川県横浜市中区日本大通34 THE BAYS
🕐 11:30~22:00(일요일 ~21:00), 30분 전 주문 마감
❌ 월요일(공휴일인 경우 다음 날 휴무)
📞 +81-45-663-4161
🏠 www.baystars.co.jp/foods/shops/craft-beer-dining

걸쭉한 국물이 인상적인 ······ ③
후타이로멘보 富泰楼麺房 🔎 futairou noodles

요코하마 차이나타운 최초의 면 요리 전문점 요슈멘보의 뒤를 이은 가게다. 인기 메뉴는 걸쭉한 국물이 인상적인 탄탄멘タンタンメン(900엔). 일본인의 입맛에 맞추었기 때문에 그다지 맵지 않지만 다진 고기, 청경채 등이 듬뿍 들어가 맛이 확실하다. 흑돼지로 만든 교자焼餃子(5개 780엔)도 인기 메뉴.

🚶 미나토미라이선 모토마치·추카가이역 2번 출구에서 도보 3분
📍 神奈川県横浜市中区山下町150 🕚 11:30~15:00, 17:00~22:30, 30분 전 주문 마감 ❌ 월요일 📞 +81-45-212-9630

제대로 만든 시오 라멘 ······ ④
시오 라멘 혼마루테 塩ら—麺 本丸亭
🔎 honmarutei yokohama motomachi shop

요코하마에서 30km 정도 떨어진 도시에 위치한 본점은 일본 국내 음식점 평가 사이트에서 항상 상위에 랭크된다. 대표 메뉴는 혼마루 시오 라멘本丸塩ら—麺(950엔). 면은 매장에서 직접 뽑고 닭고기로 우린 육수와 소금의 조화가 깔끔하다. 매운 시오 라멘도 인기가 많다. 저녁에는 가볍게 술 한잔하러 오는 동네 주민이 많고 안주도 맛있다. 현금 결제만 가능하다.

요코하마 모토마치점 横浜元町店 🚶 미나토미라이선 모토마치·추카가이역 5번 출구에서 도보 4분 📍 神奈川県横浜市中区元町1-42 🕚 11:00~14:00, 17:00~20:30(일요일 점심만 영업) ❌ 월요일(공휴일인 경우 다음 날 휴무) 📞 +81-45-663-3368 📷 motomachi_honmarutei

본격 치즈버거 ······ ⑤
버거 조스 BURGER JO'S
🔎 burger jo's motomachi

고기 패티 5장, 치즈 10장이 들어가는 몬스터 버거(4,150엔)로 유명한 곳. 햄버거 빵은 식빵으로 변경할 수 있다. 햄버거 외에도 핫도그, 퀘사디아 등 다양한 메뉴가 있는데 치즈가 들어간 종류는 모두 맛이 진하다. 치즈케이크도 인기가 많다. 버거 단품과 A세트(200엔)를 주문하면 사이드 메뉴 1개, B세트(350엔)를 주문하면 사이드 메뉴 1개, 음료 1잔이 함께 나온다.

모토마치점 元町店 🚶 미나토미라이선 모토마치·추카가이역 5번 출구에서 도보 3분 📍 神奈川県横浜市中区元町1-26 丸英ビル 🕚 11:00~20:00, 45분 전 주문 마감 📞 +81-45-228-7244

식사와 차를 한자리에서 ······ ⑥

사쿠라 茶倉

🔍 japanese tea shop and cafeteria sakura

카페 같은 분위기에서 일본차를 즐길 수 있다. 두부를 주재료로 쓴 두부 오믈렛, 두부 함박 세트豆腐ハンバーグセット(1,500엔~) 등의 점심 메뉴가 인기. 녹차를 넣은 소면에도 직접 만든 두부 츠유가 나온다. 런치 세트에는 일본차 1잔이 함께 나온다.

🚶 ① 미나토미라이선 모토마치·추카가이역 5번 출구에서 도보 5분 ② JR 이시카와초역에서 도보 10분 ♥ 神奈川県横浜市中区元町2-107 🕐 11:00~19:00, 1시간 전 주문 마감 ❌ 월요일(공휴일인 경우 다음 날 휴무) 📞 +81-45-212-1042 🏠 www.sakura-yokohama.com

이토록 멋진 차의 세계! ······ ⑦

고쿠차소 悟空茶荘 🔍 goku tea house

1층은 상점, 2층은 차를 즐기는 다실이다. 상점에서는 100종류가 넘는 중국차와 다기 등을 판매한다. 2층에서는 1층에서 판매하는 차에서 약 40가지(900엔~)를 마실 수 있다. 첫 잔은 직원이 우려주고 다음 잔부터는 취향에 맞게 우려 마시면 된다. 차와 어울리는 디저트, 계절 한정 메뉴 등도 있다.

🚶 미나토미라이선 모토마치·추카가이역 2번 출구에서 도보 7분 ♥ 神奈川県横浜市中区山下町130 🕐 상점 10:30~19:30(주말 10:00~), 다실 10:30~19:00(주말 ~19:30), 1시간 전 주문 마감 ❌ 셋째 화요일 📞 +81-45-681-7776 🏠 www.goku-teahouse.com

이름만 들어도 입 안이 달콤해지는 ······ ⑧

파블로프 パブロフ 🔍 파블로프

파운드케이크 전문점. 도쿄에도 지점이 몇 군데 있으며 각 지점마다 한정 상품을 판매한다. 계절에 상관없이 1년 내내 판매하는 제품은 오렌지, 밤, 말차, 초콜릿 4가지. 모토마치 본점에서는 카페도 함께 운영한다. 파운드케이크 단품 가격을 생각하면 카페에서 파는 세트 가격(음료, 오늘의 파운드케이크 5종류 2,000엔~)은 합리적인 편이다.

모토마치 본점 元町本店 🚶 미나토미라이선 모토마치·추카가이역 4번 출구에서 도보 3분 ♥ 神奈川県横浜市中区山下町105 🕐 11:00~19:00, 1시간 전 주문 마감 ❌ 월요일(공휴일인 경우 다음 날 휴무) 📞 +81-45-641-1266 📷 pavlov._official 🏠 www.pavlov.jp

일본 빵의 역사가 시작된 곳 ······ ⑨

우치키 빵 ウチキパン 🔎 우치키빵

모토마치 쇼핑 스트리트 초입에 위치한 빵집
으로 1888년 문을 열었다. 가장 유명한 빵은
창업 당시부터 지금까지 똑같은 방식으로 만드는
일본 최초의 식빵 잉글랜드イングランド(450엔). 통으로 나온 식
빵은 미리 잘라놓지 않고 손님이 구매할 때 원하는 매수로 잘라
준다. 화려하지는 않지만 기본에 충실한 빵이 많다.

🚶 미나토미라이선 모토마치·추카가이역 5번 출구에서 도보 3분
📍 神奈川県横浜市中区元町1-50 🕐 09:00~19:00
❌ 월요일(공휴일인 경우 다음 날 휴무) 📞 +81-45-641-1161
🏠 www.uchikipan.co.jp

모토마치의 작은 프랑스 ······ ⑩

퐁파두르 ポンパドウル 🔎 퐁파도르 모토마치 본점

1969년에 문을 연 퐁파두르는 우치키 빵과 함께 모토마치에서
탄생한 빵집 양대 강자다. 개업을 앞두고 유럽에서 2명의 파티
시에를 초빙, 그들이 직접 기술을 전수했다. 바게트(356엔)나 크
루아상 등의 프랑스빵에 일본의 식재료를 넣은 빵 종류가 특히
맛있다. 1층은 베이커리, 2층은 카페로 운영한다.

모토마치 본점 元町本店
🚶 ① 미나토미라이선 모토마치·추카가이역 5번 출구에서 도보 7분
② JR 이시카와초역 모토마치 출구(남쪽 출구)에서 도보 7분
📍 神奈川県横浜市中区元町4-171 ポンパドウルビル 🕐 09:00~20:00
📞 +81-45-681-3956 🏠 www.pompadour.co.jp

언덕길의 빵집 ······ ⑪

블러프 베이커리 ブラフベーカリー
🔎 블러프 베이커리 본점

2010년에 오픈해 빵에 유난히 까다로운 야마테, 모토마치 동
네 사람들에게 인정받아 이제는 요코하마에만 본점 포함 4개
의 지점을 운영한다. 빵 스타일에 맞춰 홋카이도, 프랑스, 호주
등 다양한 국가에서 생산한 밀을 사용한다. 가장 인기 있는 메
뉴는 홋카이도에서 생산한 밀로 만든 식빵인 블러프 브레드ブラ
フブレッド(560엔~)다.

본점 本店 🚶 미나토미라이선 모토마치·추카가이역 5번 출구에서
도보 8분 📍 神奈川県横浜市中区元町2-80-9 ヒルクレストオグラ
🕐 08:00~17:00 📞 +81-45-651-4490 📷 bluffbakery
🏠 www.bluffbakery.com

다정한 바다 마을

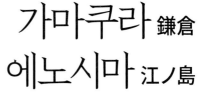

가마쿠라 鎌倉
에노시마 江ノ島

도쿄 도심에서 전철로 1시간 남짓. 가마쿠라에 도
착해 에노덴을 타고 이동하다보면 어느 순간 탁 트
인 수평선이 눈앞에 펼쳐지며 마음까지 시원해진
다. 이런 감정은 비단 해외여행자만 느끼는 것은 아
닌 듯, 주말이면 많은 일본인이 가마쿠라를 찾아와
자연을 즐기고 800여 년 전 일본 최초의 무사 정권
이 들어섰던 고도를 거닌다.

AREA ① 가마쿠라
AREA ② 에노시마

가마쿠라·에노시마
여행의 시작

도쿄의 어느 지역에서 출발하느냐에 따라 일정이 크게 달라진다. 도쿄 서쪽(신주쿠역)에서 출발할 때는 에노시마·가마쿠라 프리 패스를 이용할 수 있는 사철인 오다큐 전철을 타는 게 편리하다. 도쿄 동쪽(도쿄역)에서 출발할 때는 JR을 타고 가마쿠라역까지 간 후에 에노덴 1일 승차권(노리오리쿤)을 구매하는 게 효율적이다.

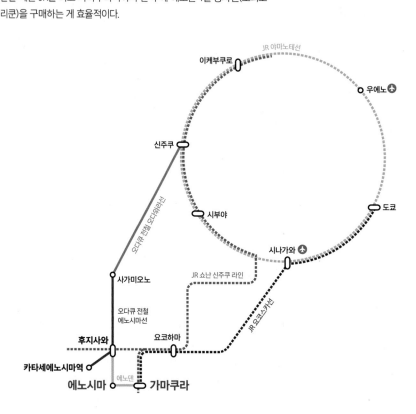

가마쿠라로 어떻게 갈까?

JR

추천 출발역 도쿄역, 신바시역(긴자), 우에노역, 요코하마역

도쿄의 동쪽(도쿄역, 우에노역 등) 또는 요코하마에서 출발한다면 JR을 타고 가마쿠라역으로 가자. 가마쿠라역에서 에노덴 1일 승차권을 구매한 후 에노시마까지 여행할 수 있다.

도쿄역	요코스카선 ⏱ 54분 ¥ 950엔	가마쿠라역

요코하마역	쇼난 신주쿠 라인·요코스카선 ⏱ 25분 ¥ 360엔	가마쿠라역

🅥 오다큐 전철 에노시마·가마쿠라 프리 패스 P.121 사용 가능

추천 출발역 신주쿠역

도쿄 도심에서 가마쿠라·에노시마 지역까지 가는 가장 저렴한 방법. 신주쿠역에서 후지사와행 열차를 타면 중간에 갈아탈 필요 없이 에노덴의 기점 중 하나인 후지사와역까지 한 번에 갈 수 있다. 열차 종류는 로만스카ロマンスカー, 쾌속급행, 급행, 각 역 정차 4가지가 있다. 좌석 지정제로 운영하는 특급 열차 로만스카를 타면 교통 패스가 있어도 750엔의 추가 요금을 내야 하는데 소요 시간에 큰 차이가 없으므로 추가 요금이 들지 않는 쾌속급행이나 급행을 추천한다. 후지사와역에서 같은 오다큐 전철의 에노시마선으로 갈아타면 에노시마와 가장 가까운 역인 카타세에노시마역으로 갈 수 있다. 개찰구를 나와 에노덴으로 갈아타면 에노시마, 가마쿠라역까지 갈 수 있다. 시부야, 에비스, 이케부쿠로 등에서 가마쿠라·에노시마 지역으로 가는 경우에는 일단 신주쿠로 이동 후에 오다큐 전철을 타는 방법을 추천한다.

신주쿠역	쾌속급행 🕐 56분 ¥ 610엔	후지사와역
신주쿠역	쾌속급행 🕐 1시간 10분 ¥ 650엔	카타세에노시마역

가마쿠라의 시내 교통수단은?

🚊 에노덴(에노시마 전철) 江ノ電(江ノ島電鉄) 에노시마·가마쿠라 프리 패스 P.121 사용 가능

후지사와역과 가마쿠라역을 기점으로 총 15개 역에 정차하는 에노덴은 단순한 교통수단이 아닌 가마쿠라의 마스코트와도 같은 존재다. 1902년 운행을 시작했으며 청개구리를 닮은 초록색 한 량짜리 열차가 댕댕 소리를 내며 지나가는 풍경은 노면 전차를 경험하지 않은 세대에게도 묘한 향수를 불러일으킨다. 가마쿠라와 에노시마 지역을 제대로 둘러보려면 에노덴 1일 승차권을 구매하는 것을 추천한다.

🏠 www.enoden.co.jp/kr/train

가마쿠라역		하세역		가마쿠라코코마에역		에노시마역		후지사와역
	🕐 5분 ¥ 200엔		🕐 13분 ¥ 220엔		🕐 5분 ¥ 200엔		🕐 10분 ¥ 220엔	

· **에노덴 1일 승차권** JR을 타고 가마쿠라에 도착했을 때 필요한 패스는 바로 에노덴 1일 승차권인 '노리오리쿤のりおりくん'이다. 후지사와역부터 가마쿠라역까지 에노덴의 어느 역에서나 구매할 수 있고 횟수 제한 없이 에노덴을 이용할 수 있다.

¥ 800엔 🕐 구매 당일까지 유효

가마쿠라의 어느 역으로 갈까?

가마쿠라에 위치한 명소 모두를 걸어서 둘러보는 건 불가능하기 때문에 에노덴 이용은 선택이 아니라 필수다. 에노시마의 볼거리는 한 곳에 모여 있지만, 에노시마 근처에 위치한 에노덴역과 오다큐 전철역은 걸어서 10분 정도 거리에 떨어져 있다.

🅙🚊 **가마쿠라역** 鎌倉駅 ▶ 츠루가오카하치만구, 코마치도리, 에노덴 종점(역 번호 15)

🅙 **키타가마쿠라역** 北鎌倉駅 ▶ 켄초지

🚊 **하세역** 長谷駅 ▶ 가마쿠라 대불(코토쿠인), 하세데라

🚊 **에노시마역** 江ノ島駅 ▶ 에노시마의 모든 명소

🅥 **카타세에노시마역** 片瀬江ノ島駅 ▶ 에노시마의 모든 명소, 에노시마와 제일 가까운 역

🅙🅥🚊 **후지사와역** 藤沢駅 ▶ 에노덴 기점(역 번호 01)

가마쿠라·에노시마
추천 코스

가마쿠라코코마에역 앞

JR을 탔다면 가마쿠라역, 오다큐 전철을 탔다면 후지사와역에 내려 에노덴 1일 승차권을 구매하자. 신주쿠역에서 에노시마·가마쿠라 프리패스를 구매해 오다큐 전철을 타고 왔다면 에노덴 1일 승차권은 구매하지 않아도 된다. 추천 코스를 역순으로 따라 에노시마부터 둘러봐도 좋다. 에노시마에는 언덕길이 많으니 각 명소 사이의 이동 시간을 넉넉하게 잡자.

🕐 **소요 시간** 10시간~

💴 **예상 경비** 에노덴 1일 승차권 800엔 + 식비 약 3,000엔 + 쇼핑 비용 = 총 3,800엔~

✅ **참고 사항** 가마쿠라, 에노시마 여행은 날씨와 계절의 영향을 매우 많이 받는다. 악천후일 경우를 대비해 추가로 다른 일정을 하나 더 마련해두는 것을 추천한다. 겨울에는 오후 4시부터 어두워지기 시작하기 때문에 다른 계절보다 아침 일찍 서두르는 것이 좋으며 가마쿠라와 에노시마의 모든 걸 다 보려고 욕심 부리기보다는 선택과 집중이 필요하다.

가마쿠라역
동쪽 출구

START

도보 10분

츠루가오카하치만구
P.451

도보 3분

코마치도리 P.449

도보 5분

가마쿠라역

에노덴 5분

하세역

도보 8분

가마쿠라 대불
(코토쿠인)
P.452

도보 11분

하세역

에노덴 5분

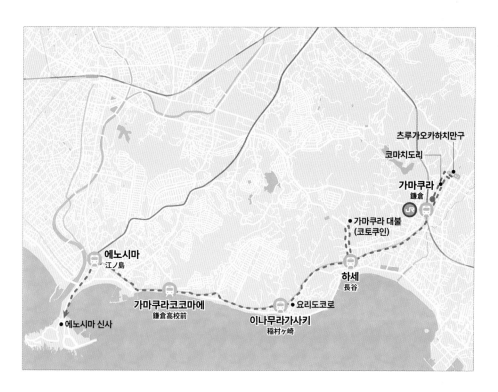

츠루가오카하치만구

코마치도리

가마쿠라
鎌倉

● 가마쿠라 대불
(코토쿠인)

에노시마
江ノ島

하세
長谷

가마쿠라코코마에
鎌倉高校前

● 에노시마 신사

● 요리도코로

이나무라가사키
稲村ヶ崎

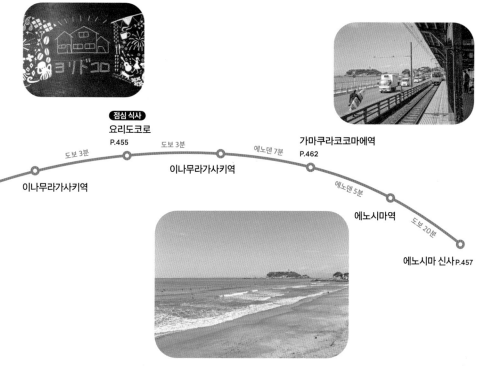

점심 식사
요리도코로
P.455

가마쿠라코코마에역
P.462

도보 3분

도보 3분

에노덴 7분

이나무라가사키역

에노덴 5분

이나무라가사키역

에노시마역

에노시마 신사 P.457

도보 20분

후지사와
藤沢

JR

JR 토카이도 본선

오다큐 전철 에노시마선

쇼난 모노레일

쇼난에노시마
湘南江の島

에노시마
江ノ島

카타세에노시마
片瀬江ノ島

카타세히가시하마
해수욕장

코시고에
腰越

가마쿠라코코마에
鎌倉高校前

시치리가하마
七里ヶ浜

에노시마 대교, 에노시마 벤텐바시

⑥ 에노시마 신사(입구)

에노시마 에스컬레이터

⑥ 키무라

치고가후치

⑪ 분사 식당

⑨

⑤ 론 카페

⑧ 에노시마 사무엘 코킹 정원

⑩ 용연의 종

⑦ 에노시마 시캔들 전망 등대

JR **키타가마쿠라**
北鎌倉

② 켄초지

③ 츠루가오카하치만구

① 코마치도리

③ 카페 비브멍 디멍쉬

JR **가마쿠라**
鎌倉

④ 가마쿠라 대불(코토쿠인)

와다즈카
和田塚

⑤ 하세데라

① 가마쿠라 마츠바라안

하세
長谷

② 마고코로

고쿠라쿠지
極楽寺

이나무라가사키
稲村ヶ崎

④ 요리도코로

이나무라가사키 해변

447

무사 정권의 숨결이 깃든 고도

가마쿠라 鎌倉

#츠루가오카하치만구 #에노덴 #꽃구경
#영화와 만화 성지 순례

가마쿠라는 12세기 경 일본 최초의 무사 정권인 가마쿠라 막부가
들어선 오랜 역사를 자랑하는 도시이며 옛 모습을 간직한
신사나 사찰이 지금도 곳곳에 남아 있다. 시가지를 둘러싼 산과
바다가 만들어낸 아름다운 풍광은 많은 예술 작품에 영향을 주어
작품 속 장소를 찾아 방문하는 팬들의 발길도 끊이지 않는다.

코마치도리 小町通り

가마쿠라역 동쪽 출구에서 츠루가오카하치만구까지 이어지는 길을 코마치도리라고 한다. 역을 나와 왼쪽을 보면 붉은 토리이가 눈에 들어오고 거기서부터 길이 시작된다. 600m 정도 되는 골목에 음식점, 기념품점, 갤러리, 기모노 대여점 등이 빼곡하게 들어서 있어 기념품 쇼핑을 하기도 좋고 주전부리를 즐기기에도 손색이 없다.

🚶 JR·에노덴 가마쿠라역 동쪽 출구에서 도보 3분

가마쿠라의
선종 사찰 중 최고 ⋯⋯ ②

켄초지 建長寺 📍 겐초지

가마쿠라 막부의 5대 집권자인 호조 도키요리北条時賴의 명으로 1253년에 창건한 켄초지는 가마쿠라를 대표하는 5개의 선종 사찰을 일컫는 '가마쿠라고잔鎌倉五山' 중 가장 격이 높은 사찰이다. 경내는 상당히 넓은 편이지만 선종 사찰다운 소박함과 고즈넉함이 있다. 불전에는 무로마치 시대(14~16세기)에 만든 지장보살좌상이 안치되어 있다. 천장에 용과 구름이 한데 얽힌 그림이 그려진 법당은 가마쿠라에서 제일 큰 목조 건물이다.

🚶 ① JR 키타가마쿠라역에서 도보 15분 ② 츠루가오카하치만구에서 도보 10분
📍 神奈川県鎌倉市山ノ内8 🕐 08:30~16:30 💴 일반 500엔, 초등·중학생 200엔
📞 +81-467-22-0981 🏠 www.kenchoji.com

츠루가오카하치만구

鶴岡八幡宮 ♀쓰루가오카하치만궁

미나모토노 요리토모源賴朝가 다이라平 가문을 물리치고 가마쿠라에 일본 최초의 무사 정권인 가마쿠라 막부를 연 때가 1192년. 무예의 신인 하치만을 모시는 츠루가오카하치만구는 그보다 약 100년 전인 1063년 교토 이와시미즈하치만구石清水八幡宮의 분관으로 창건했다. 당시 위치는 현재의 유이가하마 해변 근처였고, 1180년에 가마쿠라역에서 도보 10분 거리인 지금의 자리로 옮겼다. 보통 가마쿠라역 동쪽 출구로 나와 코마치도리를 지나 츠루가오카하치만구로 향하는데 참배로 자체는 원래 유이가하마에서 시작한다. 참배로에 있는 3개의 토리이 중 두 번째 토리이와 츠루가오카하치만구 입구까지 이어지는 길은 일반 도로보다 한 단 높은 단카즈라段葛라고 하며 길 양옆에 벚나무가 심어져 있다. 본궁本宮으로 올라가는 돌계단 옆에는 수령 1,000년이 넘는 은행나무 둥치와 그 은행나무에서 가지치기한 새로운 은행나무가 자란다. 돌계단을 올라갈수록 가마쿠라의 전경이 한눈에 들어오며 맑은 날은 태평양까지 시원하게 보인다. 국가 중요 문화재로 지정된 본궁은 전란으로 소실되어 1828년에 다시 지었다. 경내에는 벚꽃, 연꽃, 모란 등이 피고 4월의 가마쿠라 마츠리鎌倉まつり 등 1년 내내 다양한 행사가 열린다.

🚶 JR·에노덴 가마쿠라역 동쪽 출구에서 도보 10분
📍 神奈川県鎌倉市雪ノ下2-1-31
🕐 06:00~20:00 ※경내의 보물전, 전시관, 카페 등은 운영 시간 다름
📞 +81-467-22-0315
🏠 www.hachimangu.or.jp

가마쿠라 대불(코토쿠인) 鎌倉大仏(高德院) ♀고토쿠인

사찰 이름보다 경내에 있는 거대한 청동 불상인 '가마쿠라 대불'로 더 잘 알려진 코토쿠인. 정토종에 속하는 코토쿠인은 누가 언제 무슨 연유로 만들었는지 알려 지지 않은 수수께끼에 싸여 있는 사찰이다. 국보로 지정된 높이 11m, 무게 121 톤에 달하는 아미타여래阿弥陀如来 좌상 역시 제작 경위에 대해 알려진 바가 거 의 없다. 대불 뒤쪽에 있는 칸게츠도観月堂라는 작은 법당은 원래 조선시대 왕궁 의 전각이었다. 1924년에 실업가 스기노 기세이杉野喜精가 도쿄의 사저에서 코토 쿠인으로 이축했다. 내부에는 에도 시대의 작품으로 추측되는 관음보살입상이 안치되어 있다. 전각의 존재가 알려진 후 몇 차례 반환 시도가 있었으나 아직까 지 이루어지지 않았다.

🚶 에노덴 하세역에서 도보 7분 　♀神奈川県鎌倉市長谷4-2-28 　🕐 4~9월 08:00~17:30, 10~3월 08:00~17:00(15분 전 입장 마감), 대불 내부 08:00~16:30(10분 전 입장 마감)
¥ 일반 300엔, 초등학생 150엔, 대불 내부 50엔 📞 +81-467-22-0703
🏠 www.kotoku-in.jp

하세데라 長谷寺 🔍하세데라

정확한 창건 시기와 경위에 대해 알려진 바는 없으나 가마쿠라 시대 이전인 736년 이전에 창건되었다고 전해진다. 본당에 모셔진 십일면관음은 일본 최대급의 목조 불상이다. 하세데라의 정원에는 백목련, 벚꽃, 수국, 금목서, 동백 등 1년 내내 다양한 꽃이 피어나 경내를 화려하게 물들이기 때문에 '가마쿠라의 극락정토'라 불린다. 특히 전망 산책로를 따라 심어놓은 약 2,500그루의 수국이 피는 6월 말에서 7월 초에는 많은 이들이 오로지 수국을 보기 위해 하세데라를 찾는다. 전망 산책로 꼭대기에서는 유이가하마 해변과 가마쿠라 시내를 조망할 수 있다.

🚶 에노덴 하세역에서 도보 5분　📍神奈川県鎌倉市長谷3-11-2
🕐 08:00~17:00(4~6월 ~17:30), 30분 전 입장 마감
💴 일반 400엔, 초등학생 200엔
📞 +81-467-22-6300　🏠 www.hasedera.jp

이왕이면 코스 메뉴를 ······· ①
가마쿠라 마츠바라안 鎌倉 松原庵
📍 마츠바라안

손님을 모시고 가도 좋을 정도로 고급스런 분위기에서 정갈한 요리를 맛볼 수 있는 소바 전문점이다. 가마쿠라에서 나는 신선한 식재료로 만든 단품 요리의 맛도 훌륭하지만 여유가 된다면 소바를 포함한 코스 메뉴를 추천한다. 점심시간 때의 코스는 3,200엔부터 시작. 단품은 세이로 소바せいろそば(1,056엔), 카케 소바かけそば(1,056엔) 등이 있다. 에노덴 에노시마 전 역인 코시고에역腰越駅에서 걸어서 3분 거리에 아침 식사가 가능한 지점인 마츠바라안 아오松原庵 青가 위치한다.

🚶 에노덴 유이가하마역由比ヶ浜駅에서 도보 3분
📍 神奈川県鎌倉市由比ガ浜 4-10-3
🕐 11:00~21:30, 45분 전 주문 마감
📞 +81-467-61-3838
🏠 www.matsubara-an.com

건강이 듬뿍 담긴 요리 ······· ②
마고코로 麻心
📍 마고코로 가마쿠라

영화 〈바닷마을 다이어리〉에 등장하는 카페. 창가 자리에 앉으면 유이가하마 해변이 한눈에 내려다보인다. 햄프 시드를 넣은 요리가 많고, 가마쿠라의 명물인 잔멸치가 들어간 메뉴(런치 1,380엔~)도 다양하게 준비되어 있다. 채식주의자를 위한 메뉴도 있다. 삼베로 만든 여러 가지 잡화도 판매한다.

🚶 에노덴 하세역에서 도보 5분 📍 神奈川県鎌倉市長谷2-8-11 2F
🕐 11:30~20:00 ❌ 월요일(공휴일인 경우 다음 날 휴무) 📞 +81-467-39-5639
🏠 sites.google.com/site/magokorokamakura

제대로 내린 커피 한잔 ······ ③

카페 비브멍 디망쉬 cafe vivement dimanche ᴏ cafe vivement dimanche

1994년에 문을 연 이래로 지역 주민, 여행자 모두에게 사랑을 받는 공간. 코마치 도리의 번잡함에서 한발 벗어난 골목에 자리한 카페로 가마쿠라역 근처에서 가장 맛있는 커피를 마실 수 있다. 원두를 직접 볶기 때문에 핸드 드립 커피(500엔 ~)를 주문 할 때 원두를 선택할 수 있다. 드립백을 구매해가는 사람도 많다. 오므라이스나 카레 등 식사 메뉴도 전문점 뒤지지 않을 정도로 맛있다.

🚶 JR·에노덴 가마쿠라역 동쪽 출구에서
도보 5분 ♀ 神奈川県鎌倉市小町2-1-5
桜井ビル ⏰ 11:00~18:00, 30분 전 주문 마감
❌ 수·목요일 📞 +81-467-23-9952
ⓞ cvdimanche 🏠 dimanche.shop-pro.jp

여행의 시작은 든든한 아침 식사로 ······ ④

요리도코로 ヨリドコロ ᴏ 요리도코로

철길 바로 옆에 위치해 바 좌석에 앉으면 눈앞으로 에노덴이 지나가는 모습을 볼 수 있다. 오픈 시간부터 오전 9시까지 주문할 수 있는 아침 식사 메뉴는 3가지. 전갱이 구이 정식あじ干物定食(1,000엔), 고등어구이 정식さば干物定食(1,000엔), 2종류 생선이 모두 나오는 아사 정식ASA(あじ&さば)定食(1,200엔)이다. 9시가 지나면 8가지 식사 메뉴를 주문할 수 있다. 일본인, 여행자 모두에게 인기가 있는 집이라서 영업시간 내내 대기가 생길 정도이며 특히 오전에 상당히 붐빈다. 에노덴 와다즈카역和田塚駅에서 걸어서 3분 거리에 본점과 메뉴가 같은 지점이 위치한다.

이나무라가사키 본점 稲村ケ崎本店
🚶 에노덴 이나무라가사키역稲村ヶ崎駅에서 도보 3분
♀ 神奈川県鎌倉市稲村ガ崎1-12-16
⏰ 07:00~18:00 ❌ 화요일
📞 +81-467-40-5737
🏠 yoridocoro.com

작지만 다채로운 색을 가진 섬

에노시마 江ノ島

#섬 전체가 신사 #독특한 지형 #해변

서퍼의 성지 쇼난湘南의 바다를 향해 불쑥 튀어나온
작은 섬 에노시마. 곳곳에 비경을 숨기고 있는
자연환경 덕분에 과거에는 종교인의 수행 장소였고,
개항 이후에는 요코하마에 살던 서양인들에게 인기 있는
휴양지였으며, 지금은 카나가와현에서
지정한 사적 명승지이자 해양 스포츠의 거점이다.

에노시마 신사 江島神社 ♀에노시마 신사

에노시마는 자동차 전용인 에노시마 대교, 그리고 인도교인 에노시마 벤텐바시江の島弁天橋로 육지와 이어져 있다. 벤텐은 과거 에노시마의 사찰에서 모시던 불교의 수호신 벤자이텐弁才天의 다른 이름이다. 예능과 지혜의 신 벤자이텐은 악기를 들고 있는 모습으로 묘사되곤 한다. 메이지 유신 이후 신불분리 정책으로 에노시마에 있던 종교 시설은 일본 고유 신앙인 신토의 신사로 정리되었다. 섬 입구에 있는 청동 토리이부터 서쪽 끝 치고가후치까지 섬 곳곳에 신사가 있다.

🚶 청동 토리이 기준 ① 오다큐선 카타세에노시마역 1번 출구에서 도보 12분 ② 에노덴 에노시마역에서 도보 15분
📍 神奈川県藤沢市江の島2-3-8 🕐 08:30~17:00
📞 +81-466-22-4020 🏠 www.enoshimajinja.or.jp

에노시마 정상에 촛불 하나 ⋯⋯⋯ ⑦

에노시마 시캔들 전망 등대

江の島シーキャンドル 🔍 에노시마 시캔들

에노시마 꼭대기, 해발 고도 119.6m에 우뚝 서 있는
59.8m 높이의 철제 구조물인 에노시마 시캔들 전망
등대는 원래 이 자리에 있던 등대를 대신해 2003년에
세운 것이다. 그 이후로 등대 본연의 역할에 충실하면
서 도쿄, 요코하마, 태평양, 후지산을 조망할 수 있는
360도 전망대의 역할도 겸하고 있다.

🚶 에노덴 에노시마역, 오다큐선 카타세에노시마역에서
도보 30~40분
📍 神奈川県藤沢市江の島2-3
🕐 09:00~20:00, 30분 전 입장 마감
¥ 500엔
📞 +81-466-23-2444
🏠 www.enoshima-seacandle.com

정상까지 걷기 힘들다면 유료 에스컬레이터

일본 최초의 옥외 에스컬레이터인 에노시마 에스컬레이터
는 명소 사이 고저 차이가 심한 에노시마에서 매우 유용한
이동수단이다. 3개 구간으로 나뉘며, 한 구간만 이용하든
전체 구간을 한 번에 이용하든 요금은 360엔으로 동일하
다. 중간에 내리면 다시 탑승할 때 요금을 또 내야한다. 가
장 아래에서 에노시마 정상까지 5분이면 도착한다. 에스컬
레이터 입구에서 판매하는 '에노시마 시캔들 세트권江の島
シーキャンドルセット券'은 개별로 구매할 때보다 저렴하다.

🕐 08:50~19:05 ¥ 360엔, 세트권(등대+정원+
에스컬레이터) 700엔(야간 이벤트 있는 경우 1,100엔)

독특한 식물이 한가득 ⋯⋯⋯ ⑧

에노시마 사무엘 코킹 정원

江の島サムエルコッキング苑 🔍 에노시마 사무엘코킹 정원

시캔들 전망 등대가 있는 에노시마 사무엘 코킹 정원은 원래 영
국인 무역상 사무엘 코킹Samuel Cocking의 저택이자 정원이었다.
건설 당시인 19세기 말에 이미 보일러를 갖춘 본격적인 온실까
지 있었다. 지금도 정원 곳곳에서 야자수 등의 열대식물이 자라
고 있다. 매년 겨울에 정원 전체를 밝히는 일루미네이션 이벤트
가 열린다.

🚶 에노덴 에노시마역, 오다큐선 카타세에노시마역에서 도보 30~40분
📍 神奈川県藤沢市江の島2-3 🕐 09:00~20:00, 30분 전 입장 마감
¥ 입장료 무료, 야간 이벤트가 있는 경우 17시 이후 500엔
📞 +81-466-23-2444 🏠 www.enoshima-seacandle.com

치고가후치 稚児ヶ淵 ♀ 치고가후치 비경

치고가후치는 간토 대지진 때 융기해 바다 위로 나타난 암석 지대를 가리킨다. 여기서 바라보는 일몰은 '카나가와 경승 50선'에 지정되었을 정도로 아름답다. 늦가을에는 치고가후치로 내려가는 계단 옆 절벽의 새하얀 억새가 파란 바다와 어우러져 특별한 풍경을 만들어낸다. 하지만 아무런 안전시설 없이 바로 바다와 접하고 있기 때문에 파도가 심한 날은 방문을 삼가야 한다.

🚶 에노시마 사무엘 코킹 정원에서 도보 25분
📍 神奈川県藤沢市江の島2-5-2

용연의 종 龍恋の鐘 ♀ 연인의 언덕

에노시마 앞바다에 살던 용과 하늘에서 내려온 아름다운 벤자이텐의 사랑 이야기에서 영감을 받아 만든 용연의 종. 연인이 함께 종을 울리고 자물쇠에 이름을 써 종 앞의 철망에 걸어놓으면 평생 헤어지지 않는다고 하여 데이트 장소로 인기가 많다.

🚶 에노시마 사무엘 코킹 정원에서 도보 15분
📍 神奈川県藤沢市江の島2-5

에노덴을 타고 만나는
영화와 만화 속 그곳

〈바닷마을 다이어리〉 속 그 장소를 찾아서

마고코로 麻心

고레에다 히로카즈是枝裕和 감독의 영화 〈바닷마을 다이어리〉의 주인공인 사치, 요시노, 치카, 스즈 네 자매 중 둘째 요시노가 남자친구와 데이트를 하는 장면에 등장하는 카페. 유이가하마 해변을 한눈에 내려다볼 수 있는 건물 2층에 있다. P.454

고쿠라쿠지역 極楽寺駅

네 자매가 살던 집에서 제일 가까운 역이다. 둘째 요시노와 막내 스즈가 아침에 헐레벌떡 뛰어 역으로 들어가는 장면이 나온다. 첫째 사치와 엄마가 성묘를 마치고 역 바로 앞에 있는 고쿠라쿠지 경내를 거니는 장면도 나온다.

📍 神奈川県鎌倉市極楽寺3-7-4

가마쿠라역 (기점)

와다즈카역

유이가하마역

하세역

고쿠라쿠지역

이나무라가사키역

가마쿠라와 에노시마의 풍경이 어쩐지 익숙하다면?
일본인에게도 사랑받는 휴양지인 가마쿠라와
에노시마는 수많은 드라마, 영화, 소설, 만화의 배경이 되었다.
그 중에서도 우리나라 여행자에게 가장 익숙한 작품은
만화 〈슬램덩크〉와 영화 〈바닷마을 다이어리〉.
그럼 작품 속 그 장소를 만나기 위해 한량짜리 귀여운
에노덴을 타고 떠나보자.

이나무라가사키 해변 稲村ヶ崎

엔딩 신에 등장하는 해변. 네 자매가 지인의 장례식에 다녀온 후 이나무라가사키 해변을 거니는 장면으로 영화는 끝을 맺는다. 해변은 이나무라가사키역에서 걸어서 5분 정도 걸리며 일몰 명소로 유명하다.

🚶 에노덴 이나무라가사키역
稲村ヶ崎駅에서 도보 3분

분사 식당 文佐食堂

영화 속 모든 등장인물의 사랑방과도 같은 '우미네코 식당海猫食堂'의 실제 모델. 영화 속에선 전쟁이 튀김인 아지후라이가 인기 메뉴로 나온다. 에노시마 입구에서

왼쪽으로 쭉 이어지는 해산물 요리 전문점 거리의 거의 끝에 위치한다.

📍 에노덴 에노시마역에서 도보 20분
📍 神奈川県藤沢市江の島1-6-22
🕐 11:30~17:00
📞 +81-466-22-6763

시치리가하마역
가마쿠라코코마에역
코시고에역
에노시마역
종점 후지사와역

〈슬램덩크〉 속 그 장소를 찾아서

가마쿠라코코마에역
鎌倉高校前駅

이노우에 다케히코井上雄彦의 만화 〈슬
램덩크〉 팬들의 성지. 주인공 강백호가
다니는 북산 고등학교의 첫 번째 라이
벌로 나오는 능남 고등학교의 모델이 된
학교가 바로 역에서 도보 5분 거리에 위
치한 가마쿠라 고등학교다. 에노덴 가
마쿠라코코마에역에서 가마쿠라 고등
학교로 올라가는 길목에 위치한 건널목
이 포인트! 애니메이션 오프닝 곡의 한
장면을 재현하기 위한 팬들로 항상 북
적인다. 인도와 차도의 구분이 모호하
고 차가 자주 지나다니는 길이기 때문에
사진을 찍을 때는 안전에 유의하자.

📍 神奈川県鎌倉市腰越1-1-25

카타세히가시하마 해수욕장 片瀬東浜海水浴場

에노덴 에노시마역에서 에노시마로 들어가는 길목에 위치한 해수욕장. 만
화 속에서 가마쿠라의 해변이 수시로 등장하는데 가장 자주 나오는 해수
욕장이 카타세히가시하마 해수욕장이다. 참고로 만화의 마지막 장면, 강백
호가 소연이의 편지를 읽고 서태웅이 일본 주니어 국가 대표 트레이닝복을
입고 달리는 장면의 배경은 에노시마 서쪽의 쿠게누마 해안鵠沼海岸이다.

🚶 ① 에노덴 에노시마역에서 도보 10분
② 오다큐 전철 카타세에노시마역에서 도보 5분

일본 최초의 프렌치토스트 전문점 ······ ⑤

론 카페 LONCAFE ♀loncafe 쇼난에노시마 본점

에노시마 사무엘 코킹 정원 내부, 최고의 전망을 자랑하는 위치에 자리한 론 카페는 일본 최초의 프렌치토스트 전문점이다. 식빵이 아닌 두껍게 썬 바게트를 달걀물에 푹 적셔 만든 프렌치토스트(세트 1,375엔~)는 그 종류가 10가지가 넘어 행복한 고민에 빠지게 한다. 주말에는 오픈 시간 전부터 기다리는 사람도 있는데, 무작정 기다리지 말고 반드시 기계에서 대기표를 먼저 뽑아야 한다.

쇼난 에노시마 본점 湘南江の島本店 🏃 에노시마 사무엘 코킹 정원 내
♀ 神奈川県藤沢市江の島2-3-38 🕐 11:00~20:00(주말 10:00~), 30분 전 주문 마감
📞 +81-466-28-3636 🏠 loncafe.jp

바다가 내 입 속으로 ······ ⑥

키무라 磯料理きむら ♀kimura enoshima

영화 〈바닷마을 다이어리〉에 나오는 분사 식당 바로 옆에 있는 음식점으로 외국인보다 현지인에게 훨씬 인기가 많다. 가게 내부에 있는 수조를 보면 우리나라의 횟집이 떠오르기도 한다. 가마쿠라의 명물 시라스동은 키무라에서도 인기 메뉴. 만약 날생선을 먹지 못한다면 잔멸치를 살짝 쪄서 밥에 올린 카마아게 시라스동 釜揚げしらす丼(1,210엔)을 추천한다.

🏃 에노덴 에노시마역에서 도보 20분
♀ 神奈川県藤沢市江の島1-6-21
🕐 12:00~20:00
📞 +81-466-22-6813

온천과 대자연 속 휴식

하코네
箱根

하코네는 연간 방문객 수가 2,000만 명이 넘는 도쿄 근교의 대표 관광 명소다. 하지만 막상 가보면 생각보다 규모가 작고 소박하다. 가는 길이 멀고 고단해도 울창한 숲에 둘러싸인 온천에 몸을 담그는 순간, 이동하면서 느낀 피로가 스르르 녹아내리며 오길 잘했다는 생각이 들 것이다.

하코네
여행의 시작

하코네의 온천과 대자연을 제대로 즐기려면 하코네 마을 내 다양한 교통수단을 효율적으로 활용해야 한다. 1박 2일 일정을 추천하지만 시간을 내기 어려워 도쿄에서 당일치기로 다녀올 계획이라면 신주쿠역에서 출발하는 게 가장 좋다.

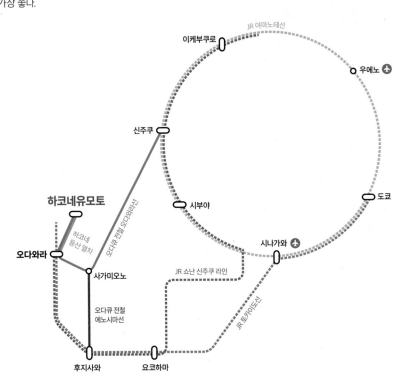

하코네로 어떻게 갈까?

하코네 프리 패스 P.121 사용 가능

🔵 **오다큐 전철** 小田急電鉄

추천 출발역 신주쿠역

신주쿠역에서 오다와라역小田原駅 사이를 운행하는 오다와라선은 도쿄 도심에서 하코네 지역까지 가는 가장 합리적인 방법이다. 열차 종류는 로만스카, 쾌속급행, 급행, 각 역 정차 4가지가 있다. 로만스카는 도쿄 도심에서 하코네유모토역까지 환승 없이 직행으로 가는 가장 빠른(약 1시간 25분) 교통수단이다. 특급권 요금 1,200엔이 추가되기 때문에 요금도 가장 비싸다. 쾌속급행, 급행, 각 역 정차를 탔다면 오다와라역에 내린 다음에 하코네 등산 열차로 갈아타면 된다. 신주쿠역에서 하코네 프리 패스를 개시해 오다와라역까지 갔다면 하코네 지역에서 다른 교통수단을 이용할 때 추가 요금은 들지 않는다.

신주쿠역		오다와라역		하코네유모토역
○- - - - - - - - - -	- - - - - - - - - - -○		- - - - - - - - - -	- - - - - - - - - -○
	오다와라선 🕐 쾌속급행 1시간 30분 ¥ 910엔		하코네 등산 열차 🕐 15분 ¥ 360엔	

신주쿠로 이동하자!

도쿄역에서 JR 추오선을 타면 15분 만에 신주쿠역에 갈 수 있다. 요금은 210엔. 교통비를 절약할 수 있는 하코네 프리 패스를 사용하고 싶다면 신주쿠역으로 이동해 하코네 여행을 시작하기를 추천한다.

 JR

추천 출발역 도쿄역, 요코하마역

오다와라역은 규모가 꽤 큰 역으로 JR 2개 노선과 신칸센이 지나간다. 이 중 도쿄 도심에서 하코네로 갈 때 여행자가 이용하는 노선은 도쿄역에서 출발하는 토카이도선이다. 오다와라역에 도착하면 일단 개찰구를 나가 하코네 등산 열차로 갈아탄 뒤 하코네유모토역까지 가면 된다. 참고로 도쿄역에서 신칸센을 타면 오다와라역까지 35분 만에 갈 수 있다.

도쿄역 ── 토카이도선 ⏱ 1시간 20분 ¥ 1,520엔 ── **오다와라역**

오다큐 전철

오다와라역

하코네 시내 교통수단은?

하코네 프리 패스를 이용해 탈 수 있는 교통수단인 등산 열차, 등산 케이블카, 로프웨이, 해적선은 도쿄 도심의 교통수단과는 달리 배차 간격이 길고 수용 인원이 그리 많지 않다. 각 역이나 정류장마다 시간표가 붙어 있으니 사진을 찍어두고 이동하기를 추천한다.

하코네 여행에 유용한 하코네 내비게이션 箱根ナビ

하코네 지역 내를 오고 가는 모든 교통수단의 노선도, 요금과 날씨 상황에 따른 운행 여부까지 알 수 있다. 각 명소 설명, 추천 코스 등이 자세하며 한국어 안내 페이지도 있다.

🏠 www.hakonenavi.jp

🚃 하코네 등산 열차 箱根登山電車

오다와라역과 고라역 사이의 약 8.9km 거리를 오가는 등산 열차. 하코네 지역에 도착해 가장 먼저 이용하게 되는 교통수단이다. 열차를 타고 가는 동안 보이는 창밖 풍경이 아름답다. 수국이 피는 6월과 7월 사이에는 '수국 열차あじさい電車'를 운행한다.

오다와라역 ────── **하코네유모토역** ────── **고라역**
⏱ 15분 ¥ 360엔 　　　 ⏱ 40분 ¥ 460엔

🚠 하코네 등산 케이블카 箱根登山ケーブルカー

고라역과 소운잔역 사이의 6개 역을 오간다. 하코네 등산 열차를 타고 고라역에서 하차한 후 개찰구를 통과하면 바로 하코네 등산 케이블카 개찰구가 나온다.

🕐 고라역 출발 08:45~17:55, 20분 간격 운행

○ ··· ○
고라역　　　　　　🕐 10분 ¥ 430엔　　　　　　**소운잔역**

🚡 하코네 로프웨이 箱根ロープウェイ

소운잔역에서 하코네 등산 케이블카와 만난다. 소운잔역과 오와쿠다니역 사이를 오갈 때는 유황 가스가 올라오는 지역 바로 위를 지나가기 때문에 상황에 따라 운행이 제한되기도 한다. 또한 강풍, 호우 등 악천후인 날도 운행을 중지한다.

🕐 2~11월 09:00~16:45(오와쿠다니역 ~17:00), 1·12월 09:00~16:15, 1~2분 간격 운행

○ ··· ○
소운잔역 🕐 15분 ¥ 1,500엔 **오와쿠다니역** 🕐 30분 ¥ 1,500엔 **토겐다이역**

하코네 로프웨이는 매년 1~2월에 걸쳐 대대적인 정기 점검을 한다. 방문 전에 하코네 내비게이션 홈페이지에서 운행 여부를 미리 확인하자.

⛴ 하코네 해적선 箱根海賊船

하코네의 주요 볼거리 중 하나인 칼데라 호수 아시노코를 가로지르는 해적선이다. 토겐다이 항구, 모토하코네 항구, 하코네마치 항구 사이를 오간다. 자주 다니지 않는 편이니 미리 시간표를 확인해두자.

🕐 토겐다이 항구 출발 3/20~11/30 09:30~16:25, 12/1~3/19 10:00~15:40

○ ··· ○
토겐다이 항구　　　　　🕐 25분 ¥ 1,200엔　　　　**모토하코네 항구**

🚌 하코네 등산 버스 箱根登山バス

등산 열차, 등산 케이블카, 로프웨이가 가지 못하는 하코네 구석구석을 이어주는 교통수단이다. 특히 산속에 숨어 있는 듯 자리한 미술관들(폴라 미술관, 하코네 랄리크 미술관)에 갈 때 편리한 교통수단이다. 또는 오다와라역이나 하코네유모토역에서 아시노코까지 환승 없이 바로 가고 싶을 때에도 등산 버스가 편리하다.

○ ··· ○
모토하코네 항구　　　　🕐 35분 ¥ 1,080엔　　　　**하코네유모토역**

**하코네 여행의
필수 교통 패스**

이동 없이 온천을 즐기며 한 군데에 느긋하게 머물 예정이라면 따로 교통 패스를 구매하지 않아도 괜찮지만 오와쿠다니와 아시노코까지 야무지게 챙겨보고 하코네 곳곳에 숨어 있는 미술관까지 둘러볼 예정이라면 하코네 프리 패스 구입은 선택이 아니라 필수다.

🎫 하코네 프리 패스 箱根フリーパス

하코네를 제대로 둘러보기 위해서는 등산 열차, 등산 케이블카 등 다양한 교통수단을 이용해야 한다. 교통수단을 탈 때마다 표를 사는 건 번거롭기도 할뿐더러 요금도 만만치 않다. 때문에 도쿄에서 하코네까지 가는 교통편과 하코네 내의 교통편 이용을 비롯해 명소 할인 등의 혜택까지 있는 이 패스가 아주 유용하다. 다만 교통편 중 신주쿠역에서 하코네유모토역까지 바로 가는 오다큐 전철 특급 로만스카는 이용할 수 없다. 로만스카를 타려면 사전에 특급권 요금을 내고 자리를 예약해야 한다.

· **이용 가능 교통편**
 ① 도쿄 도심에서 출발하는 오다큐 전철역(보통 신주쿠역)과 오다와라역 사이 왕복 1회
 ② 오다와라역부터 하코네 지역 내에서 등산 열차, 등산 케이블카, 로프웨이, 해적선, 등산 버스, 오다큐 하이웨이 버스小田急ハイウェイバス, 토카이 버스東海バス, 관광 시설 순회 버스 등 8가지 교통수단을 자유롭게 이용 가능. 그중 여행자가 많이 이용하는 교통수단은 등산 열차, 등산 케이블카, 로프웨이, 해적선, 등산 버스.

· **혜택** 제휴를 맺은 온천 시설, 조각의 숲 미술관 등 할인

· **가격** 신주쿠역 출발 기준 2일권 6,100엔, 3일권 6,500엔

· **구매 방법** 온라인에서 미리 구매할 수 있지만 로프웨이와 해적선은 악천후인 경우 운행하지 않기 때문에 날씨를 살펴본 후 신주쿠역에서 구매하는 것이 더 낫다. 당일에 구매해서 바로 사용도 가능하다.

신주쿠에서 하코네 당일치기 교통비 비교

· 오다큐 전철 910엔
· 하코네 등산 열차 360엔+460엔
· 하코네 등산 케이블카 430엔
· 하코네 로프웨이 1,500엔+1,500엔
· 하코네 해적선 1,200엔
· 하코네 등산 버스 1,080엔
· 오다큐 전철 910엔

6개 대중교통 이용 총 8,350엔
VS
하코네 프리 패스 2일권 6,100엔

2,250엔 이득!

**하코네의
어느 역으로 갈까?**

이 책에서 소개하는 역 외에 하코네 지역을 여행하며 들르게 되는 역(또는 항구)과 근처의 명소를 살펴보자.

🚃 **초코쿠노모리역** 彫刻の森駅 ▶ 조각의 숲 미술관

🚡 **토겐다이역** 桃源台駅 ▶ 아시노코, 하코네 해적선, 토겐다이 항구

⛴ **모토하코네 항구** 元箱根港 ▶ 나루카와 미술관, 평화의 토리이, 하코네 신사, 온시 하코네 공원

⛴ **하코네마치 항구** 箱根町港 ▶ 하코네 세키쇼

하코네
추천 코스

하코네 당일치기의 관건은 얼마나 빨리, 아침 일찍 하코네에 도착하느냐다. 산으로 둘러싸인 지형의 특성 상 도심보다 더 빨리 어두워지기 때문이다. 하코네 구석구석 흩어져 있는 미술관까지 제대로 둘러보려면 1박 이상 숙박하는 것이 좋다.

🕐 **소요 시간** 10시간~

¥ **예상 경비** 하코네 프리 패스 6,100엔 + 식비 약 3,000엔 + 쇼핑 비용 = 총 9,100엔~

✅ **참고 사항** 신주쿠에서 출발할 때 로만스카를 타면 바로, 일반 열차를 타면 오다와라역에서 환승해 하코네유모토역으로 가면 된다. 도쿄에서 오는 열차 시간에 맞춰서 등산 열차가 출발하기 때문에 오래 기다리지 않고 바로 환승할 수 있다. 고라역에서 등산 케이블카, 소운잔역에서 로프웨이로 환승할 때도 마찬가지. 하코네의 가장 큰 볼거리인 오와쿠다니까지 간 후에는 왔던 길을 되짚어 돌아갈지, 아니면 아시노코까지 갈지 결정하면 된다.

오와쿠다니

로프웨이
오와쿠다니역

START

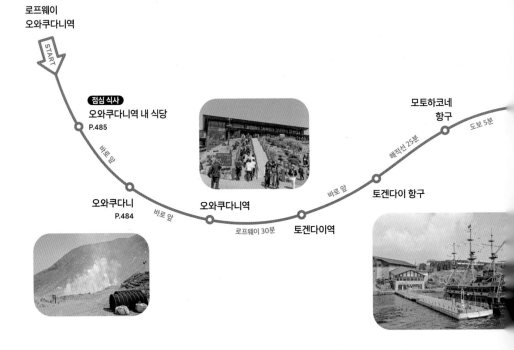

점심 식사
오와쿠다니역 내 식당
P.485

바로 앞

오와쿠다니
P.484

바로 앞

오와쿠다니역

로프웨이 30분

토겐다이역

토겐다이 항구

바로 앞

해적선 25분

모토하코네
항구

도보 5분

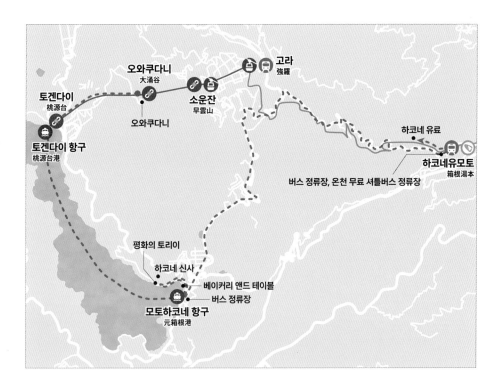

오와쿠다니
大涌谷

고라
強羅

소운잔
早雲山

토겐다이
桃源台

토겐다이 항구
桃源台港

오와쿠다니

하코네 유료

하코네유모토
箱根湯本

버스 정류장, 온천 무료 셔틀버스 정류장

평화의 토리이

하코네 신사

베이커리 앤드 테이블

버스 정류장

모토하코네 항구
元箱根港

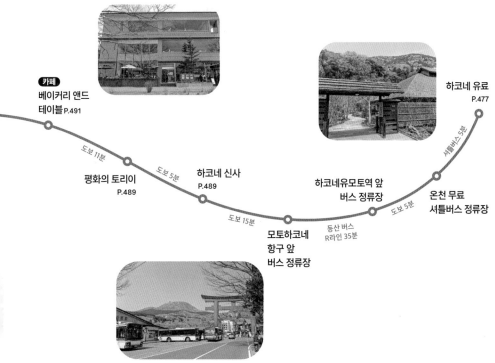

카페
베이커리 앤드
테이블 P.491

하코네 유료
P.477

도보 11분

도보 5분

셔틀버스 5분

평화의 토리이
P.489

하코네 신사
P.489

하코네유모토역 앞
버스 정류장

온천 무료
셔틀버스 정류장

도보 15분

등산 버스
R라인 35분

도보 5분

모토하코네
항구 앞
버스 정류장

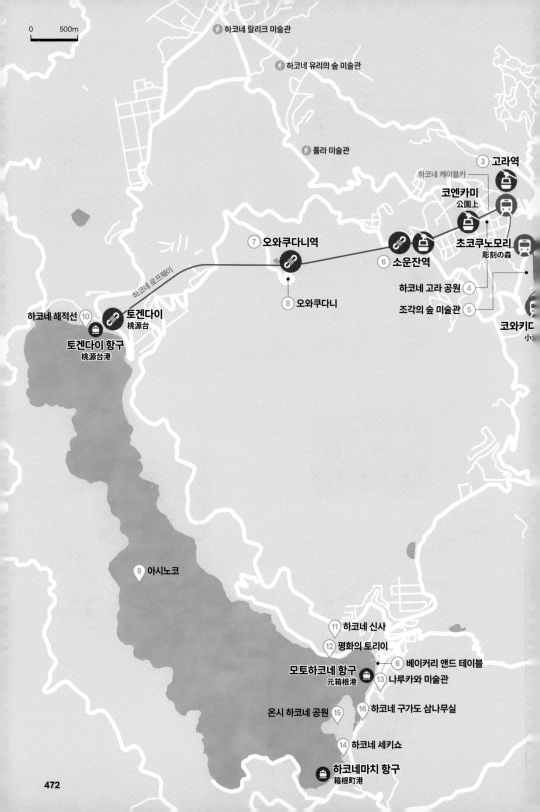

하코네 랄리크 미술관

하코네 유리의 숲 미술관

폴라 미술관

③ 고라역

하코네 케이블카

코엔카미
公園上

⑦ 오와쿠다니역

초코쿠노모리
彫刻の森

⑥ 소운잔역

하코네 고라 공원 ④

조각의 숲 미술관 ⑤

코와키드
小

하코네 로프웨이

하코네 해적선 ⑩

토겐다이
桃源台

⑧ 오와쿠다니

토겐다이 항구
桃源台港

⑨ 아시노코

⑪ 하코네 신사

⑫ 평화의 토리이

⑥ 베이커리 앤드 테이블

모토하코네 항구
元箱根港

⑬ 나루카와 미술관

온시 하코네 공원 ⑮

⑯ 하코네 구가도 삼나무실

⑭ 하코네 세키쇼

하코네마치 항구
箱根町港

0   500m

하코네
상세 지도

⑤ 베이커리 앤드 스위츠 피콧

④ 나라야 카페

③ 모리메시

미야노시타
宮ノ下

오히라다이
大平台

하코네 등산 열차

하코네유모토
箱根湯本

텐잔 온천

확대도

하코네 유료

① **하코네유모토역**

② 하코네유모토역 앞 상점가

① 나오키치

하츠하나 ②

하츠하나(신관)

텐세이엔

하코네 여행의 출발점

하코네유모토역
주변 箱根湯本駅

#하코네 여행의 시작 #상점가 #온천

하코네에서 가장 번화한 지역이다. 역 주변에 숙소가 많으며
산속에 위치한 숙소의 셔틀버스 등도 모두 하코네유모토역
앞에서 출발한다. 역에서 나오면 바로 앞으로
상점가가 길게 이어진다. 하코네의 다른 지역에서는 슈퍼마켓,
약국 등의 편의 시설을 찾기가 어렵다. 하코네유모토역 앞
상점가에서 필요한 물품을 구매한 후 이동하는 것을 추천한다.

하코네유모토역 箱根湯本駅

🔍 하코네유모토역

오다큐 전철의 특급 열차인 로만스카의 종점이자 하코
네 등산 열차의 기점이다. 역의 규모가 작고 플랫폼이
바로 붙어 있어 환승할 때 1~2분 정도만 걸어가면 된
다. 1번 플랫폼은 로만스카, 2번 플랫폼은 오다와라역
방향으로 가는 하코네 등산 열차, 3번 플랫폼은 고라
역 방향으로 가는 하코네 등산 열차 플랫폼이다. 등산
열차는 신주쿠역과 오다와라역에서 오는 열차의 도착
시간에 맞춰 출발한다. 열차 플랫폼이 있는 1층에 물
품 보관함이 있고 안쪽으로 더 들어가면 유인 짐 보관
소도 있다. 개찰구는 2층이고 개찰구 밖에 여행안내소,
빵집과 기념품점이 있다.

📍 神奈川県足柄下郡箱根町湯本白石下707-1
🏠 www.hakonenavi.jp/international/kr/station/
yumoto

하코네유모토역 앞 상점가

箱根湯本駅前商店街

하코네유모토역 밖으로 나가면 바로 이어지는 상점가.
주로 기념품점과 음식점이 모여 있는 소박한 규모지만
하코네 마을에서는 제일 번화한 곳이다. 하코네의 다
른 지역에서는 약국과 편의점 등 편의 시설을 찾기 힘
들기 때문에 하코네 지역에서 숙박할 예정이라면 이곳
에 꼭 들러서 필요한 물건을 미리 구매하자.

🚶 하코네 등산 열차 하코네유모토역 출구 바로 앞

하코네에서 제대로 즐기는
당일치기 온천

도쿄에 있는 온천 시설은 다른 수원지에서 물을 실어와 운영하는 경우가 많다. '진짜 온천'을 원한다면 주저 말고 하코네로 향하자.
무려 1,200년이 넘는 역사를 갖고 있는 하코네 온천에는 지금도 매일 8,000톤이 넘는 온천수가 콸콸 넘쳐흐른다.
꼭 료칸이 아니어도 하코네 마을에 있는 숙소 대부분이 온천탕을 갖추고 있으며 당일치기 여행자를 위한 시설도 많다.

©星野リゾート界 箱根

필독! 온천 이용 시 주의 사항

당일치기 온천 시설의 이용 방법은 우리나라에서 대중탕을 이용할 때와 거의 같다. 여러 사람이 함께 사용하는 시설인 만큼 서로에 대한 배려는 기본이다. 대부분의 시설에서 일본어뿐만 아니라 외국어로 번역해 입구나 탈의실 등에 붙여놓은 주의 사항은 다음과 같다.

· 몸 상태가 좋지 않을 때는 입욕하지 않는다.
· 탕에 들어가기 전에 몸을 씻는다.
· 수건과 머리카락이 탕에 들어가지 않게 한다.
· 탕은 서로 양보하며 이용한다.
· 아이에게서 눈을 떼지 않는다.
· 탈의실과 탕에서는 휴대폰을 사용하지 않는다.
· 문신한 사람은 입욕할 수 없다.

강력 추천하는 최고의 온천
하코네 유료 箱根湯寮 ♀ 하코네 유료 온천

시설, 접근성, 서비스 등 뭐 하나 빠지지 않는다. 특히 접근성 면에서는 다른 온천 시설과 비교할 수 없을 정도로 훌륭하다. 당일치기 온천으로는 드물게 전세 온천탕 이용도 가능하다. 대욕장의 사우나에서는 핀란드의 전통 사우나 방식인 뢰일리löyly를 경험할 수 있다. 시설 내에 제대로 된 코스 요리를 먹을 수 있는 음식점과 간단한 주전부리를 파는 매점이 있다.

🚶 하코네 등산 열차 하코네유모토역에서 무료 셔틀버스(15분 간격 운행)로 5분
♀ 神奈川県足柄下郡箱根町塔之澤4 ⏱ 10:00~20:00(주말 ~21:00), 1시간 전 입장 마감 ¥ 평일 1,700엔, 주말 2,000엔, 초등학생 1,000엔, 수건 300엔·550엔
📞 +81-460-85-8411 🏠 www.hakoneyuryo.jp

온천 후 즐기는 벚꽃 구경
텐잔 온천 天山湯治郷 ♀ 텐잔온천

온천은 물론 부대시설이 상당히 잘 갖춰져 있다. 실내 휴게실 외에 강을 향해 열린 테라스에도 편안한 의자가 있어 봄에는 강가에 핀 벚꽃을 보면서 휴식을 취할 수 있다.

🚶 하코네 등산 열차 하코네유모토역 앞 버스 정류장에서 온천 송영 전용 버스 B라인(200엔, 하코네 프리 패스 사용 불가)으로 15분 ♀ 神奈川県足柄下郡箱根町湯本茶屋208
⏱ 09:00~23:00, 1시간 전 입장 마감 ¥ 일반 1,450엔, 1세~초등학생 700엔 📞 +81-460-86-4126 🏠 tenzan.jp

조금 더 고급스러운 시설
텐세이엔 天成園 ♀ tenseien

파우더룸에 기초 화장품까지 있을 정도로 어메니티가 충실히 완비되어 있어 지갑 하나 들고 빈 몸으로 다녀올 수 있다. 당일치기 온천 이용 가능 시간이 자그마치 23시간이며 총 50좌석이 마련된 남녀 공용 수면실도 있다.

🚶 하코네 등산 열차 하코네유모토역에서 도보 12분 또는 역 앞 버스 정류장에서 온천 송영 전용 버스 A라인(200엔, 하코네 프리 패스 사용 불가)으로 5분 ♀ 神奈川県足柄下郡箱根町湯本682
⏱ 10:00~09:00 ¥ 일반 2,730엔(입욕세 50엔 별도), 초등학생 1,320엔, 3세 이상 990엔 📞 +81-460-83-8500
🏠 www.tenseien.co.jp/hotspring

맛있는 물과 콩이 만나다 ······ ①
나오키치 直吉
🔍 yubadon naokichi

콩물을 끓지 않을 정도로 가열할 때 생기는 얇을 막을 유바ゆば라고 한다. 나오키치의 대표 메뉴인 유바동湯葉丼(1,200엔)은 유바와 육수, 달걀을 풀어 펄펄 끓여낸 냄비와 흰쌀밥이 함께 나오는 요리. 짜지 않고 고소해 매일 먹어도 질리지 않을 것 같은 맛이다. 대기할 때는 꼭 기계에서 번호표를 뽑아야 한다.

🚶 하코네 등산 열차 하코네유모토역에서 도보 5분
📍 神奈川県足柄下郡箱根町湯本696
🕐 11:00~19:00, 1시간 전 주문 마감
❌ 화요일(공휴일인 경우 영업)
📞 +81-460-85-5148

풍경의 맛을 더한 소바 ······ ②
하츠하나 はつ花
🔍 하츠하나소바 본점

1934년에 문을 연 소바 전문점으로 가게 내외부에 그 긴 역사가 고스란히 담겨 있다. 하코네 마을을 굽이굽이 흐르는 강인 하야카와早川가 흘러가는 모습을 보면서 먹는 소바에는 풍경의 맛이 더해진다. 대표 메뉴는 소바 본연의 맛을 제대로 느낄 수 있는 세이로 소바せいろそば(1,300엔). 반죽에 물을 일절 넣지 않고 오로지 달걀만 사용한다. 본점 근처에 신관이 있다.

본점 本店
🚶 하코네 등산 열차 하코네유모토역에서 도보 10분
📍 奈川県足柄下郡箱根町湯本635 🕐 10:00~19:00
❌ 수요일(공휴일인 경우 다음 날 휴무)
📞 +81-460-85-8287 🏠 www.hatsuhana.co.jp

하코네의 다채로운 모습

고라역 주변 強羅駅

#화산 #유황 #검은 달걀

고라역은 하코네 등산 열차와 등산 케이블카가 만나는
역으로 표고 541m 높이에 위치한다. 고라역에서 등산 열차를
타고 남쪽으로 가면 조각의 숲 미술관으로 갈 수 있으며
등산 케이블카를 타고 북쪽으로 가면 오와쿠다니로 갈 수 있다.
역 주변으로 딱히 명소가 있는 건 아니지만 숙소와 음식점이
꽤 모여 있어 여행의 중간 기착지로 삼기 좋은 지역이다.

오와쿠다니로 가는 관문 ······ ③
고라역 強羅駅 🔎 고우라역

하코네유모토역에서 하코네 등산 열차에 탑승한 승객 대부분이 고라역에 내려 하코네 등산 케이블카로 갈아탄다. 우리나라의 케이블카는 공중에 매달려 이동하는 교통수단을 뜻하지만 하코네에서는 급격한 경사면을 올라가는 열차를 뜻한다. 고라역 앞에는 음식점이나 기념품점이 몇 군데 있지만 오후 6시만 넘어도 지나다니는 사람이 거의 없는 편이다.

📍 神奈川県足柄下郡箱根町強羅 🏠 www.hakonenavi.jp/transportation/station/gora

사계절 내내 화사한 공원 ······ ④
하코네 고라 공원 箱根強羅公園
🔎 하코네 고라 공원

🎟 하코네 프리 패스 무료

1914년에 개원한 일본 최초의 프랑스식 조형 정원이다. 원내에는 카페, 기념품점, 열대식물원, 도예 체험 등이 가능한 크래프트 하우스를 비롯해 다양한 시설이 있다. 정문으로 들어가 공원의 상징인 분수를 지나면 수령 100년이 넘은 거대한 삼나무가 나온다. 삼나무 뒤쪽으로 펼쳐진 장미 정원에는 약 40종, 1,000그루의 장미가 심어져 있어 5월 하순부터 6월 초순, 10월 하순부터 11월 초순에 가장 아름답다.

🚶 ① 하코네 등산 열차 고라역에서 도보 6분 ② 하코네 등산 케이블카 코엔시모역公園下駅에서 정문까지 도보 2분 ③ 하코네 등산 케이블카 코엔카미역公園上駅에서 서문까지 도보 1분
📍 神奈川県足柄下郡箱根町強羅1300
🕘 09:00~17:00, 30분 전 입장 마감
¥ 650엔 📞 +81-460-82-2825
🏠 www.hakone-tozan.co.jp/gorapark

조각의 숲 미술관 彫刻の森美術館 ♀조각의 숲 미술관

🎟 하코네 프리 패스 할인

하코네 마을에는 수준 높은 전시를 감상할 수 있는 미술관이 의외
로 많다. 하지만 대부분의 미술관이 접근성이 좋지 않아 하코네에
서 1박 이상 머물지 않으면 제대로 둘러보기 어려운 게 현실이다.
그 와중에 하코네 등산 열차로 갈 수 있는 조각의 숲 미술관은 한
줄기 단비와도 같은 공간이다. 이곳은 1969년에 개관한 일본 최초
의 야외 미술관으로 230,000㎡(약 7만 평) 정도 되는 드넓은 대지
에 120여 점의 조각 작품이 전시되어 있다. 야외 미술관이기 때문
에 비가 오면 관람할 때 조금 불편할 수 있지만 하코네의 대자연을
산책하듯 예술 작품을 감상하는 일은 색다른 경험이다. 피카소의

작품만 모아 놓은 피카소관이 따로 있어 피카소 팬들의 발길이 끊
이지 않는다.

🚶 하코네 등산 열차 초코쿠노모리역에서 도보 3분
📍 神奈川県足柄下郡箱根町二ノ平1121
🕐 09:00~17:00, 30분 전 입장 마감
💴 일반 2,000엔, 고등·대학생 1,600엔, 초등 중학생 800엔
※온라인 예약 시 200엔 할인, 홈페이지에 현장 구매 할인 쿠폰 있음
📞 +81-460-82-1161 📷 thehakoneopenairmuseum
🏠 www.hakone-oam.or.jp

산속에 숨어 있는 하코네의 미술관

오로지 버스로만 갈 수 있는 깊은 산속에 대도시 부럽지 않은 문화 시설이 모여 있다. 하코네 지역이 화산과 온천으로 유명하지만 오로지 전시를 보기 위해 하코네를 찾는 사람도 있을 정도다. 미술관, 박물관에 관심 있는 사람에게도 하코네는 매력적인 여행지임에 틀림없다.

THEME 유리 공예

하코네 유리의 숲 미술관 箱根ガラスの森美術館

◎ 하코네 유리의 숲 미술관

🎟 **하코네 프리 패스 할인** 전시관은 베네치아 유리 미술관, 현대 유리 미술관으로 구분된다. 베네치아관에는 16세기부터 20세기에 이르기까지 무라노 섬의 장인들이 만든 작품을 전시한다. 유리로 만든 작품과 다양한 꽃과 나무가 어우러진 정원이 특히 아름답다. 홈페이지를 통해 예약하면 유리잔 만들기 등을 체험(별도 요금)해 볼 수 있다.

🚶 하코네 등산 열차 고라역 앞 버스 정류장에서 S·M노선 관광시설순환버스로 20분 ◎ 神奈川県足柄下郡箱根町仙石原940-48 ⏱ 10:00~17:30, 30분 전 입장 마감 💴 일반 1,800엔, 고등·대학생 1,300엔, 초등·중학생 600엔 📞 +81-460-86-3111 🏠 www.hakone-garasunomori.jp

---

THEME 인상파 화가

폴라 미술관 ポーラ美術館 ◎ 폴라 미술관

🎟 **하코네 프리 패스 할인** 화장품 회사인 폴라 오르비스의 창업자 2대가 모은 9,000여 점의 작품을 전시하기 위해 2012년에 개관했다. 2층이 입구이며 전시실은 B1~B2층에 있다. 르누아르, 고흐, 모네 등 인상파를 대표하는 화가들의 작품을 중심으로 유리 공예, 화장 도구 컬렉션 등이 전시되어 있다.

🚶 하코네 등산 열차 하코네유모토역 앞 3번 버스 정류장에서 TP라인 등산 버스로 40분 ◎ 神奈川県足柄下郡箱根町仙石原小塚山1285 ⏱ 09:00~17:00, 30분 전 입장 마감 💴 일반 2,200엔, 고등·대학생 1,700엔 📞 +81-460-84-2111 📷 polamuseumofart 🏠 www.polamuseum.or.jp

---

THEME 르네 랄리크

하코네 랄리크 미술관 箱根ラリック美術館

◎ lalique museum hakone

🎟 **하코네 프리 패스 할인** 프랑스의 보석 세공사이자 유리 공예가인 아르누보의 대표 작가 르네 랄리크René Lalique의 작품을 전시하기 위해 만든 미술관. 관내에 랄리크가 실내 장식을 한 오리엔트 특급 열차의 차량이 있는데 당일에 미술관에서 예약을 해야지만 들어갈 수 있다. 미술관 입장료와 별도로 2,200엔을 내야하며 차와 디저트가 제공된다.

🚶 하코네유모토역 앞 3번 버스 정류장에서 T·TP라인 등산 버스로 30분 ◎ 神奈川県足柄下郡箱根町仙石原186-1 ⏱ 09:00~16:00, 1시간 전 입장 마감 💴 일반 1,500엔, 고등·대학생 1,300엔, 초등·중학생 800엔 ❌ 셋째 목요일(8월 무휴) 📞 +81-460-84-2255 🏠 www.lalique-museum.com

마지막 환승! ······ ⑥

소운잔역 早雲山駅

📍 소운잔역

표고 767m에 위치한 소운잔역은 등산 케이블카와 로프웨이의 환승역이다. 소운잔역에서 등산 케이블카를 하차한 후 로프웨이로 갈아타고 15분 정도만 올라가면 오와쿠다니로 갈 수 있다. 등산 열차, 등산 케이블카와는 달리 로프웨이는 약 1분 간격으로 운행하기 때문에 놓칠까봐 조바심을 낼 필요가 없다. 로프웨이를 타고 올라가는 동안 아래쪽으로는 하얀 수증기가 올라오는 오와쿠다니가, 만약 날이 쾌청하면 진행 방향 오른쪽으로는 후지산이 선명하게 보인다.

📍 神奈川県足柄下郡箱根町強羅1300   🕐 하코네 로프웨이 09:00~16:45(1·12월~16:15)
🏠 www.hakonenavi.jp/transportation/station/sounzan

지옥 계곡 한복판에
있는 역 ······ ⑦

오와쿠다니역 大涌谷駅

📍 오와쿠다니역

표고 1,044m로 하코네에서 가장 높은 곳에 위치한 역이다. 2013년에 리모델링해 깔끔하고 편리하다. 역사 2층에 오와쿠다니를 한눈에 내려다볼 수 있는 전망 좋은 식당이 있어 쉬어가기에도 좋다. 오와쿠다니역은 유일한 로프웨이 환승역이다. 해적선을 타려면 오와쿠다니역에서 내려 토겐다이역으로 가는 로프웨이로 갈아타야 한다. 토겐다이역까지는 약 30분이 소요된다. 로프웨이 토겐다이역 바로 앞에 토겐다이 항구가 위치한다.

📍 神奈川県足柄下郡箱根町仙石原1251   🕐 하코네 로프웨이 09:00~17:00(1·12월~16:15), 역내 식당 10:30~16:30, 30분 전 주문 마감   🏠 www.hakonenavi.jp/transportation/station/ohwakudani

오와쿠다니 大涌谷 오와쿠다니

오와쿠다니는 3,100여 년 전과 2,900여 년 전에 있었던 두 번의 화산 활동으로 생긴 분화구의 흔적이다. 과거에는 '지옥 계곡', '대지옥'이라 불렸으며 지금도 여전히 코를 찌르는 유황 냄새가 방문객을 맞이한다. 소운잔역에서 오와쿠다니역 사이를 오가는 로프웨이는 오와쿠다니 바로 위를 지나다니고, 역에 도착해 밖으로 나가자마자 엄청난 풍경이 눈앞에 펼쳐진다. 노랗게 물든 땅에서 끊임없이 하얀색 수증기가 올라오는 모습을 보면 지구가 아닌 화성 어디쯤에 불시착한 것 같은 느낌이 든다. 오와쿠다니의 명물은 유황 물에 삶아서 껍질이 검게 변한 '쿠로타마고黒たまご'. 하코네에서도 오와쿠다니에서만 팔고 있으며 1개를 먹을 때마다 수명이 7년 늘어난다는 속설이 있다. 화산 활동이 활발하거나 악천후일 경우에는 로프웨이 운행이 중단되므로 방문하기 전에 현지 상황을 미리 확인하는 게 좋다.

🚶 하코네 로프웨이 오와쿠다니역 바로 앞

숲속에서 먹는 밥 ···· ③
모리메시 森メシ ♀mori meshi hakone

도쿄 도심 한복판에 있어도 전혀 어색하지 않을 것 같
은 레스토랑 겸 바. 하코네에서는 드물게 밤 9시까지
영업하고 점심때는 덮밥, 우동 등 다양한 식사 메뉴를
내놓는다. 대표 메뉴는 담음새가 마치 활짝 핀 꽃처럼
아름다운 아지사이동あじ彩丼(점심 1,750엔). 다양한
채소와 잘게 썬 선어 회를 올린 덮밥이다.

🏃 하코네 등산 열차 미야노시타역宮ノ下駅에서 도보 1분
📍 神奈川県足柄下郡箱根町宮ノ下404-13
🕐 11:30~15:00, 17:00~21:30　📞 +81-460-83-8886
🏠 morimeshi.jp

족욕을 할 수 있는 카페 ···· ④
나라야 카페 NARAYA CAFE ♀naraya cafe

카페와 잡화점, 갤러리를 함께 운영하고 있다. 카페에
서 주문하면 카페와 잡화점 사이에 있는 족욕탕을 이
용할 수 있는데, 수건이 없다면 따로 구매해야 한다. 잡
화점에서는 주로 지역 작가의 작품을 전시, 판매한다.
카페에는 커피(450엔~) 등 음료 외에 간단한 식사 메
뉴도 준비되어 있다.

🏃 하코네 등산 열차 미야노시타역에서 도보 2분　📍 神奈川県
足柄下郡箱根町宮ノ下404-13　🕐 10:30~17:00, 30분 전
주문 마감　❌ 수요일, 넷째 목요일　📞 +81-460-82-1259
🏠 www.naraya-cafe.com

노포 호텔의 맛 ···· ⑤
베이커리 앤드 스위츠 피콧

ベーカリー&スイーツ PICOT ♀bakery sweets picot

하코네를 대표하는 후지야 호텔富士屋ホテル 내부에 있
는 빵집이다. 처음 판매를 시작한 1915년부터 레시피
가 변하지 않은 애플파이アップルパイ(1조각 900엔)가
가장 인기 있다. 선물용으로 사가는 사람도 많다.

🏃 하코네 등산 열차 미야노시타역에서 도보 7분
📍 神奈川県足柄下郡箱根町宮ノ下359
🕐 08:00~17:00
🏠 www.fujiyahotel.jp/meal/picot/index.html

AREA ···· ③

고요한 호수에서 보내는 시간

아시노코 주변 大芦ノ湖

#후지산 #해적선 #휴식

아시노코는 카나가와현에서 가장 큰 호수이기 때문에
제대로 둘러보려면 3개의 항구 사이를 오가는 하코네 해적선을
효율적으로 활용해야 한다. 세 군데의 항구 중에서
모토하코네 항구 주변이 가장 번화한 편. 모토하코네 항구에서
하코네마치 항구까지는 숲길을 따라 걸어서
이동할 수 있으며 천천히 걸었을 때 25분 정도 걸린다.

아시노코 大芦ノ湖 ✑ 아시노 호

3,100여 년 전의 화산 활동으로 생긴 칼데라호 아시노코는 카나가와현에서 가장 큰 호수다. 호수 주변에 하코네 신사 등 역사 문화 유적과 호텔, 온천 등 휴양시설이 모여 있다. 화창하고 바람이 없는 날 수면에 거꾸로 비친 후지산의 모습을 '사카사후지逆さ富士'라고 하는데 아시노코는 '사카사후지'가 아름답게 보이는 명소로 잘 알려져 있다. 새벽에 물안개가 낀 고요한 호수는 똑같은 화산 활동의 결과물인 오와쿠다니와는 정반대로 평화롭기 그지없다.

🚶 ① 하코네 로프웨이 토겐다이역에서 바로
② 토겐다이·모토하코네·하코네마치 항구에서 바로
🏠 www.hakone-ashinoko.net

아시노코를 즐기는
가장 완벽한 방법 ...... ⑩

하코네 해적선

箱根海賊船

🎫 **하코네 프리 패스 무료**

아시노코를 시원하게 내달리는 관광
유람선. 선착장은 로프웨이 역과 이
어진 토겐다이 항구桃源台港, 하코네
신사와 가까운 모토하코네 항구元箱
根港, 하코네 세키쇼와 가까운 하코
네마치 항구箱根町港까지 총 세 군데
다. 대부분의 여행자가 오와쿠다니
에서 로프웨이를 이용해 토겐다이
역까지 간 다음에 토겐다이 항구에
서 유람선을 탄다. 토겐다이 항구에
서 모토하코네 항구와 하코네마치
항구까지는 각각 25분씩 걸리고, 모
토하코네 항구에서 하코네마치 항
구까지는 10분 정도 걸린다. 세 군데
중 가장 번화한 곳은 모토하코네 항
구 주변이다. 한여름에도 갑판 위에
서는 바람이 강하게 불어 약간 쌀쌀
하기 때문에 추위를 많이 타는 사람
은 얇은 겉옷을 준비하면 유용하다.

🚶 토겐다이·모토하코네·하코네마치
항구 사이를 이동
🚢 편도 토겐다이 항구-모토하코네 항구·
하코네마치 항구 1,200엔, 모토하코네
항구-하코네마치 항구 420엔
🏠 www.hakonenavi.jp/hakone-
kankosen

길 위의 안녕을 빌던 신사 ⋯⋯ ⑪

하코네 신사 箱根神社 ♀하코네 신사

감히 인간이 어찌할 수 없는 존재인 화산 바로 옆에서 삶을 꾸려가던 이 지역 주민들은 원래부터 신앙심이 깊은 편이었다. 하코네 신사에선 하코네 마을을 둘러싸고 있는 봉우리 중 최고봉인 카미야마神山에 깃든 3명의 신을 모신다. 정확한 창건 경위는 알려지지 않았지만 대략 1,200년 전부터 이 자리에 있었다고 전해진다. 에도 막부가 들어서고 도쿄와 교토를 잇는 길인 토카이도東海道가 정비된 후에는 토카이도를 걷던 나그네들이 하코네 신사에 들러 길 위에서의 안녕을 기원하고는 했다.

🚶 모토하코네 항구에서 도보 16분 ♀ 神奈川県足柄下郡箱根町元箱根80-1
📞 +81-460-83-7123 🏠 www.hakonejinja.or.jp

고요한 호수와 붉은 토리이의 조화 ⋯⋯ ⑫

평화의 토리이 平和の鳥居 ♀평화의 토리이

토겐다이 항구에서 출발한 해적선이 모토하코네 항구에 거의 닿을 즈음, 진행 방향 왼쪽으로 호수에 떠 있는 붉은 토리이가 보이는데 그게 바로 평화의 토리이다. 평화의 토리이에서 하코네 신사의 본전까지는 직선으로 쭉 뻗은 길로 이어져 있다.

🚶 모토하코네 항구에서 도보 15분

액자 속 후지산 ...... ⑬
나루카와 미술관 成川美術館
🔍 나루카와 미술관

🎟 하코네 프리 패스 할인

현대 일본 회화를 중심으로 4,000여 점의 작품을 소장한
다. 입구는 모토하코네 항구 바로 길 건너에 있으며, 언덕
에 위치한 미술관까지 옥외 에스컬레이터를 타고 올라갈
수 있다. 이곳에서 가장 유명하고 아름다운 작품은 인간
이 만든 회화나 조각이 아닌 1층 전망 라운지에서 바라보
는 풍경이다. 가로 길이가 50m인 통유리 너머로 보이는
아시노코와 평화의 토리이, 후지산의 모습은 그 어떤 작
품보다 큰 감동을 준다.

🏃 모토하코네 항구에서 도보 5분
📍 神奈川県足柄下郡箱根町元箱根570
🕐 09:00~17:00
¥ 일반 1,500엔, 고등·대학생 1,000엔, 초등·중학생 500엔
📞 +81-460-83-6828
🏠 www.narukawamuseum.co.jp

토카이도의 주요 관문 ...... ⑭
하코네 세키쇼 箱根関所 🔍 하코네 관소

🎟 하코네 프리 패스 할인

검문과 징세가 주요 업무인 세키쇼는 국경이나 주요 지점
의 통로 등 교통의 요충지에 설치된 관문을 뜻한다. 도쿠
가와 이에야스는 세키가하라 전투에서 승리한 다음 해인
1601년, 에도 막부를 창건하기도 전에 이미 에도와 교토,
에도와 오사카를 잇는 길인 토카이도를 정비했다. 토카
이도에 속한 하코네 세키쇼는 전국의 관문 중 규모가 네
번째로 큰 중요한 관문이었다. 1619년부터 1869년까지
200년 넘게 유지됐던 하코네 세키쇼는 1923년에 사적으
로 지정된 후 오랜 시간에 걸쳐 복원해 2004년 일반에 공
개되었다.

🏃 하코네마치 항구에서 도보 5분
📍 神奈川県足柄下郡箱根町箱根1
🕐 09:00~17:00(12~2월 ~16:30), 30분 전 입장 마감
¥ 500엔
📞 +81-460-83-6635
🏠 www.hakonesekisyo.jp

온시 하코네 공원 恩賜箱根公園

📍 onshi hakone park

모토하코네 항구와 하코네마치 항구의 중간 지점에 있다. 원래 이 자리에는 일왕의 별장 하코네리큐箱根離宮가 있었다. 지진으로 흔적만 남은 자리를 카나가와현에서 정비해 일반 공원으로 개방했다. 공원 중앙쯤에 옛 궁전 유적이 남아 있고 맞은편에 호반 전망관 건물이 있다. 전망관 1층은 하코네리큐의 역사를 정리해놓은 자료실, 2층 발코니는 전망대다. 전망대에서 후지산까지 보인다.

🚶 모토하코네 항구에서 도보 8분 📍 神奈川県足柄下郡箱根町 元箱根171 📞 +81-460-83-7484

하코네 구가도 삼나무길

箱根旧街道 杉並木

모토하코네에서 하코네마치까지 아시노코를 따라 이어지는 아름다운 삼나무길은 에도 시대 초기인 1618년에 막부의 명령으로 조성되었다. 400여 년의 시간이 흐른 지금도 400여 그루의 나무가 남아 있으며, 그중에는 둘레가 4m가 넘는 거대한 나무도 있다.

🚶 모토하코네 항구와 하코네마치 항구에서 각각 도보 10분

베이커리 앤드 테이블

Bakery & Table 📍 베이커리 앤드 테이블

아시노코가 한눈에 들어오는 위치에 자리한다. 하코네에 놀러 온 김에 들르는 게 아니라 빵을 사려고 일부러 방문하는 손님이 있을 정도로 인기 있다. 1층에 베이커리와 족욕탕이 딸린 테라스 좌석이 있고, 2·3층은 카페다. 카페에서 음료를 주문하면 1층에서 구매한 빵을 먹을 수 있다. 쌀가루로 만든 카레 도넛米粉のカレードーナツ(410엔)이 가장 인기가 많다.

하코네 箱根

🚶 모토하코네 항구에서 도보 2분

📍 神奈川県足柄下郡箱根町元箱根字御殿9-1

🕐 1층 09:00~17:00, 2층 09:00~17:00(30분 전 주문 마감), 3층 10:00~16:00(1시간 전 주문 마감)

📞 +81-460-85-1530

🏠 www.bthjapan.com

PART 4

실전에
강한
여행 준비

한눈에 보는 여행 준비

01 여권 발급

- 전국 시도구청 여권민원실에서 신청 가능
- 본인 직접 신청(미성년자의 경우 부모 신청 가능)
- 신분증, 여권용 사진(6개월 이내 촬영) 1매, 신청서(접수처에 비치) 준비
- 발급 소요 기간 일주일 이상, 발급 비용 47,000원 (10년 복수, 26면 기준)
- 여권 재발급의 경우 정부24 홈페이지에서 온라인 신청 가능

🏠 **발급 관련 사이트**
외교부 여권 안내 www.passport.go.kr
정부24 www.gov.kr

02 항공권 구매

- 여행 시기, 체류 기간, 구매 시점에 따라 가격 변동
- 항공사 홈페이지, 온오프라인 여행사, 항공권 가격 비교 사이트를 통해 구매 가능
- 대부분의 항공사가 공식 SNS를 통해 할인 항공권 관련 정보를 제공

🏠 **항공권 가격 비교 사이트**
네이버 항공권 flight.naver.com
스카이스캐너 www.skyscanner.com

03 숙소 예약

- 온오프라인 여행사, 숙소 예약 전문 사이트, 숙소 가격비교 사이트를 통해 예약 가능
- 현지인의 집을 빌리는 에어비앤비, 항공권+호텔이 패키지로 묶인 에어텔 상품 등 선택지는 다양
- 접근성, 방 크기, 룸 컨디션, 조식 등 자신에게 맞는 조건 고려
- 예약 시에는 평점과 함께 이용 고객의 후기를 꼼꼼히 참고할 것

🏠 **예약 사이트**
네이버 호텔 hotels.naver.com
민다 www.minda.com
부킹닷컴 www.booking.com
아고다 www.agoda.com
에어비앤비 www.airbnb.com
호스텔월드 www.hostelworld.com
호텔닷컴 www.hotels.com
호텔스컴바인 www.hotelscombined.com

04 증명서 발급

- 여행지에서 운전하려는 경우 국제운전면허증 필히 발급
- 여행하는 지역이 제네바 협약 가입 국가인지 확인 요망
- 학생인 경우 국제학생증 발급(입장료, 유스호스텔 할인 등 혜택)

🏠 **발급 사이트**
안전운전 통합민원 www.safedriving.or.kr
국제학생증 ISIC www.isic.co.kr
국제학생증 ISEC www.isecard.co.kr

05 여행자보험 가입

- 여행 중 도난, 분실, 질병, 상해 사고 등을 보상해 주는 1회성 보험
- 보험사 홈페이지, 앱을 이용해 손쉽게 보험료를 알아보고 가입 가능, 공항에서도 가입할 수 있지만 선택지가 제한적
- 이미 출국한 상태에서는 가입 불가능
- 출국일 00시부터 입국일 23시까지 선택해 가입
- 보상 조건, 한도액, 사고 시 구비 서류 등 꼼꼼히 확인
- 피해를 증명할 수 있는 서류는 현지에서 꼭 챙겨올 것

06 여행 관련 상품 예약

- 전망대, 미술관, 박물관 등 대부분의 명소가 온라인 사전 예약 가능
- 사전 예약을 하면 기다리는 시간을 줄일 수 있고 일부 할인 혜택도 있음
- 공식 홈페이지, 한국의 예약 대행사를 통해 예약 가능
- 예약 사이트의 쿠폰 등을 활용하면 공식 홈페이지에서 예약할 때보다 저렴하게 예약할 수 있으니 예약 전 확인할 것

♠ 예약 사이트

마이리얼트립 www.myrealtrip.com
클룩 www.klook.com
케이케이데이 www.kkday.com/ko

07 여행 예산 고려 및 환전

- 예전에 비해 신용 카드로 결제할 수 있는 공간이 많이 늘어났지만 아직까지 우리나라만큼 신용 카드 사용이 자유롭지는 않음
- ATM 인출 수수료, 해외 결제 수수료 등을 면제 또는 감면 받을 수 있는 '트래블로그', '트래블월렛' 등 해외여행에 특화된 신용(체크) 카드도 있음
- 네이버페이, 카카오페이 등을 사용할 수 있고 스이카, 파스모 등 선불형 교통 카드로 결제할 수 있는 공간이 늘어나 예전보다 현금 사용 비율이 낮아짐
- 하루 예산과 전체 예산을 고려하여 신용 카드와 현금 사용 비율 결정
- 각 은행 시내 영업점, 공항 환전소에서 환전 가능
- 모바일 앱을 통해 미리 신청 후 수령도 가능

08 짐 꾸리기

- 구매한 항공권의 무료 수하물 규정 확인 필수
- 항공사마다 규정이 조금씩 다르지만 기내 반입용 수하물은 20인치 이하만 가능
- 100ml 이상의 액체류 기내 반입 불가 (100ml 이하는 30*20cm 사이즈의 지퍼 백에 수납해 최대 1L까지 기내 반입 가능)
- 라이터, 배터리 제품은 화재 위험에 따라 위탁 수하물 수납 금지
- 식품, 특히 육가공품은 대부분의 국가 반입 금지 품목이니 주의

나리타 공항과 하네다 공항, 어디로 갈까?

✈ 나리타 국제공항

연간 4,000만 명이 넘는 사람이 이용하는 일본 최대의 공항. 도쿄 시내의 북동쪽에 있으며 도쿄 도심(도쿄역 기준)에서 65km 정도 떨어져 있다. 총 3개의 터미널이 있다.

🏠 www.narita-airport.jp

·········· 장점 ··········

· 저비용 항공사를 포함해 비행 편이 하네다 국제공항보다 많다.
· 하네다 국제공항행보다 항공권 가격이 저렴하다.

·········· 단점 ··········

· 도쿄 도심으로 가려면 교통수단에 따라 1시간 30분 이상 걸리기도 한다.
· 도쿄 시내까지 이동하는 교통비가 1,300~4,000엔 선으로 비싼 편이다.

·········· 이런 사람 추천! ··········

· 다양한 항공사와 시간대를 고려하고 싶은 여행자
· 항공권 금액을 절약하고 싶은 여행자

✈ 하네다 국제공항

일본 국내선 취항 편수가 국제선 취항 편수보다 훨씬 많다. 도쿄 도심(도쿄역 기준 약 19km)에서 가깝다. 총 3개의 터미널이 있고 그 중 제3터미널이 국제선 터미널이다.

🏠 www.haneda-airport.jp

·········· 장점 ··········

· 비행시간과 공항에서 시내까지 이동 시간이 나리타 국제공항보다 짧다.
· 도쿄 시내까지 이동하는 교통비가 약 700엔으로 비교적 저렴하다.

·········· 단점 ··········

· 비행 편이 나리타 국제공항에 비해 적다.
· 항공권 가격이 나리타 국제공항행보다 몇 십만 원 비싸다.

·········· 이런 사람 추천! ··········

· 예산보다 이동 시간을 줄이는 것이 더 중요한 단기 여행자

한국 공항 출국 후 신주쿠 이동까지
공항별 비용과 소요 시간 비교

★ 환율 100엔 = 약 930원 기준

공항	나리타 국제공항 이용		하네다 국제공항 이용	
이동	인천-나리타	나리타-신주쿠	김포-하네다	하네다-신주쿠
교통비(왕복)	250,000원	6,500엔(약 60,450원)	450,000원	1,460엔(약 13,600원)
소요 시간(편도)	2시간 30분	1시간 15분	2시간	45분
총합계	310,450원 ← ＼153,150원 차이∥ → 463,600원 3시간 45분 소요 ← ＼1시간 차이∥ → 2시간 45분 소요			
비고	나리타-신주쿠역은 JR 나리타 익스프레스(넥스) 기준, 왕복표 이용 시(14일 유효) 왕복 5,000엔		하네다-신주쿠역은 케이큐 전철+JR 기준, JR 시나가와역에서 환승 1회	

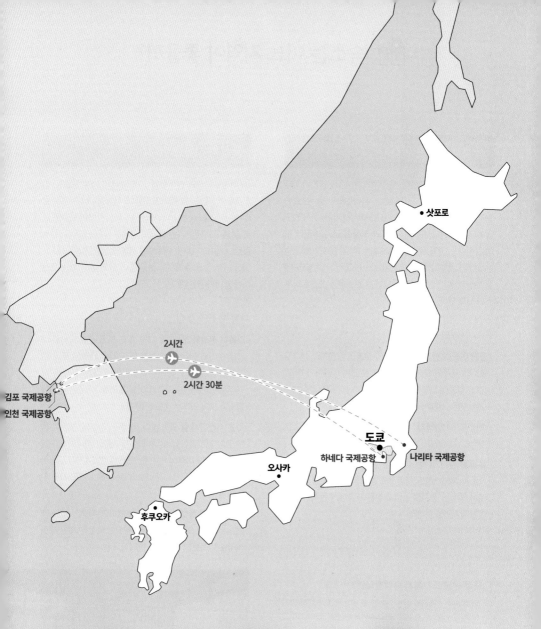

삿포로

2시간

 2시간 30분

김포 국제공항

인천 국제공항

도쿄

하네다 국제공항   나리타 국제공항

오사카

후쿠오카

	인천 ↔ 나리타			도쿄 ↔ 요코하마
	2시간 30분			30분
	김포 ↔ 하네다			도쿄 ↔ 가마쿠라
	2시간			1시간
				도쿄 ↔ 하코네
				1시간 30분

숙소는 어느 지역이 좋을까?

도쿄의 동쪽은 어디?

JR 야마노테선의 도쿄역, 유라쿠초역, 신바시역, 아키하바라역, 우에노역 등이 포함된다. 지하철로만 갈 수 있는 긴자, 아사쿠사, 쿠라마에, 키요스미시라카와, 야네센도 동쪽에 해당한다. 오래된 도쿄와 최신 도쿄가 이질감 없이 공존하는 긴자, 도쿄역 일대에 1박에 100만 원이 넘는 최고급 호텔이 여럿 있다. 키요스미시라카와, 쿠라마에 등에는 카페나 바를 함께 운영하는 호스텔과 게스트하우스가 모여 있다.

동쪽 숙소의 특징

- **공항 이동이 편리하다** 서쪽의 교통의 중심인 신주쿠역보다 동쪽의 교통의 중심인 도쿄역이 공항과 더 가깝다. 실제로 나리타 국제공항과 하네다 국제공항에서 오는 모든 교통수단이 도쿄역에 모인다.
- **숙박비가 저렴하다** 같은 체인 호텔이라도 동쪽에 있는 지점의 숙박비가 서쪽보다 저렴한 경우가 많다.
- **유흥을 즐기기에는 아쉽다** 동쪽의 최대 번화가인 긴자조차 저녁 8시만 넘어가도 상당히 조용해진다. 도쿄에서 불타는 밤(?)을 보내고 싶은 사람에게 동쪽은 심심하기 그지없을 것이다.

도쿄의 서쪽은 어디?

JR 야마노테선의 신주쿠역, 시부야역, 이케부쿠로역, 하라주쿠역, 에비스역 등이 포함된다. 지하철이나 사철로 갈 수 있는 오모테산도, 나카메구로, 다이칸야마도 서쪽으로 분류하고 롯폰기는 동서의 경계에 해당한다. 도쿄 동쪽보다 월세가 비싼 서쪽에는 서울의 평창동, 한남동 느낌이 나는 고급 주거지와 젊은 층이 살고 싶어 하는 트렌디한 동네가 공존한다.

서쪽 숙소의 특징

- **교통이 편리하다** 도쿄 23구 외곽, 도쿄 근교 도시로 나가는 오다큐 전철, 토큐 전철 등 사철은 대부분 도쿄 서쪽에서 출발한다. '에비스·다이칸야마·나카메구로', '하라주쿠·오모테산도'처럼 걸어서 둘러볼 수 있는 범위에 명소가 모여 있다는 것도 장점이다.
- **늦은 시간까지 할 일이 많다** 신주쿠, 시부야, 롯폰기 등은 그야말로 불야성. 낮이나 밤이나 즐길 거리로 넘쳐난다. 코로나19 이후에 많이 줄어들었지만 24시간 영업하는 음식점도 있고 24시간 영업하는 돈키호테도 서쪽 지역에 훨씬 더 많다.
- **숙박비가 동쪽보다 비싸다** 숙박비가 저렴한 호스텔, 게스트하우스의 숫자도 적은 편이고, 똑같은 체인 호텔이라도 동쪽보다 서쪽의 숙박비가 비싼 편이다.

도쿄 근교 도시에서 숙박한다면?

- **요코하마** 선택지가 가장 다양한 도시다. 숙소가 가장 많이 모여 있는 지역은 사쿠라기초역 주변의 미나토미라이 21이고 다음은 요코하마역 주변이다. 같은 등급의 호텔이라도 도쿄 도심보다 숙박비가 저렴하고 하네다 국제공항 이동이 특히 편리하다. 다만 도쿄 도심으로 이동하는 시간과 교통비가 부담될 수 있다.
- **가마쿠라·에노시마** 생각보다 괜찮은 숙박 시설이 드물다. 에노덴 유이가하마역 근처에 있는 위베이스WeBase를 추천한다.
- **하코네** 온천 시설이 딸린 숙박 시설이 많고 숙박비는 비싼 편이다. 산 중턱이나 호숫가 등 접근성이 떨어지는 곳에 위치한 숙소에서는 무료 셔틀버스를 운행하는 경우도 있으니 미리 알아본 후 예약하자.

· **성수기 방문 시 일찍 예약한다** 도쿄는 휴양지처럼 시기를 타는 여행지가 아니기 때문에 성수기와 비수기를 무 자르듯 나누긴 어렵다. 하지만 골든 위크 같은 일본의 연휴나 벚꽃 시즌, 크리스마스 시즌 등에 여행을 할 예정이라면 일정이 정해지는 대로 빠르게 예약하는 게 좋다.

· **무료 취소 옵션은 중요하다** 숙소를 예약할 때 룸 컨디션, 조식 유무 등 모든 조건이 다 같은 상태에서 무료 취소와 환불 불가 옵션으로 나뉘는 경우도 있다. 무료 취소 옵션의 숙박비가 더 비싸지만 예기치 못한 상황에 대비해 무료 취소 옵션으로 예약하는 것을 추천한다. 보통 숙박 3일 전까지, 너그러운 곳은 하루 전까지 무료 취소가 가능하다. 무료 취소 가능 기한은 숙소 정책에 따라 달라지기 때문에 취소 기한을 놓치지 않도록 잘 체크해두자.

· **일본에는 숙박세가 있다** 숙박비와는 별도로 부과되는 세금이다. 사전에 숙박비를 결제했다고 하더라도 현지에 도착해서 숙박세는 추가로 내야한다. 1박당 숙박비가 1만 엔 이하일 경우에는 숙박세를 내지 않는다.

숙박비	숙박세
10,000엔~14,999엔	100엔
15,000엔~	200엔

예시 1박당 12,000엔인 호텔에서 2명이 2박을 한 경우의 숙박세는?
100엔×2명×2박=숙박세 400엔

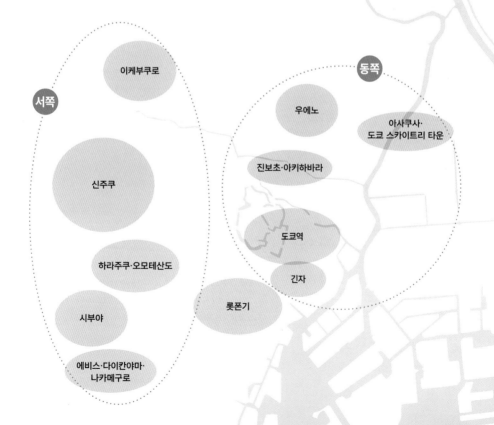

서쪽

이케부쿠로

신주쿠

하라주쿠·오모테산도

시부야

에비스·다이칸야마·
나카메구로

동쪽

우에노

아사쿠사·
도쿄 스카이트리 타운

진보초·아키하바라

도쿄역

긴자

롯폰기

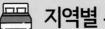

지역별 추천 호텔 리스트

📍 신주쿠

나리타 국제공항에서 이동할 때는 나리타 익스프레스, 하네다 국제공항에서 이동할 땐 편하게 이동하고 싶다면 리무진 버스, 저렴하게 이동하고 싶다면 케이큐 전철 또는 모노레일과 JR 조합으로 이동한다. JR, 지하철, 사철이 다양하게 교차하는 지역이라 시내 교통이 매우 편리하고 근교 도시로 나가기도 좋다. 늦게까지 할 일이 많고 쇼핑 시설이 많은 것도 강점. 하지만 같은 체인의 호텔이라도 도쿄의 다른 지역보다 숙박비가 비싸다. JR 신주쿠역은 상당히 복잡하기 때문에 숙소와 가까운 지하철역이 있는지 알아보자.

상호	이동
호텔 그레이스리 신주쿠	JR 신주쿠역 동쪽 출구에서 도보 8분
신주쿠 그랑벨 호텔	JR 신주쿠역 동쪽 출구에서 도보 10분
토큐 스테이 신주쿠	JR 신주쿠역 동쪽 출구에서 도보 7분
신주쿠 프린스 호텔	JR 신주쿠역 동쪽 출구에서 도보 5분
JR 규슈 호텔 블러섬 신주쿠	JR 신주쿠역 남쪽 출구에서 도보 3분
케이오 플라자 호텔	JR 신주쿠역 서쪽 출구에서 도보 10분
하얏트 리젠시 도쿄	지하철 토초마에역에서 도보 1분
힐튼 도쿄	지하철 토초마에역에서 도보 1분

📍 시부야

나리타 국제공항에서 이동할 때는 나리타 익스프레스, 하네다 국제공항에서 이동할 땐 케이큐 전철 또는 모노레일과 JR 조합으로 이동한다. JR, 지하철, 사철이 다양하게 교차하는 지역이라 시내 교통이 편리하고 근교 도시로 나가기도 편하다. 하라주쿠, 나카메구로 등은 도보로 이동이 가능하다. 지역의 인지도나 편의성에 비하면 숙소 개수가 상당히 적고 숙박비가 비싸다는 단점이 있다.

상호	이동
시부야 엑셀 호텔 토큐	JR 시부야역 하치코 출구에서 도보 5분
시부야 토큐 레이 호텔	JR 시부야역 하치코 출구에서 도보 4분
올 데이 플레이스 시부야	JR 시부야역 하치코 출구에서 도보 8분
시퀀스 미야시타 파크	JR 시부야역 하치코 출구에서 도보 10분
호텔 메츠 시부야	JR 시부야역 하치코 출구에서 도보 10분
도미 인 프리미엄 시부야–진구마에	지하철 메이지진구마에〈하라주쿠〉역에서 도보 6분

📍 롯폰기

🔍 도쿄 타워 뷰

지하철역밖에 없기 때문에 공항 이동, 근교 도시 이동이 번거로운 편이다. 도쿄 타워 전망의 숙소가 많지만 도쿄 타워 전망의 호텔이라도 모든 객실에서 도쿄 타워가 보이는 건 아니다. 객실 방향, 종류에 따라 보이지 않을 수 있으니 예약할 때 확인한다. 도쿄 타워가 보이는 객실은 다른 객실보다 당연히 숙박비가 비싸다. 또한 객실이 아닌 리셉션, 라운지에서만 도쿄 타워가 보이는 경우도 있다.

상호	이동
도쿄 프린스 호텔 🔍	지하철 시바코엔역에서 도보 10분
더 프린스 파크 타워 도쿄 🔍	지하철 시바코엔역에서 도보 5분
도쿄 그랜드 호텔 🔍	지하철 시바코엔역에서 도보 5분
인터컨티넨탈 도쿄 🔍	지하철 롯폰기잇초메역에서 도보 5분
도쿄 에디션 토라노몬 🔍	지하철 토라노몬힐스역에서 도보 7분
미츠이 가든 호텔 롯폰기 도쿄 프리미어	지하철 롯폰기역에서 도보 6분
렘 도쿄 롯폰기	지하철 롯폰기역에서 도보 4분
소테츠 프레사 인 도쿄 롯폰기	지하철 롯폰기역에서 도보 3분

긴자

🔍 도쿄 타워 뷰

나리타 국제공항에서 이동할 때는 저비용 고속버스 또는 나리타 익스프레스로 도쿄역까지 와서 지하철로 이동한다. 하네다 국제공항에서 이동할 때는 케이큐 전철과 지하철의 조합으로 이동한다. 긴자 지역에는 지하철역밖에 없지만 걸어서 갈 수 있는 거리에 JR 유라쿠초역, 신바시역이 있어 교통이 편리하다. 다른 지역에 비해 비즈니스호텔이 상당히 많이 모여 있고 숙소 개수 자체가 많아 선택지가 넓다.

상호	이동
솔라리아 니시테츠 호텔 긴자	지하철 히가시긴자역에서 도보 2분
토큐 스테이 긴자	지하철 히가시긴자역에서 도보 2분
밀레니엄 미츠이 가든 호텔 도쿄	지하철 히가시긴자역에서 도보 1분
미츠이 가든 호텔 긴자 고초메	지하철 히가시긴자역에서 도보 1분
다이와 로이넷 호텔 긴자	지하철 긴자잇초메역에서 도보 2분
호텔 몬터레이 긴자	지하철 긴자잇초메역에서 도보 3분
무지 호텔	지하철 긴자역에서 도보 3분
호텔 그레이스리 긴자	지하철 긴자역에서 도보 5분
소테츠 프레사 인 긴자 나나초메	지하철 긴자역에서 도보 6분
카락사 호텔 프리미어 도쿄 긴자	JR 신바시역에서 도보 3분
파크 호텔 도쿄🔍	지하철 시오도메역에서 도보 1분
미츠이 가든 호텔 긴자 프리미어🔍	지하철 시오도메역에서 도보 6분
더 로열 파크 호텔 아이코닉 도쿄 시오도메🔍	지하철 시오도메역에서 도보 3분

우에노

나리타 국제공항에서 이동할 때는 스카이라이너 등 케이세이 전철로, 하네다 국제공항에서 이동할 땐 케이큐 전철과 지하철의 조합으로 이동한다. JR, 지하철역이 위치해 시내 교통은 편리하지만 근교 도시로 나갈 때는 시간이 많이 걸린다. 가성비가 좋은 숙소가 많은 편인데 우에노역 주변에는 공원, 미술관, 박물관이 모여 있어 저녁때는 할 일이 거의 없다.

상호	이동
호텔 리솔 우에노	JR 우에노역에서 도보 3분
토세이 호텔 코코네 우에노	JR 우에노역에서 도보 2분
미츠이 가든 호텔 우에노	JR 우에노역에서 도보 2분
호텔 사도닉스 우에노	지하철 우에노오카치마치역에서 도보 3분
소테츠 프레사 인 우에노 오카치마치	지하철 우에노오카치마치역에서 도보 2분

아사쿠사·도쿄 스카이트리 타운

🔍 도쿄 스카이트리 뷰

나리타 국제공항에서 이동할 때는 스카이라이너 등 케이세이 전철로, 하네다 국제공항에서 이동할 때는 케이큐 전철과 지하철의 조합으로 이동한다. 지하철역밖에 없고 도심의 북쪽이라 목적지에 따라 시내 교통이 불편할 수 있고 근교로 나가는 교통은 꽤 불편하다. 다만, 시설 좋은 숙소, 가성비 좋은 숙소가 적당한 비율로 모여 있어 숙소 선택지가 넓은 장점이 있다. 일부 숙소에서는 도쿄 스카이트리가 보인다.

상호	이동
아사쿠사 뷰 호텔🔍	지하철 아사쿠사역에서 도보 12분
도미 인 익스프레스 아사쿠사	지하철 아사쿠사역에서 도보 5분
더 게이트 호텔 아사쿠사 카미나리몬 바이 훌릭🔍	지하철 아사쿠사역에서 도보 3분
호텔 윙 인터내셔널 셀렉트 아사쿠사 코마가타🔍	지하철 아사쿠사역에서 도보 3분
호텔 그레이스리 아사쿠사	지하철 아사쿠사역에서 도보 4분
리치몬드 호텔 프리미어 아사쿠사 인터내셔널	지하철 아사쿠사역에서 도보 8분
아사쿠사 토부 호텔	지하철 아사쿠사역에서 도보 1분
더 비 아사쿠사	지하철 아사쿠사역에서 도보 11분
원 엣 도쿄🔍	지하철 오시아게역에서 도보 3분
케이세이 리치몬드 호텔 도쿄 오시아게	지하철 오시아게역에서 도보 2분

여행 예산을 짤 때 고려할 사항은?

코로나19 팬데믹이 지나간 이후 여행 수요가 폭발하며 비행기 요금과 숙박비가
이전보다 상당히 올랐다. 그래도 준비를 꼼꼼히 하면 입장료, 교통비, 신용 카드 수수료 등
여행 경비를 줄일 수 있는 방법은 많다. 하나하나 살펴보자.

사전 예약을 통해 경비와 시간을 절약하자

도쿄의 몇몇 명소는 인터넷을 통해 입장권을 사전 예약할 수 있다. 지브리 미술
관 등은 현장에 매표소 자체가 없어서 반드시 사전 예약을 해야 한다. 대부분의
명소가 사전 예약자에게 요금 할인, 우선 입장 등의 혜택을 주기 때문에 일정이
정해지면 미리미리 예약하기를 추천한다. 각 명소의 공식 홈페이지와 한국의 예
약 대행 사이트를 통해 예약을 진행할 수 있으며 변경, 취소 환불 약관을 꼼꼼
히 살펴본 후에 예약하자. 예약 대행 사이트에서는 명소 입장권과 교통 패스 세
트 상품 등을 판매하기도 한다. 미술관, 박물관 등은 코로나19가 심할 때는 완전
사전 예약제로 운영했지만 현재는 특수한 상황이 아닌 이상 현장 구매가 원활
해졌다.

명소	예약 추천 여부	예약 혜택
도쿄 디즈니 리조트	○	X
지브리 미술관	○	X
해리 포터 스튜디오	○	X
시부야 스카이 전망대	○	300엔 할인
도쿄 스카이트리 전망대	○	최대 400엔 할인
산리오 퓨로랜드	△	X
팀랩 보더리스	○	X

교통비를 절약하는 방법을 알아보자

일본의 물가 수준은 환율을 고려해도 우리나라와 비슷하거나 저렴한 편인데 교
통비가 유독 비싼 편이다. 교통비를 절약하는 가장 좋은 방법은 걸어서 이동 가
능한 지역끼리 묶어 효율적으로 동선을 짜는 것. 이 책에서는 각각 별도의 지역
으로 소개하고 있지만 시부야+하라주쿠·오모테산도, 시부야+에비스·다이칸야
마·나카메구로, 하라주쿠·오모테산도+롯폰기, 긴자+도쿄역 등으로 묶어 일정
을 구성할 수 있다. 스이카와 파스모를 이용하면 탑승할 때마다 현금 대비 1~5
엔 정도 할인을 받을 수 있다. 외국인 여행자만 구입 가능한 도쿄 서브웨이 티켓
P.120과 넥스 도쿄 왕복 티켓 P.110를 이용하는 것도 교통비를 절약할 수 있는 방
법이다. 요코하마, 가마쿠라, 하코네 등 근교 도시로 갈 때는 JR보다는 사철이 비
교적 저렴한 편이다.

현금 외의 결제 수단이 많아졌다

현금 결제만 가능한 공간이 많이 줄어들어 예전처럼 엔화 동전 지갑을 따로 들고 다녀야 하는 불편은 없어졌다. 현금 외에 외국인이 사용하기 가장 편리한 결제 수단은 선불형 교통 카드(스이카, 파스모). 전철역, 편의점 등에서 넉넉하게 충전하면 대중교통을 탈 때는 물론이고 편의점, 쇼핑몰 등 다양한 공간에서 결제할 때 사용할 수 있다. 또한 카카오페이, 네이버페이로 결제할 수 있는 매장도 늘어났다. 우리나라만큼 신용 카드 사용이 자유롭지는 않지만 2020년 도쿄 올림픽 이후로 신용 카드 결제도 많이 편리해졌으며 트래블로그travlog 카드와 트래블월렛TravelWallet 등의 카드 역시 신용 카드 결제 가맹점에서 편하게 쓸 수 있다.

트래블로그과 트래블월렛, 뭐가 좋을까?

트래블로그와 트래블월렛 카드는 엔화를 비롯한 외화를 연동된 계좌에 미리 충전해 둔 후 결제하는 선불충전식 결제 수단이다. 엔화 환율을 살펴보며 싸다고 생각할 때 수시로 환전해 충전해 놓을 수 있으며 앱으로 결제 내역을 바로바로 확인할 수 있다. 각각의 장단점이 있고 발급이 어렵지 않으니 분실 등의 경우를 대비해 2장 모두 발급받아 가는 걸 추천한다.

	트래블로그 체크 카드(마스터)	트래블월렛 카드(비자)
환전 수수료	없음	
해외 결제 수수료	없음	
해외 ATM 인출 수수료	현지 ATM 수수료만 부과	
일본 내 수수료 없는 ATM	세븐뱅크 ATM ▶ 편의점 세븐일레븐 내에 위치	이온뱅크 ATM ▶ 편의점 미니스톱, 이온뱅크 지점에 위치. 세븐ATM보다 찾기 어려움
외화 최소 충전 단위	없음	
외화 충전 한도	원화 180만 원까지 가능	
원화로 재환전 시 수수료	1%	없음
연회비	없음	
연결 계좌	하나머니(하나은행, 하나증권 등)	시중 은행, 증권사 계좌
홈페이지	www.hanacard.co.kr	www.travel-wallet.com
추천	하나은행 계좌가 있거나 개설할 예정이며 카드 결제도 현금 인출도 자주 사용할 예정이다!	하나은행 계좌 만들기가 번거롭고 현금 인출 보다는 카드 결제 위주로 사용할 예정이다!

어떤 애플리케이션이 유용할까?

구글 맵스 | 길을 찾을 땐 구글 맵스 하나면 문제없다. 일본인도 길을 찾을 땐 구글 맵스를 이용한다. 특히 경로 검색 후 활성화되는 '라이브 뷰'를 이용하면 엄청난 '길치'라도 길 찾기에 크게 어려움을 느끼지 않을 것이다. '라이브 뷰'는 휴대폰 위치 기반 서비스라 현재 자신의 위치 이외에 다른 지역의 '라이브 뷰'를 미리 경험해볼 수는 없다. 도쿄 현지에서 출발지와 도착지를 설정해 길 찾기를 누르면 경로 안내 화면에 '라이브 뷰' 버튼이 생성된다. '라이브 뷰'를 켜고 카메라 렌즈로 주위를 비추면 방향 안내 화살표가 화면에 나온다. 잘못된 방향을 비추면 바로 경로 수정을 해주기 때문에 목적지까지 헤매지 않고 갈수 있다.

카카오톡, 카카오페이 | 알리페이 플러스Alipay+로 결제 가능한 공간에서 결제가 가능하다. 국내에서 카카오페이를 사용 중이라면 따로 앱 설치, 회원 가입 할 필요 없이 바로 결제할 수 있다. 카카오톡 앱을 사용할 때는 더보기-지갑-결제 순으로 선택하면 되고 카카오페이 앱을 사용할 때는 홈 화면에서 바로 결제를 선택하면 된다. 이후에는 두 앱 모두 해외 결제 중 일본을 선택하면 바코드나 QR코드가 보인다. 계산할 때 해당 화면을 보여주면 점원이 스캔을 한 다음 결제 금액을 입력해 결제를 완료한다. 만약 결제 QR코드가 따로 있는 곳이라면 QR 스캔 기능을 이용해 결제할 수 있다. 카카오페이로 ATM 출금도 가능하다. 편의점 세븐일레븐에 있는 세븐뱅크ATM에서 수수료 없이 엔화를 인출할 수 있다.

구글 번역 | 여행 중에 사용할 만한 일상 회화는 문제없이 번역해준다. 번역기 내에 카메라 기능을 사용하면 일본어 메뉴판 등도 손쉽게 번역할 수 있다.

파파고 | 기능은 구글 번역과 거의 비슷하지만 일본어를 한국어로 번역할 때 좀 더 자연스러운 한국어로 번역해준다. 긴 글을 번역할 때는 구글 번역보다 정확하다.

네이버, 네이버페이 | 알리페이 플러스, 유니온페이UnionPay 가맹점에서 네이버페이로 결제할 수 있다. 해외에서 결제 전에 한국에서 본인 인증을 마치고 연동 계좌를 등록해야 한다. 네이버 또는 네이버페이 앱에서 QR결제(현장 결제)를 선택한 후 '알리페이 플러스 – 해외' 또는 '유니온페이 – 중국 본토 외'를 선택해 결제하면 된다. 아직 사용처가 적고 결제 시 은행의 엔화 매매 기준율과 비교했을 때 환율이 높게 책정되지만 사용이 편리하고 포인트 적립 등의 혜택도 있다.

여행 준비할 때 참고할 만한 사이트
- 일본정부관광국(JNTO) www.welcometojapan.or.kr
- 도쿄관광재단 고 도쿄(GO TOKYO) www.gotokyo.org/kr
- 네일동(네이버 일본 여행 동호회) cafe.naver.com/jpnstory

해외 데이터는 어떤 것으로 사용할까?

데이터 로밍

장점
- 사용하는 통신사의 고객 센터에 전화를 하거나 공항의 통신사 카운터에서 신청하면 별도의 절차 없이 현지에 도착하자마자 이용할 수 있다.
- 문제가 생기면 통신사 고객 센터를 통해 해결할 수 있다.
- 로밍 요금제가 적용되지만 한국 전화번호로 통화가 가능하다.

단점
- 1일 요금이 평균 1만 원 이상으로 비싸다.
- 여러 명이 동시에 사용할 수 없다.

 이런 사람 추천!
- 업무 연락이 올 수도 있거나 받아야 하는 사람
- 이것저것 신청하기 귀찮은 귀차니스트

통신사별 로밍 안내
- SK텔레콤 troaming.tworld.co.kr
- KT globalroaming.kt.com
- LG유플러스 www.lguplus.com/plan/roaming

포켓 와이파이

장점
- 1일 요금이 3,000~4,000원으로 데이터 로밍 서비스보다 저렴하다.
- 한 대의 포켓 와이파이 기기로 여러 명이 동시에 인터넷을 사용할 수 있다.
- 휴대폰 외에 태블릿 피시, 노트북을 이용할 때도 포켓 와이파이의 신호를 잡아 사용할 수 있다.
- 문제가 생기면 대여처의 고객 센터를 통해 해결할 수 있다.

단점
- 출국 당일 이용 신청은 불가능하다. 늦어도 출국 3일 전까지는 신청해 택배 수령 또는 출국 당일 공항에서 수령해야 한다.
- 전원이 꺼지면 인터넷을 사용할 수 없기 때문에 보조 배터리나 케이블을 함께 들고 다녀야 한다.
- 분실의 우려가 있다.

 이런 사람 추천!
- 태블릿 피시, 노트북도 함께 사용하는 사람
- 일행이 3명 이하이고 계속 붙어 다니며 여행하는 사람

유심

장점
- 일주일 이상 여행할 예정이라면 비용 면에서 가장 저렴하다. 일본 현지에서도 유심 칩을 판매하지만 우리나라에서 구매하는 게 훨씬 저렴하다.

단점
- 기존 한국 유심 칩을 잘 보관해야 한다(크기가 작아 잃어버리기 쉬움).
- 일본에 도착해 일본 유심 칩으로 교체한 후 설정을 변경해야 한다. 설정을 변경할 때 와이파이가 연결된 장소로 이동해야 하는 경우도 있다.

 이런 사람 추천!
- 설정 변경 등 스마트폰 사용에 능숙한 사람
- 중장기로 여행하는 사람

이심

장점
- 물리적으로 유심칩을 교제하는 것이 아니라 이심 구매처에서 제공한 QR코드를 이용해 설정만 하면 돼서 편리하다.
- 한국 유심칩의 분실 위험이 없다.
- 1일 요금이 3,000~4,000원으로 저렴한 편이다.

단점
- 아직까지는 사용할 수 있는 휴대폰 기종이 제한적이다.

 이런 사람 추천!
- 설정 변경 등 스마트폰 사용에 능숙한 사람
- 중장기로 여행하는 사람
- 한국 유심칩 분실이 걱정되는 사람

✈ 한국에서 도쿄로, 출입국 절차

한국 출국 과정

STEP 01 탑승 수속
탑승할 항공사 카운터에서 탑승 수속을 진행한다. 보통 탑승 시간 2~3시간 전부터 카운터를 개방한다. 온라인 체크인을 했어도 위탁 수하물이 있으면 카운터에 접수해야 한다. 자동 수하물 위탁 기기를 운영하는 항공사도 있다.

STEP 02 로밍, 환전
통신사나 포켓 와이파이 카운터, 은행 영업점 등에 들러 로밍, 환전 업무를 처리하자.

STEP 03 보안 검색
보안 검색을 받을 때는 겉옷은 벗고 노트북, 태블릿 피시 등은 상황에 따라 가방에서 꺼내야 한다. 기내 반입 금지 물품을 미리 처분하지 못했을 경우 절차가 번거로워 질 수 있으니 미리 꼼꼼하게 확인하자.

STEP 04 출국 심사
최근 몇 년 사이 출입국 심사는 대부분 자동화 되었다. 여권을 스캔한 후 양손 검지 지문, 얼굴 확인을 하면 자동 출국 심사 완료.

STEP 05 면세점 쇼핑 후 탑승 게이트 이동
출국 심사까지 마쳤다면 면세 구역에서 온라인으로 구매한 면세품을 인도 받을 수 있다. 면세점 쇼핑을 마치고 항공기 출발 30분 전에는 게이트 앞에 도착해 있자.

STEP 06 비행기 탑승
인천(김포)에서 도쿄까지는 최대 2시간 30분 정도 걸린다. 필요한 서류를 작성하다보면 비행기는 어느새 착륙 태세에 들어간다.

도쿄 입국 과정

STEP 01 입국 신고서 및 휴대품 신고서 작성
사전에 '비지트 재팬 웹'에 등록하지 못했다면 기내에서 또는 공항에 도착해서 입국 신고서(외국인 입국 기록), 휴대품·별송품 신고서를 작성한다.

STEP 02 입국 심사
여권과 입국 신고서 또는 비지트 재팬 웹 등록 화면을 심사관에게 제출한다. 서류를 확인하고 지문 인식과 얼굴 사진 촬영을 마치면 여권에 90일 체류 스티커를 붙여서 돌려준다.

STEP 03 수하물 찾기
전광판에서 내가 타고 온 비행기의 짐이 몇 번 컨베이어 벨트에서 나오는지 확인할 수 있다. 짐을 찾을 때는 가방에 붙어 있는 짐표와 내가 갖고 있는 짐표의 번호를 한 번 더 확인하자.

STEP 04 세관 신고
짐을 찾고 세관 신고 구역으로 이동한다. 종이 세관 신고서를 작성한 사람, 비지트 재팬 웹에 세관 신고를 등록한 사람의 줄이 다르다. 비지트 재팬 웹에 등록했을 경우 키오스크에서 1차로 확인한 후 나갈 때 직원에게 QR코드를 보여준다. 종이 신고서를 작성한 사람은 직원에게 신고서를 제출한다. 신고할 내역이 없다면 두 경우 모두 '면세免稅' 쪽 출구로 나간다.

STEP 05 도쿄에 오신 것을 환영합니다!
이제부터 본격적인 여행 첫 날의 시작!

🧾💰 출입국 시 신고서 작성 방법

일본 여행 시 작성해야 하는 신고서는 총 3가지다. 일본으로 입국할 때는 '입국 신고서', '휴대품·별송품 신고서' 2가지를, 귀국할 때 세관 신고할 내역이 있다면 '대한민국 세관 신고서'를 작성한다.

한국 → 일본

비지트 재팬 웹 Visit Japan Web

일본 입국 수속에 필요한 정보를 온라인으로 사전에 등록해둘 수 있는 웹 서비스다. 이 서비스를 이용하면 일본 입국 시 종이로 된 입국 신고서를 작성할 필요가 없다. 입국 수속 시 서비스 등록 완료 후 나오는 QR코드만 보여주면 된다. 한국어 지원이 되고 신상 정보는 최초 1번만 입력하면 되어서 편리하다.

🏠 www.vjw.digital.go.jp/main/#/vjwplo001

- 일본 입국 관련 정보 중 체류 정보를 입력할 때는 여러 호텔에 숙박하는 경우 그중 한 곳의 정보만 입력하면 된다. 호텔 주소, 전화번호는 구글 맵스에서 확인하며 영어로 입력한다. 에어비앤비, 지인의 집 등에 숙박하는 경우 정확한 주소, 전화번호를 확인한다.
- 입국 관련 정보 입력을 완료하면 세관 신고 정보를 입력할 수 있다.
- 입국 심사와 세관 신고의 QR코드는 동일하다. 미리 캡처해 놓으면 일본에 도착해 데이터가 터지지 않는 상황에서도 편하게 쓸 수 있다.

입국 신고서, 휴대품·별송품 신고서

비지트 재팬 웹에 정보를 등록하지 않았다면 기내 또는 공항에 도착해 종이로 된 입국 신고서를 영어 또는 일본어로 작성한다. 입국 신고서는 1인당 1장, 휴대품·별송품 신고서는 가족여행인 경우 대표 1인이 작성하고 동반 가족 인원과 나이를 기재한다.

일본 → 한국

대한민국 세관 신고서

귀국 시 세관 신고품이 없다면 작성하지 않는다. 신고 물품이 있으면 해당 사항을 기재한다. 관세청 홈페이지에서 여행자 휴대품 예상 세액을 조회할 수 있다.

🏠 www.customs.go.kr/kcs/ad/tax/ItemTaxCalculation.do

1인당 휴대품 면세 범위

- 술 2병(전체 용량이 2L 이하이고 총 가격이 미화 400달러 이하)
- 향수 100㎖
- 담배 200개비
- 기타 합계 미화 800달러 이하의 물품

---

❶ 탑승한 항공기 편명 또는 배의 선명
❷ 체류일 기입.
   2박 3일의 경우 3 days 또는 3日
❸ 현지에서 체류할 호텔명과 전화번호

外国人入国記録 DISEMBARKATION CARD FOR FOREIGNER 외국인 입국기록

氏 名 Name 이름 — HONG / GILDONG
生年月日 Date of Birth 생년월일 — 3 1 1 0 1 9 9 0
現住所 Home Address 현주소 — KOREA / SEOUL
渡航目的 Purpose of visit 도항 목적 — ☑観光 Tourism 관광
日本の連絡先 일본의 연락처 — ❸ SAKURA HOTEL
TEL 전화번호 — 075-1234-5678
❶ KE727
❷ 3DAYS

1. 日本での退去強制歴・上陸拒否歴の有無 — いいえ No 아니오
2. 有罪判決の有無(日本での判決に限らない) — いいえ No 아니오
3. 規制薬物・銃砲・刀剣類・火薬類の所持 — いいえ No 아니오

以上の記載内容は事実と相違ありません。 I hereby declare that the statement given above is true and accurate. 이상의 기재 내용은 사실과 틀림 없습니다.

署名 Signature 서명

도쿄

🚶 명소

찾아보기